U0173997

Z-扫描非线性光学表征技术

Z-Scan Nonlinear Optical Characterization Technique

顾 兵 编著

科学出版社

北 京

内 容 简 介

本书主要内容包括三个部分：介绍多种三阶非线性光学效应的物理机理和三阶非线性光学表征技术；详细介绍 Z-扫描表征技术，讨论 Z-扫描技术表征高阶光学非线性效应、饱和非线性光学效应、各向异性非线性光学效应，介绍多种改进型 Z-扫描技术；介绍包括溶剂、有机分子、玻璃、铁电薄膜、半导体、二维材料和近零折射率材料等多种材料的三阶非线性光学效应。

本书是非线性光学及其应用领域的参考书，可供非线性光子学、光学工程、物理光电子学和材料物理等领域研究人员阅读参考。

图书在版编目(CIP)数据

Z-扫描非线性光学表征技术 / 顾兵编著 . —北京：科学出版社，2021.6

ISBN 978-7-03-068513-1

Ⅰ.①Z… Ⅱ.①顾… Ⅲ.①非线性光学 Ⅳ.①O437

中国版本图书馆 CIP 数据核字（2021）第 057605 号

责任编辑：陈艳峰 郭学雯 / 责任校对：杨 然
责任印制：吴兆东 / 封面设计：无极书装

科 学 出 版 社 出版
北京东黄城根北街 16 号
邮政编码：100717
http://www.sciencep.com

北京虎彩文化传播有限公司印刷
科学出版社发行 各地新华书店经销
*
2021 年 6 月第 一 版 开本：720×1000 B5
2022 年 7 月第二次印刷 印张：20 1/2
字数：393 000
定价：148.00 元
（如有印装质量问题，我社负责调换）

作 者 简 介

顾兵 博士，东南大学先进光子学中心
教授、博士生导师。

1998 年于兰州大学获学士学位，2007
年于南京大学获博士学位。2006 年至 2011
年多次赴新加坡国立大学开展合作研究，
2015 年 3 月至 9 月在美国代顿大学做访问教
授。2010 年入选教育部"新世纪优秀人才支
持计划"。

主要从事非线性光学效应及其应用研
究，开展超快非线性光学表征技术、新型材
料的非线性光学机理、矢量光场与非线性光学介质相互作用、飞秒光镊技术
等方面的研究。先后主持国家自然科学基金项目 5 项，参与国家自然科学基
金重点项目和重大研究计划项目等多项科研项目。参加国内外学术会议并作
邀请报告 10 余次。获得授权的国家发明专利 10 余项。发表 SCI 学术论文
120 余篇。

作 者 简 介

顾兵 博士，东南大学先进光子学中心教授、博士生导师。

1998 年于兰州大学获学士学位，2007年于南京大学获博士学位。2006 年至 2011年多次赴新加坡国立大学开展合作研究，2015 年 3 月至 9 月在美国代顿大学做访问教授。2010 年入选教育部"新世纪优秀人才支持计划"。

主要从事非线性光学效应及其应用研究，开展超快非线性光学表征技术、新型材料的非线性光学机理、矢量光场与非线性光学介质相互作用、飞秒光镊技术等方面的研究。先后主持国家自然科学基金项目 5 项，参与国家自然科学基金重点项目和重大研究计划项目等多项科研项目。参加国内外学术会议并作邀请报告 10 余次。获得授权的国家发明专利 10 余项。发表 SCI 学术论文120 余篇。

序　言

    光学是物理学的一个极为重要的分支。人们对光学最早的认知主要集中于光的直线传播和反射等方面，随后建立了光的反射和折射定律，为几何光学的发展奠定了坚实的基础。1801 年杨氏双缝干涉实验从根本上诠释了光的干涉原理，尤其证实了光的波动性。19 世纪末至 20 世纪初，人们对于光学的研究深入到了光与物质相互作用的微观机制。由于光的电磁理论无法从根本上解释诸如黑体辐射等现象，1905 年爱因斯坦发展了光的量子理论并且成功解释了光的波粒二象性。

    1960 年，激光器的问世成为光学的里程碑，使光学进入了新的发展阶段。由于激光具有单色性好、方向性强、高亮度、高相干性等特点，使得大量有趣的光学现象被观测到。1961 年二次谐波产生的实验工作和 1962 年光波混频理论工作，标志着非线性光学这一崭新学科的诞生。在过去的 60 年中，非线性光学在理论、实验和应用研究等方面都取得了令人瞩目的巨大成就，极大地推动了当今科学技术的发展。

    非线性光学效应及其应用领域的重要研究内容之一，就是发展非线性光学理论与技术并用于表征各种新型材料的非线性光学特性。在过去的几十年里，已经合成和制备了种类繁多的新型非线性光学材料，并用多种表征技术测量了这些材料的三阶非线性光学系数。在研究材料的非线性光学效应时，常常几种非线性光学效应共存，这给测量结果的分析带来了一定困难。例如，传统的简并四波混频难以区分非线性折射和非线性吸收的贡献及其符号。由 Sheik-Bahae 等于 1989 年发展的单光束 Z-扫描技术，具有实验装置简单、测量灵敏度高、可以同时获得三阶非线性极化率 $\chi^{(3)}$ 的实部和虚部的大小与符号等优点，而被广泛用于各种材料的非线性光学表征。

    近年来，国内外出版的相关非线性光学书籍，一般是概括性地介绍非线性光学的基本原理、技术与应用。本人认为，Z-扫描技术是非线性光学表征技术中最重要的内容之一，很有必要对其进行详细介绍和总结。该书的出版有助于读者深入而全面地了解非线性光学的基本原理、物理机理与技术应用。因此，编撰这本《Z-扫描非线性光学表征技术》不仅非常有意义，而且非常必要。

　　该书是作者在近 20 年来从事非线性光学效应及其应用研究的基础上,结合该领域的最新研究进展,从三阶非线性光学效应的物理机理和实验技术出发,以如何准确地获得材料的非线性光学系数为主线,将 Z-扫描表征技术的基本原理、发展动态和技术应用等全面地呈现给读者。

南京大学物理学院

前　言

　　自 1960 年激光器问世以来，非线性光学在理论、实验和应用研究等方面都取得了令人惊叹的巨大成就。非线性光学是一门新兴的学科，又是传统光学的延伸，其表征技术和非线性光学材料随之得到了快速发展。非线性光学效应及其应用研究与社会的广泛需求紧密结合，许多科学、技术和工程领域已经受益于非线性光学的发展成果，而一些非线性光学新现象、新效应和新应用仍然是当前的研究热点。

　　非线性光学效应及其应用研究领域的一个重要发展趋势是：提出、发展和完善可用于表征各种材料光学非线性效应的技术，拓展表征技术的使用范围；寻找非线性光学效应强和响应快的材料。非线性光学新材料和新技术已经在光频变换、光通信、光信息处理、非线性光子器件等领域显示出了广阔的应用前景。而新研制的非线性光学材料能否具有实际应用价值，必须对其非线性光学特性进行评价，所以非线性光学表征技术至关重要。Z-扫描技术由于实验光路简单、测量灵敏度高、可同时测量材料非线性折射和非线性吸收系数的大小和符号，广泛用于表征各种材料的三阶非线性光学效应。正是基于这一原因，选择了 Z-扫描非线性光学表征技术作为本书的主要内容。

　　本书主要是作者在三阶非线性光学表征技术和新型材料的光学非线性的研究工作基础上，增加了近年来相关的最新研究成果编撰而成。全书分为 9 章。第 1 章简要介绍三阶非线性光学表征技术和非线性光学材料；第 2 章和第 3 章分别介绍三阶非线性光学效应的物理机理和几种典型的三阶非线性光学表征技术；第 4 章详细介绍 Z-扫描技术的基本原理、解析理论和实验注意事项；第 5～7 章分别介绍 Z-扫描技术表征高阶非线性光学效应、饱和非线性光学效应和各向异性三阶非线性极化率张量元；第 8 章介绍多种改进型 Z-扫描技术；第 9 章介绍多种类型的三阶非线性光学材料，列出这些材料在不同脉冲、不同波长下的三阶非线性光学系数。

　　本书作者长期从事非线性光学效应及其应用研究，在 Z-扫描表征技术和新型材料的光学非线性机理等方面开展了系统性的研究工作。本书理论与实验紧密结合，重点关注如何从实验测得的 Z-扫描曲线快速而有效地获得材料的非线性光学系数并分析其物理机理。本书可供非线性光子学、光学工程、物理电子学和材料物理等相关领域的研究生、科技工作者和工程技术人员参考阅读。

作者水平有限，不妥之处在所难免，恳请读者批评指正。

作　者

2021 年 2 月 28 日于南京

物理量名称及符号表

n_0——线性折射率

n_2——三阶非线性折射率

n_4——五阶非线性折射率

σ_{nPA}——n-光子吸收截面

σ_{2PA}——两光子吸收截面

γ_R——二阶超极化率

τ——脉冲宽度（e^{-1}）

k——波矢

f——透镜焦距

L_{eff}——有效样品厚度

ω_0——束腰半径

z_0——瑞利长度

s——小孔光阑的线性透过率

P——激光功率

I——光强

I_S——饱和特征光强

c——真空中的光速

Φ——在轴峰值非线性折射相移

$\chi^{(1)}$——线性极化率

$\chi^{(3)}$——三阶非线性极化率

$\chi^{(5)}$——五阶非线性极化率

δ——二向色性系数

R_a——光阑的半径

α_0——线性吸收系数

α_2——非线性吸收（两光子吸收）系数

α_3——三光子吸收系数

α_4——四光子吸收系数

α_5——五光子吸收系数

α_n——n-光子吸收系数

σ_{ESA}——激发态吸收截面

λ——光波波长

τ_F——脉冲宽度（FWHM）

ω——光波频率

L——样品厚度

$L_{eff}^{(n)}$——n-光子吸收相关的有效样品厚度

z——样品位置

x——样品相对位置

$T(z)$——归一化透过率

ε——激光能量

I_{00}——在轴峰值光强

ε_0——真空中的介电常数

μ_0——真空中的磁导率

Ψ——在轴峰值非线性吸收相移

e——椭偏率

σ——各向异性系数

τ_R——非线性光学响应时间

目　　录

第1章 绪 论

　　非线性光学效应及其应用领域的一个重要研究内容是发展非线性光学表征技术并用于各种新型材料非线性光学系数的测量中。在过去的几十年里，人们合成制备了各种各样的非线性光学材料，用多种表征技术测量了这些材料的三阶非线性光学系数。本章将简要介绍三阶非线性光学表征技术和多种类型的非线性光学材料，最后简要概述本书各章的内容。

1.1　引言

　　1960 年激光器的问世，使得研究大量有趣的非线性光学现象成为可能。Franken 等 1961 年所做的二次谐波产生实验[1]，Bloembergen 及其合作者在 1962 年所做的关于光波混频的理论工作[2]，分别从实验和理论上标志着非线性光学这一崭新学科的诞生。非线性光学在过去的 60 年中，在理论、实验和应用研究等方面都取得了令人惊叹的巨大成就[3-7]。目前非线性光学的研究主要集中在两个方面：一是开拓新的理论，探讨非线性光学效应的机理，为设计制造性能优良的非线性光学新材料提供理论依据；二是新型非线性光学材料的制备和应用，在这一领域已经有不少材料投入实际应用。

　　由于非线性光学材料在现代光学与光电子信息领域的广泛应用，寻找高性能的非线性光学材料一直受到人们的普遍关注。具体来说，需要用简便的非线性光学测量手段对大量材料进行筛选，根据需要制备出性能优良的非线性光学材料，这就是非线性光学表征技术一直受到人们关注的原因。测量材料的非线性折射和非线性吸收系数是研究材料非线性光学效应的重要内容，同时非线性光学表征技术也丰富了测量内容，拓展了测量范围。各种非线性光学表征技术已经成功用于材料的光学非线性测量[8-16]。总的来说，这些非线性光学表征技术可以分成两大类：光波混频和透射法。在光波混频方法中，非线性光学效应的产生过程由一束或多束光完成，而探测过程则由另一束光承担，如简并四波混频[8]、非线性干涉法[9]、椭圆偏振法[10]、Mach-Zehnder干涉测量法[11]和非线性图像法[12]等多种测量方法。而在透射测量方法中，非线性光学效应的产生过程和探测过程由同一束光承担，利用单光束测量材料的非线性光学效应，大大简化了实验过程，如空间自相位调制（也称为自衍射）[13]、非线性透过率测量[14]和 Z-扫描技术[15,16]。

在非线性光学的基础研究和应用实践领域，一般要求材料具有大的非线性光学效应、快的非线性响应时间、满意的光学透明波段、优良的化学稳定性，以及易于加工成实用器件等特性。早期的非线性光学材料研究主要是在已有的材料中寻找和发现具有优异非线性光学性能的材料，并对其物理机理进行探讨，随后扩展到合成制备满足一定要求的新型材料，如无机铁电材料、无机半导体体相材料、有机半导体、功能配合物、有机高分子化合物等。虽然这些材料具有良好的光学性能，但是存在一些难以克服的缺点，例如，在光响应方面晶体通常受到晶格振动激发的限制，而半导体材料的非线性光学响应依赖于电子和空穴的复合，其光响应的关闭速度比开启速度慢得多等。随着材料制备和纳米加工技术的发展，人们采用诸如磁控溅射、溶胶-凝胶、脉冲激光沉积等多种方法制备了各种纳米材料。由于具有量子限制效应、表面效应、介电效应、宏观量子隧道效应等许多新效应，纳米材料相对于其体材料来说，光学非线性效应得到了极大增强，非线性响应时间更快，成为研究的热点[17-21]。此外，溶剂[22-24]、有机材料[25-33]、各种玻璃[34-39]、铁电薄膜[40-48]、半导体材料[49-51]、二维材料[52-59]和近零折射率材料[60-65]等的三阶非线性光学性质也有了大量的研究报道。

非线性光学效应及其应用研究一直与社会的需求紧密结合在一起，工业界和技术界都已经受益于非线性光学的研究。这主要表现在以下几个方面。①非线性光学效应已经应用于各种激光技术和器件之中，例如，激光波长的扩展、激光脉宽的压缩；利用光电效应可以制成光调节器、光开关、光信息存储器等，这些都是进行光信息和图像处理的重要器件。②非线性光学为研究物质微观性质提供了强有力的方法和手段；为研究原子的高激发态乃至自离化态提供了可能。另外，对化学反应过程中的动态行为，以及生物分子的生化过程等的探测，也都依赖于超快非线性光学技术的发展。③高功率激光在与非线性光学介质相互作用时，一方面其自身的传播将受到影响（如光强损耗和波面畸变等）；另一方面也可能使介质发生不可逆变化（如固体介质的损伤等）。超快超强激光器、激光武器和激光核聚变等已经成为非线性光学研究的重要课题。

1.2 三阶非线性光学表征技术简介

三阶非线性折射率 n_2（或三阶非线性极化率 $\chi^{(3)}$ 的实部 $\mathrm{Re}[\chi^{(3)}]$）的测量是研究非线性光学效应的重要手段。由于三阶非线性光学现象有光克尔效应、四波混频、两波耦合、光学双稳、自聚焦、自散焦、光束弯曲和扇形效应、空间自相位调制等，相应地也就产生了多种表征技术。常见的测量方法有简并四波混频[8]、非线性干涉法[9]、椭圆偏振法[10]、Mach-Zehnder 干涉测量法[11]、非线性图像[12]、空间自相位调制[13]、非线性透过率测量[14]和 Z-扫描技术[15,16]等。总之，三阶非线性光学效应多种多样，相应地，表征技术也就多种多样，本书将详细介绍近 30 年来广泛用于表征材料非线性光学效应的 Z-扫描技术。

在研究材料的三阶非线性光学效应时，常常几种光学非线性同时存在，这给测量结果的分析带来了一定的难度。例如，传统的简并四波混频所测得的信号光强度正比于 $|\chi^{(3)}|^2$，因此难以区分非线性折射和非线性吸收的贡献及其符号。而由 Sheik-Bahae 等[15]于 1989 年提出的单光束 Z-扫描技术，具有实验装置简单、测量灵敏度高等优点，且可以同时测得 $\chi^{(3)}$ 的实部和虚部及其符号，因而被广泛用于表征材料的非线性光学系数。

Z-扫描技术中样品在聚焦光束焦点前后沿光轴 Z 方向移动不同位置时，放置在远场处的小孔光阑透过能量/功率将发生变化。由测得远场光阑的能量/功率透过率与样品位置的变化曲线，可以计算出样品非线性折射率的大小和符号。表征非线性光学材料的单光束 Z-扫描技术的发明是非线性光学测量领域的重要进展，它将由材料的非线性光学效应引起的附加相位通过衍射"转换"到待测光场的振幅空间变化上。简单的实验配置体现了新的测量思想：利用光束的横向效应测量光学非线性。

近年来，人们在利用 Z-扫描技术测量大量材料光学非线性效应的同时，也使该技术本身得到了很大的发展，其应用范围也不仅仅局限于进行非线性光学测量。改进的思路有两个方面：一方面在原有的基础上，讨论其他可能的光入射方式，以及对光的检测方式和调制方式，从而提高测量灵敏度，简化实验过程[66-78]；另一方面，发展和完善不同光学非线性机理下的 Z-扫描表征技术，拓展其测量的内容和适用范围[79-85]。具体来说，将 Z-扫描实验配置中的高斯光束用其他入射光束替代，如帽顶光束[66]、高斯-贝塞尔光束[67]、准一维狭缝光束[68]、部分相干光束[69]和径向偏振光[70]等。在 Z-扫描实验中，改变了光的检测方式和调制方式，发展了离轴 Z-扫描[71]、反射 Z-扫描[72]、遮挡 Z-扫描[73]、厚光学 Z-扫描[74]、P-扫描[75]、R-扫描[76]、I-扫描[77]和 F-扫描[78]等，提高了测量灵敏度和可靠性。改进 Z-扫描实验光路，拓展其测量的内容，例如，双色光 Z-扫描技术测量非简并光学非线性[79]、双光束时间分辨 Z-扫描技术测量光学非线性的大小和响应时间[80]、Z-扫描技术测量光束质量[81]、Z-扫描技术表征高阶光学非线性折射[82]和多光子吸收[83]、白光 Z-扫描技术表征简并非线性色散特性[84]和 Z-扫描表征热光效应[85]等。

1.3　简述三阶非线性光学材料

在光与物质相互作用过程中，由于电磁场和物质体系中带电粒子的相互作用，介质中粒子的电荷分布将发生畸变，以致电偶极矩不仅与光波场有关，而且还与光波场的二次及高次项有关。这种非线性极化场将辐射出与入射场频率不同的电磁辐射，这就是非线性光学效应。原则上讲，非线性光学是构成物质的原子核及其周围电子在电磁场作用下产生非简谐运动的结果。因此可以说，一切物质都具有非线性光学效应。然而这些效应能否表现出来并被人们观测到，取决于很多因素，内在因素如介质本身结构方面的原因；外在因素如晶体生长和加工技术等。由于这些条件的限制，就只有为数不多的材料可以作为实用的非线性光学材料。随着具有非线性光学效应的材料在诸如光开关、光计算、光学双稳元件和光逻辑等方面潜在应用价值的增加，如何从理论上预测材料非线性光学效应的大小，如何在众多物质中找出具有大的非线性光学效应的材料，如何制备出具有大的非线性光学效应的新型材料，特别是具有三阶非线性光学效应的新材料，一直是人们研究的热点。

早期非线性光学材料的研究主要集中在无机晶体材料上，有的已得到了实际应用，如磷酸二氢钾（KDP）、铌酸锂（$LiNbO_3$）、磷酸钛氧钾（KTP）等晶体在激光倍频方面得到了广泛的应用，并且正在光波导、光参量振荡和放大等方面向实用化发展。其后，人们又发现了有机非线性光学材料。有机非线性光学材料具有无机材料无法比拟的优点：有机化合物的非线性光学系数比无机材料的高 1～2 个数量级，而其响应时间则快于 10^{-13} s[86]；此外，有机聚合物作为非线性光子材料还具有易于进行分子剪裁和合成、光损伤阈值高（大于 $10GW/cm^2$）、便于加工成型等优点。现在，人们合成制备了大量的新型非线性光学材料[17-65]，如有机分子材料、各种玻璃、铁电薄膜、半导体材料、量子阱、量子点、二维材料等。近年来，围绕对光通信及光计算的研究，人们正在研制和探索具有大的非线性光学系数和快的非线性响应时间的各种非线性光学材料。

1.3.1　有机分子材料

有机分子材料由于具有以下特点而受到人们的普遍关注：非线性光学系数大和非线性响应快，热稳定性和光化学稳定性优良，光损伤阈值高，在较宽波长范围内透过率较高，力学性能和机械性能极好，易于裁剪和合成，可设计并制备成具有特定功能和各种形状、尺寸的体材料，如光纤、薄膜等。具有大 π 共轭结构的高分子，由于含有易极化的 π 电子，通常显示出常规高分子所不具有的大的非线性光学系数，它们的最大三阶非线性极化率 $\chi^{(3)}$ 为 $10^{-10} \sim 10^{-9}$ esu① 数量级[25-27]。近年来，人们广泛研究了诸如偶氮类染料[28]、卟啉[29]、酞菁类化合物[30]、查耳酮及其衍生物[31]等有机材料，以及金属-有机配合物[32]和有机-无机杂化材料[33]等的三阶非线性光学效应。由于可以通过分子设计修饰主链或侧链的结构来改变或增强聚合物的某些性能，所以 π 共轭高分子聚合物在高速全光开关、光调制器和光存储等方面具有极高的应用价值。

1.3.2　玻璃

由于玻璃的各向同性，玻璃具有反演对称中心，而具有反演对称中心的介质偶数阶非线性电极化率为零。因此，理论上玻璃中仅存在三阶非线性光学效应，而不产生二阶非线性光学效应。一般情况下，高折射率和高平均色散的玻璃，如高铅氧化物玻璃、碲酸盐玻璃和硫族化合物玻璃均具有高的三阶非线性光学系数 $\chi^{(3)}$[34]。由于量子尺寸效应，半导体纳米微粒 CdS 和 CdSe 掺杂玻璃也具有较高的 $\chi^{(3)}$，这类玻璃可以用于四波混频、相位共轭及光开关[35]。另外，采用溅射和离子注入等处理方法改进玻璃性能，在玻璃中引入 Au、Ag 和 Cu 等金属纳米粒子，也可以得到高 $\chi^{(3)}$ 值的非线性光学玻璃[36,37]。以高 $\chi^{(3)}$ 值非线性光学玻璃作为基底，采用光刻和离子交换工艺产

---

① 三阶非线性极化率的国际单位制（SI）与高斯单位制（cgs/esu）之间的换算关系为 $\chi^{(3)}(\text{SI}) = \frac{4\pi}{9 \times 10^8} \chi^{(3)}(\text{esu})$

生低损耗非线性光波导，可制备小尺寸密集型超快全光速调制集成光路波导器件，为以超大规模数据传输与处理为基础的信息高速公路通信网络信息的快速处理和容量的提高提供实用性元件[38,39]。

1.3.3　铁电薄膜

有着钙钛矿结构的铁电薄膜材料具有大的自发极化、高介电常数和优良的光学性质，包括快速非线性光学响应和巨大的非线性光学效应等，因而倍受关注。由于其在光电子和集成光学器件、光开关、光限幅等方面具有重要的应用价值，人们已经研究了诸如 $CaCu_3Ti_4O_{12}$[40]、（$Pb_{1-x}Sr_x$）TiO_3[41]、$BaTi_{0.99}Fe_{0.01}O_3$[42]、$Ba_{0.5}Sr_{0.5}TiO_3$[43]、$Ce：BaTiO_3$[44]、$Bi_{3.75}Nd_{0.25}Ti_3O_{12}$[45]、$Mn：Ba_{0.6}Sr_{0.4}TiO_3$[46]、$BiFeO_3$[47] 和 $Bi_{0.9}La_{0.1}Fe_{0.98}Mg_{0.02}O_3$[48] 等铁电薄膜的非线性光学属性。

1.3.4　半导体材料

体相半导体的光学非线性一方面来源于束缚电子和自由电子的贡献，另一方面也来源于激子的贡献。对共振非线性而言，电子吸收光子引起布居数的变化，从而改变介质的折射率或吸收系数，产生非线性光学效应。对很多半导体而言，非线性光学效应主要来源于自由电子的非线性运动，即在外电场作用下，具有非抛物线型导带的半导体中的自由电子，将产生非线性运动，从而引起非线性极化。一般的体半导体材料的非线性折射率 $n_2 \sim 10^{-13}\,cm^2/W$，两光子吸收系数 $\alpha_2 \sim cm/GW$，载流子折射截面 $\sigma_r \sim 10^{-21}\,cm^3$，载流子吸收截面 $\sigma_a \sim 10^{-18}\,cm^2$，载流子复合时间 $\tau_r \sim ns$[49-51]。半导体中的非线性折射率还可以进一步分解成等离子体和阻塞引起的非线性折射率改变[49]。

随着纳米制备技术的发展，人们广泛研究了半导体量子阱和量子点等的三阶非线性光学效应。量子阱材料是由两种不同性质的半导体材料（如 AlGaAs 和 GaAs）交替外延在衬底材料上制备而得，通常每层厚度只有几个或几十纳米。由于多量子阱中的电子受限，增强了其光学非线性效应[17]。通过减小半导体所有三个维度的尺寸，形成所谓的量子点。由于量子受限效应，相比于体材料而言，量子点的非线性光学效应得到了极大的增强[18]。除了改变量子点的尺寸，还可以掺杂金属离子[19]，调控核壳量子点的壳厚度、杂质和介电环境[20,21]，来增强或调控量子点的非线性折射和非线性吸收效应。

1.3.5 二维材料

自 2004 年发现石墨烯以来，人们广泛研究了石墨烯家族、二维硫化物和二维氧化物等二维层状纳米材料的光电性质。同时，发现这些二维层状纳米材料具有优异的宽波段非线性光学性能，可应用于光电探测器、可饱和吸收体和调制器等。例如，二维材料的可饱和吸收性能使其可作为调 Q 和锁模光纤激光器的可饱和吸收体，用于产生不同波长的激光脉冲。近年来，人们广泛研究了诸如石墨烯[52]、氧化石墨烯[53]、黑磷纳米片[54]、氮化硼纳米片[55]、过渡金属硫化物[56]、拓扑绝缘体[57]、二维钙钛矿[58]、氧卤化铋[59]等众多二维材料的饱和吸收、多光子吸收、非线性折射和光学混频等光学非线性效应。

1.3.6 近零折射率材料

对于介电常数为 ε 的一给定变化量 $\Delta\varepsilon$，折射率 n 的变化 Δn 由 $\Delta n=\Delta\varepsilon/(2\varepsilon^{1/2})$ 给出。可以看到，当介电常数变小时，这种折射率变化 Δn 就变大了，这表明材料的 ε 近零（epsilon-near-zero，ENZ）时会产生巨大的非线性光学效应。例如，Alam 等[60]实验发现掺锡氧化铟（ITO）薄膜光感应折射率变化高达 0.7。近年来，人们在诸如 ITO 薄膜[60]、掺铝氧化锌[61]、ITO/Ag/ITO 三明治型薄膜[62]等材料中观察到了与 ENZ 光谱区相关的非线性光学效应的巨大增强，可用于谐波产生[63]、光波的混合和频率转换[64]，以及电光效应[65]等。

1.4 本书内容概述

综上所述，非线性光学表征技术和非线性光学材料的重要发展现状和趋势是：提出、发展和完善可用于表征各种材料非线性光学效应的技术，拓展表征技术的使用范围；寻找光学非线性极强、非线性响应快的新型材料。发展非线性光学新技术和新材料已经在光频变换、光通信、光信息处理、非线性光子器件等领域显示出了广阔的应用前景。正是基于这一原因，本书选择了光学非线性表征技术和新型材料的光学非线性作为主要内容。本书各章内容简要概述如下。

第 1 章简要介绍多种三阶非线性光学表征技术和诸如有机分子材料、玻璃、铁电薄膜、半导体材料、二维材料和近零折射率材料等非线性光学材料。

第 2 章介绍多种三阶非线性折射和非线性吸收效应的物理机理，给出了不同物理机理下非线性光学系数的大小和特征响应时间。

第 3 章介绍几种典型的三阶非线性光学表征技术，回顾其技术背景、基本理论和实验测量，也对其适应条件和优缺点等进行简要的评述。

第 4 章详细介绍闭孔 Z-扫描和开孔 Z-扫描技术分别表征三阶非线性折射和非线性吸收效应的基本原理和解析理论，讨论 Z-扫描实验过程中的注意事项。

第 5 章介绍高阶非线性光学效应和两种非线性光学效应共存时的 Z-扫描理论，给出鉴别和分离高阶非线性光学效应的数据处理方法。

第 6 章讨论 Z-扫描表征多种饱和非线性光学效应，给出如何鉴别光学非线性过程中的饱和效应，如何快速而有效地获得饱和非线性光学效应中诸如饱和光强等特征参量的方法。

第 7 章介绍任意椭圆偏振光 Z-扫描技术，给出如何通过 Z-扫描技术表征各向异性三阶非线性极化率张量元，进而获得描述各向异性非线性光学效应的三阶非线性光学系数 $\chi_{1111}^{(3)}$、各向异性系数和二向色性系数。

第 8 章介绍两类改进型 Z-扫描技术：一是提高测量灵敏度和可靠性，如帽顶光束 Z-扫描和厚光学介质 Z-扫描等；二是拓展 Z-扫描技术的测量内容和适用范围，如遮挡 Z-扫描和双色光 Z-扫描等。

第 9 章简要介绍溶剂、有机材料、玻璃、铁电薄膜、半导体、二维材料和近零折射率材料的三阶非线性光学效应，列出这些典型材料在不同脉冲不同波长下的三阶非线性光学系数。

参 考 文 献

[1] Franken P A, Hill A E, Peters C W, et al. Generation of optical harmonics[J]. Physical Review Letters, 1961, 7(4):118-119.

[2] Bloembergen N, Pershan P S. Light waves at boundary of nonlinear media[J]. Physical Review, 1962, 128(2):606-622.

[3] Shen Y R. The Principles of Nonlinear Optics[M]. New York:John Wiley & Sons, 1984.

[4] Sutherland R L with contributions by McLean D G, Kikpatrick S. Handbook of Nonlinear Optics[M]. second ed. New York:Marcel Dekker, 2003.

[5] Boyd R W. Nonlinear Optics[M]. third ed. Singapore:Elsevier Pte Ltd. , 2008.

[6] He G S, Liu S H. Physics of Nonlinear Optics[M]. Singapore:World Scientific, 1999.

[7] 李淳飞. 非线性光学原理和应用[M]. 上海:上海交通大学出版社, 2015.

[8] Friberg S R,Smith P W. Nonlinear optical glasses for ultra-fast optical switches[J]. IEEE Journal of Quantum Electronics,1987,23(12):2089-2094.

[9] Weber M J,Milam D,Smith W L. Nonlinear refractive index of glasses and crystals[J]. Optical Engineering,1978,17(5):463-469.

[10] Owyoung A. Ellipse rotations studies in laser host materials[J]. IEEE Journal of Quantum Electronics,1973,QE-9(11):1064-1069.

[11] Boudebs G,Chis M,Phu X N. Third-order susceptibility measurement by a new Mach-Zehnder interferometry technique[J]. Journal of the Optical Society of America B-Optical Physics,2001,18(5):623-627.

[12] Boudebs G,de Araujo C B. Characterization of light-induced modification of the nonlinear refractive index using a one-laser-shot nonlinear imaging technique[J]. Applied Physics Letters,2004,85(17):3740-3742.

[13] Durbin S D,Arakelian S M,Shen Y R. Laser induced diffraction rings from a nematic liquid crystal film[J]. Optics Letters,1981,6(9):411-413.

[14] Lami J F,Gilliot P,Hilimann C. Observation of interband two-photon absorption saturation in CdS[J]. Physical Review Letters,1996,77(8):1632-1635.

[15] Sheik-Bahae M,Said A A,van Stryland E W. High-sensitivity,single-beam n_2 measurements [J]. Optics Letters,1989,14(17):955-957.

[16] Sheik-Bahae M,Said A A,Wei T H,et al. Sensitive measurement of optical nonlinearities using a single beam[J]. IEEE Journal of Quantum Electronics,1990,26(4):760-769.

[17] Park S H,Morhange J F,Jeffery A D,et al. Measurements of room-temperature band-gap-resonant optical nonlinearities of GaAs/AlGaAs multiple quantum wells and bulk GaAs[J]. Applied Physics Letters,1988,52(15):1201-1203.

[18] Padilha L A,Fu J,Hagan D J,et al. Two-photon absorption in CdTe quantum dots[J]. Optics Express,2005,13(17):6460-6467.

[19] Chattopadhyay M,Kumbhakar P,Tiwary C S,et al. Multiphoton absorption and refraction in Mn^{2+} doped ZnS quantum dots[J]. Journal of Applied Physics,2009,105(2):024313.

[20] Zeng Z,Garoufalis C S,Terzis A F,et al. Linear and nonlinear optical properties of ZnO/ZnS and ZnS/ZnO core shell quantum dots:Effects of shell thickness,impurity, and dielectric environment[J]. Journal of Applied Physics,2013,114(2):023510.

[21] Wu W,Chai Z,Gao Y,et al. Carrier dynamics and optical nonlinearity of alloyed CdSeTe quantum dots in glass matrix[J]. Optics Materials Express,2017,7(5):1547-1556.

[22] Rau I,Kajzar F,Luc J,et al. Comparison of Z-scan and THG derived nonlinear index of refraction in selected organic solvents[J]. Journal of the Optical Society of American B-Optical Physics,2008,25(10):1738-1747.

[23] Krishna M B M,Rao D N. Influence of solvent contribution on nonlinearities of near infra-red absorbing croconate and squaraine dyes with ultrafast laser excitation[J]. Jour-

nal of Applied Physics,2013,114(13):133103.

[24] Iliopoulos K,Potamianos D,Kakkava E,et al. Ultrafast third order nonlinearities of organic solvents[J]. Optics Express,2015,23(19):24171-24176.

[25] Greene B I,Orenstein J,Schmitt-Rink S. All-optical nonlinearities in organics[J]. Science,1990,247(4943):679-687.

[26] Lawrence B,Torruellas W E,Cha M,et al. Identification and role of two-photon excited states in a π-conjugated polymer[J]. Physical Review Letters,1994,73(4):597-600.

[27] Michinobu T,May J C,Lim J H,et al. A new class of organic donor-acceptor molecules with large third-order optical nonlinearities[J]. Chemical Communications,2005,6:737-739.

[28] Egami C,Suzuki Y,Sugihara O,et al. Third-order resonant optical nonlinearity from trans-cis photoisomerization of an azo dye in a rigid matrix[J]. Applied Physics B-Laser and Optics,1997,64(4):471-478.

[29] Fakis M,Tsigaridas G,Polyzos I,et al. Intensity dependent nonlinear absorption of pyrylium chromophores[J]. Chemical Physics Letters,2001,342(1-2):155-161.

[30] Mendonca C R,Gaffo L,Misoguti L,et al. Characterization of dynamic optical nonlinearities in ytterbium bis-phthalocyanine solution[J]. Chemical Physics Letters, 2000, 323(3-4):300-304.

[31] Gu B,Ji W,Patil P S,et al. Ultrafast optical nonlinearities and figures of merit in acceptor-substituted 3,4,5-trimethoxy chalcone derivatives:structure-property relationships[J]. Journal of Applied Physics,2008,103(10):103511.

[32] Manjunatha K B,Rajarao R,Umesh G,et al. Optical nonlinearity,limiting and switching characteristics of novel ruthenium metal-organic complex[J]. Optical Materials,2017,72:513-517.

[33] Saouma F O,Stoumpos C C,Wong J,et al. Selective enhancement of optical nonlinearity in two-dimensional organic-inorganic lead iodide perovskites[J]. Nature Communications,2017,8:742.

[34] Smektala F,Quemard C,Couderc V,et al. Non-linear optical properties of chalcogenide glasses measured by Z-scan[J]. Journal of Non-Crystalline Solids,2000,274:232-237.

[35] Takada T,Mackenzie J D,Yamane M,et al. Preparation and non-linear optical properties of CdS quantum dots in $Na_2O-B_2O_3-SiO_2$ glasses by the sol-gel technique[J]. Journal of Materials Science,1996,31(2):423-430.

[36] Cardinal T,Fargin E,Le Flem G,et al. Correlations between structural properties of $Nb_2O_5-NaPO_3-Na_2B_4O_7$ glasses and non-linear optical activities[J]. Journal of Non-Crystalline Solids,1997,222:228-234.

[37] Jeansannetas B,Blanchandin S,Thomas P,et al. Glass structure and optical nonlinearities in thallium(Ⅰ)tellurium(Ⅳ)oxide glasses[J]. Journal of Solid State Chemistry,1999,146:

329-335.

[38] Harbold J M, Ilday F Ö, Wise F W, et al. Highly nonlinear As-S-Se glasses for all-optical switching[J]. Optics Letters, 2002, 27(2):119-121.

[39] Harbold J M, Ilday F Ö, Wise F W, et al. Highly nonlinear Ge-As-Se and Ge-As-S-Se glasses for all-optical switching[J]. IEEE Photonics Technology Letters, 2002, 14(6): 822-824.

[40] Ning T Y, Chen C, Zhou Y L, et al. Larger optical nonlinearity in $CaCu_3Ti_4O_{12}$ thin films[J]. Applied Physics A—Materials Science & Processing, 2009, 94(3):567-570.

[41] Ambika D, Kumar V, Sandeep C S S, et al. Non-linear optical properties of $(Pb_{1-x}Sr_x)TiO_3$ thin films[J]. Applied Physics B—Lasers and Optics, 2009, 97(3):661-664.

[42] Tian J, Gao H, Deng W, et al. Optical properties of Fe-doped $BaTiO_3$ films deposited on quartz substrates by sol-gel method[J]. Journal of Alloys and Compounds, 2016, 687: 529-533.

[43] Saravanan K V, Raju K C J, Krishna M G, et al. Large three-photon absorption in $Ba_{0.5}Sr_{0.5}TiO_3$ films studied using Z-scan technique[J]. Applied Physics Letters, 2010, 96 (23):232905.

[44] Zhang W F, Huang Y B, Zhang M S, et al. Nonlinear optical absorption in undoped and cerium-doped $BaTiO_3$ thin films using Z-scan technique[J]. Applied Physics Letters, 2000, 76(8):1003-1005.

[45] Wang Y H, Gu B, Xu G D, et al. Nonlinear optical properties of neodymium-doped bismuth titanate thin films using Z-scan technique[J]. Applied Physics Letters, 2004, 84(10): 1686-1688.

[46] Ning T Y, Chen C, Wang C, et al. Enhanced femtosecond optical nonlinearity of Mn doped $Ba_{0.6}Sr_{0.4}TiO_3$ films[J]. Journal of Applied Physics, 2011, 109(1):013101.

[47] Gu B, Wang Y, Wang J, et al. Femtosecond third-order optical nonlinearity of polycrystalline $BiFeO_3$[J]. Optics Express, 2009, 17(13):10970-10975.

[48] Gu B, Wang Y, Ji W, et al. Observation of a fifth-order optical nonlinearity in $Bi_{0.9}La_{0.1}Fe_{0.98}Mg_{0.02}O_3$ ferroelectric thin films[J]. Applied Physics Letters, 2009, 95 (4):041114.

[49] Said A A, Sheik-Bahae M, Hagan D J, et al. Determination of bound-electronic and free-carrier nonlinearities in ZnSe, GaAs, CdTe, and ZnTe[J]. Journal of the Optical Society of American B-Optical Physics, 1992, 9(3):405-414.

[50] Zhang X J, Ji W, Tang S H. Determination of optical nonlinearities and carrier lifetime in ZnO [J]. Journal of the Optical Society of American B-Optical Physics, 1997, 14(8): 1951-1955.

[51] Li H P, Kam C H, Lam Y L, et al. Optical nonlinearities and photoexcited carrier lifetime in CdS at 532 nm[J]. Optics Communications, 2001, 190(1-6):351-356.

［52］ Hendry E,Hale P J,Moger J,et al. Coherent nonlinear optical response of graphene［J］. Physical Review Letters,2010,105(9):097401.

［53］ Liu Z,Wang Y,Zhang X,et al. Nonlinear optical properties of graphene oxide in nanosecond and picoseconds regimes［J］. Applied Physics Letters,2009,94(2):021902.

［54］ Zheng X,Chen R,Shi G,et al. Characterization of nonlinear properties of black phosphorus nanoplatelets with femtosecond pulsed Z-scan measurements［J］. Optics Letters,2015,40 (15):3480-3483.

［55］ Kumbhakar P,Kole A K,Tiwary C S,et al. Nonlinear optical properties and temperature-dependent UV-Vis absorption and photoluminescence emission in 2D hexagonal boron nitride nanosheets［J］. Advanced Optical Materials,2015,3(6):828-835.

［56］ Bikorimana S,Lama P,Walser A,et al. Nonlinear optical response in two-dimensional transition metal dichalcogenide multilayer:WS_2,WSe_2,MoS_2,and $Mo_{0.5}W_{0.5}S_2$［J］. Optics Express,2016,24(18):20685-20695.

［57］ Chen S,Zhao C,Li Y,et al. Broadband optical and microwave nonlinear response in topological insulator［J］. Optical Materials Express,2014,4(4):587-596.

［58］ Mirershadi S,Ahmadi-Kandjani S,Zawadzka A,et al. Third order nonlinear optical properties of organometal halide perovskite by means of the Z-scan technique［J］. Chemical Physics Letters,2016,647:7-13.

［59］ Jia L,Cui D,Wu J,et al. Highly nonlinear BiOBr nanoflakes for hybrid integrated photonics［J］. APL Photonics,2019,4(9):090802.

［60］ Alam M Z,de Leon I,Boyd R W. Large optical nonlinearity of indium tin oxide in its epsilon-near-zero region［J］. Science,2016,352(6287):795-797.

［61］ Kinsey N,DeVault C,Kim J,et al. Epsilon-near-zero Al-doped ZnO for ultrafast switching at telecom wavelengths［J］. Optica,2015,2(7):616-622.

［62］ Wu K,Wang Z,Yang J,et al. Large optical nonlinearity of ITO/Ag/ITO sandwiches based on Z-scan measurement［J］. Optics Letters,2019,44(10):2490-2493.

［63］ Luk T S,de Ceglia D,Liu S,et al. Enhanced third harmonic generation from the epsilon-near-zero modes of ultrathin films［J］. Applied Physics Letters,2015,106(15):151103.

［64］ Caspani L,Kaipurath R P M,Clerici M,et al. Enhanced nonlinear refractive index in ε-near-zero materials［J］. Physical Review Letters,2016,116(23):233901.

［65］ Feigenbaum E,Diest K,Atwater H A. Unity-order index change in transparent conducting oxides at visible frequencies［J］. Nano Letters,2010,10(6):2111-2116.

［66］ Zhao W,Palffy-Muhoray P. Z-scan technique using top-hat beams［J］. Applied Physics Letters,1993,63(12):1613-1615.

［67］ Hughes S,Burzler J. Theory of Z-scan measurement using Gaussian-Bessel beams［J］. Physical Review A,1997,56(2):R1103-R1106.

［68］ Gu B,Yan J,Wang Q,et al. Z-scan technique for charactering third-order optical nonlin-

earity by use of quasi-one-dimensional slit beams[J]. Journal of the Optical Society of American B-Optical Physics,2004,21(5):968-972.

[69] Liu Y X,Pu J X,Qi H Q. Investigation on Z-scan experiment by use of partially coherent beams[J]. Optics Communications,2008,281(2):326-330.

[70] Gu B,Liu D,Wu J L,et al. Z-scan characterization of optical nonlinearities of an imperfect sample profits from radially polarized beams[J]. Applied Physics B-Lasers and Optics,2014,117(4):1141-1147.

[71] Tian J G,Zang W P,Zhang G Y. Two modified Z-scan methods for determination of nonlinear-optical index with enhanced sensitivity[J]. Optics Communications,1994,107 (5-6):415-419.

[72] Petrov D V,Gomes A S L,Dearaujo C B. Reflection Z-scan technique for measurements of optical properties of surfaces[J]. Applied Physics Letters,1994,65(9):1067-1069.

[73] Xia T,Hagan D J,Sheik-Bahae M,et al. Eclipsing Z-scan measurement of $\lambda/10^4$ wavefront distortion[J]. Optics Letters,1994,19(5):317-319.

[74] Chapple P B,Staromlynska J,McDuff R G. Z-scan studies the thin-and the thick-sample limits[J]. Journal of the Optical Society of American B-Optical Physics,1994,11(6): 975-982.

[75] Banerjee P P,Danileiko A Y,Hudson T,et al. P-scan analysis of inhomogeneously induced optical nonlinearities[J]. Journal of the Optical Society of American B-Optical Physics,1998,15(9):2446-2454.

[76] Tsigaridas G,Fakis M,Polyzos I,et al. Z-scan technique through beam radius measurements [J]. Applied Physics B-Lasers and Optics,2003,76(1):83-86.

[77] Yang Q G,Seo J T,Creekmore S J,et al. I-scan measurements of the nonlinear refraction and nonlinear absorption coefficients of some nanomaterials[J]. Proceedings of the Society of Photon-Optical Instrumentation Engineers(SPIE),2003,4797:101-109.

[78] Kolkowski R,Samoc M. Modified Z-scan technique using focus-tunable lens[J]. Journal of Optics,2014,16(12):125202.

[79] Sheik-Bahae M,Wang J,DeSalvo R,et al. Measurement of nondegenerate nonlinearities using a two-color Z scan[J]. Optics Letters,1992,17(4):258-260.

[80] Wang J,Sheik-Bahae M,Said A A,et al. Time-resolved Z-scan measurements of optical nonlinearities[J]. Journal of the Optical Society of American B-Optical Physics,1994,11 (6):1009-1017.

[81] Agnesi A,Reali G C,Tomaselli A. Beam quality measurement of laser pulses by nonlinear optical techniques[J]. Optics Letters,1992,17(24):1764-1766.

[82] Tsigaridas G,Fakis M,Polyzos I,et al. Z-scan analysis for high order nonlinearities through Gaussian decomposition[J]. Optics Communications,2003,225(4-6):253-268.

[83] Corrêa D S,de Boni L,Misoguti L,et al. Z-scan theoretical analysis for three-,four-and

five-photon absorption[J]. Optics Communications,2007,277(2):440-445.

[84] Balu M,Hales J,Hagan D J,et al. White-light continuum Z-scan technique for nonlinear materials characterization[J]. Optics Express,2004,12(16):3820-3826.

[85] Pálfalvi L,Hebling J. Z-scan study of the thermo-optical effect[J]. Applied Physics B-Lasers and Optics,2004,78(6):775-780.

[86] Marder S R,Kippelen B,Jen A K Y,et al. Design and synthesis of chromophores and polymers for electro-optic and photorefractive applications [J]. Nature, 1997, 388 (6645):845-851.

第2章

三阶非线性光学效应的物理机理

　　本章将介绍几种典型的非线性折射和非线性吸收的物理机理。2.1~2.4 节介绍四种典型的非线性折射机理,分别是电子云畸变、分子再取向效应、电致伸缩和布居数重新分布[1];2.5~2.7 节将介绍三种典型的非线性吸收机理,分别是两光子吸收、三光子吸收、激发态吸收(包括饱和吸收、反饱和吸收、自由载流子吸收、多光子感应激发态吸收)[1];2.8 节介绍了热致光学非线性效应[2]。

2.1　电子云畸变

　　组成介质的分子或原子的外层电子云在光场作用下发生了畸变。如果分子或原子很容易极化,介质将会具有很强的电子非线性效应。电子云畸变对所有电介质材料都是有贡献的。微观分子的三阶电子非共振极化率的典型量级为$\sim 10^{-36}$ esu,相应地,非共振宏观极化率 $\chi^{(3)} \sim 10^{-14}$ esu。电子云畸变的响应时间极快,一般为$\sim 10^{-15}$ s。这种机制涉及原子或分子电子云的畸变。高度极化的原子和分子会呈现出电子非线性特性。

　　电子云畸变与二阶超极化率(second hyperpolarizability)有关,二阶超极化率是一个微观参数。在特定环境下,任何材料的微观偶极矩都可以展开成在偶极矩位置处的局部场的幂级数形式:

$$\mu_p = \mu_p^0 + \sum_p \alpha_{pq} E_q^{\mathrm{loc}} + D^{(2)} \sum_{qr} \beta_{pqr} E_q^{\mathrm{loc}} E_r^{\mathrm{loc}} + D^{(3)} \sum_{qrs} \gamma_{pqrs} E_q^{\mathrm{loc}} E_r^{\mathrm{loc}} E_s^{\mathrm{loc}}$$

$$(2.1)$$

其中,μ_p 是总电偶极矩的第 p 个分量;μ_p^0 是永久电偶极矩的第 p 个分量。求和符号内各项是各阶诱导偶极矩,$D^{(n)}$ 是 n 次项的简并数,三阶非线性源于二阶超极化率：

$$\varepsilon_0 \chi^{(3)}_{ijkl}(-\omega;\omega,\omega,-\omega)$$
$$= f^4 \sum_m N_m \Big[\sum_{pqrs} \langle (\boldsymbol{i} \cdot \boldsymbol{p})(\boldsymbol{j} \cdot \boldsymbol{q})(\boldsymbol{k} \cdot \boldsymbol{r})(\boldsymbol{l} \cdot \boldsymbol{s}) \rangle_m \gamma^m_{pqrs}(-\omega;\omega,\omega,-\omega) \Big] \quad (2.2)$$

式中，m 表示该材料共由 m 种物质构成；尖括号表示原子或分子坐标系 $\{\xi\eta\zeta\}$ 对于实验室坐标系 $\{xyz\}$ 的余弦上的方向平均；γ^m_{pqrs} 是对于组分 m 的二阶超极化率；N_m 是对于单位体积的组分 m 的原子量或分子量；f 是局域场因子。

对于中心对称的材料，三阶项是最低阶的非线性项。如果原子或分子单元是对称的，那么它就没有轴的优先方向。因此实验室系统由应用场的矢量属性定义，决定了微观系统的坐标系。这样方向余弦恒为 1，并且对于单一组分来说，（2.2）式可以简化成表 2.1 中的表达式。局部场因子被简化为

$$f = \frac{n_0^2 + 2}{3} \quad (2.3)$$

其中，n_0 是线性折射率。

表 2.1　各种三阶非线性折射过程中国际单位制（SI）下的 $\chi^{(3)}$ 公式[1]

物理机理	$\chi^{(3)}$
电子云畸变	$\chi^{(3)}_{iiii}(-\omega;\omega,\omega,-\omega) = \dfrac{f^4 N}{\varepsilon_0} \gamma_{iiii}(-\omega;\omega,\omega,-\omega)$ $\gamma_{iiii} \equiv \gamma$ $\gamma_{iijj} = \gamma_{ijij} = \gamma_{ijji} = \gamma/3$
分子再取向	$\chi^{(3)}_{ijkl}(-\omega;\omega,\omega,-\omega) = \dfrac{f^4 N}{\varepsilon_0} [3(\delta_{ij}\delta_{ki} + \delta_{ik}\delta_{ji}) - 2\delta_l\delta_{jk}]$ $\times \left[\dfrac{(\alpha_\xi - \alpha_\eta)^2 + (\alpha_\eta - \alpha_\zeta)^2 + (\alpha_\zeta - \alpha_\xi)^2}{270 k_B T} \right]$ $\chi^{(3)}_{iijj} = \chi^{(3)}_{ijij} = \dfrac{f^4 N}{\varepsilon_0} \left[\dfrac{(\alpha_\xi - \alpha_\eta)^2 + (\alpha_\eta - \alpha_\zeta)^2 + (\alpha_\zeta - \alpha_\xi)^2}{90 k_B T} \right]$ $\chi^{(3)}_{ijji} = -\dfrac{f^4 N}{\varepsilon_0} \left[\dfrac{(\alpha_\xi - \alpha_\eta)^2 + (\alpha_\eta - \alpha_\zeta)^2 + (\alpha_\zeta - \alpha_\xi)^2}{135 k_B T} \right]$
电致伸缩	$\chi^{(3)}_{iiii} = \dfrac{1}{\varepsilon_0} \dfrac{\gamma_e}{v_a^2} \dfrac{\partial \varepsilon}{\partial \rho} = \dfrac{\varepsilon_0}{27 v_a^2 \rho}(n_0^2 + 2)^2 (n_0^2 - 1)^2$
布居数重新分布（均匀展宽两能级系统）	稳态 $\chi = \dfrac{\alpha_{00}}{\omega_{eg}/c} \dfrac{-T_2\Delta + i}{1 + (T_2\Delta)^2 + \lvert E \rvert^2 / \lvert E_S^0 \rvert^2}$ $\chi^{(1)} = \dfrac{\alpha_{00}}{\omega_{eg}/c} \dfrac{-T_2\Delta + i}{1 + (T_2\Delta)^2}$ $\chi^{(3)} = \dfrac{\alpha_{00}}{3\omega_{eg}/c} \dfrac{T_2\Delta - i}{[1 + (T_2\Delta)^2] \lvert E_S^0 \rvert^2} = -\dfrac{\chi^{(1)}}{3 \lvert E_S^0 \rvert^2}$ 绝热跟随（adiabatic following） $\chi^{(3)} = \dfrac{2N \lvert \mu_{eg} \rvert^4}{3\varepsilon_0 (\hbar\Delta)^3}$

利用量子力学中的微扰理论，可以计算出二阶超极化率。其整个表达式含有 48 项，每一项都与四个跃迁偶极矩矩阵元（在分子中）和能级跃迁频率（在分母中）的乘积相关。这个完整表达式本身对于计算并不是特别有用，因为一般来说，矩阵元和跃迁频率（即电子能级）必须是根据系统的基本状态集合进一步计算的。这是一个重要的问题，现在已经有多种从头算或者半经验的方法可以计算[3]。本质上这些方法都是数值计算方法，因为没有简单的解析的公式可循，并且采用这些方法通常需要强有力的计算工具和较长的计算时间才能完成。这些计算方法超出了本书的范围，读者可以参考文献学习这些方法[3]。

当光学频率接近于单光子共振或双光子共振频率时，少数项主导了二阶超极化率的贡献。Boyd[4]对这些项进行了很好的讨论。在这些条件下，单光束 n_2 主要由二阶超极化率决定

$$\gamma_{iiii}(-\omega;\omega,\omega,-\omega) = \frac{2}{3\hbar^3}\left[\sum_{abc}{}' \frac{\mu_{gc}^i \mu_{cb}^i \mu_{ba}^i \mu_{ag}^i}{(\omega_{cg}-\omega)(\omega_{bg}-2\omega)(\omega_{ag}-\omega)} - \sum_{ac} \frac{\mu_{gc}^i \mu_{cg}^i \mu_{ga}^i \mu_{ag}^i}{(\omega_{cg}-\omega)(\omega_{ag}-\omega)(\omega_{ag}-\omega)}\right] \tag{2.4}$$

其中，求和遍历系统的一个完整基础集合，g 表示基态，a、b 和 c 表示更高的激发态。第一个求和符号上的撇号表示 b＝g 不在求和范围内，μ_{ab}^i 表示在状态 a 和 b 之间跃迁矩阵元素的 i 个分量，$\omega_{ag}＝\omega_a-\omega_g$ 表示在状态 a 和状态 g 之间的转移频率，$\hbar\omega_a$ 是状态 a 的能级，其他能级也类似。可以看出第一项包括双光子共振，第二项仅包含单光子共振。

正如 Boyd 所讨论的[4]，当 ω 小于系统的任何共振频率时，双光子共振项倾向于产生正的 n_2 值，因为激发态的线性极化率一般大于基态的线性极化率（即电子离原子核更远）。另一方面，单光子共振会引起基态的部分耗尽，从而导致分子极化率的降低，因此单光子共振通常会产生负的 n_2 值。

对于透明电介质的非共振电子过程，二阶超极化率的典型值是 $\gamma\sim10^{-36}$ esu，尽管有机分子的可高达 $\gamma\sim(10^{-33}\sim10^{-34})$ esu。一般情况下，$\chi^{(3)}\sim10^{-14}$ esu $\sim 10^{-22}$ m^2/V^2，$n_2\sim10^{-13}$ esu $\sim(10^{-22}\sim10^{-21})$ m^2/V^2。对于一些非共振的聚合物系统，$\chi^{(3)}\sim(10^{-12}\sim10^{-10})$ esu $\sim(10^{-20}\sim10^{-18})$ m^2/V^2，非共振的电子过程是非常迅速的，典型的响应时间为 $\sim10^{-15}$ s。

2.2　分子再取向效应

介质（主要指溶液）中的各向异性分子在外加光场作用下，重新做规则

再取向运动（光频克尔效应）而导致的感应电极化的附加贡献。具有小的各向异性分子系统的介质，其典型的分子取向非线性为 $\chi^{(3)} \sim (10^{-13} \sim 10^{-12})$ esu，响应时间 $\sim 10^{-12}$ s。

各向异性分子（即表现出一个各向异性的线性极化率张量）在无序状态下，也就是当它们的取向是随机分布时，会倾向于在体内表现出光学的各向同性行为。几种液体（如二硫化碳（CS_2））和向介观相转变的液晶都是如此。

当一个强电场作用于这样的系统时，分子的诱导偶极矩会经历一个力矩，试图使最可极化的轴与外加电场对齐，以抵抗热涨落力（即分子碰撞）。入射光波沿着强电场方向偏振会经历局域折射率的增加，因为平均而言，分子比没有强电场时更具有高极化性，分子极性越高其与外电场取向越一致，示意图见图 2.1。

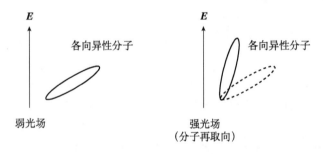

图 2.1　强电场作用下的各向异性分子再取向

当施加的是恒定电场时，这种效应称为克尔效应（Kerr effect），这种电场是由强光照射产生的。瞬态场对材料没有影响，只有电场模平方的时间平均效应才对材料有影响，这种效应称为交变克尔效应或光学克尔效应（optical Kerr effect）。当取向场与入射光场为一体时，只要感应的偶极-电场相互作用能比热能小，就会导致可用 n_2 表示的自感应折射率变化。

设分子的主轴是 α_ξ、α_η 和 α_ζ，各向异性分子诱导偶极矩可以用与主轴相关的主极化强度分量表示。当强电场施加在材料上时，分子的极化轴（通常是 ζ 轴）与电场一致，系统达到最小的电子能量 $\left(-1/2\int \boldsymbol{\mu} \cdot \mathrm{d}\boldsymbol{E}^{(\sim)}\right)$，也就是新的热平衡态。假设分子取向为玻尔兹曼分布，可以计算出介质在这种新态下的平均极化率。对于 $|\boldsymbol{E}|^2$ 中的最低阶，平均极化率等于线性项 $\langle \alpha_0 \rangle = 1/3(\alpha_\xi + \alpha_\eta + \alpha_\zeta)$ 加上正比于 $|\boldsymbol{E}|^2$ 的非线性项。非线性项可以用三阶极化率表示，如表 2.1 中的公式所示。

对于轴对称分子（如 CS_2），有 $\alpha_\xi = \alpha_\eta = \alpha_\perp$ 和 $\alpha_\zeta = \alpha_\parallel$。定义 $\Delta\alpha = \alpha_\perp -$

$\alpha_\parallel$，包含 $\Delta\alpha$ 的分子极化分量为

$$\frac{(\alpha_\xi - \alpha_\eta)^2 + (\alpha_\eta - \alpha_\zeta)^2 + (\alpha_\zeta - \alpha_\xi)^2}{270k_B T} \rightarrow \frac{(\Delta\alpha)^2}{135k_B T} \tag{2.5}$$

其中，$k_B = 1.38 \times 10^{-23}$ J/K 是玻尔兹曼常量；T 是热力学温度。

通常情况下，自诱导非线性系数 n_2 用 $\chi_{iiii}^{(3)}(-\omega;\omega,\omega,-\omega)$ 表示，其中 $i = x$，y，z。在简并情况下，有

$$\chi_{iijj}^{(3)}(-\omega;\omega,\omega,-\omega) = \chi_{ijij}^{(3)}(-\omega;\omega,\omega,-\omega) \tag{2.6}$$

对于所有的 i 和 j，遵从非线性极化率的固有互易对称性。对于分子再取向过程中所有的 i 和 j，有

$$\chi_{ijji}^{(3)}(-\omega;\omega,\omega,-\omega) = 6\chi_{iijj}^{(3)}(-\omega;\omega,\omega,-\omega) \tag{2.7}$$

上面的分析并不适用于强泵浦光诱导下的非线性折射率改变（对于弱探测光而言）的情况。对于这种情况，极化率 $\chi_{iiii}^{(3)}(-\omega';\omega',\omega,-\omega) = \chi_{iijj}^{(3)}(-\omega';\omega',\omega,-\omega) + \chi_{ijij}^{(3)}(-\omega';\omega',\omega,-\omega) + \chi_{ijji}^{(3)}(-\omega';\omega',\omega,-\omega) = \chi_{iiii}^{(3)}(-\omega;\omega,\omega,-\omega)$，即忽略色散时，它等于其简并对应项，但是其三阶非零分量之间的关系与简并情况的不同：

$$\chi_{ijji}^{(3)}(-\omega';\omega',\omega,-\omega) = \chi_{ijij}^{(3)}(-\omega';\omega',\omega,-\omega)$$
$$= -\frac{2}{3}\chi_{iijj}^{(3)}(-\omega';\omega',\omega,-\omega) \tag{2.8}$$

上式的重要性在于，如前所述，当泵浦光和探测光共极化时，强泵浦光诱导的非线性折射率（对于弱探测光而言）是强泵浦光自诱导的非线性折射率的两倍，即

$$(n_2^{(\text{weak})})_{ii} = 2n_2 \tag{2.9}$$

对于泵浦光和探测光是交叉极化（cross-polarized）时，折射率系数有

$$(n_2^{(\text{weak})})_{ij} = -\frac{1}{2}(n_2^{(\text{weak})})_{ii} \tag{2.10}$$

当泵浦光和探测光是物理上可区分的两个光场时，这些方程既适用于简并情况也适用于非简并情况。因为强泵浦光使分子沿着其极化轴排列，所以（2.10）式是分子的再取向过程，然而探测光是沿着垂直于此方向去探测的。因此，折射率似乎是从泵浦光消失的地方递减的，就平均来说，取样位置的分子极化率较小，示意图如图 2.1 所示。注意，在分子再取向过程中，介质的净极化率没有增加。光场只是重新排列了各张量分量之间的极化率。

与小的各向异性分子系统有关的典型光学非线性是 $\chi^{(3)} \sim (10^{-13} \sim 10^{-12})$ esu $\sim (10^{-22} \sim 10^{-21})$ m^2/V^2，$n_2 \sim (10^{-12} \sim 10^{-11})$ esu $\sim (10^{-21} \sim 10^{-20})$ m^2/V^2，响应时间是 $\sim 10^{-12}$ s。液晶在各向同性相中表现出较大的光学非线性，但响

应时间较慢。这些材料在介观相或者接近介观相的过渡阶段特别有趣。读者可参考相关文献详细了解[1,2]。

2.3　电致伸缩

　　电致伸缩是指电介质在非均匀电场（即空间变化的时间平均的电场）中发生弹性形变的现象，是压电现象的逆效应。例如，在相干波的叠加中形成明暗条纹的干涉图样，或者沿着传播的高斯型光束的横向上，会发生电致伸缩效应。这种不均匀场在由分子或原子构成的系统上产生力，被称为电致伸缩力。

　　电致伸缩力与电场模量的平方梯度成正比。比例常数 $(1/2)\gamma_e$ 用电致伸缩系数表示，其中

$$\gamma_e = \rho\left(\frac{\partial \varepsilon}{\partial \rho}\right) \tag{2.11}$$

式中，$\varepsilon = \varepsilon_0 n_0^2$；$\rho$ 是质量密度。这种力可以通过以下事实来理解：介质中的感应偶极子将在与电场梯度成正比的非均匀场中经历一个平移力。偶极子在均匀电场中不会受到这样的力，尽管它们可能会受到扭矩的影响。这种力使偶极子移动到一个更高光强的区域。这导致局域密度增加，引起局域折射率增加。因此，即使是各向同性分子系统，也会有电致伸缩效应。

　　非线性折射率系数 n_2 与 $\chi^{(3)}_{1111}$ 成正比，并在表 2.2 中给出，其中 v_a 是介质中的声速。对于电致伸缩介质，三阶极化率具有以下特性

$$\chi^{(3)}_{iijj}(-\omega;\omega,\omega,-\omega) = \chi^{(3)}_{ijij}(-\omega;\omega,\omega,-\omega)$$
$$= \frac{1}{2}\chi^{(3)}_{iiii}(-\omega;\omega,\omega,-\omega) \tag{2.12}$$

$$\chi^{(3)}_{ijji}(-\omega;\omega,\omega,-\omega) = 0 \tag{2.13}$$

表 2.2　各种三阶非线性折射过程中国际单位制下的 n_2 或 α_2 公式[1]

物理机理	n_2 或 α_2
电子云畸变	$n_2 = \dfrac{3}{4n_0}\chi^{(3)}_{1111}(-\omega;\omega,\omega,-\omega)$
分子再取向	没有轴对称 $n_2 = \dfrac{f^4 N}{\varepsilon_0 n_0}\left[\dfrac{(\alpha_{xx}-\alpha_{yy})^2+(\alpha_{yy}-\alpha_{zz})^2+(\alpha_{zz}-\alpha_{xx})^2}{90k_BT}\right]$ 轴对称 $n_2 = \dfrac{f^4 N}{\varepsilon_0 n_0}\left[\dfrac{(\alpha_\parallel-\alpha_\perp)^2}{45k_BT}\right]$ 其中，$f = (n_0^2+2)/3$

物理机理	n_2 或 α_2
电致伸缩	$n_2 = \dfrac{\varepsilon_0}{36 v_{\mathrm{a}}^2 \rho} \dfrac{(n_0^2 + 2)^2 (n_0^2 - 1)^2}{n_0}$
布居数重新分布（均匀展宽两能级系统）	稳态 $n_2 = \dfrac{\alpha_{00}}{4 (\omega_{\mathrm{eg}}/c) n_0} \left[\dfrac{T_2 \Delta}{(1 + T_2^2 \Delta^2)^2} \right] \dfrac{1}{\lvert E_{\mathrm{S}}^0 \rvert^2}$ 绝热跟随 $n_2 = \dfrac{1}{2 n_0} \dfrac{N}{\varepsilon_0} \dfrac{\lvert \mu_{\mathrm{eg}} \rvert^4}{(\hbar \Delta)^3}$
布居数重新分布（半导体）	自由载流子吸收 $\alpha_2 = -\dfrac{e^2 \tau_{\mathrm{R}} \alpha_0}{2 m_{\mathrm{e}} \varepsilon_0 n_0 \hbar \omega^3}$ 带填充 $\Delta n(\omega, I) = \dfrac{c}{\pi} \times \mathrm{P.\,V.} \displaystyle\int_0^\infty \dfrac{\Delta \alpha(\omega', I)}{(\omega')^2 - \omega^2} \mathrm{d}\omega'$

对于给出的典型值 $v_{\mathrm{a}} \sim 10^4\,\mathrm{m/s}$，$\rho \sim 10^3\,\mathrm{kg/m^3}$ 和 $n_0 \sim 1.4$，电致伸缩对非线性折射率的贡献为 $n_2 \sim 10^{-19}\,\mathrm{m^2/V^3}$。这和分子再取向的贡献是同一量级的。然而，电致伸缩的响应时间是 $\sim 10^{-9}\,\mathrm{s}$，也就是说，比分子再取向响应时间慢 3 个数量级。电致伸缩效应更为详细的定量描述可参见其他文献[2]。

2.4　布居数重新分布

当入射辐射的频率接近原子或分子的共振能级跃迁频率时，就会产生真正的跃迁。这意味着电子可以在有限的时间内，占据真实的激发态。这就是所谓的布居数重新分布。因为光学极化通常由处于电子基态（对光强较低）的原子或分子总数来确定，所以该粒子数的重新分布会产生折射率的变化。这种效应可以在原子蒸气、分子气体、有机分子的液体溶液、掺杂金属离子或色心的透明电介质固体，以及半导体中观察到。

在某些情况下，近共振相互作用可以描述为材料只有两个能级。这是因为辐射连接基态和激发态之间的共振相互作用非常强烈，其他非共振相互作用可以忽略不计。假定从激发态到高激发态的共振频率远离基态和激发态的共振频率。从光学相互作用的时间尺度来说，这与具有有限价带和导带的半导体的情况略有不同。

2.4.1　两能级系统

这个看似简单的系统如图 2.2 所示。这两个能级分别是基态（g）和激发态（e），连接这两个能级之间的共振跃迁频率为 ω_{eg}，这个系统也可用跃迁偶极矩 μ_{eg} 和平衡时布居数差 $\Delta N^{eq} = N_g^{eq} - N_e^{eq}$ 来表征，其中 N_g^{eq} 和 N_e^{eq} 分别是光照在介质之前或者之后很久，基态上和激发态上的原子或分子的数密度。跃迁偶极矩具有特征的失相寿命 T_2，T_2 和跃迁均匀谱线宽度（FWHM，半高全宽）有关，$\Delta\omega_{FWHM} = 2\pi/T_2$。在与特征时间 T_1 相同的数量级时间内，非平衡的布居数之差会衰减到它的平衡值。

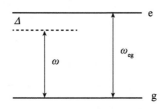

图 2.2　两能级系统

上述系统的平均偶极矩通常用数密度矩阵理论来推导。然后将极化作为每单位体积内的平均偶极矩。在两种特定的时间状态下，定义为稳态和绝热后续状态，由此产生的极化 P 可以写成一个常数乘以外加电场 E，系统的极化率由 $\varepsilon_0\chi = P/E$ 给出。

首先讨论稳态，光照时间远长于 T_1 和 T_2，因此光诱导的跃迁效应逐渐减弱，这是双能级系统对于连续激光的典型响应。

外加光场频率与谐振频率相近，定义失谐（detuning）参数为

$$\Delta = \omega - \omega_{eg} \tag{2.14}$$

光场频率接近谐振频率时，极化率为复数，其实部与折射率有关，虚部与吸收系数有关。极化率与非平衡布居差成正比，非平衡布居差与诱导电子从基态向激发态跃迁（如吸收）的入射光强有关。与光强有关的极化率可以表示为

$$\chi = \frac{\alpha_{00}}{\omega_{eg}/c}\frac{\mathrm{i} - T_2\Delta}{1 + (T_2\Delta)^2 + |E|^2/|E_S^0|^2} \tag{2.15}$$

其中，α_{00} 是线性中心（$\Delta = 0$，$|E|/|E_S^0| \ll 1$）的线性吸收系数，可以表示成

$$\alpha_{00} = \frac{\omega_{eg}|\mu_{eg}|^2 T_2 \Delta N^{eq}}{\varepsilon_0 c\hbar} \tag{2.16}$$

注意（2.16）式只适用于线性折射率约等于 1 的原子蒸气和分子气体。对于

溶液中的分子或掺杂的固体电介质，χ 的表达式应该包括与主介质相关的局域场因子。由微观参数决定的线性饱和场可以表示成

$$|E_S^0|^2 = \frac{\hbar^2}{4\,|\mu_{eg}|^2 T_1 T_2} \tag{2.17}$$

可以看出，当外加光场相比于线性饱和场较小时，极化率基本上与光强无关，具有特征的洛伦兹线型（Lorentzian lineshape）。

当外加场大一些但仍然小于饱和场时，(2.15) 式的分母可以用 $|E|^2/|E_S^0|^2$ 写成二项展开式的形式。在表达式的最低阶中，χ 与外加场无关，但是与 $|E|^2$ 成正比，前者就是线性极化率 $\chi^{(1)}$，后者通过非线性极化的关系，即

$$P^{(3)} = 3\varepsilon_0 \chi^{(3)}(-\omega;\omega,\omega,-\omega)E\,|E|^2 \tag{2.18}$$

决定了三阶极化率 $\chi^{(3)}$。表 2.1 中给出了这些表达式，n_2 的相关表达式在表 2.2 中给出。

注意 $\chi^{(3)}$ 可以用 $\chi^{(1)}$ 紧凑地表示，非谐振饱和场可以写成

$$|E_S^a|^2 = |E_S^0|^2[1 + (T_2\Delta)^2] \tag{2.19}$$

进一步说，定义相应的饱和光强为

$$I_S^0 = 2\varepsilon_0 n_0 c\,|E_S^0|^2 \tag{2.20a}$$

$$I_S^a = 2\varepsilon_0 n_0 c\,|E_S^a|^2 \tag{2.20b}$$

碱金属蒸气表现出一些共振光学非线性效应。例如，钠原子蒸气中 3s→3p 的跃迁，其频率相当于 589nm 波长。跃迁偶极矩近似为 $|\mu_{eg}| \approx 2.5 e a_0 = 2.0 \times 10^{-29}\,\mathrm{C\cdot m}$，其中 a_0 是玻尔半径。假设 $N = 10^{20}\,\mathrm{m}^{-3}$，忽略碰撞展宽机制，可得 $T_2 \approx 2T_1 = 32\mathrm{ns}$ 和未饱和的线性吸收系数 $a_{00} = 1.5 \times 10^7\,\mathrm{m}^{-1}$。这对应吸收深度（即强度衰减到 1/e）小于 1 μm。让入射辐射的频率低于 $1\mathrm{cm}^{-1}$ 的跃迁频率，此时失谐参数为 $\Delta = -6\pi \times 10^{10}\,\mathrm{rad/s}$。从表 2.1 可知，$\chi^{(1)}$ 的实部是 2.3×10^{-4}，因此线性折射率近似等于 1，这样局域场因子可以忽略。线性饱和场近似为 $100\mathrm{V/m}$，对应的线性饱和光强只有 $70\mathrm{W/m^2}$，失谐对应的非共振饱和光强是 $36\mathrm{MW/m^2} = 3.6\mathrm{kW/cm^2}$。最后，$\chi^{(3)}$ 的值是 $-1.6 \times 10^{-16}\,\mathrm{m^2/V^2}$，对应于 $n_2 = -1.2 \times 10^{-16}\,\mathrm{m^2/V^2}$。因为饱和导致了这种失谐的折射率下降，非线性折射率是负数，如图 2.3 所示。

这个 n_2 的大小比分子再取向时的大 4 到 5 个数量级，但响应时间为 $\sim T_2$，对于非碰撞线宽带区域的碱金属蒸气，响应时间为几十纳秒。通过引入外来气体（如惰性气体）可以降低有效 T_2，但这也会提高饱和强度。对于在液体或固体中掺杂具有类似偶极矩（即振子强度）的原子，由于分子或声子碰撞引起的高阻尼率，其非线性折射率会变小。这降低了有效 T_2，增加了饱和强度。

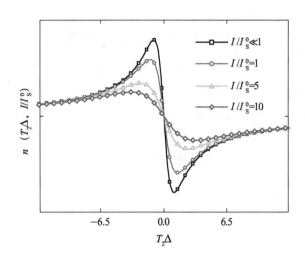

图 2.3　两能级系统的折射率是归一化失谐量的函数，
参量化为入射光强与饱和光强的比值[1]

绝热跟随适用于短脉冲激光而不是连续激光束。假设脉冲宽度 τ_p 满足不等式 $\tau_p \ll T_1, T_2$。失谐参数满足 $|\Delta| \gg T_2^{-1}, \tau_p, |\mu_{eg}||E|/\hbar$。换句话说，相比于均匀线宽、脉冲的傅里叶分量和所谓的 Rabi 频率 $\Omega = |\mu_{eg}||E|/\hbar$（该项导致了明显的谱线加宽），失谐是很大的。用 Rabi 频率表示的极化可以写成

$$P = -\frac{\Omega\Delta}{2\Delta^2} \frac{N|\mu_{eg}|}{(1+|\Omega|^2/\Delta^2)^{1/2}} \tag{2.21}$$

再次展开分母将出现三阶项，该项见表 2.1 中给出的 $\chi^{(3)}$ 表达式。

注意，绝热跟随体系中极化是真实存在的。这是因为，根据上面假设的条件，脉冲频率远离谐振频率并忽略吸收影响，脉冲如此短以至于在脉冲的持续时间内不会发生原子或分子弛豫（即阻尼），光脉冲照射到介质上后的非线性响应是绝热近似的。

2.4.2　半导体

已经证明，半导体具有非常丰富的非线性光学效应，是有潜在应用的材料。它们与宽禁带介质一样，表现出明显的电子非线性效应，但是更重要的影响是电子布居数重新分布。

半导体与透明电介质的主要差异之一是半导体在热平衡时可以具有少量的自由载流子。当这些载流子从晶格中散射时，它们可以吸收电磁辐射。伴随该自由载流子吸收的是自由载流子折射，折射率直接取决于等离子体频率，

其本质上是自由载流子密度的函数。线性吸收的光子能量 $\hbar\omega > \varepsilon_g$，其中 ε_g 是导带和价带之间的禁带宽度。线性吸收就是把电子激发到导带，增加了导带的电子布居密度。因此等离子体频率有所改变，导致了与光强有关的折射率变化。表 2.2 给出了其非线性折射率 n_2。

对 ω^{-3} 的依赖使得这种效应在红外区特别强烈，典型值为 $\alpha_2 \sim 10^{-6}\,\mathrm{cm^2/W}$。注意 α_0 是跨越能隙的线性吸收系数，m_e 是电子有效质量，$\tau_R \sim 10\mathrm{ns}$ 是电子-空穴的复合时间。

跨越能隙的线性吸收将导致电子和空穴密度的重新分布。这会使依赖于光强的线性吸收系数 $\Delta\alpha(\omega, I)$ 发生改变。有两种时间区域值得注意。

对于短于带内散射时间的脉冲，系统的响应就像一个双能级的吸收体。这些情况可以用前面给出的两能级系统的理论来处理，这种现象称为态填充（state filling）。当用亚皮秒脉冲激发半导体时，可以观察到这种现象。对于相对于带间散射时间较长的脉冲，其非线性光学效应是由带填充（band filling）引起的。

在能带填充区域，不容易计算光强依赖的吸收系数变化。然而，很容易测量光强依赖的吸收系数变化随频率或光子能量变化的函数。如表 2.2 所示，折射率变化可以通过 Kramers-Kronig 关系来计算。这和表 2.2 中通过积分给出的 $\Delta\alpha(\omega, I)$ 到 $\Delta n(\omega, I)$ 的值有关，其中 P. V. 代表着积分的柯西主值：

$$\mathrm{P.\,V.} \int_A^B f(x)\mathrm{d}x = \lim_{\varepsilon \to 0}\left[\int_A^{a-\varepsilon} f(x)\mathrm{d}x + \int_{a+\varepsilon}^B f(x)\mathrm{d}x\right] \tag{2.22}$$

这里，a 是函数 $f(x)$ 在实轴上的奇点，对于光强 $I \to 0$ 的极限状态，非线性系数可以用 $\Delta n(\omega, I)$ 的导数表示。

Butcher 和 Cotter[5] 提出了一种计算 IV 和 III-V 族直接带隙半导体的模型，自由电子密度由一个简单的速率方程决定

$$\frac{\mathrm{d}N_e}{\mathrm{d}t} = \frac{\alpha I}{\hbar\omega} - \frac{(N_e - N_e^{eq})}{\tau_R} \tag{2.23}$$

由此产生的电子密度（依赖于光强）改变了导带和价带的费米能级，这反过来又改变了吸收系数和折射率。这个问题需要用自洽理论解决。线性光学特性发生显著变化的光强标度是由如下的饱和光强所确定的

$$I_S = \frac{\varepsilon_0 n_0 c m_e \varepsilon_g \Gamma_{cv}}{e^2 \tau_R} \tag{2.24}$$

其中，Γ_{cv} 是跃迁线宽；e 是电子电荷。饱和光强 I_S 的典型值在 $10^3\,\mathrm{W/cm^2}$ 数量级。取 $\tau_R \sim (10 \sim 50)\mathrm{ns}$，对于能带填充模型，直接带隙半导体的典型非线性吸收系数为 $\alpha_2 \sim (10^{-6} \sim 10^{-4})\,\mathrm{cm^2/W}$。

激发的电子和空穴之间的库仑相互作用可以显著地改变半导体的吸收边。

当电子和空穴形成称为激子的结合状态时，会在光谱中出现 $\hbar\omega < \varepsilon_g$ 的额外谱线。自由载流子产生光子的过程产生了电场，此电场屏蔽了（即减少了有效性）约束激子的电场。这使激子吸收达到饱和，产生了显著的折射率变化。假设我们可以测量吸收系数（吸收系数是频率或光子能量的函数），而光强又与吸收系数的变化有关系，这样 α_2 的公式与带填充效应的公式相同。Butcher 和 Cotter[5] 提出了一种计算激子饱和效应的理论，这种理论的计算结果是以数值形式给出的，典型值是 $\alpha_2 \sim 10^{-6} \, \mathrm{cm}^2/\mathrm{W}$。

上述讨论涉及体半导体的性质。在人工制造的半导体如多量子阱和量子点中，也可以观察到显著的非线性光学效应。量子阱材料由多个不同半导体材料的交替薄层（$\sim 10\mathrm{nm}$）组成。在这种二维材料中，量子限域效应（quantum confinement effects）产生的激子谐振频率宽度比体半导体中相应的激子谐振频宽更窄，并且更容易饱和。这使得光学非线性效应更为显著。非线性吸收系数高达 $\alpha_2 = -2 \times 10^{-4} \, \mathrm{cm}^2/\mathrm{W}$。此外，如果可以测量作为频率函数的非线性吸收系数，则表示能带填充效应的方程式可以用于计算 α_2。对于质子轰击的材料，量子阱中非线性折射率的恢复时间（recovery time）在几十纳秒的量级，或 $\sim 100\mathrm{ps}$。

量子点（quantum dots）是尺寸为几纳米的小半导体颗粒。量子限域效应使能态产生明显的分离，即能态填充效应是导致光学非线性的主要原因。因此，该系统可以用之前所述的二能级系统加以描述。在对有不同粒径的半导体掺杂玻璃进行的实验中，发现存在非均匀展宽，而这种非均匀展宽系统的饱和吸收阈值比均匀展宽系统的高得多。然而，典型值 $\alpha_2 \sim (10^{-12} \sim 10^{-11}) \, \mathrm{cm}^2/\mathrm{W}$，恢复时间 $\sim 10\mathrm{ps}$，恢复时间如此之快的原因是半导体颗粒尺寸较小（例如，表面态效应（surface state effects）或深陷阱中存在较大自由载流子捕获截面）。尺寸更小和更均匀的颗粒，具有更低饱和光强、更高的非线性光学效应与更短的恢复时间。

对于金属量子点的非线性光学效应，没有计算非线性折射率的简单公式。金属球型粒子会产生表面等离子体模式。当入射光的频率接近表面等离子体的共振频率时，非线性极化率会有所提高。胶体银和金粒子，其典型值为 $\chi^{(3)} \sim (10^{-9} \sim 10^{-8}) \mathrm{esu} = (10^{-17} \sim 10^{-16}) \, \mathrm{m}^2/\mathrm{V}^2$。

2.5　两光子吸收

两光子吸收是指在外场作用下处在基态的电子同时吸收两个光子跃迁到

激发态的过程。这个过程涉及不同于单光子吸收的选择规则。因此，两光子吸收光谱补充了线性吸收光谱学在研究激发态系统中的作用。

两种可能的情况如图 2.4 所示。第一种情况是具有振荡频率 ω 的同一光场的两个光子进行吸收跃迁，这种跃迁在 2ω 处近似共振。在第二种情况下，存在频率为 ω_e 和 ω_p 的两个光场，每个光场中的一个光子被吸收跃迁，在 $\omega_e +$ ω_p 处近似共振。在这种情况下，第一个光场可以是泵浦或激发光束，用下标 e 表示；而第二个光场可以是探测光束，用下标 p 表示。在这两种情况下，中间（或虚拟）态都不是真实的（即不涉及系统的真实定态）。因此系统必须同时吸收两个光子。这使得这个两光子吸收过程对瞬态光强非常敏感。

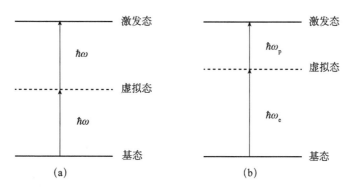

图 2.4 （a）简并和（b）非简并两光子吸收示意图

虽然这种跃迁并不涉及真实的中间态，但是通常存在一些杂质，它们会产生少量的线性吸收。应当理解的是，这种吸收并不贡献跃迁到终态的过程，而只是起到一种额外的损失机制的作用。包含单光子泵浦中间态的两步吸收被描述为激发态吸收，这个问题将在 2.6 节中讨论。

2.5.1 单光束两光子吸收

在简并两光子吸收过程中，非线性吸收与瞬时光强的平方成正比。描述光学损耗的微分方程为

$$\frac{\mathrm{d}I}{\mathrm{d}z} = -\alpha_0 I - \alpha_2 I^2 \tag{2.25}$$

式中，α_0 是由杂质引起的线性吸收系数；α_2 是两光子吸收系数。

两光子吸收系数 α_2 是表征材料的宏观参数。通常，人们对两光子吸收截面 σ_{2PA} 所描述的单个分子的两光子吸收性质感兴趣。α_2 和 σ_{2PA} 之间的关系在表 2.3 中给出，其中 N 是系统中分子数密度，$\hbar\omega$ 是入射光场中光子的能量。

表 2.3　单光束两光子吸收相关的公式[1]

两光子吸收系数	$\alpha_2 = \dfrac{3\pi}{\varepsilon_0 n_0^2 c\lambda}\mathrm{Im}\big[\chi^{(3)}_{xxxx}(-\omega;\omega,\omega,-\omega)\big]$
两光子吸收截面	$\sigma_{2PA} = \dfrac{\hbar\omega\alpha_2}{N}$
能量透过率	连续高斯光束 $T = \dfrac{(1-R)^2\,\mathrm{e}^{-\alpha_0 L}}{\psi_2}\ln(1+\psi_2)$ 其中，$\psi_2 = \alpha_2(1-R)I_0 L_{\mathrm{eff}}$，$L_{\mathrm{eff}} = \dfrac{1-\mathrm{e}^{-\alpha_0 L}}{\alpha_0}$ 脉冲高斯光束 $T = \dfrac{(1-R)^2\,\mathrm{e}^{-\alpha_0 L}}{\sqrt{\pi}\,\psi_2}\displaystyle\int_{-\infty}^{\infty}\ln(1+\psi_2\mathrm{e}^{-\xi^2})\mathrm{d}\xi$ $T = (1-R)^2\mathrm{e}^{-\alpha_0 L}\displaystyle\sum_{m=0}^{\infty}\dfrac{(-1)^m\psi_2^m}{(m+1)^{3/2}}, \quad |\psi_2|<1$

两光子吸收系数也与三阶极化率有关。这个关系也在国际单位制的表 2.3 中给出。注意，是 $\chi^{(3)}$ 的虚部决定了非线性吸收的强度。这里的极化率是复数，这意味着其中一个共振频率分母接近于零，因此跃迁频率的虚部（$\mathrm{i}\gamma_{ge}$，其中 γ_{ge} 是跃迁的线宽）是不可忽略的，就像在纯粹的反应现象中假设的那样（参见描述非线性折射的（2.4）式）。这个共振频率分母对应于系统的能量跃迁，它在 $2\hbar\omega$ 附近共振。另外，假设入射光是线偏振光，介质中心对称，因此只有极化率的 $xxxx$ 分量是相关的。

在测量中感兴趣的主要物理量是光束在频率为 ω 时材料的透过率。在表 2.3 中给出了连续和脉冲高斯光束通过两光子吸收材料后的能量透过率表达式。通常测量的物理量是光能量。因此能量透过率 T 定义为透射和入射能量之比。参数 R 是样品与空气界面上的非涅耳反射系数，而在所有情况下 I_0 是从空气中入射到样品上的在轴峰值光强。具体可参见 3.7 节非线性透过率测量。

2.5.2　两光束两光子吸收

两光束两光子吸收过程，如图 2.4（b）所示，包含两个不同频率光子的同时吸收。泵浦或激发光的频率为 ω_e，而探测光的频率为 ω_p。泵浦光和探测光的光强可以相当，但更多时候是 $I_p \ll I_e$。

这个过程中所涉及的两光子吸收系数也与三阶极化率有关。表 2.4 所示的对称关系意味着单一的两光子吸收系数将来自于两束光的光子的吸收联系了起来。事实上激发（泵浦）光和探测光可以是正交偏振的，意味着这种非线性过程可以感应材料的二向色性。

表 2.4　两光束两光子吸收相关的公式[1]

两光子吸收系数	$\alpha_2 = \dfrac{3\pi}{\varepsilon_0 n_0^e n_0^p c}\dfrac{1}{\sqrt{\lambda_e \lambda_p}}\mathrm{Im}(\chi_{ep}^{(3)})$ $\chi_{ep}^{(3)} = \chi_{iijj}^{(3)}(-\omega_e;\omega_e,\omega_p,-\omega_p) = \chi_{jjii}^{(3)}(-\omega_p;\omega_p,\omega_e,-\omega_e)$ i 和 j 分别是泵浦和探测光的偏振方向
透射光强 $(R_e \approx R_p)$	泵浦光 $I_e(L) = (1-R_e)^2\left[\dfrac{(I_{e0}/\omega_e)-(I_{p0}/\omega_p)}{(I_{e0}/\omega_e)-(I_{p0}/\omega_p)\exp(-\mu L)}\right]I_{e0}$ $\mu = 2\sqrt{\omega_e \omega_p}\,\alpha_2^{ep}(1-R_e)(I_{e0}/\omega_e - I_{p0}/\omega_p)$ 探测光 $I_p(L) = (1-R_p)^2\left[\dfrac{(I_{e0}/\omega_e)-(I_{p0}/\omega_p)}{(I_{e0}/\omega_e)\exp(+\mu L)-(I_{p0}/\omega_p)}\right]I_{p0}$ 探测光（$I_{e0} \gg I_{p0}$） $I_p(L) \approx I_{p0}\exp(-\mu L)$ $\mu \approx 2\sqrt{\dfrac{\lambda_e}{\lambda_p}}\,\alpha_2^{ep}(1-R_e)I_{e0}$
探测光能量透过率（忽略泵浦光自诱导两光子吸收）	连续高斯光束 $T = (1-R_p)^2 \sum\limits_{m=0}^{\infty}\dfrac{(-\Gamma_0)^m \eta}{(m+\eta)m!}$ 其中，$\Gamma_0 \approx 2\sqrt{\dfrac{\lambda_e}{\lambda_p}}\,\alpha_2^{ep}(1-R_e)I_{e0}L$，$\eta \approx \left(\dfrac{w_e}{w_p}\right)^2$ 脉冲高斯光束 $T = (1-R_p)^2 \sum\limits_{m=0}^{\infty}\dfrac{(-\Gamma_0)^m \eta}{(m+\eta)m!\,\sqrt{m+1}}$ 脉冲泵浦光，连续探测光（Δt 为探测器积分时间） $T = (1-R_p)^2\left\{1 + 1.06\dfrac{\tau_F}{\Delta t}\sum\limits_{m=1}^{\infty}\dfrac{(-\Gamma_0)^m \eta}{(m+\eta)m!\,\sqrt{m}}\right\}$
探测光能量透过率（忽略泵浦光自诱导两光子吸收）	连续高斯光束（通解） $T = (1-R_p)\eta\displaystyle\int_0^1\left(\dfrac{1}{1+q_{e0}y}\right)^r y^{\eta-1}\mathrm{d}y$ 其中，$q_{e0} = \alpha_2^{ee}(1-R_e)I_{e0}L$，$r = 2\sqrt{\dfrac{\lambda_e}{\lambda_p}}\dfrac{\alpha_2^{ep}}{\alpha_2^{ee}}$ 连续高斯光束（$q_{e0} < 0.8, \eta \sim 1$） $T = (1-R_p)^2 \sum\limits_{m=0}^{\infty}\dfrac{(-q_{e0})^m \eta}{(m+\eta)m!\,(r-1)}\prod\limits_{m'=0}^{m}(r+m'-1)$ 脉冲高斯光束（通解） $T = (1-R_p)^2 \dfrac{\eta}{\sqrt{\pi}}\displaystyle\int_{-\infty}^{\infty}\mathrm{d}x\int_0^1\left(\dfrac{1}{1+q_{e0}y\exp(-x^2)}\right)^r y^{\eta-1}\mathrm{d}y$ 脉冲高斯光束（$q_{e0} < 0.8, \eta \sim 1$） $T = (1-R_p)^2 \sum\limits_{m=0}^{\infty}\dfrac{(-q_{e0})^m \eta}{(m+\eta)m!\,\sqrt{m+1}(r-1)}\prod\limits_{m'=0}^{m}(r+m'-1)$ 脉冲泵浦光，连续探测光（$q_{e0} < 0.8, \eta \sim 1$） $T = (1-R_p)^2\left\{1 + \sum\limits_{m=1}^{\infty}\dfrac{1.06\tau_F}{\Delta t}\dfrac{(-q_{e0})^m \eta}{(m+\eta)m!\,\sqrt{m+1}(r-1)}\prod\limits_{m'=1}^{m}(r+m'-1)\right\}$

描述光束衰减的微分方程是

$$\frac{\mathrm{d}I_\mathrm{e}}{\mathrm{d}z} = -\alpha_0^\mathrm{e} I_\mathrm{e} - 2\left(\frac{\omega_\mathrm{e}}{\omega_\mathrm{p}}\right)^{1/2} \alpha_2^\mathrm{ep} I_\mathrm{e} I_\mathrm{p} - \alpha_2^\mathrm{ee} I_\mathrm{e}^2 \tag{2.26a}$$

$$\frac{\mathrm{d}I_\mathrm{p}}{\mathrm{d}z} = -\alpha_0^\mathrm{p} I_\mathrm{p} - 2\left(\frac{\omega_\mathrm{e}}{\omega_\mathrm{p}}\right)^{1/2} \alpha_2^\mathrm{pe} I_\mathrm{p} I_\mathrm{e} - \alpha_2^\mathrm{pp} I_\mathrm{p}^2 \tag{2.26b}$$

方程（2.26）右边的第一项和最后一项分别为线性吸收项和自诱导两光子吸收项，而中间项则是诱导二向色性项。接下来，线性吸收将被忽略。

考虑两种情况。在第一种情况下，激发光子能量小于第一个两光子允许跃迁能量的一半。因此涉及 α_2^ee 的项可以忽略。同时，由于假定探测光相对于激发光是弱的，因此忽略了包含 α_2^pp 的自诱导吸收项。在第二种情况下，允许激发光产生自诱导两光子吸收，并且假定泵浦光和探测光产生的二向色性可以忽略。这意味着激发光可以通过自身（在 $2\omega_\mathrm{e}$ 处）与探测光一起（在 $\omega_\mathrm{e} + \omega_\mathrm{p}$ 处）来泵浦允许的两光子态。当有一个大密度的两光子允许态时，如在半导体中的导带和在多原子分子中的激发态，这种情况是可能实现的。

表 2.4 给出了连续高斯光束和脉冲高斯光束在每种情况下探测光的透过率方程。公式对探测光（R_p）和激发光（R_e）在材料-空气界面上的菲涅耳反射进行了适当的修正。通常，光束是脉冲的，以增加入射光功率来观察这个非线性光学过程。但是两束光不必都需要是脉冲光束，因为要观察诱导的二向色性，仅需要高的激发光强就可以。因此，用连续探测光的特殊情况也列在表 2.4 中，Δt 是监测探测光的能量探测器的积分时间。

对于可以忽略的激发光自诱导的两光子吸收，探测光经历指数型衰减，指数衰减因子 Γ_0 如表 2.4 所示。当两束光具有有限的宽度（如高斯分布）时，探测光的衰减过程将或多或少地取决于两光束重叠的程度。图 2.5 给出了具有高斯型脉冲的高斯光束的透过率，其中参数 η 是两光束面积比（激发-探测）。在图中假设脉冲宽度相等。对于激发光比探测光大很多（$\eta \gg 1$）的特殊情况，探测光透过率随着峰值激发光强的增加呈现简单的指数衰减。当两光束大小相等（$\eta = 1$）时，如图 2.5 所示，探测光透过率随峰值激发光强的增加衰减较慢。

当激发光自诱导两光子吸收主导光束的损耗时，探测光是一个依赖于光强的损耗，使人联想到表 2.3 中透过率方程所给出的自两光子吸收损耗。表 2.4 也列出了这个情况。注意，透过率取决于参数 $r = 2(\lambda_\mathrm{e}/\lambda_\mathrm{p})^{1/2} \alpha_2^\mathrm{ep}/\alpha_2^\mathrm{e}$。当两光束尺寸相等并且 $r \to 1$ 时，由于激发光的自两光子吸收，探测光只能看到单光束的透过率。表 2.4 给出了两光束尺寸不相等时的一般表达式。对于高斯型时空脉冲光束具有不同光束尺寸比 η，探测光的归一化透过率作为 $q_{\mathrm{e0}} = \alpha_2^\mathrm{ee}(1-$

$R_e)I_{e0}L$ 的函数关系，如图 2.6 所示。

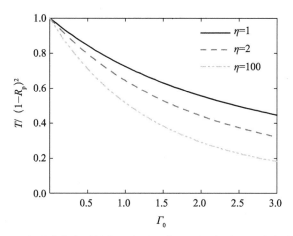

图 2.5　当泵浦光自诱导的两光子吸收可以忽略时，泵浦光峰值光
强依赖的探测光能量透过率。假设两光束具有高斯型空间分布和
高斯型脉冲形状，具有相同的脉冲宽度

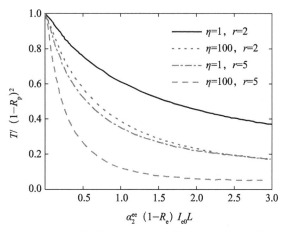

图 2.6　当包含泵浦光自诱导的两光子吸收时，泵浦光峰值光强依赖的
探测光能量透过率。假设两光束具有高斯型空间分布和
高斯型脉冲形状，具有相同的脉冲宽度

2.6　三光子吸收

共振三光子吸收现象如图 2.7 所示。三种情况分别涉及一、二和三个光

束。为简化起见，这里只讨论单光束的情况。

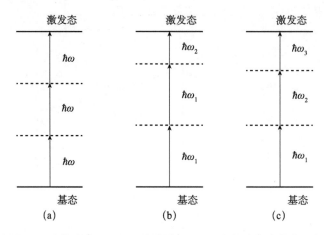

图 2.7 （a）单光束、（b）双光束和（c）三光束三光子吸收示意图

假设杂质引入一些背景线性吸收，描述经历三光子吸收的光强衰减方程为

$$\frac{\mathrm{d}I}{\mathrm{d}z} = -\alpha_0 I - \alpha_3 I^3 \tag{2.27}$$

式中，α_3 是三光子吸收系数。三光子吸收是一个五阶非线性光学过程。如表 2.5 所示，α_3 与五阶非线性极化率相关。这里假设光束是线偏振的，介质是中心对称的。

表 2.5　单光束三光子吸收相关的公式[1]

三光子吸收系数	$\alpha_3 = \dfrac{5\pi}{\varepsilon_0^2 n_0^3 c^2 \lambda} \mathrm{Im}\left[\chi_{xxxxx}^{(3)}(-\omega;\omega,\omega,-\omega,-\omega)\right]$
能量透过率	连续高斯光束 $T = \dfrac{(1-R)^2 \mathrm{e}^{-\alpha_0 L}}{p_0} \ln\left(\sqrt{1+p_0^2} + p_0\right)$ 其中，$p_0 = \sqrt{2\alpha_3(1-R)^2 I_0^2 L_{\mathrm{eff}}^{(3)}}$，$L_{\mathrm{eff}}^{(3)} = \dfrac{1-\mathrm{e}^{-2\alpha_0 L}}{2\alpha_0}$ 脉冲高斯光束（通解） $T = \dfrac{(1-R)^2 \mathrm{e}^{-\alpha_0 L}}{\sqrt{\pi}\,p_0} \int_{-\infty}^{\infty} \ln\left(\sqrt{1+p_0^2 \mathrm{e}^{-2x^2}} + p_0 \mathrm{e}^{-x^2}\right)\mathrm{d}x$ 脉冲高斯光束（$p_0 < 1$） $T = (1-R)^2 \mathrm{e}^{-\alpha_0 L} \sum_{m=1}^{\infty} \dfrac{(-1)^{m-1} p_0^{2m-2}}{(2m-1)!\,\sqrt{2m-1}}$

方程（2.27）式很容易求解，表 2.5 给出了连续高斯光束和脉冲高斯光束的透过率表达式。这里的关键变量是 $p_0 = \left[2\alpha_3(1-R)^2 I_0^2 L_{\mathrm{eff}}^{(3)}\right]^{1/2}$，其中

$L_{\text{eff}}^{(3)} = (1 - e^{-2\alpha_0 L})/(2\alpha_0)$。当 $p_0 < 1$ 时，脉冲光透过率表达式可以用无穷级数展开。这些表达式（表 2.5）可用于实验数据的理论拟合。有关三光子吸收和多光子吸收相关的 Z-扫描表征将在 5.2 节做详细的介绍。

2.7　激发态吸收

当入射光强高于饱和光强时，激发态就会发生明显的布居。在多原子分子和半导体这样的体系中，在激发态附近有高密度态。被激发的电子在最终跃迁回基态之前，可以迅速跃迁到这些态之一。还有一些高激发态可能辐射耦合到这些中间态，对于这些高激发态，能量差与入射光子能量近似共振。因此，在电子完全弛豫到基态之前，它可能会经历吸收，从而促使它进入更高的态。这个过程称为激发态吸收（excited state absorption）。当入射光强足以显著消耗基态时，可以观测到这种非线性吸收过程。

当激发态的吸收截面小于基态的吸收截面时，高激发态系统的透过率将会增大，这个过程称为饱和吸收（saturable absorption）。它类似于一个简单的两能级系统中的饱和吸收，但比它更复杂。一般来说，当入射激光脉冲短于激发态电子所能获得的任何能量弛豫通道的衰减时间，以及当向任何较高激发态的跃迁没有得到共振增强时，可近似看成两能级饱和吸收。

当激发态的吸收截面大于基态的吸收截面时，系统在激发时的透过率会减小。这给出了与饱和吸收相反的结果，被称为反饱和吸收（reverse saturable absorption）。

在半导体中，对能量大于禁带宽度的光子的吸收将促使电子进入导带，在那里它是一个自由载流子，当施加一个电场时可以促进电流的流动。被激发的电子会迅速热化并弛豫到导带的底部。在特征复合时间后，它将在价带中与一个激发空穴重新复合。然而，在足够高的光强下，当它仍然处于导带时，它可以以很高的概率吸收另一个光子。这个过程叫作自由载流子吸收（free carrier absorption）。它具有类似于反饱和吸收的定性特征。

下面将进一步讨论饱和吸收、反饱和吸收、自由载流子吸收和多光子感应激发态吸收这四个激发态吸收过程。

2.7.1　饱和吸收

图 2.8 给出了一个简化的多原子分子的能级图。这通常被称为分子的五

能级模型，涉及五种不同的电子态，足以解释在很宽的入射光强范围内的非线性吸收过程。在每个电子态中，都存在着多种非常致密的振动-转动态。当电子从一种电子态跃迁到另一种电子态时，它通常会跃迁到这种振动-转动态中的一种。然而，在能量转移很少的情况下，碰撞会使电子迅速热化，使它在多种电子态中降到最低的振动-转动能级。从这种态，它可以经历另一个光子的吸收，或者弛豫到一些低能态中的任何一个。

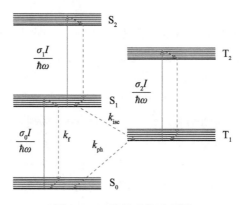

图 2.8　五能级系统示意图

基态电子态称为单重态。这些态有一对反平行自旋的电子。选择规则不允许任何辐射能量跃迁，因为其中一个自旋翻转，将会产生一对平行自旋的电子。因此，从基态的吸收只会导致另一个单重电子态的跃迁。高激发单重态荧光的吸收也是如此。

通过外部过程（如与顺磁离子的碰撞）或内部过程（如强自旋-轨道耦合）可能产生自旋翻转。在这种情况下，第一激发电子态可能会发生无辐射跃迁，进入较低的三重态（即一对具有平行自旋的电子的态）。（单重双电子波函数的对称空间因子导致了分子对称轴上的等分子坐标电子对，但是电子对位于π-轨道的上下两叶中。这种紧密接近导致了一个比反对称三重态空间波函数更高的（库仑）能态，反对称三重态空间波函数优先将电子置于不等分子坐标。）从这种态到另一种三重态的辐射跃迁，只有选择规则允许。因此在这类分子系统中有单重态-单重态和三重态-三重态辐射跃迁。

五能级系统的吸收过程如下。入射光子的吸收使电子进入第一激发单重态。电子在该态上，可能会发生三种情况。第一种可能是，电子可以通过辐射或非辐射跃迁弛豫到基态，这个跃迁的净速率常数用参数 k_f 给出。第二种可能是，电子经历了自旋翻转跃迁到三重态，这个过程称为系统间交叉（intersystem crossing），速率常数为 k_{isc}。第三种可能是，分子可能会吸收另一个光子，从而促使电子进入更高的单重态，然后再弛豫回到第一个激发单重态。

对于处于最低三重态的电子，存在两种可能性。一种可能是，它会因为另一个自旋翻转跃迁而弛豫到基态，这个过程被称为磷光现象（phosphorescence），并用一个相关的速率常数 k_{ph} 表示。另一种可能是，分子吸收了另一个光子，促使电子进入更高的三重态，然后电子再弛豫到最低的三重态。

高激发单重态和三重态的弛豫率通常非常大。一般假设这些弛豫率是如此之大，以至于这些态的布居数密度（在图 2.8 中被指定为 S_2 和 T_2）是非常小的，可以忽略。来自激发态的受激发射也被忽略，因为吸收通常促进电子到振动能级，而弛豫到底部振动能级是非常快的。

有了这些假设，可以很容易地写出三个最重要态的布居数密度的速率方程。这三个态分别是基态 S_0，第一激发单重态 S_1 和第一激发三重态 T_1。引入无量纲量 $S_0 = N_{S_0}/N$，$S_1 = N_{S_1}/N$ 和 $T_1 = N_{T_1}/N$，其中 N_{S_0}、N_{S_1} 和 N_{T_1} 分别是态 S_0、S_1 和 T_1 的布居数密度，N 是分子的总数密度。可得速率方程如下

$$\frac{\partial S_0}{\partial t} = -\frac{\sigma_0 I}{\hbar\omega}S_0 + k_f S_1 + k_{ph} T_1 \tag{2.28}$$

$$\frac{\partial S_1}{\partial t} = \frac{\sigma_0 I}{\hbar\omega}S_0 - k_f S_1 - k_{isc} S_1 \tag{2.29}$$

$$\frac{\partial T_1}{\partial t} = k_{isc} S_1 - k_{ph} T_1 \tag{2.30}$$

入射光的衰减被描述为

$$\frac{\partial I}{\partial z} = -\sigma_0 S_0 NI - \sigma_1 S_1 NI - \sigma_2 T_1 NI \tag{2.31}$$

在这些方程中，$I(z,t)$ 是光强，σ_0、σ_1 和 σ_2 分别是基态 S_0、第一激发单重态 S_1 和第一激发三重态 T_1 的吸收截面。同时，数密度守恒要求 $S_0 + S_1 + T_1 = 1$。

1. 稳态饱和吸收

在稳态条件下，方程（2.28）式～（2.30）式设为零。一个直接的结果就是 $T_1 = gS_1$，其中 $g = k_{isc}/k_{ph}$。正常情况下，体系间交叉速率比磷光速率大几个数量级（比如，$k_{isc} \sim 10^9\,\mathrm{s}^{-1}$ 和 $k_{ph} \sim 10^6\,\mathrm{s}^{-1}$）。因此 g 是一个大数，表明三重态作为一个具有 $T_1 \gg S_1$ 的电子陷阱。因此，稳态下的非线性吸收主要是由三重态吸收截面所决定的。

稳态光强透过率的表达式见表 2.6。参数 $\delta_1 = (\sigma_1 - \sigma_0)/\sigma_0$ 和 $\delta_2 = (\sigma_2 - \sigma_0)/\sigma_0$ 分别是单重态和三重态的吸收截面与基态吸收截面的相对差。一般来说，人们不会期望 δ_1 和 δ_2 在数量上有很大的不同。但是三重增强因子 g 使得

δ_2 成为最重要的参数。如果 $\delta_2 < 0$，那么系统在稳态下会呈现可饱和吸收。这在图 2.9 的光强透过率图中得到了说明。饱和光强 I_S 提供了观察漂白所需的入射光强。注意，I_S 是由第一激发单重态的性质决定的，也就是说，由 $S_0 \leftarrow S_1$ 吸收截面和 S_1 态的总弛豫时间 $\tau_1 = (k_f + k_{isc})^{-1}$ 决定的。

表 2.6　在多原子分子和半导体中与激发态吸收相关的公式[1]

饱和吸收和反饱和吸收	1. 稳态下的光强透过率 $$\frac{T_0}{T} = \left\{ \frac{1 + [1 + \delta_1 + g(1 + \delta_2)]I_0/I_S}{1 + [1 + \delta_1 + g(1 + \delta_2)]TI_0/I_S} \right\}^{\kappa}$$ 其中，$\kappa = \dfrac{\delta_1 + g\delta_2}{1 + g + \delta_1 + g\delta_2}$ $\delta_j = \dfrac{\sigma_j - \sigma_0}{\sigma_0} \quad (j = 1, 2)$ $g = \dfrac{k_{isc}}{k_{ph}}$ $I_S = \dfrac{\hbar\omega}{\sigma_0}(k_f + k_{isc})$ 饱和吸收：$\sigma_j < 0$；反饱和吸收：$\sigma_j > 0$ 2. 脉冲高斯光束激发（$F \ll F_S$）下的能量透过率 $$T = \frac{(1-R)^2 e^{-\alpha_0 L}}{q}\ln(1+q)$$ 其中，$q = (1-R)(1 - e^{-\alpha_0 L})\delta_{eff}F_0/(2F_S)$ $F_S = \dfrac{\hbar\omega}{\sigma_0}$ $\delta_{eff} = \dfrac{\sigma_{eff} - \sigma_0}{\sigma_0}$ $$\sigma_{eff} = \frac{[\sigma_1 - \sigma_0 - \varphi_T(\sigma_2 - \sigma_0)][\eta - (1 - e^{-\eta})] + \varphi_T(\sigma_2 - \sigma_0)\eta^2/2}{\eta^2}$$ $\eta = (k_f + k_{isc})\tau_F$ $\sigma_{eff} \to \sigma_1 \quad (\eta \ll 1)$ $\sigma_{eff} \to \varphi_T\sigma_2 \quad (\eta \gg 1)$
自由载流子吸收 （脉冲光激发）	高斯光束的能量透过率 $$T = \frac{(1-R)^2 e^{-\alpha_0 L}}{q}\ln(1+q)$$ 其中，$q = (1-R)(1 - e^{-\alpha_0 L})F_0/(2F_S)$ $F_S = \dfrac{\hbar\omega}{\sigma_C}$ $\sigma_C = \dfrac{e^2}{\varepsilon_0 n_0 c m^* \omega^2 \tau}$ m^* 为有效载流子质量 τ 为自由载流子弛豫时间（平均碰撞时间）

2. 脉冲光激发下的饱和吸收

当入射光脉冲宽度与第一激发单重态弛豫时间相当时，非线性吸收特性

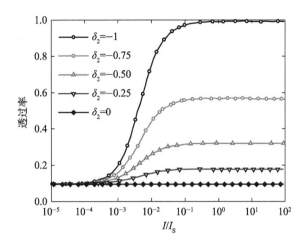

图 2.9　五能级系统中可饱和吸收的稳态光强透过率

将更加严格地依赖于 $S_1 \leftarrow S_2$ 吸收截面。如果 $\tau_F \ll \tau_1$，那么非线性吸收主要是单重态-单重态吸收。相反，当 $\tau_F \gg \tau_1$ 时，三重态-三重态吸收占主导地位。

在脉冲光激发下，速率方程和光强衰减方程必须同时求解。一般来说，这必须借助数值求解。然而，当入射脉冲能量通量小于饱和能量通量（定义为 $F_S = \hbar\omega/\sigma_0$）时，可以得到能量透过率的近似表达式。

对于非常短的脉冲，电子没有足够的时间弛豫到三重态，因此 $T_1 \approx 0$，方程（2.29）中的弛豫项可以忽略。当入射能量通量远小于 F_S 时，$S_0 \approx 1$。这样将方程（2.28）式和（2.30）式对时间积分，得到描述脉冲通量的如下方程

$$\frac{\partial F}{\partial z} = -\alpha_0 \left(1 + \frac{\delta_1 F}{2F_S}\right) F \tag{2.32}$$

式中，$\alpha_0 = \sigma_0 N$ 是线性吸收系数。

当激光脉冲比 τ_1 长但比 k_{ph}^{-1} 短时，S_1 将达到准稳态，S_1 比 T_1 小。在上述描述的条件下，可以找到一个类似于方程（2.32）的脉冲通量衰减方程

$$\frac{\partial F}{\partial z} = -\alpha_0 \left(1 + \frac{\phi_T \delta_2}{2} \frac{F}{F_S}\right) F \tag{2.33}$$

式中，$\phi_T = k_{isc}/(k_f + k_{isc})$。这个参数叫作三重态量子产率，其值介于 $0 \sim 1$。

对于中等激光脉冲宽度的情况，可以用参数 $\eta = (k_f + k_{isc})\tau_F$ 得到类似于（2.32）式和（2.33）式的近似方程。定义 $\delta_{eff} = (\sigma_{eff} - \sigma_0)/\sigma_0$ 和

$$\sigma_{eff} = \frac{[\sigma_1 - \sigma_0 - \phi_T(\sigma_2 - \sigma_0)][\eta - (1 - e^{-\eta})] + \phi_T(\sigma_2 - \sigma_0)\eta^2/2}{\eta^2}$$

$$\tag{2.34}$$

脉冲通量的衰减可描述为

$$\frac{\partial F}{\partial z} = -\alpha_0 \left(1 + \frac{\delta_{\text{eff}}}{2}\frac{F}{F_S}\right)F \tag{2.35}$$

当 $\eta \ll 1$ 时，方程（2.35）式退化为方程（2.32）式；而当 $\eta \gg 1$ 时，方程（2.35）式简化为方程（2.33）式。

这些方程的解归纳在表 2.6 中。表中还给出了高斯光束的能量透过率。

2.7.2 反饱和吸收

在具有反饱和吸收的材料中，激发态吸收截面大于基态截面。因此，上面和表 2.6 中所描述的所有方程都适用于 δ_1，$\delta_2 > 0$。

稳态反饱和吸收光强透过率的例子如图 2.10 所示。同样，对大 g 值，δ_2 或者三重态-三重态吸收占主导。应该注意的是，即使 δ_1 和 δ_2 具有相反的符号，也有可能具有饱和吸收或反可饱和吸收，这取决于哪一个能级占主导地位。

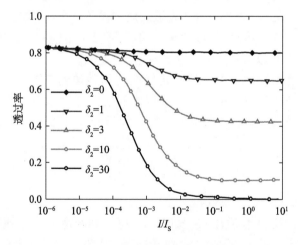

图 2.10　五能级系统中反饱和吸收的稳态光强透过率

有时在同一分子中可观察到饱和吸收和反饱和吸收，必须用高阶单重态-单重态吸收来解释这一现象。本质上，中间单重态（如 S_1 态）的布居数随着入射光强的增加而到达一个最大值，在高光强下增加了更高态 S_n 的布居数。

对于脉冲光激发，方程（2.32）式～（2.35）式再次适用于 $F_0 \ll F_S$。这些方程的解列在表 2.6 中。对于任意输入的激光脉冲通量，速率方程和光强衰减方程必须在计算机上同时求解。作为例子，图 2.11 给出了在 C_{60}-甲苯溶液中的反饱和吸收。注意，对于非常高的激光脉冲通量（$>1\text{J}/\text{cm}^2$），五能级模型不足以解释实验数据，特别是对于纳秒激光脉冲的情况。在这种情况下，高能级单重态-单重态吸收或三重态-三重态吸收可能起着重要作用。

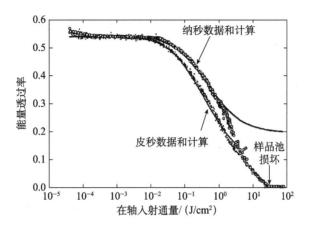

图 2.11 C₆₀-甲苯溶液中非线性能量透过率与入射脉冲通量的函数关系。实验数据为纳秒和皮秒激光脉冲实验数据，图中实线是速率方程和光能量输运方程的数值解[6]

2.7.3 自由载流子吸收

在半导体中，线性吸收产生自由载流子，它们就可能经历声子辅助导带（价带）吸收更高（更低）激发态的光子，这个过程叫作自由载流子吸收。自由载流子吸收过程是由在同一能带内的能级间跃迁引起的，并且这一过程不会改变半导体的导电特性。

自由载流子吸收和激发态吸收类似，它发生在某一能级内若干振动-转动能级之间，其光强衰减可描述为

$$\frac{\partial I}{\partial z} = -\alpha_0 I - \sigma_C N_C(I) I \tag{2.36}$$

式中，$N_C(I)$ 是光强依赖的载流子（电子或空穴）密度；σ_C 是自由载流子吸收截面。自由载流子吸收截面 σ_C 这个量见表 2.6，它具有高频电导率的 $1/\omega^2$ 依赖性（其中 ω 是光学频率），因此在半导体中对红外辐射是最重要的。

自由载流子密度由速率方程描述为

$$\frac{\partial N_C}{\partial t} = \frac{\alpha_0 I}{\hbar\omega} - \frac{N_C}{\tau_C} \tag{2.37}$$

其中，τ_C 是电子-空穴复合和载流子扩散引起的自由载流子弛豫时间。一般来说，方程（2.36）式和（2.37）式必须通过数值求解来确定材料的透过率。

当入射激光脉冲时间比载流子弛豫时间短很多时，假设忽略带填充效应，

且声子弛豫到导带底（价带顶）的时间非常短，在方程（2.37）式中可以忽略载流子弛豫时间。方程（2.36）式和（2.37）式对时间积分，可得脉冲通量衰减方程为

$$\frac{\partial F}{\partial z} = -\alpha_0 \left(1 + \frac{F}{2F_{\mathrm{S}}}\right) F \tag{2.38}$$

其中，$F_{\mathrm{S}} = \hbar\omega/\sigma_{\mathrm{C}}$ 是饱和通量。请注意，饱和通量定义所涉及的吸收截面是自由载流子吸收截面，而不是上文讨论多原子分子中的饱和吸收和反饱和吸收时的线性吸收截面。表 2.6 给出了方程（2.38）式的解，其中包括高斯光束激发的能量透过率。

自由载流子吸收过程是在同一能带内的能级间跃迁引起的，带内弛豫过程源于声子发射。当然，与每个吸收过程相关的是由自由载流子折射截面 σ_{R} 描述的相应折射率变化。典型的半导体中自由载流子吸收截面和折射截面如表 2.7 所示。反饱和吸收是有机染料的一个重要特性，但是半导体不能在溶剂中稀释，因此半导体的线性吸收通常太大（除了在一些个别薄的间接带隙半导体中）而无法利用这种非线性光学响应。然而，自由载流子吸收和自由载流子折射与光生方法无关，因此，比如两光子吸收可以产生激发，从而进一步吸收来自分子的激发态或半导体中的自由载流子。这些过程是一个 $\chi^{(3)}$：$\chi^{(1)}$ 过程的五阶光学非线性，是接下来要介绍的多光子感应激发态吸收。

表 2.7　典型半导体中与自由载流子吸收相关的参数[2]

参量	ZnO	CdS	ZnSe	InSb
λ	532nm	532nm	1064nm	10μm
$E_{\mathrm{g}}/\mathrm{eV}$	3.2	2.42	2.67	0.18
$\sigma_{\mathrm{C}}/\mathrm{cm}^2$	6.5×10^{-18}	3×10^{-18}	4.4×10^{-18}	8×10^{-16}
$\sigma_{\mathrm{R}}/\mathrm{cm}^2$	9×10^{-17}	3.8×10^{-16}	4.7×10^{-17}	$(2{\sim}4)\times10^{-15}$
$\tau_{\mathrm{C}}/\mathrm{ns}$	2.8	3.6	1	50
n_0	1.9	2.6	2.7	4.0

2.7.4　多光子感应激发态吸收

众所周知，多光子吸收通常指在强脉冲激光激发下，系统同时吸收 n 个相同的光子，将电子从系统的基态 S_0 经过虚拟中间态跃迁到激发态 S_1，这就是一步多光子吸收（multiphoton absorption，MPA）[7]。其后，通过吸收另一个光子，电子可以激发到更高能态，在有机分子中导致多光子吸收感应激发态吸收（MPA-induced excited-state absorption（ESA））。

图 2.12 可以更加形象地说明感应激发态吸收，已经处在 S_1 激发态的电子有三种可能的去处，即①弛豫到 S_0 态，②经历一个自旋反转转变（spin-flip transition）到低三重态 T_1，或者③通过吸收另一个光子跃迁到高能态 S_h。从 T_1 态，电子可能通过另一个自旋反转转变弛豫到 S_0 态或者吸收另一个光子跃迁到高三重态 T_h。以上物理过程描述了多光子感应单重和三重激发态吸收，可以用图 2.12 所示的能级图表示。这种五能级模型可以解释许多材料中的多光子吸收感应激发态吸收过程[8-10]。

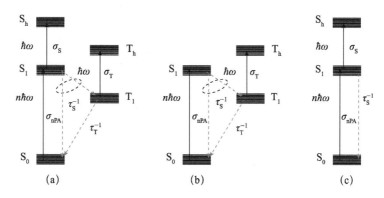

图 2.12　n-光子吸收（$n \geqslant 2$）感应激发态吸收的能级图
（a）n-光子吸收感应单重和三重激发态吸收；（b）n-光子吸收感应三重激发态吸收；
（c）n-光子吸收感应单重激发态吸收

光学薄样品内传播的脉冲激光强度可用如下的传播方程描述

$$\frac{\mathrm{d}I}{\mathrm{d}z'} = -\sigma_{n\mathrm{PA}} N_{S_0} I^n - \sigma_S N_{S_1} I - \sigma_T N_{T_1} I \qquad (2.39)$$

处于 S_1 态和 T_1 态上的布居数对时间的导数分别表示为

$$\frac{\partial N_{S_1}}{\partial t} = \frac{\sigma_{n\mathrm{PA}} I^n}{n\hbar\omega} N_{S_0} - \frac{N_{S_1}}{\tau_S} \qquad (2.40)$$

$$\frac{\partial N_{T_1}}{\partial t} = \frac{\varphi_T}{\tau_S} N_{S_1} - \frac{N_{T_1}}{\tau_T} \qquad (2.41)$$

$$N_{S_0} = N - N_{S_1} - N_{T_1} \qquad (2.42)$$

其中，z' 是光束在样品内的传播距离；$\sigma_{n\mathrm{PA}}$ 是分子 n-光子吸收截面；σ_S 和 σ_T 分别是激发的单重态-单重态吸收截面和激发的三重态-三重态吸收截面；τ_S 和 τ_T 分别是单重态和三重态寿命，其典型值分别在皮秒和纳秒时间尺度[11,12]；φ_T 是三重态量子产率（quantum yield）；$\hbar\omega$ 是入射光子能量（photon energy）。需要注意的是这里忽略了 S_h 和 T_h 态上的布居数，这是因为电子从 S_h 和 T_h

态分别弛豫到 S_1 和 T_1 的时间非常短，因此泵浦到 S_h 和 T_h 的电子立刻跳回到 S_1 和 T_1 态，处在 S_h 和 T_h 的布居数接近为零。借助于龙格-库塔法等数值解法可严格解（2.39）式～（2.42）式，分析激发态动力学过程[10]。

为简化起见，假设在所使用的光激发下 S_0 态上的布居数几乎没有消耗，故 $N_{S_1} \ll N$ 和 $N_{T_1} \ll N$，因此有 $N_{S_0} \approx N$，n-光子吸收系数为 $\alpha_n = \sigma_{nPA}N$。解（2.40）式和（2.41）式，得 S_1 和 T_1 上的布居数密度分别为

$$N_{S_1}(t) = \frac{\alpha_n}{n\hbar\omega}I^n(t)G(t) \tag{2.43}$$

$$N_{T_1}(t) = \frac{\varphi_T\alpha_n}{n\hbar\omega\tau_S}I^n(t)F(t) \tag{2.44}$$

其中，

$$G(t) = \frac{1}{I^n(t)}\int_{-\infty}^{t} I^n(t')\exp\left(\frac{t'-t}{\tau_S}\right)dt' \tag{2.45}$$

$$F(t) = \frac{1}{I^n(t)}\int_{-\infty}^{t} I^n(t')G(t')\exp\left(\frac{t'-t}{\tau_T}\right)dt' \tag{2.46}$$

可知 S_1 和 T_1 的布居数随着时间的演变强烈地依赖激光的脉冲宽度和激发态寿命。

将（2.43）式和（2.44）式代入（2.39）式，得

$$\frac{\partial I(t)}{\partial z'} = -\alpha_n I^n(t) - \frac{\sigma_S\alpha_{nPA}}{n\hbar\omega}G(t)I^{n+1}(t) - \frac{\sigma_T\varphi_T\alpha_{nPA}}{n\hbar\omega\tau_S}F(t)I^{n+1}(t) \tag{2.47}$$

有机材料在 $\hbar\omega = 1.60$ eV 时双光子感应激发态吸收的典型光物理参数如表 2.8 所示[11,13]。关于多光子感应激发态吸收将在 5.4 节做详细介绍。

表 2.8　双光子感应激发态吸收的典型光物理参数

$\alpha_2/(\text{cm/GW})$	σ_S/cm^2	σ_T/cm^2	φ_T	τ_S/ps	τ_T/ns
2.3×10^{-2}	1.3×10^{-17}	6.5×10^{-17}	0.05	2.5	200

2.8　热致光学非线性[2]

热贡献和介质的吸收密切相关。介质吸收了外加光场的能量之后，其中一部分能量将转化为介质增加的热能。温度升高使介质密度改变，进而产生热致非线性效应[14-16]。热贡献非线性极化率 $\chi^{(3)} \sim (10^{-9} \sim 10^{-5})$ esu，响应时间 $\sim (10^{-7} \sim 10^{-1})$ s。

热效应是一种概念上看似简单，但是实际上很复杂的过程。吸收导致温

度变化 δT，这种温度变化导致了局部密度的变化，密度变化产生了声波，这种声波又释放了由密度变化而产生的应力，δT 和 $\delta\rho$ 关系可以用下面方程描述

$$\delta n = \left(\frac{\partial n}{\partial \rho}\right)_T \delta\rho + \left(\frac{\partial n}{\partial T}\right)_\rho \delta T \tag{2.48}$$

最终的温度变化可以由热扩散方程描述

$$\rho C_p \frac{\partial(\delta T)}{\partial t} - \kappa\,\nabla^2(\delta T) = Q = \alpha_0 I \tag{2.49}$$

其中，Q 是单位时间内单位体积上的吸收能量，在一阶近似下，温度的改变主要是源于热致非线性。

问题的难度主要在于计算稳态温度和折射率分布，在超短单脉冲的飞秒、皮秒和纳秒激光下，初始热致折射率分布与入射光束强度分布一致。然而，对于锁模激光器和连续光激光器，这种效应是在微秒量级内积累的。因此，样品的尺寸、形状和热边界条件对于建立稳态折射率分布是至关重要的，而且这种分布与样品特性，如几何形状等有关。

对于光学实验中的空间有限的光束，与电致伸缩效应类似，声波的瞬态变化对光束的横向分布有影响，声波的速度是 $1\sim4\ \mu m/ns$，而且对于 $0.1\sim$ 1mm 的常见光束来说，如果光束的脉宽在 $1\ \mu s$ 及以下，声波的瞬态影响就可以忽略不计。进一步讲，由于密度变化对于折射率变化的影响远比温度变化要小，因此在一阶近似下，密度变化可以忽略。

为了找到一种简单方法来估算热光效应中的 $n_{2,\mathrm{th}}$，将（2.49）式改成

$$\rho C_p\left[\frac{\partial(\delta T)}{\partial t} - \frac{\kappa\,\nabla^2}{\rho C_p}(\delta T)\right] = \alpha_0 I \tag{2.50}$$

需要注意，$\kappa\,\nabla^2/(\rho C_p)$ 具有时间的单位，因此 $\nabla^2\delta T$ 表示与光束形状有关的特征时间，具体值是很难确定的。假定高斯型光强分布如下

$$I(\boldsymbol{r},t) = I_0(z)\exp\left[-\frac{r^2}{\omega_0^2} - \frac{t^2}{\tau_{\mathrm{opt}}^2}\right] \tag{2.51}$$

其中，$I_0(z)$ 是轴上光强分布（沿着 z 轴）。由于吸收，$I_0(z)$ 随着距离 z 呈指数衰减。进一步假设激光脉宽 τ_{opt} 远小于热扩散时间 τ_{th}，最大温度分布由脉冲能量吸收和高斯光束分布给出的空间温度分布得到。光束横截面上的最大温度变化量 $\delta T_{\max}(\boldsymbol{r})$ 可以表示成

$$\delta T_{\max}(\boldsymbol{r}) = \frac{\alpha_1}{\rho C_p}I(\boldsymbol{r})\int_{-\infty}^{+\infty}\exp\left(-\frac{t}{\tau_{\mathrm{th}}}\right)\mathrm{d}t = \sqrt{\pi}\,\tau_{\mathrm{opt}}\frac{\alpha_0}{\rho C_p}I(\boldsymbol{r}) \tag{2.52}$$

注意，

$$\nabla^2[\delta T_{\max}(\boldsymbol{r})] = \left[\frac{1}{r}\frac{\partial}{\partial r} + \frac{\partial^2}{\partial r^2}\right]\delta T_{\max}(\boldsymbol{r}) = -\frac{4}{\omega_0^2}\left\{1 - \frac{r^2}{\omega_0^2}\right\}\delta T_{\max}(\boldsymbol{r})$$

(2.53)

其中，δT 的最大值介于 $r=0$ 和 $r=\omega_0$ 之间。上式也可以忽略 r^2/ω_0^2 项求解。这样我们可以估算 δT 和关闭时间从下式中移除光场

$$\frac{\partial\delta T_{\max}(\boldsymbol{r},t)}{\partial t} = -\frac{4\kappa}{\omega_0^2\rho C_p}T_{\max}(\boldsymbol{r},t) \Rightarrow \delta T_{\max}(\boldsymbol{r},t) \Rightarrow \delta T_{\max}(0,t)\mathrm{e}^{-t/\tau_{\mathrm{th}}}$$

(2.54)

其中，$\tau_{\mathrm{th}} = \omega_0^2\rho C_p/4\kappa$，注意 τ_{th} 并不是一个材料常数，它取决于材料、光束几何形状、散热、光束大小等诸多因素。表 2.9 中给出了多种材料（$\omega_0 = 0.1\mathrm{mm}$）的 τ_{th}，需要注意的是：

（1）表格中的量与光束尺寸 ω_0^2 有关；

（2）除了金属以外，不同材料的 τ_{th} 的变化范围大约在两个数量级；

（3）因为有机溶剂中大多包含的原子类型相似（主要是碳和氢），所以不同有机溶剂的 τ_{th} 差别仅在一个数量级之内。

表 2.9　多种材料的热光参数

材料	GaAs	Al_2O_3	NaCl	ZnO	丙酮	C_6H_6	甲醇
$\kappa/(\mathrm{W}/(\mathrm{cm}\cdot{}^\circ\mathrm{C}))$	0.55	0.024	0.065	0.30	0.0019	0.0016	0.0020
$C_p/(\mathrm{J}/(\mathrm{g}\cdot{}^\circ\mathrm{C}))$	0.33	0.75	0.85	0.83	2.2	1.7	2.4
$\rho/(\mathrm{g/cm^3})$	5.32	3.98	2.2	5.5	0.79	0.90	0.80
$\tau_{\mathrm{th}}/\mathrm{ms}$	0.080	3.1	0.72	0.39	45	24	20
$\mathrm{d}n/\mathrm{d}T\times 10^{-4}/{}^\circ\mathrm{C}$	1.6~2.7	0.13	0.25	0.1	−5.6	−6.2	−4.0

有效非线性折射率 $n_{2,\mathrm{th}}$ 可以用下面的方式估算

$$\delta n_{\max}(\boldsymbol{r}) = \left[\frac{\partial n}{\partial T}\right]\delta T_{\max}(\boldsymbol{r}) = \sqrt{\pi}\left[\frac{\partial n}{\partial T}\right]\tau_{\mathrm{opt}}\frac{\alpha_0}{\rho C_p}I(\boldsymbol{r})$$

(2.55)

可得

$$n_{2,\mathrm{th}} \approx \sqrt{\pi}\left[\frac{\partial n}{\partial T}\right]\tau_{\mathrm{opt}}\frac{\alpha_0}{\rho C_p}$$

(2.56)

对于 $\tau_{\mathrm{th}} > \tau_{\mathrm{opt}}$ 的高斯型脉冲光，脉冲能量 $\Delta E_{\mathrm{pulse}}$ 比光强更为重要，并且

$$\delta n_{\max} = \frac{2^{3/2}}{\pi\omega_0^2}\left[\frac{\partial n}{\partial T}\right]\frac{\alpha_0}{\rho C_p}\Delta E_{\mathrm{pulse}}$$

(2.57)

以 GaAs 为例：

$\alpha_0 = 1\mathrm{cm}^{-1}$，$\Delta t = 1\mu\mathrm{s}$，因此 $n_{2,\mathrm{th}} = 3\times 10^{-10}\,\mathrm{cm^2/W}$（热效应比克尔效应大得多）；

$\alpha_0 = 1\mathrm{cm}^{-1}$，$\Delta t = 1\mathrm{ns}$，因此 $n_{2,\mathrm{th}} = 3 \times 10^{-13}\,\mathrm{cm}^2/\mathrm{W}$（热效应与克尔效应相当）；

$\alpha_0 = 1\mathrm{cm}^{-1}$，$\Delta t = 1\mathrm{ps}$，因此 $n_{2,\mathrm{th}} = 3 \times 10^{-16}\,\mathrm{cm}^2/\mathrm{W}$（热效应可以忽略）。

对于高重复频率激光（如锁模激光器），关键问题在于在时间窗口 τ_{th} 中所有脉冲能量的积累。例如，一个重复频率为 100MHz 的脉宽为 1ps 的锁模激光器，在 τ_{th} 的时间范围内可以积累 10^3 个脉冲，导致积累的热效应 $n_{2,\mathrm{th}} = -1.2 \times 10^{-12}\,\mathrm{cm}^2/\mathrm{W}$，这比克尔效应要大。

参 考 文 献

[1] Sutherland R L with contributions by McLean D G and Kikpatrick S. Handbook of Nonlinear Optics[M]. second ed. New York: Marcel Dekker, 2003, Chaps. 6 and 9.

[2] Christodoulides D N, Khoo I C, Salamo G J, et al. Nonlinear refraction and absorption: mechanisms and magnitudes[J]. Advances in Optics and Photonics, 2010, 2(1): 60-200.

[3] Shen Y R. The Principles of Nonlinear Optics[M]. New York: John Wiley, 1984.

[4] Boyd R W. Nonlinear Optics[M]. third ed. Singapore: Elsevier Pte Ltd. , 2008.

[5] Butcher P N, Cotter D. The Elements of Nonlinear Optics[M]. New York: Cambridge Univ. Press, 1990.

[6] McLean D G, Sutherland R L, Brant M C, et al. Nonlinear absorption study of a C_{60}-toluene solution[J]. Optics Letters, 1993, 18(11): 858-860.

[7] He G S, Tan L S, Zheng Q D, et al. Multiphoton absorbing materials: molecular designs, characterizations, and applications[J]. Chemical Reviews, 2008, 108(4): 1245-1330.

[8] Gu B, Ji W, Yang H Z, et al. Theoretical and experimental studies of three-photon-induced excited-state absorption[J]. Applied Physics Letters, 2010, 96(8): 081104.

[9] Khoo I C, Webster S, Kubo S, et al. Synthesis and characterization of the multi-photon absorption and excited-state properties of a neat liquid 4-propyl 4'-butyl diphenyl acetylene[J]. Journal of Materials Chemistry, 2009, 19(4): 7525-7531.

[10] Yang J, Gu J, Song Y L, et al. Excited state absorption dynamics in metal cluster polymer[$WS_4 Cu_3 I(4\text{-bpy})_3$]$_n$ solution[J]. Journal of Physical Chemistry B, 2007, 111(28): 7987-7993.

[11] Sutherland R L, Brant M C, Heinrichs J, et al. Excited-state characterization and effective three-photon absorption model of two-photon-induced excited-state absorption in organic push-pull charge-transfer chromophores[J]. Journal of the Optical Society of American B-Optical Physics, 2005, 22(9): 1939-1948.

[12] Penzkofer A, Falkenstein W. Three-photon absorption and subsequent excited-state ab-

sorption in CdS[J]. Optics Communications,1976,16(2):247-250.

[13] Gu B,Ji W,Huang X Q,et al. Nonlinear optical properties of 2,4,5-Trimethoxy-4'-nitrochalcone:Observation of two-photon-induced excited-state nonlinearities[J]. Optics Express,2009,17(2):1126-1135.

[14] Kovsh D I,Hagan D J,Van Stryland E W. Numerical modeling of thermal refraction in liquids in the transient regime[J]. Optics Express,1999,4(8):315-327.

[15] Kovsh D I,Yang S,Hagan D J,et al. Nonlinear optical beam propagation for optical limiting[J]. Applied Optics,1999,38(24):5168-5180.

[16] Sheik-Bahae M,Said A A,Hagan D J,et al. Nonlinear refraction and optical limiting in thick media[J]. Optical Engineering,1991,30(8):1228-1235.

第 **3** 章

三阶非线性光学表征技术

本章将分别介绍简并四波混频、近简并三波混频、光克尔门和椭圆旋转法、两波耦合法、三次谐波产生、非线性透过率测量、空间自相位调制和 Z-扫描技术等几种典型的三阶非线性光学表征技术，讨论其技术背景、基本理论和实验测量，也对其适用条件和优缺点等进行简要的评述。

3.1　背景介绍

寻找各种用途的理想材料是非线性光学领域的一个基本任务。具体来讲，需要用简便的测量光学非线性的方法对大量材料进行筛选，根据需要制备出新的非线性光学材料，这就是非线性测量成为非常活跃的光学分支的原因。表征非线性折射率和非线性吸收系数是研究材料非线性光学效应的重要手段。

总的来说，非线性光学表征技术可以分成两大类：光波混频和透射法。在光波混频方法中，非线性光学效应的产生过程由一束或多束光完成，而探测过程则由另一束光承担，如简并四波混频[1]、近简并三波混频[2]、非线性干涉法[3]、三次谐波法[4]、椭圆旋转法[5]、泵浦-探测实验[6]、Moiré 偏度计法[7]、Mach-Zehnder 干涉测量法[8]、全息技术[9]和非线性图像[10,11]等多种测量方法。而在透射测量方法中，非线性光学效应的产生过程和探测过程由同一束光承担，利用单光束测量材料的非线性光学效应，大大简化了实验过程，如光限幅[6]、空间自相位调制（也称为自衍射）[12]、非线性透过率测量[6]和Z-扫描技术[13,14]。

3.2　简并四波混频[6]

四波混频是指通过三阶非线性极化四个波在非线性介质中的相互作用。

当波具有不同的频率时，这个过程可以用来产生新的频率。然而，当四个波具有相同的频率时，相应地被称为简并四波混频。

在简并四波混频过程中，三个相干波入射到非线性光学介质中，产生第四个相位共轭波。这种相位共轭波的强度取决于耦合系数 κ，该系数与相互作用的有效 $\chi^{(3)}$ 成正比。因此，相位共轭强度的测量可以获得介质的 $\chi^{(3)}$ 张量元。

四波混频现象有两种几何配置，如图 3.1 所示。第一种被称为后向四波混频的几何配置，这是因为两个波向后传播，两个波向前传播。在第二种情况下，所有的四个波都向前传播，因此被称为前向四波混频。后一种情况只适用于薄样品，因为它没有相位匹配。

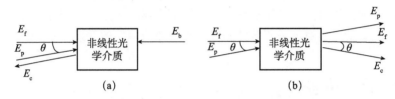

图 3.1　（a）后向和（b）前向四波混频的几何配置

简并四波混频法是一种常用的三阶非线性光学表征技术，已得到了广泛应用。可以采用后向和前向四波混频的几何配置，并根据实验条件进行选择。利用实验中使用的四个光束的各种偏振组合，可以测量出各向同性材料的所有独立的 $\chi^{(3)}$ 张量元。

简并四波混频实验的目的是测量相位共轭光束的光强或等效测量相位共轭光波的反射率。表 3.1 给出了与四波混频相关的理论公式。然后从表 3.1 给出的公式可提取出 $\chi^{(3)}_{\text{eff}}$ 值，通过光束的偏振和实验的几何配置进一步将 $\chi^{(3)}$ 值与各个三阶极化率张量元联系起来。该实验可以绝对和相对测量出 $\chi^{(3)}$ 值。

表 3.1　中心对称介质中与简并四波混频有关的理论公式

过程	相位共轭反射率
无吸收	$R = \tan^2(\mid \kappa \mid L)$ $R \approx (\mid \kappa \mid L)^2, \quad \mid \kappa \mid L \ll 1$ $\kappa = \dfrac{3\omega}{n_0 c}\chi^{(3)}_{\text{eff}} A_{\text{f}} A_{\text{b}}$
有线性吸收	$R = \dfrac{4 \mid \kappa L \mid^2 \mathrm{e}^{-\alpha_0 L} \tan^2(\kappa_{\text{eff}} L)}{\mid \alpha_0 L \tan(\kappa_{\text{eff}} L) + 2\kappa_{\text{eff}} L \mid^2}$ $\kappa_{\text{eff}} = \sqrt{\mid \kappa \mid^2 \mathrm{e}^{-\alpha_0 L} - (\alpha_0/2)^2}$ $R = \mid \kappa L_{\text{eff}} \mid^2 \mathrm{e}^{-\alpha_0 L}, \mid \kappa L \mid^2 \mathrm{e}^{-\alpha_0 L} \ll (\alpha_0 L/2)^2$ $L_{\text{eff}} = (1 - \mathrm{e}^{-\alpha_0 L})/\alpha_0$

过程	相位共轭反射率
两泵浦光强不相等	$R = \dfrac{\tan^2(\kappa' L)}{1 + \eta^2 \sec^2(\kappa' L)}$ $\kappa' = \mid \kappa \mid \sqrt{1 + \eta^2}$ $\eta = \dfrac{I_f - I_b}{4\sqrt{I_f I_b}}$

简并四波混频技术有如下几个优点。相位共轭光波通过与其他作用光波的空间分离可以很容易地分辨出来。在一定的实验条件下，检测到的信号与激光强度（$I_c \propto I^3$ 或 $R \propto I^2$）具有一定的特性依赖关系，可以方便地进行检验，验证实验的正确性。样品可以有多种形式，在各向同性材料中所有独立的 $\chi^{(3)}_{ijkl}$ 可以在一个单一的实验装置中测量。实验中使用的光束不一定是 TEM$_{00}$ 模高斯光束，只要光束被很好地表征就可以。此外，还可以很容易地研究光学非线性的时间依赖性，有时可以测量除 $\chi^{(3)}$ 以外的其他材料参量。

简并四波混频方法的缺点包括：① 一般只能测量 $\chi^{(3)}$ 的模（即 $\mid\chi^{(3)}\mid$）。通常这种方法必须辅以另一种方法来提取 $\chi^{(3)}$ 的实部和虚部。② 在样品上三个入射光束的对准灵敏度，必须小心地控制光束的角度和它们在样品中的重叠。这对于时间分辨测量尤其如此，在这种测量中，一束脉冲的到达时间相对于另外两束脉冲的到达时间发生改变。③ 最常用的反向简并四波混频几何配置采用反向传播的泵浦光束，不可避免地将光能反馈到激光器腔中，必须采取措施确保这种反馈不会干扰激光器的稳定性。

3.2.1　理论

1. 各向同性介质中的非共振测量

非线性折射率材料的许多应用需要非共振条件，没有线性吸收。这是一个常见的实验条件。

表 3.1 给出了非吸收型各向同性介质中相位共轭反射率的理论公式。通常选择泵浦激光条件以便满足 $\mid \kappa L \mid \ll 1$，其中 κ 是简并四波混频耦合系数。通常，在 $I_f = I_b \equiv I_{pump}$ 时，有

$$\mid \kappa L \mid^2 = \left(\frac{3\pi L}{\varepsilon_0 n_0^2 c\lambda}\right)^2 (\chi^{(3)}_{eff})^2 I_{pump}^2 \tag{3.1}$$

式中，n_0 是长度为 L 的样品的线性折射率；λ 是作用光波的波长。相位共轭反射率与泵浦光强的平方成正比（表 3.1）。因此，这种反射率的测量可以用如下方程来拟合

$$R = bI_{pump}^2 \tag{3.2}$$

其中，b 是由（3.2）式对实验数据进行最小二乘法拟合确定的系数。这样就可以找到测量的有效 $\chi^{(3)}$ 值为

$$\chi_{eff}^{(3)} = \frac{\varepsilon_0 n_0^2 c\lambda}{3\pi L} \sqrt{b} \tag{3.3}$$

另外，可以测量相位共轭强度而不是反射率。如果探测光强度相对于泵浦光强度为 $I_p = \eta I_{pump}$，则共轭光强度 $I_c = \eta |\kappa L|^2 I_{pump}$。这些实验数据可以用如下方程式来拟合

$$I_c = b' I_{pump}^3 \tag{3.4}$$

测量可得

$$\chi_{eff}^{(3)} = \frac{\varepsilon_0 n_0^2 c\lambda}{3\pi L} \sqrt{\frac{b'}{\eta}} \tag{3.5}$$

以上描述的方法需要精确测量泵浦光强。因此，对于脉冲激光器，必须高精度地测量光束 $1/e^2$ 半径和脉冲宽度。更常见的是对一个标准样品进行测量，从而避免需要准确地表征这些激光参数。

在相对测量中，在一个标准的、很好地表征过的三阶非线性光学材料中进行上述同样的实验，实验条件与待测样品的相同。然而，峰值光强正比于平均功率或脉冲能量，这更容易测量。因此，在待测样品和参考样品的测量中比例常数相同的情况下，共轭光波的功率或能量或共轭反射率都可以用如下公式进行拟合

$$R = bP_{pump}^2 \quad \text{或} \quad R = b\varepsilon_{pump}^2 \tag{3.6}$$

其中，P_{pump} 是平均泵浦光功率；ε_{pump} 是泵浦脉冲能量。共轭光波的功率（能量）与泵浦光功率（能量）的三次方成正比，类似的表达式也可用于数据拟合。图 3.2 给出了使用二硫化碳获取简并四波混频数据的一个例子。一旦用方程（3.6）式拟合了待测样品和参考样品的实验数据，就可得待测样品的三阶非线性极化率为

$$\chi^{(3)} = \left(\frac{n_0}{n_{ref}}\right)^2 \left(\frac{L_{ref}}{L}\right) \left(\frac{b}{b_{ref}}\right)^{1/2} \chi_{ref}^{(3)} \tag{3.7}$$

经常使用的参考样品是二硫化碳。二硫化碳的三阶非线性折射率为 $n_2 \approx 3.1 \times 10^{-18} \, \text{m}^2/\text{W}$。该值在可见光和近红外波段相对独立于波长，对皮秒和纳秒时域也有效，具体可参见本书 9.1 节。利用 n_2 和 $\chi^{(3)}$ 之间的转换公式 $n_2(\text{m}^2/\text{W}) = 120\pi^2/[n_0^2 c(\text{m/s})] \cdot \text{Re}[\chi^{(3)}(\text{esu})]$，取二硫化碳的线性折射率 $n_2 = 1.6$，可得 $\chi^{(3)} = 2.0 \times 10^{-12} \, \text{esu}$。

在某些情况下，线性散射可以给相位共轭反射率增加一个恒定的基线。

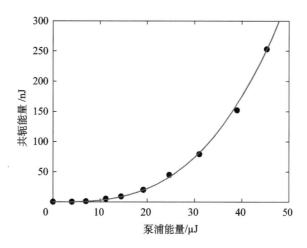

图 3.2　使用 35ps 倍频 Nd：YAG 激光进行二硫化碳中的简并四波混频实验，测量的
相位共轭光脉冲能量随泵浦光脉冲能量的变化关系。数据用三次方程的
形式 $y=bx^3$ 进行了拟合

此时应用如下公式进行数据拟合[1]

$$R = b_3 I_{\text{pump}}^2 + b_1 \quad \text{或} \quad I_c = b_3' I_{\text{pump}}^3 + b_1' I_{\text{pump}} \tag{3.8}$$

线性系数 b_1（或 b_1'）来源于被测信号中线性散射的贡献，而非线性系数 b_3（或 b_3'）用在上述（3.3）式和（3.5）式可求出 $\chi^{(3)}$。对于相对测量，（3.8）式中给出的相同形式可用于测量的平均功率或测量的脉冲能量。

同样的参考值 $\chi_{1111}^{(3)}$ 可以用来寻找被研究样品的所有张量元。对于各向同性的介质，表 3.2 给出了用于获得 $\chi^{(3)}$ 独立张量元的各种光束偏振组合。

表 3.2　测量各向同性介质中 $\chi^{(3)}$ 各张量元的相对位相共轭波（c）、前向泵浦光（f）、后向泵浦光（b）和探测光（p）的偏振方向

c	f	b	p	$\chi_{ijkl}^{(3)}$
↑	↑	↑	↑	$\chi_{1111}^{(3)}$
↑	↑	→	→	$\chi_{1122}^{(3)}$
↑	→	↑	→	$\chi_{1212}^{(3)}$
↑	→	→	↑	$\chi_{1221}^{(3)}$

2. 线性吸收的影响

当用于测量的激光波长处于样品吸收带的尾部，或者样品中存在吸收杂质时，相位共轭信号将被修正。表 3.1 给出了线性吸收对相位共轭反射率影响的公式。提取真实值 $\chi^{(3)}$ 时必须考虑线性吸收系数。

通常，需要在满足 $|\kappa L| \ll \alpha_0 L \ll 1$ 的条件下进行实验。此时，修正公式（3.7）可用于数据拟合（假定是相对测量），从而得到有效的 $\chi^{(3)}$ 值为

$$\chi^{(3)} = \left(\frac{n_0}{n_{\text{ref}}}\right)^2 \left(\frac{L_{\text{ref}}}{L}\right)\left(\frac{b}{b_{\text{ref}}}\right)^{1/2} \frac{\alpha_0 L \exp(\alpha_0 L/2)}{1 - \exp(-\alpha_0 L)} \chi^{(3)}_{\text{ref}} \tag{3.9}$$

式中已假设参考样品没有线性吸收，因此 α_0 是待测样品的线性吸收系数。

如果线性吸收变得很强（$\alpha_0 L \sim 1$），则（3.9）式就不再适用了。这是因为，介质不再表现出类克尔非线性效应，而 $\chi^{(3)}$ 可能归因于布居数重新分布（即光栅是同时具有振幅和相位的布居光栅）。此时应当借鉴描述两能级饱和系统的有效 $\chi^{(3)}$ 或 n_2（见 2.4 节）。数据将偏离泵浦光强（平均功率或能量）三次方的依赖关系。即使材料仍然保持类克尔非线性效应，强线性吸收也能产生增加相位共轭信号的热光栅。在这种情况下，必须对数据进行合理的分析，以提取介质的真实 $\chi^{(3)}$ 值。

3. 两光子吸收的影响

如前所述，简并四波混频揭示了测量中 $\chi^{(3)}$ 的模。通常，$\chi^{(3)}$ 有一个不可忽略的与两光子吸收系数有关的虚部。因此，尽管样品在低光强下可能是透明的，但在测量中使用的较高光强下，它可能具有实质性的两光子吸收。这种吸收会导致诸如热光栅、激发态粒子浓度光栅或半导体中的自由载流子光栅等效应对相位共轭信号的贡献。

两光子吸收的净效应是在高强度下产生有效的五阶非线性折射率。这个有效的五阶非线性过程实际上是三阶和一阶过程（$\chi^{(3)}$：$\chi^{(1)}$）的级联。换句话说，相位共轭信号可以由相位（线性折射率）和振幅（线性吸收）光栅的线性散射贡献，而这两个光栅又是由两光子吸收产生的。这部分信号，一般来说，取决于泵浦光强的五次方。

值得注意的是，附加线性光栅的产生实际上依赖于吸收的能量而不是瞬时的光强。但是，对于足够短的脉冲（典型的 $\ll 1\text{ns}$），测量的数据与泵浦光的峰值功率有关。因此，实验数据可以用如下公式来拟合[15]

$$I_c = b_3 I_{\text{pump}}^3 + b_5 I_{\text{pump}}^5 \tag{3.10}$$

式中，I_{pump} 是泵浦光的峰值强度。于是，系数 b_3 代入（3.7）式中可得 $\chi^{(3)}$ 值。

值得注意的是，在纳秒简并四波混频实验中，两光子吸收可以显著改变相位共轭脉冲的时间形状。因此，峰值相位共轭强度对于确定 $\chi^{(3)}$ 不是一个很好的量。不过，在某些情况下，使用简并四波混频数据不仅可以提取 $\chi^{(3)}$ 值，还可以分开 $\chi^{(3)}$ 的实部和虚部[16]。

4. 时间效应

对 $\chi^{(3)}$ 的绝对测量，需要知道光斑大小、脉冲能量和脉冲形状。两个通常假设的脉冲形状是高斯（$\exp(-t^2/\tau^2)$）和双曲正割平方（$\mathrm{sech}^2(t/\tau)$），其中 τ 与脉冲宽度有关，可以通过实验确定。对于这些类型的脉冲，峰值泵浦光强相关的泵浦光能量为

$$\varepsilon_{\mathrm{pump}} = \begin{cases} \dfrac{\pi w^2}{2} \sqrt{\pi}\, \tau I_{\mathrm{pump}}, & \text{高斯} \\[3mm] \dfrac{\pi w^2}{2} 2\tau I_{\mathrm{pump}}, & \text{双曲正割平方} \end{cases} \tag{3.11}$$

式中，w 是光束半径的 $1/e^2$。对相位共轭脉冲能量的测量将产生一个值，其在理论上正比于

$$\varepsilon_{\mathrm{c}} \propto \begin{cases} \dfrac{4}{3\sqrt{3}\,\pi^3}\dfrac{1}{w^4\tau^2}\varepsilon_{\mathrm{pump}}^3, & \text{高斯} \\[3mm] \dfrac{8}{45\pi^2}\dfrac{1}{w^4\tau^2}\varepsilon_{\mathrm{pump}}^3, & \text{双曲正割平方} \end{cases} \tag{3.12}$$

对于瞬时响应（类克尔介质），如果泵浦光脉冲形状为高斯型，则相位共轭脉冲应该比泵浦光脉冲宽度窄 $3^{-1/2}$。如果泵浦光脉冲是双曲正割平方型，这个因子也是近似正确的。共轭脉冲实质上比这更宽，则表明存在可能增加信号或支配信号的慢进程。然后必须在数据分析中说明这一点，或者通过使用较短的脉冲进行实验消除这一点。

正如上面所讨论的，线性和非线性吸收都可以导致依赖于对 $I_{\mathrm{pump}}(t)$ 或 $(I_{\mathrm{pump}}(t))^2$ 时间积分的额外光栅。如果慢光学非线性与快克尔型光学非线性具有相同的符号，则增加的信号会使共轭脉冲展宽。另外，如果慢光学非线性和快光学非线性具有相反的符号，则共轭脉冲将发生畸变，看似双峰型脉冲[16]。对于线性吸收，两峰的相对位置和比值，作为泵浦能量的函数，将保持不变。但是，对于两光子吸收，两峰的位置和比值都会随着泵浦光能量的增加而改变，在高泵浦光能量下主要是慢光学非线性效应。

这种脉冲畸变使数据分析变得复杂。为了提取样品中真实的 $\chi^{(3)}$ 值，需要假设慢光学非线性模型，然后去拟合脉冲形状[16]。图 3.3 给出了二苯丁二烯在氯仿溶液中的两光子吸收的一个例子。在这个例子中，$\chi^{(3)}$ 的虚部必须假设或用其他实验测量。在某些情况下，可以从同一简并四波混频实验[16]得到 $\chi^{(3)}$ 的虚部。

如果实验中使用的光脉冲比慢光学非线性的响应时间还要短，那么当三束光脉冲在时间上完全重合时，这部分共轭信号将变得微不足道，可以被安

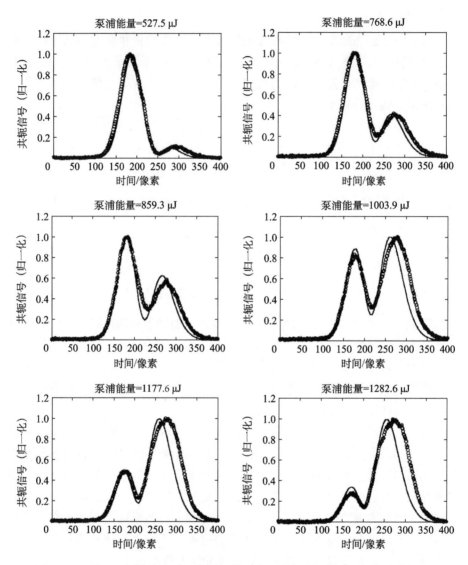

图 3.3　二苯丁二烯溶液中受两光子吸收影响的相位共轭脉冲（双峰脉冲行为）
采用包含双光子诱导衍射光栅的模型提取溶液的三阶非线性极化率值[16]

全地忽略掉。测量到的 $\chi^{(3)}$ 称为介质的瞬态响应（即类克尔响应）。一个脉冲相对于另外两个脉冲在时间上延迟的时间分辨简并四波混频实验可以用来分辨和分别测量介质的快和慢响应时间。图 3.4 给出了这种时间分辨测量的一个例子。

　　如果存在两光子吸收，那么在零时间延迟和长时间延迟的情况下分别进

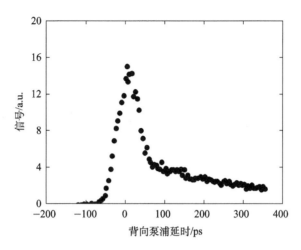

图 3.4　由简并四波混频获得的时间分辨相位共轭信号的一个例子[15]

行简并四波混频实验可以分辨出 $\chi^{(3)}$ 和有效 $\chi^{(5)}$ 值。零时间延迟数据拟合为对泵浦光强的三次方依赖关系，而长时间延迟数据拟合为对泵浦光强的五次方依赖关系[15]。

时间延迟实验还可用于测量材料的固有衰减率，如两能级系统中的激发态布居衰减率和半导体中的自由载流子扩散或复合率。如果脉冲宽度大于介质的延迟时间常数，则脉冲过程中达到准稳态，延迟实验将产生关于零延迟的对称响应。当使用的脉冲宽度短于延迟时间或与延迟时间相当时，那么数据将呈现出关于零时间延迟不对称，显示负延迟的急剧上升和正延迟的缓慢下降。在后一种情况下，必须假设系统的模型和数据拟合该模型，以便提取 $\chi^{(3)}$ 值和延迟时间常数。

5. 前向简并四波混频

被测相位共轭信号将与 L^2 成正比，其中 L 是样品厚度。当样品很薄时，通常需要聚焦入射光以改善信噪比。在一定条件下，优先考虑前向四波混频几何配置。

第一种前向简并四波混频的几何配置如图 3.1（b）所示。这种配置只涉及一个单一的泵浦光束和探测光束，探测光相对于泵浦光的入射角为 θ。产生的相位共轭光束相对于泵浦光将以 $-\theta$ 角传播，当 θ 角大于衍射角时，可以很容易地在空间上进行分辨。这不是一个相位匹配过程，对于小角度时有 $\Delta k \approx k\theta^2$。在 $|\kappa L| \ll 1$ 和 $\Delta k \cdot L \ll 1$ 的条件下，方程（3.6）式可用于提取 $\chi^{(3)}$ 值。样品厚度的条件是 $L \ll \lambda/\theta^2$，其中 λ 是激光的波长。

第二种前向简并四波混频的几何配置如图 3.5 所示。这是一个避免样品厚度限制的相位匹配配置。该配置是所谓的折叠积分器（folded boxcars）配置[17]。两个泵浦光束在样品中成一定角度交叉。探测光束在与泵浦光束平面垂直的平面上与样品相交。相位匹配共轭光束在同一平面内产生（图 3.5（b）所示的 xz 平面）。在这种情况下，对样品厚度的唯一限制是，与激光的共焦参数相比，样品的厚度较小。上面给出的后向简并四波混频的公式可以再次用于此配置来提取 $\chi^{(3)}$ 值。

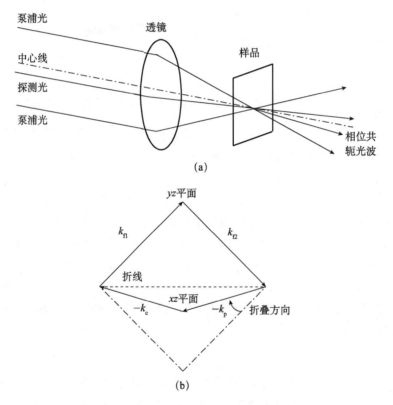

图 3.5　前向简并四波混频的折叠积分器形式[6]

（a）实验配置图；（b）用相位匹配图说明折叠盒

6. 各向异性介质

在各向同性介质中，主轴基本上是由相互作用光束的偏振定义的，并且 $\chi^{(3)}$ 的各种张量元可以很容易地提取出来，与样品取向无关。对于各向异性介质，主轴是由晶轴所决定的，测量的 $\chi_{\mathrm{eff}}^{(3)}$ 取决于样品的取向和光束的偏振。

在实验室坐标系下，共轭光波激发的非线性极化为

$$(P_c^{(3)})_i = 3\varepsilon_0 \sum_{jkl} \sum_{IJKL} (\boldsymbol{i} \cdot \boldsymbol{I})(\boldsymbol{j} \cdot \boldsymbol{J})(\boldsymbol{k} \cdot \boldsymbol{K})(\boldsymbol{l} \cdot \boldsymbol{L}) \chi_{IJKL}^{(3)} (E_f)_j (E_b)_k (E_p^*)_l$$

(3.13)

式中，$\{IJKL\} = \{XYZ\}$ 是晶体主轴坐标。一般来说，通过不同的光束偏振来选择实验室坐标 (x, y)（前向泵浦光束和探测光束之间的夹角很小时，光场的 z 分量可以忽略）。然后根据主轴坐标系的张量元和适当的方向余弦给出该配置下的有效 $\chi_{eff}^{(3)}$。例如，所有的光束偏振都平行于 x 轴时，有

$$\chi_{eff}^{(3)}(x, x, x, x) = \sum_{IJKL} (\boldsymbol{x} \cdot \boldsymbol{I})(\boldsymbol{x} \cdot \boldsymbol{J})(\boldsymbol{x} \cdot \boldsymbol{K})(\boldsymbol{x} \cdot \boldsymbol{L}) \chi_{IJKL}^{(3)} \qquad (3.14)$$

通过选择光束偏振和样品取向的不同组合，可以表征三阶极化率各张量元分量，具体见第 7 章的介绍。

3.2.2 实验

简并四波混频的典型实验装置如图 3.6 所示，该实验装置图是后向几何配置。简并四波混频的前向几何配置，如图 3.1（b）所示，与后向几何配置相比，除了各种光束的方向不同，两种实验配置还是有许多相同的特征的。

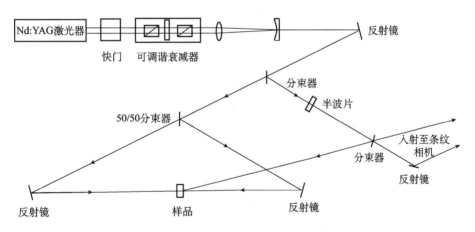

图 3.6 简并四波混频实验示意图[16]

所有的相互作用光束都是通过适当使用分束器从同一激光器得到的。在到达样品之前，不同光束的路径长度可能不同，但不应大于激光的相干长度。这是因为光束必须在样品中相干地相互作用才能产生相位共轭光束。

对于样品中所研究的特殊现象，即共振或非共振光学非线性、电子或分子运动机制、非线性折射率衰减动力学等，应选择激光波长和脉冲宽度。激光脉冲重复频率也是一个重要的考虑因素。通常，选择相对较低的脉冲重复

频率（~10Hz），以避免诸如热效应等累积能量效应。

通常情况下，激光器需要工作在最大输出功率/能量的情况下，这是因为此时激光器工作更稳定。然后将光束衰减到实验所需的功率或能量。典型的衰减器包括如图 3.6 所示的一个半波片和偏振片的组合。对每个单独的光束，偏振调控可以通过每个光路上的半波片和/或偏振片来选择。在实验中，经常使用望远镜系统和透镜来调整光束的大小以适应所需的光强范围。

通常，一小部分光束被分束器（如未涂层的玻璃或薄膜片）作为探测光束取下。剩下的光束被一个 50/50 的分束器分成两束，这两束光由光束导向光学系统控制，作为样品中反向传播的泵浦光束。每束光都有一条光学延迟线，用于时间分辨研究。延迟线通常由安装在精密平移台上的 90°棱镜或后向反射器组成。线性平移的精度将决定时间延迟的精度，而平移的范围将决定可用的净延迟时间。

分束器以相对于前向泵浦光的所需角度引导探测光束进入样品。同样的分束器用于将生成的共轭光束传输到其探测器。所有分束器都必须校准，以便能量或功率测量能转化为实际用于理论计算或与理论计算相比较的能量/功率。探测器通常是精密能量计或功率计，或是用能量计校准的光电二极管。这些探测器不需要有快速的响应时间，但它们应该在尽可能宽的范围内保持线性响应。随着激光泵浦功率的变化，通常采用经过校准的中性密度滤波片使探测器保持在线性范围内工作。最后，脉冲波形也常常用快速光电二极管来监测。光电二极管的响应时间必须要比激光脉冲的上升时间短。波形监视器（即瞬态数字转换器或条纹相机）也必须有足够的带宽，以如实地再现检测到的脉冲形状。

为了进行绝对测量，必须仔细测量光束的空间形状、脉冲形状以及光束的能量/功率。这些参数通常是最大的实验误差所在。在简并四波混频实验中，光束的大小通常从几毫米到几百微米不等。对于这种尺寸的光束，可以使用耦合到帧采集器和计算机的电荷耦合器件（CCD）相机来表征光束的空间形状。软件包可以自动确定两个正交方向的光束半径的 $1/e^2$ 以及用高斯 TEM_{00} 模拟合的光束质量。或者，可以在两个正交方向上扫描针孔、狭缝或刀口，并将检测到的能量用适当的数学函数（如针孔扫描的高斯函数，或者刀口扫描的误差函数）来拟合。必须注意针孔或狭缝相对于光束尺寸要小，或者在将结果拟合成高斯分布之前必须适当地去卷积。一旦光束被正确地表征，光束半径的 $1/e^2$ 就可以用来计算光强或光通量值。

激光脉冲的宽度和形状也必须仔细监测,以便计算光功率或强度。必要的仪器设备取决于脉冲宽度和脉冲重复频率。对于纳秒激光脉冲,宽带(即 $500 \sim 1000 \text{MHz}$)瞬态数字转换器可用于低重复频率($1 \sim 1000 \text{Hz}$)激光脉冲的测量。对于很高的脉冲重复频率($1 \sim 100 \text{MHz}$),宽带采样范围是有用的。当脉冲宽度在 $1 \text{ps} \sim 10 \text{ns}$ 范围内时,可以使用条纹相机。当脉冲宽度较小(比如,几皮秒到几飞秒)时,必须使用自相关仪测量脉冲宽度和形状。

绝对测量通常需要知道峰值光强。这些可以通过上述测量结果来确定。快速光电二极管的峰值电压或电压波形以及脉冲能量的测量,通过如下关系式足以确定光功率峰值 P_0:

$$\frac{P_0}{\varepsilon} = \frac{V_0}{\int V(t) \mathrm{d}t} \tag{3.15}$$

式中,ε 是测量的脉冲能量;V_0 是峰值电压;对 $V(t)$ 在时间上的积分是电压波形下的面积。峰值强度由 $I_0 = 2P_0/\pi w^2$ 决定,其中 w 是光束的 $1/e^2$ 半径。

如果不能连续监测每个脉冲的脉冲形状,则必须假定脉冲形状保持恒定,以便进行数据分析。测量的脉冲通常可以用高精度的解析函数(如高斯或双曲正割平方)拟合。如果仔细表征了脉冲宽度 τ_F(半高全宽),就可以用如下解析公式计算峰值功率:

$$P_0 = \begin{cases} \dfrac{2\sqrt{\ln 2}\,\varepsilon}{\sqrt{\pi}\,\tau_\mathrm{F}}, & \text{高斯} \\[3mm] \dfrac{\ln(1+\sqrt{2})\,\varepsilon}{\tau_\mathrm{F}}, & \text{双曲正割平方} \end{cases} \tag{3.16}$$

光束在样品中无论是空间上还是时间上都必须完全地重叠。通过引导每个光束通过样品位置的针孔并最大限度地通过针孔传输,可以促进空间对准。然而,泵浦光必须真正逆向传输才能达到相位匹配。这可以通过沿泵浦光轴平移针孔并确定两个泵浦光通过针孔的透过率最大来实现。两泵浦光束必须具有几乎相同的功率,以避免光强诱导的相位失配。时间重叠可以通过改变光路长度来实现,以最大限度地提高共轭光束的功率。

光束重叠影响着可以被表征的最大样品厚度 L。首先,应该确保 $L < c\tau_\mathrm{F}$(即脉冲在整个样品中重叠)。否则,实际的重叠长度应该用 $L = c\tau_\mathrm{F}$ 来分析数据。其次,光束相交角和光束宽度对样品厚度有一定的限制。如图 3.7 所示,对于直径为 $2w$、相交角为 θ 的光束,样品的最大厚度由 $L < 2w/\sin\theta$ 确定,

其中 θ 是在样品内的值。根据光从空气中入射至样品中的 Snell 定律可知，θ 比在空气中减小了。实验中使用的光栅间距可以通过变化 θ 来改变，粗光栅间距为 $\Lambda_c = \lambda/[2n_0\sin(\theta/2)]$，细光栅间距为 $\Lambda_f = \lambda/[2n_0\cos(\theta/2)]$。

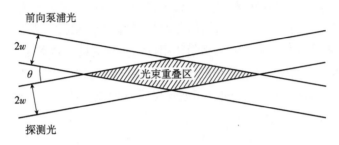

图 3.7　简并四波混频实验中前向泵浦光和探测光重叠的图解[6]

　　实验是通过在一个扩展的范围内改变泵浦光和探测光能量的比例来进行的，并且测量相位共轭光波的能量。检测到的信号可以数字化，然后用箱式积分器进行平均，或者直接存储在计算机上，之后再进行平均。由于测量到的共轭信号取决于泵浦光能量的三次方，泵浦光能量的微小波动将在共轭能量中被放大。通过平均几次脉冲（例如，$10\sim100$ 次脉冲），可以减小波动，提高准确度。典型的程序可以是保持泵浦光能量相对固定（即实验中固定设置光束衰减器）为几个脉冲。计算平均脉冲能量及其标准差。然后只保留那些脉冲能量变化不超过平均值半个标准差的数据。进入下一个衰减器设定，重复程序。在这个数据上的变化是可能的，但是像这样的技术将减少数据的分散。这些测量应补充时间波形或时间延迟测量，以检查在测量中存在的快或慢过程。

　　通过保证共轭信号随泵浦光功率或能量的适当幂指数变化，可以检查实验数据的一致性。数据应该用最小二乘法拟合到上面理论部分所讨论的适当的幂指数定律。数据越接近理论，得到的 $\chi^{(3)}$ 值就越准确。在对数据进行分析之前，考虑到样品前表面的菲涅耳反射损耗，需要对泵浦光功率或能量进行修正。

　　通常，如果 $q = \alpha_2 I_{pump} L$ 很小（即 $q \ll 1$），两光子吸收损耗可以安全地忽略，其中 α_2 是两光子吸收系数。这可以通过控制泵浦光的强度和/或样品的厚度来实现。如果情况不是这样，那么共轭信号应该除以一个 $T_{NL}^3 = [q^{-1}\ln(1+q)]^3$ 因子来计算每个光束由两光子吸收而产生的损耗。系数 α_2 必须用其他测量方法来确定（如 3.7 节的非线性透过率测量）。

最后，为了简化数据和测量 $\chi^{(3)}$ 值，需要知道或用标准技术测量线性折射率 n_0 和线性吸收系数 α_0 的值。如果所有的测量都仔细进行，应该可以达到 $10\%\sim30\%$ 的实验准确率。

3.3 近简并三波混频

近简并三波混频是一种四波混频，其中两个光波来自同一光束。频率为 ω 的强泵浦光与频率为 $\omega-\Delta\omega$ 的弱探测光相互作用，产生频率为 $2\omega-(\omega-\Delta\omega)=\omega+\Delta\omega$ 的新光波，其中 $\Delta\omega\ll\omega$。在这些条件下，有

$$\chi^{(3)}_{1111}(-\omega-\Delta\omega;\omega,\omega,-\omega+\Delta\omega)\approx\chi^{(3)}_{1111}(-\omega;\omega,\omega,-\omega) \qquad (3.17)$$

其中，等式左边的三阶极化率描述了近简并三波混频过程。

新产生的光波强度与（3.17）式中极化率的平方成正比，因此对这个光强的测量就提供了对极化率的度量，而极化率通过近似关系（3.17）式与 $\chi^{(3)}$ 的简并形式有关。这种表征技术的优点在于，三波的正向共线传播几乎是相位匹配的。这大大简化了实验中的光束对准。缺点是，必须将几乎相等频率的波分离出来，才能测量出新产生的光波强度。

3.3.1 理论

Adair 等[2] 发展了近简并三波混频技术，用于相对快速而准确地测量玻璃材料的非线性折射率。他们确认，频移至 $\Delta\omega\sim60\mathrm{cm}^{-1}$ 时（3.17）式中的近似关系仍将满足。在正常情况下，这将导致一个小的相位失配。近简并三波混频过程中的相位匹配图如图 3.8 所示。

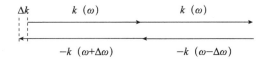

图 3.8 近简并三波混频过程中的相位匹配图

相位失配 Δk 为

$$\Delta k\approx-\left[2\left(\frac{\mathrm{d}n}{\mathrm{d}\omega}\right)_\omega+\omega\left(\frac{\mathrm{d}^2n}{\mathrm{d}\omega^2}\right)_\omega\right]\frac{(\Delta\omega)^2}{c} \qquad (3.18)$$

式中，方括号里的两项是可比的。已知 $(\mathrm{d}n/\mathrm{d}\omega)=-(\lambda^2/2\pi c)\cdot(\mathrm{d}n/\mathrm{d}\lambda)$，典型值 $(\mathrm{d}n/\mathrm{d}\lambda)\sim500\mathrm{cm}^{-1}$ 和 $\Delta\omega\sim60\mathrm{cm}^{-1}$ 时，可估算出典型的相位失配为 $\Delta k\sim$

$0.1cm^{-1}$。这样样品长度限制为 $L<|\Delta k|^{-1}\sim10cm$。注意，如果探测光和信号光与泵浦光成小角度（$\sim0.1\,mrad$），则相位失配近似为零。

在 $\omega+\Delta\omega$ 处生成的信号光强度为

$$I_+ = \frac{k}{n_0^4}\left|\chi_{1111}^{(3)}(-\omega-\Delta\omega;\omega,\omega,-\omega+\Delta\omega)\right|^2 I_p^2 I_- L^2 \tag{3.19}$$

式中，$I_{+(-)}$ 是上移（下移）频率时的光强；I_p 是泵浦光强。实验的目的是对恒定泵浦光和探测光下的信号强度进行多次测量。对于待测样品和参考样品（如二硫化碳）都可以这样测量。测量光强的平均值（如果光斑大小在参考样品和待测样品中是相同的，则为脉冲能量），然后可计算出样品的非线性极化率为

$$\chi_{1111}^{(3)} = \left(\frac{n_0}{n_0^{ref}}\right)^2 \left[\frac{\overline{I_+}}{\overline{I_+^{ref}}}\right]^{1/2} \left(\frac{1-R_{ref}}{1-R}\right)^2 \frac{L_{ref}}{L}\left[\chi_{1111}^{(3)}\right]_{ref} \tag{3.20}$$

式中，$R=[(n_0-1)/(n_0+1)]^2$ 是待测样品或参考样品的菲涅耳反射系数。

3.3.2 实验

近简并三波混频实验光路示意图如图 3.9 所示。热致非线性和电致伸缩过程不会产生上移频率的信号，因此可以使用纳秒激光脉冲。光学非线性过程主要是电子非线性，还有少量原子核非线性的贡献。

必须使用两种不同波长的光波，频率间隔 $\Delta\omega\leqslant60cm^{-1}$。在 Adair 等[2] 的实验中，泵浦光是 Nd：YAG 激光器输出的波长为 $1.064\,\mu m$ 的基频光，而另一波长为 $1.071\,\mu m$ 的光是通过对 Nd：YAG 激光的二次谐波来泵浦染料激光（$0.567\,\mu m$）的输出激光进行拉曼频移得到的。两束光通过分束器组合，然后调整使其在空间和时间上重叠。通过调整角度和透镜，最大限度地产生信号，这样达到相位匹配条件。然后将光束弱聚焦到待测样品/参考样品，聚焦光束直径为几百微米。

待测样品和参考样品同时在不同的光路中辐照。然后，两个产生的信号光被垂直分离，并通过双单色仪。输出信号通过连接到信号平均积分器的光电倍增管进行物理分离和检测。通过阻断探测光束并测量漏入光电倍增管的剩余泵浦能量，可以消除背景噪声。在去除背景噪声后，计算待测样品和参考样品信号能量或强度的平均值。将这些测量值代入（3.20）式，可计算出未知的三阶非线性极化率 $\chi_{1111}^{(3)}$。

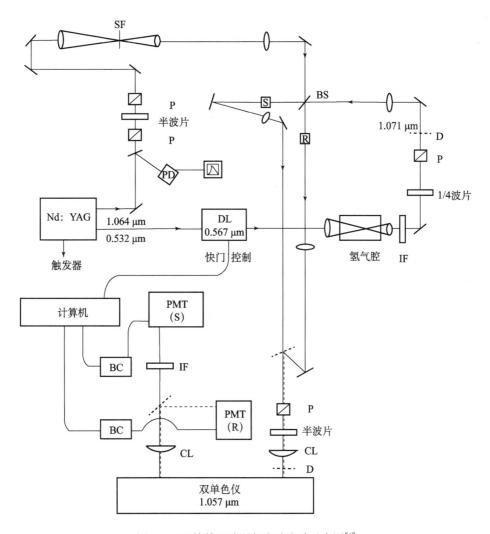

图 3.9　近简并三波混频实验光路示意图[2]

DL：染料激光器；IF：干涉滤光片；P：偏振器；D：膜片；BS：分束器；S：样品池；CL：柱面透镜；
PD：光电二极管；SF：空间滤波器；R：参考池；BC：积分器；PMT：光电倍增管

3.4　光克尔门和椭圆旋转法[6]

偏振光辐射可以在各向同性的介质中诱导出对称轴。因此，这种双折射是由强光束引起的，将导致两种有趣的现象：光强诱导的线性双折射和椭圆旋转，这两种现象统称为光克尔效应。光克尔效应是指外加光频段电磁波引起的双折射，其介质折射率的变化正比于场强。

1. 感应线性双折射

考虑在一个各向同性的非线性光学介质中，频率为 ω 的强泵浦光和频率为 ω' 的弱探测光共线传播。两光束均为线偏振光，但它们偏振方向之间的夹角成 $45°$。强泵浦光通过非线性折射率在各向同性的介质中建立了一个非寻常光轴。探测光因光强太弱而不能产生介质的非线性折射率变化，因此将介质看成是一个光强依赖的相位延迟片。入射的探测光场两个正交分量在介质中经历了不同的相位延迟，因此出射的探测光一般是椭圆偏振光场。

感应线性双折射由表 3.3 中的公式给出，它取决于量 $(\chi^{(3)}_{1212}+\chi^{(3)}_{1221})$。因此，测量相位延迟可以获得介质的量 $(\chi^{(3)}_{1212}+\chi^{(3)}_{1221})$。表 3.3 也给出了频率为 ω 的光强感应频率为 ω' 的净相位延迟。这种效应的一个应用是光强控制的快速光学快门。当材料处于两平行偏振器之间时，如果泵浦光强感应的净非线性相位延迟为 $\Delta\varphi=\pi$，将导致透射的探测光束在泵浦光强作用下发生消光。如果介质的响应足够快，光学快门的时间响应将遵循泵浦脉冲的时间分布。

表 3.3　与光克尔效应相关的公式（国际单位制）

感应线性双折射 泵浦光 (ω)，探测光 (ω')	
感应双折射	$\Delta n(\omega') = \dfrac{3(\chi^{(3)}_{1212}+\chi^{(3)}_{1221})}{n_0} \mid E(\omega)\mid^2$ $= \dfrac{3(\chi^{(3)}_{1212}+\chi^{(3)}_{1221})}{2\varepsilon_0 n_0^2 c} I_\omega$
非线性相位延迟	$\Delta\varphi(\omega') = \dfrac{3\omega' L}{2\varepsilon_0 n_0^2 c^2}(\chi^{(3)}_{1212}+\chi^{(3)}_{1221}) I_\omega$
探测光透过率（通过平行偏振器）	$I_{\omega'}(L) = I_{\omega'}(0) \cos^2\left[\Delta\varphi(\omega')/2\right]$
感应圆双折射 单一椭圆偏振光束	
感应双折射	$\Delta n_c = -\dfrac{3\chi^{(3)}_{1221}}{n_0}(\mid E_+ \mid^2 - \mid E_- \mid^2)$
非线性相位延迟	$\theta_c = \dfrac{\pi\Delta n_c L}{\lambda}$

2. 椭圆旋转

现在考虑单光束入射至各向同性的非线性介质。对于线偏振光和圆偏振光来说，三阶非线性极化 $\boldsymbol{P}^{(3)}$ 具有与外场 $\boldsymbol{E}^{(\sim)}$ 相同的矢量特性。因此，感应的双折射对光场的偏振态没有影响。然而，椭圆偏振光感应包含有光场左右旋圆偏振成分的非线性极化。感应圆双折射 Δn_c 的公式见表 3.3。注意这个量 Δn_c 只依赖于张量分量 $\chi^{(3)}_{1221}$。E_+ 和 E_- 分别是椭圆偏振光中左右旋圆偏振分量的复振幅。圆双折射使偏振椭圆（椭圆轴）旋转一个角度 θ_c（表 3.3）。对这个旋转角度 θ_c 的测量就可获得介质中张量分量 $\chi^{(3)}_{1221}$。

虽然光克尔门和椭圆旋转都是简单的测量技术，但两者都不能独立地确定 $\chi^{(3)}$ 的所有张量分量。需要这两个不同的实验（光克尔门和椭圆旋转）来充分表征材料的三阶非线性极化率张量。这两个实验光路校准比简并四波混频法简单，但比 Z-扫描技术复杂些。在通常情况下，这两个实验的数据分析相当简单，而且实验很容易进行时间分辨（泵浦-探测时间延迟）和非简并频率测量。它们最大的用途之一就是能够将波长依赖的 $\chi^{(3)}$ 的实部和虚部测量出来。

3.4.1　理论

1. 光克尔门

光克尔门由位于两正交偏振器之间的三阶非线性光学介质构成。频率为 ω 的强泵浦光与频率为 ω' 的弱探测光以小角度或共线方式传播。泵浦光和探测光均为线偏振光，但它们偏振方向之间的夹角通常设为 $45°$。

假设非线性折射率的变化仅由泵浦光引起。该光束所感应的双折射使得两正交探测分量在通过介质时产生了相位差。通过长度为 L 的介质传播后，其相位差可表示成

$$\Delta\varphi(\omega') = \frac{3\pi L}{\varepsilon_0 n_0^2 c \lambda_\omega} \big[\chi^{(3)}_{1122}(-\omega';\omega',\omega,-\omega) + \chi^{(3)}_{1221}(-\omega';\omega',\omega,-\omega) \big] I_\omega$$

$$(3.21)$$

式中，I_ω 是泵浦光强。对于足够小的非线性相移和可以忽略的泵浦光损耗，最终透过偏振器后的探测光强度为

$$I_{\omega'}(L) = I_{\omega'}(0) \left(\frac{\Delta\varphi}{2} \right)^2 \tag{3.22}$$

通常在实验中测量的是脉冲能量而不是光强。从（3.21）式和（3.22）式，可得能量透过率为

$$T = \frac{\varepsilon_{\omega'}(L)}{\varepsilon_{\omega'}(0)} \propto C\varepsilon_\omega^2 \tag{3.23}$$

其中，常数 C 为

$$C = \left[\frac{3\pi L}{2\varepsilon_0 n_0^2 c\lambda_{\omega'}} (\chi_{1122}^{(3)} + \chi_{1221}^{(3)}) \right]^2 \tag{3.24}$$

因此，测量 T 作为 ε_{ω} 的函数，并用（3.23）式拟合数据，获得比例常数 C。可以在已知 $\chi_{1122}^{(3)}$ 和 $\chi_{1221}^{(3)}$ 的参考样品上进行类似的测量。然后通过比较法获得样品的非线性极化率

$$|\chi_{1122}^{(3)} + \chi_{1221}^{(3)}| = \left(\frac{n_0}{n_0^{\text{ref}}} \right)^2 \frac{L_{\text{ref}}}{L} \left(\frac{C}{C_{\text{ref}}} \right)^{1/2} |\chi_{1122}^{(3)} + \chi_{1221}^{(3)}|_{\text{ref}} \tag{3.25}$$

式中，上下标 ref 表示参考样品。如果有明显的吸收，那么（3.25）式的右边应乘以 $\exp(\alpha_{\omega'} L - \alpha_{\omega'}^{\text{ref}} L_{\text{ref}})$，式中 L/L_{ref} 就变成待测样本和参考样品的有效长度之比。

对于各向同性介质，有 $\chi_{1111}^{(3)} = \chi_{1122}^{(3)} + \chi_{1212}^{(3)} + \chi_{1221}^{(3)} = 2\chi_{1122}^{(3)} + \chi_{1221}^{(3)}$，其中最后一个等式来自于 $\chi_{1212}^{(3)} = \chi_{1122}^{(3)}$。取决于光学非线性的物理来源，见表 3.4，不同的光学非线性机理下 $\chi_{1221}^{(3)} / \chi_{1122}^{(3)}$ 的比值不同。因此，如果一种非线性光学过程占主导，通过进行椭圆旋转实验就可以独立地测量出 $\chi_{1221}^{(3)}$，然后结合光克尔门实验就可以唯一地获得 $\chi_{1111}^{(3)}$。

表 3.4 不同光学非线性机理下的 $\chi_{1221}^{(3)}/\chi_{1122}^{(3)}$ 值

光学非线性机理	$\chi_{1221}^{(3)}/\chi_{1122}^{(3)}$
分子取向非线性	6
非共振电子非线性	1
电致伸缩非线性	0

2. 椭圆旋转

这是一个用椭圆偏振光进行的单光束实验。例如，考虑一束线偏振光入射到 1/4 波片上，其偏振方向与波片的快轴成 θ 角。这样产生的椭圆偏振光具有左旋和右旋圆偏振分量分别为 E_+ 和 E_-。介质中感应圆双折射（表 3.3）与 $|E_+|^2 - |E_-|^2 = |E_0|^2 \sin(2\theta)$ 成正比，其中 E_0 是入射线偏振光的振幅。透过非线性光学介质后的光束经过与第一个波片取向相同的第二个 1/4 波片。最后，光束通过检偏器，其取向是在没有非线性样品时光束的消光方向。对于较小的感应圆双折射，偏振椭圆的旋转角度 θ_c 较小。因此，通过最终检偏器的透过率可以写成

$$T \approx \theta_c^2 = \left(\frac{3\pi L}{2\varepsilon_0 n_0^2 c\lambda} |\chi_{1221}^{(3)}| I_0 \sin(2\theta) \right)^2 \tag{3.26}$$

测量脉冲能量，可得能量透过率为

$$T = \frac{\varepsilon_t}{\varepsilon} \propto C\varepsilon^2 \tag{3.27}$$

式中，

$$C = \left(\frac{3\pi L}{2\varepsilon_0 n_0^2 c\lambda} \mid \chi_{1221}^{(3)} \mid \sin(2\theta) \right)^2 \tag{3.28}$$

因此，测量 T 作为 ε 的函数，并用（3.27）式拟合数据，获得比例常数 C。对标准样品进行相同的测量，可通过如下关系确定样品的非线性极化率

$$\mid \chi_{1221}^{(3)} \mid = \left(\frac{n_0}{n_0^{ref}} \right)^2 \frac{L_{ref}}{L} \left(\frac{C}{C_{ref}} \right)^{1/2} \mid \chi_{1221}^{(3)} \mid_{ref} \tag{3.29}$$

注意，光克尔门和椭圆旋转方法获得的都是 $\chi^{(3)}$ 分量的模。技术上可以用光克尔门方法分开测量 $\chi^{(3)}$ 的实部和虚部。

3.4.2　实验

1. 光克尔门实验

光克尔门实验的典型光路如图 3.10 所示。泵浦光和探测光可以来自两个不同的激光器（探测光甚至可以是连续激光，如氦氖激光），或者它们可以从同一激光器通过分离输出和发射一束光通过混频器获得（如二次谐波产生单元或拉曼移位器）。在后一种情况下，残余泵浦光应从探测光束中过滤出来。

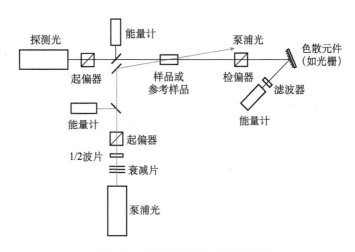

图 3.10　光克尔门实验光路示意图

衰减器（中性密度滤波器或半波片/偏振器的组合）控制实验中变化的入射泵浦光强度。

在泵浦光和探测光路径中的半波片和偏振器调节了每个入射到样品上的光束的理想偏振态。正常情况下，探测光偏振方向相对于泵浦光偏振方向设置为 45°。

泵浦光和探测光可以通过合适的分束器共线通过样品，或者可以使它们之间成小角度穿过样品。不管是哪种情况，它们都应该有很好的空间和时间重叠。重要的是，在测量待测样品和参考样品时要保证这种重叠程度是相同的。另外，为了研究时间依赖的光学非线性，可以设置一个脉冲相对于另一个脉冲的延迟。

检偏器（最终的偏振器）的透振方向被设置为与入射探测光的偏振方向正交。在低泵浦光能量下，用于测量探测光能量的能量计上没有信号。当泵浦光能量增大时，探测光能量计会给出一个随泵浦光能量增加而二次增加的信号。如果泵浦光和探测光交叉成一个角度，那么在探测之前两束光就可以在空间上分离。如果它们是共线的，那么必须使用频率色散器件（如光栅）将它们在空间上分开。无论是哪种情况，在探测能量计前都应该放置一个陷波透射滤波器（法布里-珀罗型），以滤除散射的泵浦光。

需要用三个能量计（探测器）来测量入射的泵浦光和探测光的能量以及最终透射的探测光能量。然后将探测光能量透过率与泵浦光能量的函数关系用（3.23）式拟合，提取 $\chi^{(3)}$ 值。

光克尔门技术的一个应用是探测光可以是频率连续变化的。可行的方案是将短脉冲（皮秒到飞秒）探测光束聚焦于水或重水混合物，或任何其他合适的液体，在它通过样品之前产生一个连续白光。然后将透射的探测光送至摄谱仪和光学多道分析仪，分开测量摄谱仪能分辨的每一个频率间隔的透过率。这将获得一个相当大频率范围内频率依赖的非简并 $\chi^{(3)}$ 值。如果泵浦光强足够强，则不需要将泵浦光聚焦，直接辐照在样品上即可。在这些条件下，不存在双色光 Z-扫描需要考虑的色差问题。

2. 椭圆旋转法

这种单光束实验技术如图 3.11 所示。衰减器用来调节实验中变化的入射激光能量。半波片（1/2 波片）和/或偏振片可用来设置入射光的偏振。再利用双折射元件（如 1/4 波片）来获得所需的椭圆偏振光入射到样品上。

椭圆偏振光束透过样品。如果需要，可以聚焦光束，以增大光强。样品本身应该具有很小的双折射。对于装在玻璃比色皿中的液体样品，样品池需要免受应力引起的双折射。

将出射光束入射至与输入双折射元件相同的另一双折射元件，低入射能

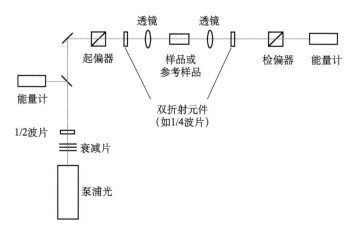

图 3.11 非线性偏振椭圆旋转实验示意图

量将会导致光线偏振。检偏器（输出偏振器）的透振方向被设置为与光的偏振方向正交，使得输出能量计检测值为零。输出信号将随着输入能量的增加而二次增加。获得的入射能量依赖的输出-输入能量比，可以用（3.27）式拟合实验数据，提取出 $\chi^{(3)}$ 值。

3.5 两波耦合法[6]

两波耦合是指两束光在非线性光学介质中相互作用，导致它们之间有能量交换的现象。两波耦合可以发生在通常的泵浦-探测实验中。在该实验中，强泵浦光在介质中产生非线性光学效应，其效应由第二个弱光束探测。这些类型的方法常常用来表征材料的非线性吸收性能。为了观察非线性光学激发的瞬态效应和衰减时间，设置探测光脉冲相对于泵浦光脉冲有一时间延迟，随着延迟时间的变化来测量介质光学性质的演化。一般来说，延迟时间从负值（即泵浦光超前于探测光）扫描到正值，以确定时间零点（即两个脉冲的精确重叠）。两个脉冲在时间上很好地分开时，系统的演化遵循长延迟时间。两个脉冲重叠时为短延迟时间，光学非线性会导致两脉冲之间发生相互作用。例如，如果两脉冲频率不相等，介质具有正的非线性光学系数和有限的响应时间，则能量将从高频脉冲流向低频脉冲。

考虑正线性啁啾脉冲的情况。这种脉冲的前缘相对于中心频率是红移，后缘蓝移。当探测光超前于泵浦光时，其在脉冲任一部分的瞬时频率都高于泵浦光对应点的瞬时频率，从而使能量从探测光流向泵浦光。在精确的脉冲重叠点，频率处处简并，两个脉冲之间没有耦合。当探测光跟随泵浦光时，其瞬时频率较低，能量从泵浦光返回到探测光。因此，如果探测光的能量被作为延迟时间的函数来监测，它将绘制出一个色散型曲线。对这条曲线的分析可以得到介质的非线性光学系数，在某些情况下，还可以得到介质的非线性响应时间。

Dogariu 等[18]用各种组合的两个偏振光束，广泛研究了在 $\chi^{(3)}$ 为实数的介质中具有啁啾脉冲的两波耦合。Tang 和 Sutherland[19]发展了在 $\chi^{(3)}$ 一般为复数的介质中利用啁啾脉冲进行泵浦-探测实验的一般理论。这里介绍的两波耦合测量技术只考虑泵浦光和探测光是正交偏振的情况，同时介质的三阶极化率 $\chi^{(3)}$ 为实数。

3.5.1 理论

考虑来自同一激光器的两束正交偏振光，夹角为 2θ 的两光束入射至三阶非线性光学介质中。光束由瞬态频率为 $\omega(t)=\omega_0+bt$ 的啁啾脉冲组成，其中 b 是啁啾系数。泵浦（激发）光脉冲具有能量 ε_e，其值比探测光脉冲能量强很多。探测光脉冲相对于泵浦光脉冲产生的时间延迟为 τ_d，$\chi^{(3)}$ 的响应时间遵循时间常数为 τ_m 的德拜弛豫方程。两波耦合系数为

$$\gamma(\tau_d) = \frac{6\pi}{\varepsilon_0 n_0^2 c \lambda \cos\theta}(\chi_{1122}^{(3)} + \chi_{1212}^{(3)})\left[\frac{2b\tau_m\tau_d}{1+(2b\tau_m\tau_d)^2}\right] \quad (3.30)$$

探测光强满足如下方程

$$\frac{dI_p}{dz} = \gamma(\tau_d)I_e(t+\tau_d)I_p(t) \quad (3.31)$$

式中，下标 e 和 p 分别表示激发（泵浦）光和探测光。假设脉冲激光具有高斯型时空分布，则 $I_{e,p}(r,t) \propto \exp[-2(r/\omega_{e,p})^2]\exp[-(t/\tau_L)^2]$，其中 $2\tau_L$ 是 $1/e$ 光强时的脉宽。这些光束可能具有不同的光斑大小，但它们具有相同的时间依赖性，因为它们来自同一激光器。测量激光脉冲能量，定义探针脉冲光的透过率为 $T=\varepsilon_p(L)/\varepsilon_p(0)$，其中 L 为样品厚度。假设一个非耗尽泵浦光和 $\gamma I_e L \ll 1$，则探测光透过率为

$$T(\tau_d) = 1 + \frac{2\gamma(\tau_d)L}{\sqrt{2\pi^3}(\omega_e^2+\omega_p^2)\tau_L}\varepsilon_e\exp\left(-\frac{\tau_d^2}{2\tau_L^2}\right) \quad (3.32)$$

图 3.12 给出了方程（3.32）式的图解。对（3.32）式微分求出最大透过率和最小透过率，用（3.30）式求出相应的时间延迟值（τ_{max} 和 τ_{min}）。当 $\tau_L \gg$

$(2b\tau_m)^{-1}$（即相对长的激光脉冲）时，可以进一步化简。在这种情况下，$\tau_{max} - \tau_{min} = (2b\tau_m)^{-1}$。将这一结果代入方程（3.30）式和（3.32）式中，可以通过测量图 3.12 中曲线峰谷处的透过率差来获得 $\chi^{(3)}$ 值

$$\chi_{1122}^{(3)} + \chi_{1212}^{(3)} = \frac{\sqrt{2\pi}\varepsilon_0 n_0^2 c\lambda\cos\theta(\omega_e^2 + \omega_p^2)\tau_L}{12\varepsilon_e L}\exp\left(\frac{\tau_{max}^2}{2\tau_L^2}\right)(T_{max} - T_{min})$$

(3.33)

注意，τ_{max} 是一个测量量，对应于 T_{max} 时的 τ_d 值。因此，即使在啁啾系数或材料的响应时间未知的情况下，也可以根据（3.33）式测量出非线性极化率（$\chi_{1122}^{(3)} + \chi_{1212}^{(3)}$）。还需注意，因为 $\tau_{max} - \tau_{min} = (2b\tau_m)^{-1}$，如果另一个量（$\tau_m$ 或 b）已知，那么通过简单的测量就可以得到啁啾系数 b 或非线性响应时间 τ_m。

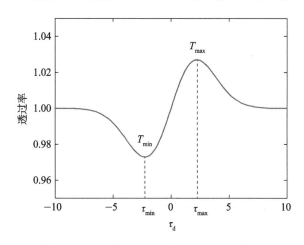

图 3.12　利用啁啾脉冲进行两波耦合实验时，透过率随探测光延迟时间的变化关系

3.5.2　实验

两波耦合的实验光路如图 3.13 所示。通过适当使用分束器，两束光从同一激光器中分离出来。应根据所研究样品中特定现象的时间尺度选择激光波长和脉冲宽度。如理论部分所述，为了简化分析，应选择比啁啾系数和材料响应时间的乘积的倒数还要大的脉冲宽度，即 $\tau_L \gg (2b\tau_m)^{-1}$。材料响应时间的数量级可以根据光学非线性的物理机理进行估算。激光啁啾系数可以通过文献 [18] 中概述的方法来确定，或者通过对响应时间已知的材料（如二硫化碳）进行校准实验，来获得激光啁啾系数。激光脉冲重复频率也是一个重要的考虑因素。通常，选择相对较低（～10Hz）的脉冲重复频率，以避免累积能量效应（如热效应）。

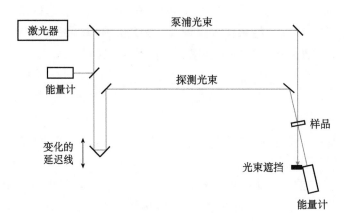

图 3.13　利用啁啾脉冲进行两波耦合实验的示意图

正常情况下，激光器工作在其最大输出状态时运行更稳定。然后将激光束衰减到实验所需的能量。在两波耦合表征技术中，泵浦光能量保持不变。一般用波片来对两束光分别进行偏振态的调节。在实验中，经常使用望远镜系统和透镜来调整光斑的大小以适应所需的光强范围。

激光输出的一小部分被分束器（如未涂层的玻璃或者玻璃片）分开作为探测光束。一般来说，探测光能量约为泵浦光能量的 $1\% \sim 10\%$。探测光通过光学延迟线，光学延迟线通常由安装在精密平移台上的 $90°$ 棱镜或后向反射器组成。线性平移的精度将决定时间延迟的精度，而平移的范围将决定可用的净延迟时间。相对于激光脉冲宽度（至少 $3 \sim 5$ 个脉冲宽度），延迟时间的范围在正延迟和负延迟两个方向上都要大很多。

两束光以小角度穿过样品。角度的选择在一定程度上取决于样品的厚度，以提供良好的光束重叠。然而，也必须注意避免前向四波混频。有效的前向四波混频需要相位匹配，这可以通过选择小于 $\lambda/(n_0 L)$ 的角度来避免。实验中需要测量入射的泵浦光和探测光以及透射的探测光的能量。探测器通常是精密能量计或光电二极管，它们是根据能量计校准的。这些探测器不必有快速的响应时间，但应在其线性范围内工作。最后，必须测量脉冲波形，用高斯或者其他数学形式拟合脉冲波形，以确定脉冲宽度。这可以通过快速光电二极管和瞬态数字转换器来测量纳秒脉冲，或者用条纹相机或自相关仪来测量更短的脉冲。

为了进行绝对测量，必须仔细测量光束的空间分布、脉冲形状，以及光束能量。这些参数通常是最大的实验错误所在。光束的尺寸通常从几毫米到几百微米不等。对于这种尺寸的光束，可以使用耦合到帧采集器和计算机的

CCD 相机来表征光束的空间分布。现有的软件包可以自动确定两个正交方向的光束 $1/e^2$ 半径，以及适合高斯 TEM$_{00}$ 模式的光束质量。或者，可以通过在两个正交方向上扫描针孔、狭缝或刀口来获得光束半径，用适当的数学函数（如针孔扫描的高斯函数，或者刀口扫描的误差函数）拟合探测到的能量。必须注意相对于光束尺寸针孔或狭缝要小很多，或者在将结果拟合成高斯分布之前必须适当地去卷积。

实验方法是将延迟时间从负值（即探测光早于泵浦光到达）逐渐递增到正值，延迟时间每次增加的步长量远小于脉冲宽度，并测量每一延迟时间下的脉冲能量。对于这个实验，希望泵浦光的能量在整个实验过程中保持不变。通过对多脉冲（如 10～100 个脉冲）取平均，可以减小能量波动，提高准确度。一个典型工序可以是保持延迟时间固定的几个脉冲，计算平均脉冲能量及其标准差，然后只保留那些脉冲能量变化不超过平均标准差的一半的数据。进入下一个延迟时间，重复工序。数据的波动是正常的，但是用这样的处理技术将减少数据的分散。

双波耦合实验结果类似于图 3.12 所示的曲线。如果已知足够多的参数，实验数据可以直接用（3.30）式和（3.32）式的理论进行拟合。然而，如果脉冲宽度足够长，那么上面给出的近似（3.33）式适用。然后，只需要确定 $T_{\max}$ 和 $T_{\min}$，以及相应的延迟时间 $\tau_{\max}$ 和 $\tau_{\min}$，就可以利用（3.33）式求出（$\chi^{(3)}_{1122}+\chi^{(3)}_{1212}$）以及啁啾系数和响应时间的乘积 $b\tau_{\mathrm{m}}=(\tau_{\max}-\tau_{\min})^{-1}/2$。

3.6　三次谐波产生

三次谐波产生可以用来表征中心对称材料中的纯电子三阶极化率。除了纯非共振电子云畸变外，没有其他非线性光学机理能够快速响应入射波的三次谐波并产生非线性极化振荡。因此，即使是纳秒激光脉冲也可以用在非线性光学表征技术中，不存在竞争或干扰非共振电子非线性的问题。

三次谐波产生方法在许多方面类似于二次谐波产生表征材料的二阶光学非线性。但是，至少还有两个问题需要注意。首先，所有介质都有三阶光学非线性效应，因此会产生三次谐波。这包括装液体样品的样品池，甚至包括样品或样品池周围的空气。这些附加贡献干扰了样品本身产生的三次谐波，使数据分析变得复杂。其次，聚焦光束在近似无限大的介质中不产生纯三次谐波。本质上，三次谐波在聚焦之前产生的 π 弧度与聚焦后产生的三次谐波相位不一致。为了处理这些问题，样品必须放置在入射光束的合适位置。

人们发展了多种表征液体样品的三次谐波产生技术。所有这些技术均包含样品池的三次谐波与液体的三次谐波的干涉问题。因此，必须分开表征样品池的三次谐波，而且样品池的三次谐波要计入在液体的数据分析中。

与前面几种表征技术相比，三次谐波法的优点是，即使采用长脉冲激光进行实验，也可以测出单纯的电子非线性的贡献，完全排除热效应和分子取向的影响。缺点是不能采用时间延迟技术，因而无法知道样品中的非线性超快动力学过程。此外，三次谐波波长容易落在样品紫外吸收带内，影响测量精度。

3.6.1 理论[6]

三次谐波产生中的样品池如图 3.14 的插图所示。液室是楔形，其楔形角为 θ_w。与入射聚焦激光束的共聚焦参数相比，液室任何一点的厚度都很小。因此，液体中的光束可以被视为平面波。然而，与聚焦光束的瑞利长度相比，样品池壁较厚，具有平面的空气-玻璃界面。只有当空气-玻璃界面的光强足够低时，才可以安全地忽略来源于空气的三次谐波贡献。当楔形角很小，玻璃和液体的折射率差别很小时，才可以忽略光束的菱形偏差。

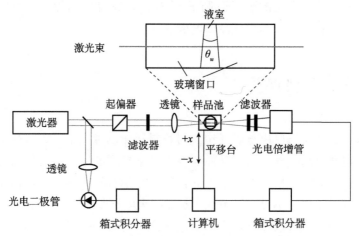

图 3.14 用 Maker 条纹法测量液体三阶非线性极化率的三次谐波
产生实验示意图。插图给出了样品池的配置[4]

如果样品池注入的是无色散的液体材料，那么就不会产生纯三次谐波，因为 $E_{3\omega}^{\mathrm{G1}} \approx - E_{3\omega}^{\mathrm{G2}}$ [4]。在样品池中有色散的液体引入了相位失配为

$$E_{3\omega}^{\mathrm{G2}} = - E_{3\omega}^{\mathrm{G2}} \mathrm{e}^{\mathrm{i}\Delta\psi} (t_{\omega}^{\mathrm{GL}} t_{\omega}^{\mathrm{LG}})^3 \tag{3.34}$$

式中，

$$t_\omega^{ij} = \frac{2n_\omega^i}{n_\omega^i + n_\omega^j} \quad (i,j = \mathrm{G,L}) \tag{3.35}$$

$$|\Delta\psi(x)| = \pi\frac{L(x)}{L_c} \tag{3.36}$$

$$L_c = \frac{\lambda_\omega}{6\,|\,n_\omega^L + n_{3\omega}^L\,|} \tag{3.37}$$

$$L(x) = L_0 + 2x\tan(\theta_w/2) \tag{3.38}$$

在式（3.38）中，参数 x 是楔形液室的横向位移；L_0 是在 $x=0$ 位置时的 $L(x)$。式中，上标 G 和 L 分别表示玻璃和液体。

通过对平面波分析二次谐波产生的推广，可以得到液体中的三次谐波场。在适当考虑界面透过率的情况下，样品池出射面的总光场应该是第一个池壁（$E_{3\omega}^{G1}$）、液体（$E_{3\omega}^{L}$）和第二个池壁（$E_{3\omega}^{G2}$）生成的三次谐波场的相干叠加

$$E_{3\omega} = t_{3\omega}^{GL}t_{3\omega}^{LG}t_{3\omega}^{GA}E_{3\omega}^{G1} + t_{3\omega}^{LG}t_{3\omega}^{GA}E_{3\omega}^{L} + t_{3\omega}^{GA}E_{3\omega}^{G2} \tag{3.39}$$

其中，对空气而言 $i=\mathrm{G}$ 和 $j=\mathrm{A}$（在所有频率下 $n^A\approx1$），（3.35）式用来表示 $t_{3\omega}^{GA}$。

考虑到样品的吸收和有限光束尺寸以及边界条件，可得从楔形样品中出射的三次谐波功率为

$$P_{3\omega}(x) = \frac{P_M}{2}\left\{\frac{1}{2}\exp\left(-\frac{3\alpha_\omega L}{2}\right) + \frac{1}{2}\exp\left(-\frac{\alpha_{3\omega}L}{2}\right)\right.$$
$$\left. - \exp\left[-\frac{(3\alpha_\omega + \alpha_{3\omega})L}{2}\right]\cos\left(\pi\frac{L(x)}{L_c}\right)\frac{2\mathrm{J}_1\left[\pi w_0\tan\theta_w/L_c\right]}{\pi w_0\tan\theta_w/L_c}\right\} \tag{3.40}$$

式中，α_ω 和 $\alpha_{3\omega}$ 分别是基频光和三次谐波的线性吸收系数。包含一阶贝塞尔函数 J_1 的原因是，考虑了焦点处有限光束宽度为 $2w_0$ 导致了 Maker 条纹反差减小。当基频和三次谐波频率的吸收都可以忽略且 w_0 或 θ_w 足够小时，花括号 {} 中的因子就简化为 $2\sin^2(\Delta\psi/2)$。

花括号中的因子代表 Maker 条纹，而 P_M 代表条纹的包络。两参数拟合的测量值 $P_{3\omega}(x)$ 将获得相干长度 L_c 和 P_M。对于可忽略的吸收和光束宽度，包络函数由如下关系式给出

$$P_{3\omega}(x) \propto A^2 + B^2 + 2AB\cos\Delta\psi \approx (1-\rho)^2\sin^2\left(\frac{\Delta\psi}{2}\right) \equiv P_M\sin^2\left(\frac{\Delta\psi}{2}\right) \tag{3.41}$$

式中，

$$A = t_{3\omega}^{\mathrm{GL}} t_{3\omega}^{\mathrm{LG}} - t_{3\omega}^{\mathrm{GL}} \left(\frac{n_\omega^{\mathrm{L}} + n_{3\omega}^{\mathrm{L}}}{n_{3\omega}^{\mathrm{L}} + n_{3\omega}^{\mathrm{G}}} \right) \rho \approx 1 - \rho \tag{3.42}$$

$$B = t_{3\omega}^{\mathrm{GL}} \left(\frac{n_\omega^{\mathrm{L}} + n_{3\omega}^{\mathrm{L}}}{n_{3\omega}^{\mathrm{L}} + n_{3\omega}^{\mathrm{G}}} \right) \rho - (t_\omega^{\mathrm{GL}} t_\omega^{\mathrm{LG}})^3 \approx \rho - 1 \tag{3.43}$$

$$\rho = \left(\frac{n_\omega^{\mathrm{G}} + n_{3\omega}^{\mathrm{G}}}{n_\omega^{\mathrm{L}} + n_{3\omega}^{\mathrm{L}}} \right) \frac{L_{\mathrm{c}}^{\mathrm{L}}}{L_{\mathrm{c}}^{\mathrm{G}}} \frac{\chi_{\mathrm{L}}^{(3)}}{\chi_{\mathrm{G}}^{(3)}} \approx \frac{L_{\mathrm{c}}^{\mathrm{L}}}{L_{\mathrm{c}}^{\mathrm{G}}} \frac{\chi_{\mathrm{L}}^{(3)}}{\chi_{\mathrm{G}}^{(3)}} \tag{3.44}$$

当玻璃和液体在频率为 ω 和 3ω 处的折射率相差不大时，方程（3.42）式～（3.44）式的近似形式是有效的。因此，当吸收和有限的束宽效应不能被忽略时，P_{M} 将与 $(1-\rho)^2$ 成正比。

当对参考液体重复进行 Maker 条纹实验时，可得样品的三阶非线性极化率为

$$\chi_{\mathrm{s}}^{(3)} = \left[1 - \left(1 - \frac{L_{\mathrm{c}}^{\mathrm{ref}} \chi_{\mathrm{ref}}^{(3)}}{L_{\mathrm{c}}^{\mathrm{G}} \chi_{\mathrm{G}}^{(3)}} \right) \left(\frac{P_{\mathrm{M}}^{\mathrm{s}}}{P_{\mathrm{M}}^{\mathrm{ref}}} \right)^{1/2} \right] \frac{L_{\mathrm{c}}^{\mathrm{G}}}{L_{\mathrm{c}}^{\mathrm{s}}} \chi_{\mathrm{G}}^{(3)} \tag{3.45}$$

式中，$\chi^{(3)} = \chi_{1111}^{(3)}(-3\omega; \omega, \omega, \omega)$。因此，必须准确地知道参考液体和玻璃样品池材料的相干长度 $L_{\mathrm{c}}^{\mathrm{ref}}$ 和 $L_{\mathrm{c}}^{\mathrm{G}}$、三阶非线性极化率 $\chi_{\mathrm{ref}}^{(3)}$ 和 $\chi_{\mathrm{G}}^{(3)}$，利用（3.45）式就可以测量出待测溶液的三阶非线性极化率 $\chi_{\mathrm{s}}^{(3)}$。

3.6.2 实验

图 3.14 给出了一个典型的用液体的三次谐波产生测量三阶非线性极化率的实验装置示意图。为了研究有机分子液体，激光器通常是 Nd：YAG 激光器（波长 1064nm），或 Nd：YAG 激光与染料激光进行拉曼频移获得近红外波长的激光。一般要求三次谐波波长在可见光或近紫外波段，以便于检测，避免有机材料中典型的强紫外吸收带。激光脉冲宽度可以是纳秒级。为了实现稳定性和单模工作，通常需要种子注入式激光器。应该监测激光脉冲，以排除强烈的激光波动。入射激光为线偏振光，可以测量 $\chi_{1111}^{(3)}$。典型的激光脉冲重复率是 $10\sim30\mathrm{Hz}$。

样品池如图 3.14 的插图所示。如上所述，与激光共聚焦参数相比，液室较小；与光束的瑞利长度相比，窗口面距焦点较远。待测样品放置在光束焦点附近，但只要参考样品放置在待测样品位置处，精确位置就不再是关键。

输出激光经过滤波只让频率为 3ω 的光通过，然后用光电倍增管检测三次谐波。三次谐波信号用采集卡积分器平均，然后存储在计算机上进行分析。图 3.15 给出了丙酮的三次谐波 Maker 条纹实验结果[4]。图中的条纹间距 d 与相干长度成正比，满足关系式 $L_{\mathrm{c}} = 2d\tan(\theta_w/2)$。待测样品和参考样品的 Maker 条纹数据用（3.40）式拟合，获得参数 L_{c} 和 P_{M}。用（3.45）式，就

可得到待测样品的三阶极化率 $\chi_s^{(3)}$。参考样品和窗口材料的相干长度 L_c 和极化率 $\chi^{(3)}$ 的值,必须从单独的测量或从文献值中找到。Kajzar 和 Messier[4] 使用了熔融石英作为玻璃窗口,氯仿作为参考液体。对于波长为 1064nm 的基频光,表 3.5 给出了几种典型的有机溶剂的相干长度 L_c 和非线性极化率 $\chi^{(3)}$。

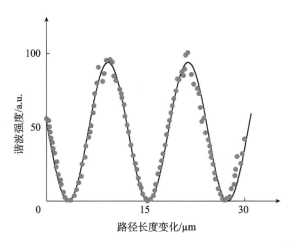

图 3.15 在三次谐波频率下丙酮产生的 Maker 条纹图案[4]

表 3.5 几种有机溶剂和熔融石英在 1064nm 下的三阶极化率 $\chi^{(3)}$ 和相干长度 L_c[4]

溶剂	$\chi^{(3)}$/esu	L_c/μm
氯仿	7.00×10^{-14}	5.20
DMF	6.13×10^{-14}	4.39
丙酮	4.85×10^{-14}	6.81
四氯化碳	7.93×10^{-14}	4.76
正己烷	4.66×10^{-14}	7.11
熔融石英	3.11×10^{-14}	6.63

3.7 非线性透过率测量

非线性吸收在非线性光学的应用中起着重要作用。在某些器件(如全光波导开关)中,它是有害的,限制了器件在高光强下的有效运行。另外,诸如光学限幅器之类的器件依靠强烈的非线性吸收来获得有效的性能。非线性吸收也被用来增强材料的光谱研究。非线性吸收产生的现象可以反过来用来测量有关的材料参数。

测量材料非线性吸收属性的方法可以分为两类，直接法和间接法[20]。直接法测量通过材料吸收后的光强/透过率。直接测量非线性吸收系数通常具有挑战性，这是因为只有一小部分入射光子被吸收。因此，产生可测量的非线性信号通常需要很高的入射功率，然而，使用强激光辐照可能会产生一些不必要的现象，如饱和、激发态吸收、非线性散射和光漂白，这些现象反过来又会使测量结果的解释变得复杂。直接测量法主要有非线性透过率测量、损耗调制、开孔 Z-扫描、光谱分辨的两波耦合法等。间接测量法通过次级观测来确定非线性吸收。许多间接法提供了零背景的优点，这使得间接法比直接法测量更加灵敏。然而，由于这种技术不能直接测量多光子吸收系数，所以在间接测量中观测到的是作用截面。因此，在采用间接法分析数据时，通常需要作出一些假设，对数据的解释应当谨慎处理。间接测量法主要有非线性荧光激发法、光热技术和多光子感应光电流法等。本节仅介绍非线性透过率测量法，其他非线性测量方法参见相关文献 [6，20]。

非线性吸收最明显的效应是材料的透过率随强度或通量的增加而变化。如果这种变化可以测量，那么就可以反推得到两光子吸收系数 α_2，激发态截面 σ_{ex} 等。因此，非线性透过率测量技术可以用来表征两光子和三光子吸收材料，以及激发态吸收材料等。

非线性透过率测量方法的优点包括简单的实验和分析技术。此外，该方法类似于泵浦-探测技术，可研究波长和时间依赖性的非线性吸收。该测量方法的主要缺点是需要在大背景下测量微小的变化，因为非线性透过率变化通常只占透过率的一小部分。这反映在提取的非线性吸收系数具有很大的不确定性。然而，在某些条件下，这种变化是显著的，而且这种技术由于其简单性而受到欢迎。

3.7.1 理论

1. 多光子吸收

原则上来说，虽然所有的多光子吸收系数都可以测量，但是高于两光子吸收或三光子吸收的高阶多光子吸收系数通常太小而很难直接测量。除了气体和一些半导体材料外，直接测量高阶多光子吸收系数需要的光强大到材料会被损坏。

在大多数情况下，高斯光束用于测量。有两种情况需要考虑。在这两种情况下，均假定样品厚度小于高斯光束的瑞利长度。在第一种情况下，样品是固定的，在实验中增加光强。在第二种情况下，光束功率或能量保持不变，但样品沿着光束移动以增加入射到样品上的光强。这就是本书 5.1 节讨论的开孔 Z-扫描技术表征多光子吸收效应。

在空间和时间上均为高斯型分布的脉冲光激发下，测量的非线性透过率用相应的线性透过率（在很低光强下的测量值）进行归一化处理。对于两光子吸收，这个归一化透过率为

$$T_{2PA} = \frac{1}{\sqrt{\pi}\psi_2(x)} \int_{-\infty}^{\infty} \ln[1 + \psi_2(x)\exp(-t^2)]dt \tag{3.46}$$

其中，

$$\psi_2(x) = \frac{\alpha_2(1-R)I_0 L_{eff}}{1+x^2} \tag{3.47}$$

这里，$x = z/z_0$ 是样品的相对位置；z_0 是高斯光束的瑞利长度；R 是样品前表面的菲涅耳反射率；I_0 是空气中入射光束焦点处的在轴峰值光强；$L_{eff}^{(2)} = [1 - \exp(-\alpha_0 L)]/\alpha_0$ 是样品的有效厚度，α_0 是线性吸收系数，L 是样品的厚度；α_2 是两光子吸收系数。

对于固定样品的测量，即 $x=0$，改变在轴光强 I_0。在 Z-扫描技术中，I_0 是固定的，而改变样品位置 x。无论哪种情况，都可以用（3.46）式拟合实验数据来提取 α_2。在任意条件下，（3.46）式必须用数值方法求解。然而，当 $\Psi_2 = \alpha_2(1-R)I_0 L_{eff}^{(2)} < 1$ 时，（3.46）式可以化简为如下的近似解析式

$$T_{2PA} = \sum_{m=0}^{\infty} \frac{[-\psi_2(x)]^m}{(m+1)^{3/2}} \tag{3.48}$$

对于三光子吸收，归一化透过率为

$$T_{3PA} = \frac{1}{\sqrt{\pi}\psi_3(x)} \int_{-\infty}^{\infty} \ln[\sqrt{1 + \psi_3^2(x)\exp(-t^2)} + \psi_3(x)\exp(-t^2)]dt \tag{3.49}$$

式中，

$$\psi_3(x) = \sqrt{\frac{2\alpha_3(1-R)^2 I_0^2 L_{eff}^{(3)}}{(1+x^2)^2}} \tag{3.50}$$

这里，$L_{eff}^{(3)} = [1 - \exp(-2\alpha_0 L)]/(2\alpha_0)$。

必须通过数值求解（3.49）式才能得到三光子吸收系数 α_3。当 $\Psi_3 = [2\alpha_3(1-R)^2 I_0^2 L_{eff}^{(3)}]^{1/2} < 1$ 时，可以使用下面的近似值

$$T_{3PA} = \sum_{m=1}^{\infty} (-1)^{m-1} \frac{[\psi_3(x)]^{2m-2}}{(2m-1)!\sqrt{2m-1}} \tag{3.51}$$

同样，对于固定样品位置的测量，$x=0$，改变 I_0。而在 Z-扫描技术中，I_0 是固定的，而改变样品位置 x。

在两光子光谱中，泵浦-探测法是常用的方法。一般假设 $I_e \gg I_p$，其中 I_e 为泵浦（激励）光束强度，I_p 为探测光束强度。在如上所述的单光束实验中，可测量自诱导两光子吸收系数 α_2^{ee}。在泵浦-探测实验中，可测量双光束两光子吸收系数 α_2^{ep}。一般考虑两种情况。第一种情况是 α_2^{ee} 可以忽略不计（例如，当泵浦光束的光子能量小于半导体中带隙能量的一半时）。第二种情况是当 α_2^{ee} 不可忽略时，还必须考虑泵浦光单独引起的两光子吸收损耗。

当泵浦光的自诱导两光子吸收可以忽略时，在空间和时间上均为高斯型分布的脉冲光激发下，归一化探测光透过率为

$$T_{2PA} = \sum_{m=0}^{\infty} \frac{[-\Gamma(x)]^m \eta}{(m+\eta)m!\sqrt{m+1}} \tag{3.52}$$

式中，

$$\Gamma(x) \approx 2\sqrt{\frac{\lambda_e}{\lambda_p}} \alpha_2^{ep}(1-R_e)\frac{I_{0e}}{1+x^2}L \tag{3.53}$$

这里，$\eta=(w_e/w_p)^2$ 是泵浦光束与探测光束的面积之比。（3.52）式适用于泵浦光和探测光具有本质上相同的时间行为的情况（例如，来自同一激光器）。

当泵浦光的自诱导两光子吸收不能被安全地忽略时，归一化探测光透过率为

$$T_{2PA} = \frac{\eta}{\sqrt{\pi}} \int_{-\infty}^{\infty} dt \int_0^1 \left[\frac{1}{1+q_e(x)\exp(-t^2)y}\right]^r y^{\eta-1} dy \tag{3.54}$$

其中，

$$q_e(x) = \alpha_2^{ee}(1-R_e)\frac{I_{0e}}{1+x^2}L_{eff} \tag{3.55}$$

$$r = 2\sqrt{\frac{\lambda_e}{\lambda_p}} \frac{\alpha_2^{ep}}{\alpha_2^{ee}} \tag{3.56}$$

（3.54）式必须用数值求解以提取 α_2^{ep}。

2. 两光子感应激发态吸收

在足够高的光强下，可以观察到两光子感应的激发态吸收。在一定条件下，除了测量两光子吸收系数之外，还可以测量这种激发态吸收截面。

当入射光脉冲宽度比两光子泵浦激发态的衰减时间短时，激发态的数密度为

$$N_{ex}(I) = \frac{\alpha_2}{2\hbar\omega} \int_{-\infty}^t I^2(t') dt' \tag{3.57}$$

有效两光子吸收系数可以定义为

$$\alpha_2^{\mathrm{eff}}(I) = \alpha_2 + s(I) \tag{3.58}$$

式中，

$$s(I) = \sigma_{\mathrm{ex}} N_{\mathrm{ex}}(I)/I \tag{3.59}$$

为了得到数据分析的解析表达式，（3.59）式中的量用其在空间和时间上的平均值代替：

$$\langle s(I) \rangle = \frac{\int_{-\infty}^{\infty} \int_{0}^{L} \int_{0}^{\infty} s(I) I^2(r,z,t) r \mathrm{d}r \mathrm{d}z \mathrm{d}t}{\int_{-\infty}^{\infty} \int_{0}^{L} \int_{0}^{\infty} I^2(r,z,t) r \mathrm{d}r \mathrm{d}z \mathrm{d}t} \tag{3.60}$$

进一步近似，用来求平均值的光强 $I(r,z,t)$ 假设仅由两光子吸收给出。这样可以找到一个由入射在轴峰值光强 I_0 依赖的有效两光子吸收系数

$$\alpha_2^{\mathrm{eff}}(I_0) = \alpha_2 \left[1 + \frac{\sigma_{\mathrm{ex}} t_{\mathrm{eff}} I_0}{2\hbar\omega} G(q_0) \right] \tag{3.61}$$

式中，$G(q_0)$ 是 $q_0 = \alpha_2(1-R)I_0 L_{\mathrm{eff}}$ 的某函数；t_{eff} 是有效积分时间。比如，当 $I(t) \sim \mathrm{sech}^2(t/\tau)$ 时 $t_{\mathrm{eff}} = 2\tau/3$。

首先数值上求解 $\langle s \rangle$，然后找到精确曲线的良好多项式拟合，即可得到 $G(q_0)$ 的解析近似。在 $0 \leqslant q_0 \leqslant 3$ 的范围内，下面的三阶近似值与实际值非常吻合

$$G(q_0) = 1 - 0.33 q_0 + 0.096 q_0^2 - 0.012 q_0^3 \tag{3.62}$$

在给定有效两光子吸收系数的情况下，可以利用（3.61）式计算出两光子吸收时的非线性透过率。实际实验是一个逆问题，需要在不同入射光强下进行一系列的测量，得到光强 I_0 依赖的 α_2^{eff}。然后用（3.61）式拟合实验数据，可以同时提取出 α_2 和 σ_{ex}。

3.7.2　实验

非线性透过率实验的一个主要目标，就是最大限度地提高 $\Delta T/T_0$ 比值。在设计实验时，样品、激光和光束的几何形状都要考虑在内。

厚样品对于低浓度的吸收物种和低光强提供了更高的测量灵敏度。有时因为溶质在可用的溶剂（对于溶液样品）中溶解度低，所以低浓度是不可避免的。为了避免诸如两光子吸收泵浦光产生激发态吸收等复杂问题，有时需要低光强。厚样品需要材料的量更大些，然而，也要求激光束在更长的距离上准直。这设置了一个光斑大小的下限，反过来又限制了给定脉冲能量的入射光强。

对于薄样品，可以使用更少的材料，但是通常需要更强的光束聚焦来弥

补路径长度的减少。虽然这使得光束控制更加容易，减少了脉冲能量的限制，但是这使得更加容易出现激发态吸收，并且可能带来激光诱导表面损伤的问题。然而，在某些情况下，薄样品可以用最少的材料提供测量的高灵敏度，这正是 Z-扫描测量所需要的形式。在 Z-扫描实验中，为了便于分析，样品应该足够薄，这样样品内的光束形状不会因为衍射或自聚焦（自散焦）而发生明显的变化。

当考虑用激光进行非线性透射实验时，需要考虑几个因素。首先，飞秒激光脉冲在低能量下比纳秒和皮秒激光脉冲提供更高的峰值光强。这对于测量敏感度和样品损伤都很重要。激光波长也很重要，需要根据被研究样品的两光子吸收允许波长来选择，或者可以根据被研究的半导体材料的带隙来选择。低脉冲重复频率的激光有利于避免样品的热效应。热效应会引起束晕效应，在某些情况下，由于波束限幅，可能会导致一些能量漏过探测器的敏感部分。如果没有注意到，这将使测量的材料非线性吸收偏离实际值。

1. 厚样品实验

图 3.16 给出了一个厚样品实验的例子。在较厚的样品（约 10～20cm）中，必须注意确保激光束在样品长度上得到合理的准直。由于离焦点的距离远大于光束的瑞利长度，光束发散得太快，很难在样品内保持良好的准直。因此这么厚的样品不适合 Z-扫描测量。

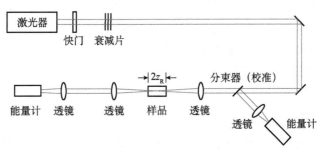

图 3.16　厚样品非线性透过率实验

非线性透过率实验的基本目的是测量入射和透射激光脉冲能量，并得到它们之间的比值，从而获得样品的透过率。这就需要使用校准分束器，如图 3.16 所示，以准确地测得入射和透射能量。样品前表面的反射率也必须知道，以获得真实的入射至体样品内的能量。需要用能量计进行校准能量探测计（硅或热电型）或光电二极管。应该确保所有的透过能量被能量探测器收集，为此可使用再聚焦透镜或大面积（～1cm²）探测器。有时需要经过校准的中性密度滤波器，使探测器在较宽的动态范围内保持在线性工作状态。

在厚样品实验中，入射激光能量发生变化，透过率随入射能量变化。这种入射激光能量可以通过合适的衰减器系统来改变，例如，可以采用半波片/偏振片的组合来衰减光束能量。

对于高斯光束，必须仔细测量光束的空间线型。对于直径大于或在 $100\,\mu m$ 左右的光束，很容易使用耦合到帧采集器和图像数字化系统的 CCD 相机来获得光束分布。用光束分析软件，将数据用高斯分布拟合，获得描述光束的统计参量（包括拟合的优度）。最关键的参数是在两个正交方向上光强为 $1/e^2$ 时对应的光束直径 $2w$。假设光束圆柱形对称，在轴通量为

$$F_0 = \frac{2\varepsilon}{\pi w^2} \qquad (3.63)$$

式中，ε 是测量的脉冲能量。

对于较小尺寸的光束，可以使用扫描刀口、狭缝或针孔来表征光束的特性。在 x 方向和 y 方向针孔扫描，可以获得光束分布的信息。在所有情况下，物体被安装在平移台上，并与光束正交扫描，用能量探测器对透射的能量进行采样。然后将数据用高斯分布进行拟合，以求出光强为 $1/e^2$ 时对应的光束直径。对于狭缝和针孔，孔径的大小应该比光束大小要小，以避免卷积效应。

在两光子吸收和三光子吸收实验中，关键参数是在轴峰值光强，因此要求知道脉冲的形状和宽度。对于纳秒激光脉冲，可以使用快速光电二极管耦合到宽带（$500\sim1000\mathrm{MHz}$）瞬态数字仪（用于低重复率激光）或取样示波器（用于高重复率激光）。对皮秒和飞秒激光脉冲，需要使用自相关仪或者条纹相机来测量脉冲形状和脉宽。通常脉冲形状可以近似为高斯函数或双曲正割平方函数。在这两种情况下，半峰全宽脉冲宽度（τ_F）是典型的特征测量量。在轴峰值光强由如下表达式给出：

$$I_0 = \frac{4\sqrt{\ln2}\,\varepsilon}{\pi\sqrt{\pi}\,w^2\tau_F} \quad （高斯脉冲） \qquad (3.64)$$

$$I_0 = \frac{2\ln(1+\sqrt{2})\varepsilon}{\pi w^2\tau_F} \quad （双曲正割平方脉冲） \qquad (3.65)$$

图 3.17 给出了一个厚样品（1 cm）实验中由两光子吸收引起的非线性透过率的例子[21]。在这种特殊情况下，样品是四氢呋喃中溶解度为 0.051mol/L 的一种有机化合物溶液，入射光强保持在足够低以避免两光子感应激发态吸收。

2. 薄样品实验

图 3.18 为薄样品的 Z-扫描非线性透过率实验示意图。闭孔 Z-扫描将在

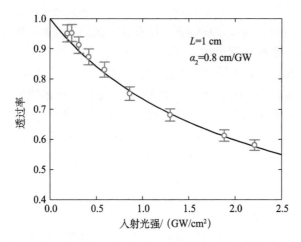

图 3.17 由两光子吸收引起的能量透过率随入射在轴峰值光强的变化关系[21]

第 4 章详细讨论。对于非线性吸收测量,需采用开孔 Z-扫描结构。事实上,必须注意所有透过样品的能量都由探测器收集,这是因为 Z-扫描测量对非线性折射效应非常敏感。可能需要在探测器之前加上一个额外的大口径收集透镜,特别是,非线性吸收在某些情况下会产生热透镜效应,这可能会导致光束的强烈自散焦效应。关于开孔 Z-扫描表征非线性吸收,详见 5.1 节。

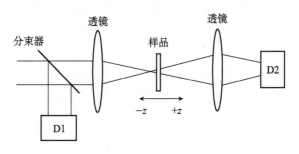

图 3.18 开孔 Z-扫描实验光路图

3. 泵浦-探测实验

上述实验涉及单波长、单光束技术。要开展两光子吸收或激发态吸收光谱测量,需要一个可调谐或宽带光源。一般来说,用一个固定波长的强泵浦光来激发非线性光学效应,用一个可调谐或宽带的较弱光探测非线性光学信号。这是泵浦-探测双光束实验的原理。

这些类型的实验可用于两光子吸收和激发态吸收的研究。相对较弱的探测光可以是可调谐激光,甚至可以是单色仪产生的窄光谱带的非相干光。然而，获取探测光的一种常用方法是用泵浦激光产生的连续频率短脉冲光。这种技术可以在单激光脉冲中产生完整的非线性吸收谱，并且提供了观察泵浦脉冲激发介质后光谱随时间变化的可能。以下将简述这个白光瞬态吸收实验。

典型的白光泵浦-探测实验如图 3.19 所示。激光系统通常由一个锁模 Nd：YAG 激光器组成，它同步泵浦染料激光器。将 1064nm 光束的一部分（约几个纳焦）引入 Nd：YAG 再生放大器，在脉冲重复频率为～10Hz 的情况下放大至约 50mJ。输出的倍频光用于泵浦染料放大（通常为三个放大阶段）。染料放大器用来放大染料激光器的输出。典型放大～10^6 倍。因此最终的输出脉冲能量为 1～2mJ，脉冲宽度为几皮秒。在某些情况下，脉冲可以缩短到几百飞秒。

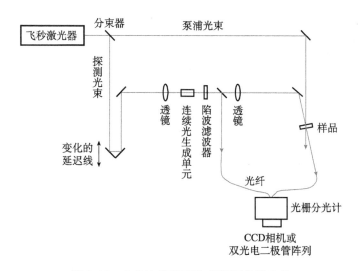

图 3.19　白光连续光泵浦-探测吸收谱实验

泵浦光束的一部分被分束器截取，并入射至包含水、重水混合物或乙二醇的比色皿中。通过自相位调制的非线性光学过程，强短脉冲产生了一个可以覆盖几百纳米的连续频率光谱。在此白光连续生成比色皿后直接放置陷波滤波器，滤出泵浦光频率处的残余光。

探测脉冲通过适当的延迟线进行时间延迟实验。最好在连续谱产生之前，应避免脉冲的色散展宽。然后使泵浦光和探测光在样品中重叠。通常希望探测光的尺寸比泵浦光的小，以检测更均匀的激发区域。泵浦光束的典型光斑大小为几百毫米。

连续脉冲的一部分在白光产生单元之后直接分离，并用作参考。通过光纤采集透过样品的参考光和探测光，并耦合到光栅光谱仪中。然后将两束分散的光束发送到双光电二极管阵列或 CCD 相机上的单独位置。如果光束被正确记录，光谱的波长与像素位置相关，每个像素的信号强度在该波长处正比于光的强度。

通过在缺少样品的情况下建立一个基线信号，比较有样品的两个光谱，得到样品的非线性光谱透过率。应注意使泵浦光通量低于饱和通量，以便使用于简化分析的近似值仍然有效。与泵浦光相比，探测光强应很小（～1％）。随着对脉冲宽度和脉冲形状的进一步了解，（3.52）式～（3.56）式可以用来确定两光子光谱实验中的两光子吸收系数。

3.8 空间自相位调制

光与物质相互作用改变了材料的折射率，影响了光束本身的传播行为，反映了远场光场衍射图样的变化，导致了诸如空间孤子、自陷和自导传播等空间自相位调制效应。自 Callen 等[22] 在 1967 年观察到了高斯激光束通过二硫化碳后的远场环形光强分布以来，空间自相位调制效应（也称为自衍射效应）就引起了人们的普遍关注。其后，人们在向列液晶[12]、碳纳米管悬浮液[23]和二维纳米片分散液[24]等材料中观察到了远场环形自衍射图样。与此同时，人们对自衍射图样的形成和演化进行了广泛的研究[25-28]。此外，人们还探讨了这种新颖自衍射现象的物理机理，包括光热效应[22]、非局域光学非线性[29]、重力影响的热致非线性[23]和两种非线性效应共存[30]。

3.8.1 理论

空间自相位调制是一种由折射率变化引起的非线性光学行为[12]。激光照射非线性光学介质时，折射率随着光强分布发生变化。就三阶光学非线性而言，折射率与入射光强成正比。即光强的空间分布变化引起折射率的变化，从而感应非线性相移。这种非线性相移可以写成[12]

$$\Delta\psi(r) = \frac{2\pi n_0}{\lambda} \int_{-L_e/2}^{L_e/2} n_2 I(r,z)\mathrm{d}z \tag{3.66}$$

式中，r 是径向位置；λ 是激光的波长；n_0 和 n_2 分别是介质的线性和非线性折射率。$L_e = \int_{L_1}^{L_2}(1+z^2/z_0^2)^{-1}\mathrm{d}z = z_0 \arctan(z/z_0)\Big|_{L_1}^{L_2}$ 是贡献自相位调制的有效路径长度，其中，L_1 和 L_2 是样品前后表面位置；z_0 是光束的瑞利长度，$L=L_2-L_1$ 是样品的厚度。从（3.66）式可知，不同位置的场截面在径向方向上经历了不同的非线性相移 $\Delta\psi(r)$，导致空间自相位调制。如果样品出射场平面上两点之间的相位差 $\Delta\psi(r_1) - \Delta\psi(r_2) = m\pi$，其中 m 为奇数或偶数，

则分别发生相干相长和相干相消，在远场产生如图 3.20（a）所示的多重同心环结构的自衍射图样。从关系式 $\Delta\psi(0)-\Delta\psi(\infty)=2N\pi$，可以估计出衍射环总数为 $N=\Delta\psi(0)/2\pi$[12]。因此，介质的有效非线性折射率可以表示为

$$n_2 = \frac{\lambda}{2\pi n_0} \frac{N}{I} \tag{3.67}$$

式中，I 表示入射激光强度。在空间自相位调制实验中，已知参数 λ、n_0 和 L_e，通常测量不同光强 I 下的衍射环数 N，借助于（3.67）式，就可以获得样品的非线性折射率 n_2。

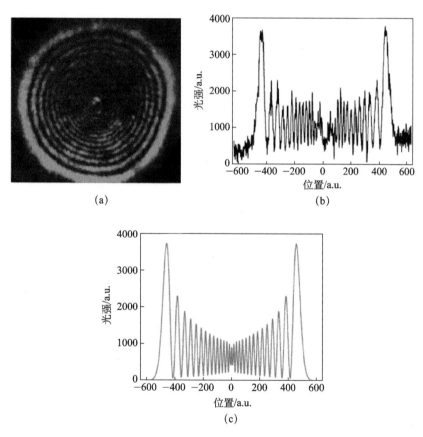

(a)

(b)

(c)

图 3.20　（a）实验测量的空间自相位调制光强分布图，（b）轴向光强分布和（c）相应的模拟光强分布[31]

3.8.2　实验

空间自相位调制实验光路示意图如图 3.21 所示，聚焦激光束照射样品，

样品中心位置位于聚焦光束的焦平面处，透射激光在远场被 CCD 相机收集，获得了明暗相间的同心环形光强分布。例如，图 3.20（a）是拓扑绝缘体 Bi_2Te_3 分散液的空间自相位调制图样，图（b）显示的是图（a）中实验结果的光强分布，图（c）是相应的理论模拟结果。可以看出，实验结果与理论结果吻合得很好。

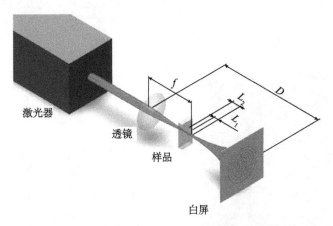

图 3.21　空间自相位调制实验光路示意图[31]

　　自 2010 年以来，人们广泛研究了二维材料的空间自相位调制效应，表征了其三阶非线性折射率。然而，对于二维材料的空间自相位调制机理有如下三种类型的解释[32]：①激光光强直接导致，激光光强的高斯分布导致了二维材料的非线性折射率呈类高斯分布，从而导致了空间自相位调制现象；②激光热效应导致，激光光强的热效应导致二维材料分散液中出现类热透镜效应，从而导致了热致的空间自相位调制；③风铃状排列导致，激光的光场通过非局域电子相干效应，诱导二维材料在分散液中旋转，形成具有一定规则的风铃状排列，这种特殊的排列产生了空间自相位调制。最近，肖思等[30]的实验证实，Bi_2TeSe_2 纳米片悬浮液中的空间自相位调制效应来源于共存的热效应和相干三阶非线性光学克尔效应。

3.9　Z-扫描技术

　　1989 年 M. Sheik-Bahae 等[13,14]首次提出了 Z-扫描技术，它是利用材料的自作用效应表征样品的三阶非线性极化率；它只需要单光束进行测量，实验装置简单，测量灵敏度高。Z-扫描技术中样品在近聚焦光束焦点前后移动不同位置（Z-扫描）时，测定光束远场通过一个小孔光阑后的透过功率/能量。由测得非线性介质光强透过率与样品位置（用 z 表示）的变化曲线，可以计算出介质的非线性折射率的大小和符号，Z-扫描技术的原理将在第 4 章进行详细的介绍。

利用 Z-扫描技术可以同时测量三阶非线性折射率的实部和虚部，而常用的四波混频方法做不到这一点。因此 Z-扫描技术在材料的光学非线性系数测量中得到了广泛应用。Z-扫描技术的出现对光学非线性测量领域发挥了极为重要的作用，它体现了新的测量思想：利用光束的横向分布测量光学非线性，换言之，光束的横向分布特性得到利用。正如四波混频方法基于相位共轭的研究一样，一种测量方法的产生源于对某种非线性效应的大量研究。Z-扫描的背景是光束的非线性调制，更确切地说，它是基于光限幅器和非线性光开关的研究[33]，它的出现反过来又推动了相关器件的提出和改进。Z-扫描技术的缺点是：对于激光束的横向光场分布（即横模）有比较严格的要求，偏离 TEM_{00} 模的激光将导致大的测量误差[34]。当采用连续激光或长脉冲激光时，Z-扫描方法测得的非线性折射率值可能包含热效应和分子取向的贡献。此外，这个方法中得不出样品非线性响应时间的信息，传统 Z-扫描方法也得不出非线性极化率张量的非对角元。

在 Z-扫描技术出现以后，近年来人们在利用 Z-扫描方法测量大量样品的同时，其方法本身也得到了很大的发展，其应用范围不仅仅局限于进行非线性光学测量。改进的思路有两个方面：一方面在原有的基础上，讨论其他可能的光入射方式，以及对光的检测方式和调制方式，从而提高灵敏度和简化实验过程，详见第 8 章；另一方面，讨论如何在"恶劣"的条件下，仍能用原方法进行测量，从而扩大测量的适用范围。

参 考 文 献

[1] Friberg S R, Smith P W. Nonlinear optical-glasses for ultrafast optical switches[J]. IEEE Journal Quantum Electronics, 1987, 23(12): 2089-2094.

[2] Adair R, Chase L L, Payne S A. Nonlinear refractive index measurement of glasses using three-wave frequency mixing[J]. Journal of the Optical Society of American B-Optical Physics, 1987, 4(6): 875-881.

[3] Weber M J, Milam D, Smith W L. Nonlinear refractive index of glasses and crystals[J].

Optical Engineering,1978,17(5):463-469.

[4] Kajzar F,Messier J. Original technique for third-harmonic-generation measurements in liquids[J]. Review of Scientific Instruments,1987,58(11):2081-2085.

[5] Owyoung A. Ellipse rotations studies in laser host materials[J]. IEEE Journal of Quantum Electronics,1973,QE-9(11):1064-1069.

[6] R. L. Sutherland with contributions by McLean D G,Kikpatrick S, Handbook of Nonlinear Optics[M]. second ed. New York:Marcel Dekker,2003.

[7] Jamshidi-Ghaleh K,Mansour N. Nonlinear refraction measurements of materials using the moiré deflectometry[J]. Optics Communications,2004,234(1-6):419-425.

[8] Boudebs G,Chis M,Phu X N. Third-order susceptibility measurement by a new Mach-Zehnder interferometry technique[J]. Journal of Optical Society of American B-Optical Physics,2001,18(5):623-627.

[9] Rodriguez L,Simos C,Sylla M,et al. New holographic technique for third-order optical properties measurement[J]. Optics Communications,2005,247(4-6):453-460.

[10] Boudebs G,Cherukulappurath S. Nonlinear optical measurements using a $4f$ coherent imaging system with phase objects[J]. Physical Review A,2004,69(5):053813.

[11] Boudebs G,de Araujo C B. Characterization of light-induced modification of the nonlinear refractive index using a one-laser-shot nonlinear imaging technique[J]. Applied Physics Letters,2004,85(17):3740-3742.

[12] Durbin S D,Arakelian S M,Shen Y R. Laser induced diffraction rings from a nematic liquid crystal film[J]. Optics Letters,1981,6(9):411-413.

[13] Sheik-Bahae M,Said A A,van Stryland E W. High-sensitivity,single-beam n_2 measurements [J]. Optics Letters,1989,14(17):955-957.

[14] Sheik-Bahae M,Said A A,Wei T H,et al. Sensitive measurement of optical nonlinearities using a single beam[J]. IEEE Journal of Quantum Electronics,1990,26(4):760-769.

[15] Canto-Said E J,Hagan D J,van Stryland E W. Degenerate four-wave mixing measurements of high order nonlinearities in semiconductor[J]. IEEE Journal of Quantum Electronics,1991,27(10):2274-2280.

[16] Sutherland R L,Rea E,Natarajan L V,et al. Two-photon absorption and second hyperpolarizability measurements in diphenylbutadiene by degenerate four-wave mixing[J]. Journal of Chemical Physics,1993,98(4):2593-2603.

[17] Carter G M. Excited-state dynamics and temporally resolved nonresonant nonlinear-optical processes in polydiacetylenes[J]. Journal of the Optical Society of American B-Optical Physics,1987,4(6):1018-1024.

[18] Dogariu A,Xia T,Said A A,et al. Purely refractive transient energy transfer by stimulated Rayleigh-wing scattering[J]. Journal of the Optical Society of American B-Optical

Physics,1997,14(4):796-803.

[19] Tang N,Sutherland R L. Time-domain theory for pump-probe experiments with chirped pulses[J]. Journal of the Optical Society of American B-Optical Physics,1997,14(12): 3412-3423.

[20] Liaros N,Fourkas J T. The characterization of absorptive nonlinearities[J]. Laser Photonics Review,2017,11(5):1700106.

[21] He G S,Xu G C,Prasad P N,et al. Two-photon absorption and optical-limiting properties of novel organic compounds[J]. Optics Letters,1995,20(5):435-437.

[22] Callen W R,Huth B G,Pantell R H. Optical patterns of thermally self-defocused light [J]. Applied Physics Letters,1967,11(3):103-105.

[23] Ji W,Chen W Z,Lim S H,et al. Gravitation-dependent,thermally-induced self-diffraction in carbon nanotube solutions[J]. Optics Express,2006,14(2):8958-8966.

[24] Wang G,Zhang S,Zhang X,et al. Tunable nonlinear refractive index of two-dimensional MoS_2,WS_2,and $MoSe_2$ nanosheet dispersions[Invited][J]. Photonics Research,2015,3 (2):A51-A55.

[25] Santamato E,Shen Y R. Field-curvature effect on the diffraction ring pattern of a laser beam dressed by spatial self-phase modulation in a nematic film[J]. Optics Letters, 1984,9(12):564-566.

[26] Yu D J,Lu W P,Harrison R G. Analysis of dark spot formation in absorbing liquid media[J]. Journal of Modern Optics,1998,45(12):2597-2606.

[27] Deng L G,He K N,Zhou T Z,et al. Formation and evolution of far-field diffraction patterns of divergent and convergent Gaussian beams passing through self-focusing and self-defocusing media[J]. Journal of Optics A:Pure and Applied Optics,2005,7(8): 409-415.

[28] Nascimento C M,Alencar M A R C,CháveZ-Cerda S,et al. Experimental demonstration of novel effects on the far-field diffraction patterns of a Gaussian beam in a Kerr medium[J]. Journal of Optics A-Pure and Applied Optics,2006,8(11):947-951.

[29] Ramirez E V G,Carrasco M L A,Otero M M M,et al. Far field intensity distributions due to spatial self phase modulation of a Gaussian beam by a thin nonlocal nonlinear media[J]. Optics Express,2010,18(11):22067-22079.

[30] Xiao S,Zhang Y,Ma Y,et al. Observation of spatial self-phase modulation induced via two competing mechanisms[J]. Optics Letters,2020,45(10):2850-2853.

[31] Shi B,Miao L,Wang Q,et al. Broadband ultrafast spatial self-phase modulation for topological insulator Bi_2Te_3 dispersions[J]. Applied Physics Letters,2015,107(15): 151101.

[32] Zhang X J,Yuan Z H,Yang R X,et al. A review on spatial self-phase modulation of

two-dimensional materials[J]. Journal of Central South University,2019,26(9):2295-2306.

[33] Hermann J A. Beam propagation and optical power limiting with nonlinear media[J]. Journal of the Optical Society of American B-Optical Physics,1984,1(5):729-736.

[34] Hughes S,Burzler J. Theory of Z-scan measurement using Gaussian-Bessel beams[J]. Physical Review A,1997,56(2):R1103-R1106.

Z-扫描技术

本章从麦克斯韦方程组出发，导出描述光场在非线性光学薄样品中的传播方程，重点介绍闭孔 Z-扫描和开孔 Z-扫描分别表征材料的三阶非线性折射和非线性吸收效应的基本原理[1,2]、Z-扫描曲线特征和解析理论，最后讨论 Z-扫描实验过程中的注意事项，如光源稳定性、远场光阑是否离轴和样品质量等因素对 Z-扫描测量曲线的影响。

4.1 理论基础

首先考虑光通过非线性光学介质传播的波动方程。作为电磁波的光波在非线性光学介质中传播时，服从麦克斯韦方程组所描述的规律。在国际单位制下，非磁性材料的麦克斯韦方程组可写成

$$\nabla \times \boldsymbol{E} = -\frac{\partial \boldsymbol{B}}{\partial t} \tag{4.1}$$

$$\nabla \times \boldsymbol{H} = \frac{\partial \boldsymbol{D}}{\partial t} + \boldsymbol{J} \tag{4.2}$$

$$\nabla \cdot \boldsymbol{D} = 0 \tag{4.3}$$

$$\nabla \cdot \boldsymbol{B} = 0 \tag{4.4}$$

式中，$\boldsymbol{E}$ 和 $\boldsymbol{H}$ 分别表示电场强度和磁场强度；$\boldsymbol{D}$ 和 $\boldsymbol{B}$ 分别为电位移矢量和磁感应强度；$\boldsymbol{J}$ 是传导电流密度。

假设空间中没有自由电流，则 $\boldsymbol{J}=0$。由于材料是非磁性的，有 $\boldsymbol{B}=\mu_0\boldsymbol{H}$，这里 μ_0 是真空磁导率。将 (4.1) 式的两边同时进行 $\nabla \times$ 运算，再将 (4.2)式代入，并利用 $\boldsymbol{B}=\mu_0\boldsymbol{H}$，得

$$\nabla \times \nabla \times \boldsymbol{E} + \mu_0\frac{\partial^2}{\partial t^2}\boldsymbol{D} = 0 \tag{4.5}$$

在强激光场激发下，电位移矢量包含线性极化和非线性极化项，可写成

$$\boldsymbol{D} = \varepsilon_0 \boldsymbol{E} + (\boldsymbol{P}^{(1)} + \boldsymbol{P}^{NL}) = \varepsilon_0 \boldsymbol{\varepsilon}^{(1)} \cdot \boldsymbol{E} + \boldsymbol{P}^{NL} \qquad (4.6)$$

式中，ε_0 是真空中的介电常数；$\boldsymbol{\varepsilon}^{(1)}$ 是相对介电常数张量。

将（4.6）式代入（4.5）式，再利用公式 $c = 1/\sqrt{\varepsilon_0 \mu_0}$，得

$$\nabla \times \nabla \times \boldsymbol{E} + \frac{1}{c^2} \frac{\partial^2}{\partial t^2} (\boldsymbol{\varepsilon}^{(1)} \cdot \boldsymbol{E}) = -\frac{1}{\varepsilon_0 c^2} \frac{\partial^2 \boldsymbol{P}^{NL}}{\partial t^2} \qquad (4.7)$$

其中，c 是真空中的光速。式中电场强度 $\boldsymbol{E}$ 和非线性极化强度 $\boldsymbol{P}^{NL}$ 都是时间和空间坐标的函数。（4.7）式是非线性光学介质中波动方程的一般形式[3]。

在一定的条件下（4.7）式可以进一步简化。利用矢量运算恒等式，可以将（4.7）式的左边第一项写成

$$\nabla \times \nabla \times \boldsymbol{E} = \nabla(\nabla \cdot \boldsymbol{E}) - \nabla^2 \boldsymbol{E} \qquad (4.8)$$

在各向同性无源介质的线性光学范畴内，麦克斯韦方程中 $\nabla \cdot \boldsymbol{D} = 0$ 意味着 $\nabla \cdot \boldsymbol{E} = 0$，所以（4.8）式的右边第一项消失。然而，在非线性光学中，由于 $\boldsymbol{D}$ 和 $\boldsymbol{E}$ 用更一般的关系（4.6）式描述，即使对于各向同性材料 $\nabla(\nabla \cdot \boldsymbol{E})$ 通常也不等于零。幸运的是，在非线性光学中，（4.8）式中右边第一项通常可以省略。例如，如果电场 $\boldsymbol{E}$ 是平面波，而且是横波，就有 $\nabla \cdot \boldsymbol{E} = 0$。更一般地，标量光场（线偏振光、圆偏振光或椭圆偏振光）高数值孔径聚焦后在焦场处存在很弱的纵向电场分量，此时 $\nabla \cdot \boldsymbol{E}$ 不等于零，但 $\nabla(\nabla \cdot \boldsymbol{E})$ 这一项通常也非常小。

假定非线性光学介质是均匀的各向同性介质，相对介电常数张量 $\boldsymbol{\varepsilon}^{(1)}$ 可写成标量 $\varepsilon^{(1)}$。考虑到（4.8）式中 $\nabla \cdot \boldsymbol{E} = 0$，则（4.7）式改写为

$$\nabla^2 \boldsymbol{E} - \frac{\varepsilon^{(1)}}{c^2} \frac{\partial^2 \boldsymbol{E}}{\partial t^2} = \frac{1}{\varepsilon_0 c^2} \frac{\partial^2 \boldsymbol{P}^{NL}}{\partial t^2} \qquad (4.9)$$

该方程是描述平面波在各向同性非线性光学介质中传播的非线性薛定谔方程。它是一个非齐次二阶微分方程，难于求解。一般都要做近似简化处理，缓变振幅近似是一种常用方法，用这种方法可以将二阶微分方法变成一个一阶方程。

对于一个色散介质，必须考虑电场中每一个频率项都是分裂的。可以将电场强度和非线性极化强度表示成各种频率组成的复振幅形式[4]

$$\boldsymbol{E}(r,z,t) = \sum_n \boldsymbol{E}_n(r,z,t) e^{-i\omega_n t} + \text{c.c} \qquad (4.10)$$

$$\boldsymbol{P}^{NL}(r,z,t) = \sum_n \boldsymbol{P}_n^{NL}(r,z,t) e^{-i\omega_n t} + \text{c.c} \qquad (4.11)$$

为简化起见，考虑某一单一频率的平面光波沿 z 方向传播，并且假定原电场和极化电场的波矢相同。此外还假设非线性光学样品足够薄，使得样品

内由于衍射或折射率改变对光束尺寸不产生影响。在这种薄样品近似下，电场强度只沿 z 方向变化。此时，将电场强度和非线性极化强度分别表示为振幅与相位因子的乘积

$$E_n(r,t) = E_n(z)e^{i(k_n z - \omega_n t)} \tag{4.12}$$

$$P_n^{NL}(r,t) = P_n^{NL}(z)e^{i(k_n z - \omega_n t)} \tag{4.13}$$

将（4.12）式和（4.13）式代入（4.9）式，其中各项分别有 $E_n(r,t)$ 和 $P_n^{NL}(r,t)$ 的导数：

$$\nabla^2 E_n(z,t) = \left(\frac{\partial^2}{\partial z^2} + i2k_n\frac{\partial}{\partial z} - k_n^2\right)E_n(z)e^{i(k_n z - \omega_n t)} \tag{4.14}$$

$$\frac{\partial^2}{\partial t^2}E_n(z,t) = -\omega_n^2 E_n(z)e^{i(k_n z - \omega_n t)} \tag{4.15}$$

$$\frac{\partial^2}{\partial t^2}P_n^{NL}(z,t) = -\omega_n^2 P_n^{NL}(z)e^{i(k_n z - \omega_n t)} \tag{4.16}$$

假设电场强度在波长量级的空间距离内变化非常慢，即满足以下空间的缓变振幅近似条件

$$\left|\frac{\partial^2 E_n(z)}{\partial z^2}\right| \ll \left|k_n\frac{\partial E_n(z)}{\partial z}\right| \tag{4.17}$$

将（4.14）式～（4.16）式代入（4.9）式，利用（4.17）式的缓变振幅近似条件，略去其中对空间的二阶导数项，并利用介质的线性折射率 $n_0 = \sqrt{\varepsilon^{(1)}}$ 和 $k_n = k_0 n_0 = n_0 \omega_n / c$，从而得到

$$\frac{\partial E_n}{\partial z} = \frac{i\omega_n}{2\varepsilon_0 c n_0}P_n^{NL} \tag{4.18}$$

为解（4.18）式求得电场强度 E_n，必须首先求出非线性极化强度 P_n^{NL}。现在假设光学薄样品仅具有三阶非线性光学效应，入射激光是频率为 ω 的单色平面波 $E(t) = E(\omega)e^{-i\omega t} + c.c$，同时非线性极化仅影响频率为 ω 的光的传播，则

$$P^{NL}(z) = 3\varepsilon_0\chi^{(3)}(\omega = \omega + \omega - \omega)\,|E(z)|^2 E(z) \tag{4.19}$$

式中，三阶非线性极化率 $\chi^{(3)}$ 可写成复数形式

$$\chi^{(3)} = \mathrm{Re}[\chi^{(3)}] + i\mathrm{Im}[\chi^{(3)}] \tag{4.20}$$

其中，三阶极化率的虚部与三阶非线性吸收系数 α_2 相联系[3]

$$\mathrm{Im}[\chi^{(3)}] = \frac{\varepsilon_0 c^2 n_0^2 \alpha_2}{6\omega} \tag{4.21}$$

而三阶极化率的实部与三阶非线性折射率 n_2 相联系[3]

$$\mathrm{Re}[\chi^{(3)}] = \frac{1}{3}\varepsilon_0 c n_0^2 n_2 \tag{4.22}$$

利用 $I = \frac{1}{2}\varepsilon_0 c n_0 \,|E(z)|^2$，将（4.19）式～（4.22）式代入（4.18）式，得

$$\frac{\partial E}{\partial z} = \mathrm{i}k_0 n_2 IE - \frac{\alpha_2}{2}IE \tag{4.23}$$

可将光场写成 $E(z) = \sqrt{I(z)}\exp[\mathrm{i}\phi(z)]$，代入（4.23）式，得到分别描述光强和相位的两个方程

$$\frac{\partial I}{\partial z} = -\alpha_2 I^2 \tag{4.24}$$

$$\frac{\partial \phi}{\partial z} = k_0 n_2 I \tag{4.25}$$

这样就可以得到出射样品的光场 $E_{\mathrm{out}} = \sqrt{I(z)}\exp[\mathrm{i}\phi(z)]$。以上就是 Z-扫描技术表征三阶非线性光学效应的理论基础。

现在考虑光学薄样品具有 $(2m+1)$-阶非线性光学效应。此时，与非线性极化强度相关的 $(2m+1)$-阶非线性吸收系数 α_{2m} 和非线性折射率 n_{2m} 分别为[5]

$$\alpha_{2m} = \frac{\omega}{c}\left(\frac{\mu_0}{\varepsilon_0}\right)^{m/2} \frac{2^m(2m+1)!}{n_0^{m+1}(m+1)!m!} \mathrm{Im}[\chi^{(2m+1)}] \tag{4.26}$$

$$n_{2m} = \left(\frac{\mu_0}{\varepsilon_0}\right)^{m/2} \frac{2^{m-1}(2m+1)!}{n_0^{m+1}(m+1)!m!} \mathrm{Re}[\chi^{(2m+1)}] \tag{4.27}$$

当 $m=1$ 时对应于三阶非线性极化，（4.26）式和（4.27）式分别简化为（4.21）式和（4.22）式。类似地，光学薄样品具有高阶非线性光学效应时，可以得到描述样品内光强和相位的两个独立方程

$$\frac{\partial I}{\partial z} = -\sum_{m=1} \alpha_{2m} I^{m+1} \tag{4.28}$$

$$\frac{\partial \phi}{\partial z} = k_0 \sum_{m=1} n_{2m} I^m \tag{4.29}$$

此时（4.28）式和（4.29）式就是 Z-扫描技术表征高阶非线性光学效应或多种非线性光学效应共存时的理论基础。

4.2 Z-扫描的定性描述

Z-扫描表征技术的提出是非线性测量领域的重要进展，它将由材料的非线性光学效应引起的附加相位通过衍射"转换"到待测光场的振幅空间变化上。简单的实验配置体现了新的测量思想：利用光束的横向效应测量材料的非线性光学系数。

　　常用的测量材料三阶非线性光学系数的高斯光束 Z-扫描技术的原理如图 4.1 所示。入射光束的横向光强分布为圆对称的高斯型激光束。分束器将入射高斯光束分出一部分并由探测器 D1 监测激光功率/能量的稳定性。透过分束器的光束被透镜聚焦，其瑞利长度为 z_0，束腰半径为 ω_0。令聚焦透镜的焦平面位于 $z=0$；并定义光束的传播方向为 $+z$ 方向。被测样品置于焦点附近（位置为 z），若被测样品在焦平面附近沿光轴前后移动，由于介质的光学非线性和高斯光束的横向空间非均匀性，必将在介质内诱导产生类透镜效应，最终导致光束发散或会聚，从而改变远场光场的横向分布。如果一个具有合适孔径的光阑置于远场，在样品处于不同位置时透过光阑的光功率/能量必将有所差异。当样品远离焦平面时（即 $z=\pm\infty$），光强较低，可忽略激光诱导的非线性折射效应，也就是说此时可以忽略介质对光束传播行为的影响，探测器 D2 测得的功率/能量几乎为一常数 D_0。当样品在焦点附近沿传播方向移动时，通过测量不同样品位置 z 时透过光阑的功率/能量 $D(z)$，并用 D_0 归一化后得到归一化透过率 $T(z)=D(z)/D_0$。因此，当非线性光学介质在离焦点足够远时，$T=1$；在焦点附近时，$T(z)$ 在 $T=1$ 附近变化，而这种变化就反映了样品的非线性光学特征，如自聚焦和自散焦效应。

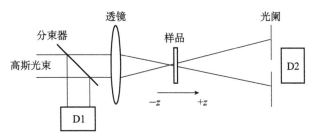

图 4.1　高斯光束 Z-扫描实验示意图

　　显然，远场光阑孔径的大小必将影响归一化透过率 $T(z)$ 随样品位置 z 变化的规律。远场光阑的大小（或称为孔径的尺寸）用其线性透过率 s 表示。当光阑完全打开（或将光阑移去）时，也就是对光束没有任何遮挡时，则 $s=1$，此时称为开孔 Z-扫描；当光阑的孔径较小（通常 $s<0.4$）时，则称为闭孔 Z-扫描。实验过程中通常这样来确定远场光阑的线性透过率：先测量样品在远离焦点的线性区时光阑完全打开后探测器接收到的总功率/能量 D_0，然后将光阑尺寸调节到某一大小时探测器接收到的功率/能量 D_s，则远场光阑的线性透过率为 $s=D_s/D_0$。

　　为了简单起见，首先考虑样品仅具有三阶非线性折射而无非线性吸收，并进一步假设样品的非线性折射率为正，样品厚度远小于聚焦高斯光束的瑞利长度，即所谓的薄样品近似。这样，光学非线性样品可以看作一个焦距可变的薄会聚透镜。当样品从远离焦点的左边（$-z$ 方向）向焦点移动时，开始由于样品远离焦点，光束强度较低，样品的非线性折射所致自聚焦效应可以忽略，此时远场光阑的透过率 T 保持一个常数。当样品接近焦点时，光强增加，具有自聚焦效应的样品等效为一个会聚透镜，此时透过样品的光束更加会聚，在远场光阑处光束变得更发散，导致光阑的透过率 T 变小，因此在 $z<0$ 一侧接近 $z=0$ 处，$T(z)$ 呈现逐步下降的趋势。当样品继续向着焦平面处移动进入衍射区（$z=-z_0/2$）附近时，$T(z)$ 达到最小值（称为谷）。当样品继续向焦点移动时，透过率 $T(z)$ 急剧上升；当非线性光学介质与焦平面重合时，归一化透过率变为 $T(0)=1$。当非线性光学介质中心移过焦点并继续向远离焦点方向（$+z$ 方向）移动时，此时光束穿过样品后将进一步被会聚，使光束尺寸变小，造成光阑的透过率 T 变大（大于 1），且随着样品进一步移动到 $z=+z_0/2$ 附近时，$T(z)$ 达到最大值（称为峰）。如果样品进一步远离焦点，由于光束射入样品的强度变小，自聚焦作用越来越弱，光阑透过率又逐步下降，直至样品的非线性作用又可以忽略，此时光阑的归一化透过率重新变成 1。因此，当样品由远离焦点的 $-z$ 方向向焦点移动，经焦点向远离焦点的 $+z$ 方向移动时，对非线性折射率为正的样品而言，其透过率 T 将随 z 的改变而由一常数变至一最小值，经焦点（$z=0$）跃变至透过率极大值，再回到一常数。这种情况下的归一化透过率曲线如图 4.2 中的实线所示，具有谷-峰结构。具有负的非线性折射率（且无非线性吸收）的情况，远场光阑的归一化透过率曲线如图 4.2 中的虚线所示，具有峰-谷结构。因此由 Z-扫描曲线的形状就可以确定非线性折射率的正负。

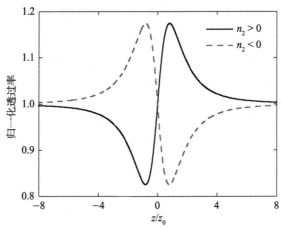

图 4.2　自聚焦（$n_2>0$）和自散焦（$n_2<0$）材料的闭孔 Z-扫描曲线

　　当样品存在正的非线性吸收系数时,不论其非线性折射率的正负如何,也不论远场光阑的归一化透过率的峰在焦点的前或后,它在焦点附近均使材料的透过率下降。结果是:原来的峰受到了抑制,原来的谷被增强了,如图 4.3 (a) 所示。类似地,当存在负的非线性吸收系数时,样品在焦点附近使远场光阑的归一化透过率上升。如图 4.3 (b) 所示,透过率曲线中峰被增强,而谷被抑制。由上所述,样品同时具有非线性折射和非线性吸收效应时,闭孔 Z-扫描曲线是非线性折射和非线性吸收效应共同作用的结果。从闭孔 Z-扫描曲线的形状是先谷后峰还是先峰后谷,可以鉴别出非线性折射率的正负;从峰是否被抑制和谷是否被增强,就可以判断出非线性吸收系数的正负号。

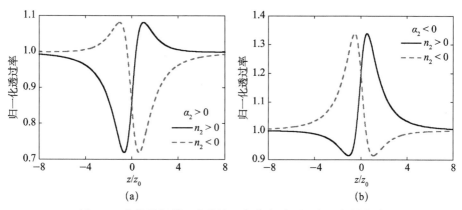

图 4.3　非线性折射和非线性吸收共存时的闭孔 Z-扫描曲线

　　如果将远场光阑完全打开,即 $s=1$,则通过样品的光束全部进入探测器,此时对应于开孔 Z-扫描。开孔 Z-扫描曲线仅反映出样品的非线性吸收效应。当材料具有正的非线性吸收系数时,也就是材料表现为多光子吸收或者反饱和吸收,开孔 Z-扫描曲线是相对于焦点为对称的谷结构,如图 4.4 中的实线所示。而当材料具有负的非线性吸收系数时,也就是材料表现为饱和吸收效应时,如图 4.4 中的虚线所示,开孔 Z-扫描曲线是相对于 $z=0$ 的对称峰结构。

　　综上所述,从材料的非线性折射特征来看,如图 4.2 所示,其三阶非线性折射率 n_2 可正可负。$n_2>0$ 对应于自聚焦材料,而 $n_2<0$ 则为自散焦材料。类似地,如图 4.3 所示,材料的三阶非线性吸收系数 α_2 也可正可负。$\alpha_2>0$ 对应于两光子吸收材料或反饱和吸收材料,而 $\alpha_2<0$ 则为饱和吸收材料。从图 4.3 所示的 Z-扫描曲线可知,共有四类三阶非线性光学材料:①$n_2>0$ 和

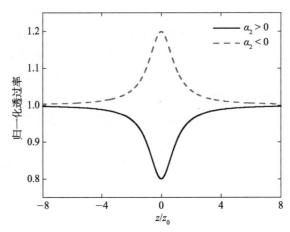

图 4.4　两光子吸收（$\alpha_2 > 0$）和饱和吸收（$\alpha_2 < 0$）材料的开孔 Z-扫描曲线

$a_2 > 0$ 对应自聚焦的两光子吸收材料；②$n_2 > 0$ 和 $\alpha_2 < 0$ 为自聚焦的饱和吸收材料；③$n_2 < 0$ 和 $\alpha_2 > 0$ 为自散焦的两光子吸收材料；④$n_2 < 0$ 和 $\alpha_2 < 0$ 为自散焦的饱和吸收材料。

4.3　Z-扫描表征纯三阶非线性折射效应

　　基于空间光束畸变原理，Z-扫描技术研究了由于存在非线性光学效应，横向空间的强度变化引起了空间依赖的折射率变化，感应类透镜效应，进而影响光束的传播行为，产生自聚焦或自散焦效应（自透镜效应），导致远场衍射图样的变化。许多方法，诸如厄米-高斯分解法（Hermite-Gaussian decomposition）[6]、菲涅耳-基尔霍夫衍射理论（Fresnel-Kirchhoff diffraction theory）[7]、快速傅里叶变换（fast Fourier transform，FFT）[8]以及零阶汉克尔变换（zeroth-order Hankel transform）[9]，均能获得远场光场的分布。能够很方便地处理畸变空间高斯型光束的方法是由 Weaire 等提出的高斯分解法（Gaussian decomposition）[10]，该方法已经成功应用于薄样品的高斯光束 Z-扫描理论[2, 11]。按照高斯分解法，样品出射面的复电场可以通过泰勒展开分解成一系列具有不同光腰半径的高斯光束，每束光单独地传播到远场小孔平面，全部光束叠加可获得远场光束分布。高斯分解法的解析表达式简洁，物理图像清晰。

　　假定基模（TEM$_{00}$）高斯光束沿 $+z$ 方向传播，其坐标原点为聚焦高斯

光束的光腰，则电场可以写成

$$E(r,z;t) = E_0 \frac{\omega_0}{\omega(z)} \exp\left[-\frac{r^2}{\omega^2(z)} - \frac{ikr^2}{2R(z)}\right] h(t)^{1/2} \tag{4.30}$$

式中，$\omega^2(z) = \omega_0^2(1+x^2)$，$\omega(z)$ 为坐标 z 处的光束半径，ω_0 为光束的束腰半径；$R(z) = z(1+1/x^2)$ 是 z 处的光束曲率半径，无维度参数 $x = z/z_0$ 是样品的相对位置；$z_0 = k\omega_0^2/2$ 为光束的瑞利长度（Rayleigh length）；$k = 2\pi/\lambda$ 为波矢；λ 为激光波长；E_0 是焦点处高斯光束在轴电场振幅；r 为径向坐标；$h(t)$ 表示激光脉冲的暂态形状（temporal profile）。对于连续激光（continuous wave laser），取 $h(t)=1$。对于高斯型脉冲形状，取 $h(t) = \exp(-t^2/\tau^2)$，其中 τ 是高斯型脉冲对应 e^{-1} 时的脉冲半幅宽。通常激光脉冲宽度用高斯型脉冲的半高全宽（FWHM）表示，τ_F 与 τ 的转换关系为 $\tau_F = 2\sqrt{\ln 2}\,\tau$。

由（4.30）式可知光束强度可写成

$$I(r,z;t) = \frac{I_{00}h(t)}{1+x^2} \exp\left[-\frac{2r^2}{\omega^2(z)}\right] \tag{4.31}$$

其中，I_{00} 是高斯光的在轴峰值光强，即 $I_{00} = I(0,0;0)$。

为简化起见，考虑高斯光束沿 z 轴在非线性光学介质中传播，样品仅具有线性吸收（线性吸收系数为 a_0）和三阶非线性折射（三阶非线性折射率为 n_2）。在薄样品近似和缓变包络近似下，类似于（4.24）式和（4.25）式，描述三阶非线性光学样品中电场传播的方程为[1]

$$\frac{d\Delta\phi(r,z;t)}{dz'} = kn_2 I(r,z;t) \tag{4.32}$$

$$\frac{dI(r,z;t)}{dz'} = -a_0 I(r,z;t) \tag{4.33}$$

其中，z' 是光束在样品内的传播距离。

解（4.32）式和（4.33）式可得到样品出射平面处的复光场为

$$E_e(r,z;t) = E(r,z;t)\exp(-a_0 L/2)\exp[i\Delta\phi(r,z;t)] \tag{4.34}$$

其中，

$$\Delta\phi(r,z;t) = \phi(z;t)\exp\left[-\frac{2r^2}{\omega^2(z)}\right] \tag{4.35}$$

$$\phi(z;t) = \frac{\Phi_2 h(t)}{1+x^2} \tag{4.36}$$

式中，$\Phi_2 = kn_2 I_{00} L_{eff}$ 是在轴峰值三阶非线性折射相移；$L_{eff} = (1-e^{-a_0 L})/a_0$ 是样品的有效厚度；L 是样品的实际厚度。

对（4.34）式中的非线性相移项 $e^{i\Delta\phi(r,z;t)}$ 进行泰勒展开，得

$$e^{i\Delta\phi(r,z;t)} = \sum_{m=0}^{\infty} \frac{[i\phi(z;t)]^m}{m!} \cdot e^{-2mr^2/\omega^2(z)} \tag{4.37}$$

这样，（4.34）式可以写成一系列具有不同光腰的高斯光束的线性叠加

$$E_e(r,z;t) = E(0,z;t)e^{-\alpha_0 L/2} \sum_{m=0}^{\infty} \frac{[i\phi(z;t)]^m}{m!} \exp\left[\frac{-(2m+1)r^2}{\omega^2(z)}\right] \exp\left[\frac{-ikr^2}{2R(z)}\right]$$

$$\tag{4.38}$$

在样品出射面，每束高斯光束沿 z 轴在自由空间独立地传播。叠加这些单个的高斯光束，得到远场小孔光阑平面处的复电场为

$$E_a(r_a,z;t) = E(0,z;t)e^{-\alpha_0 L/2} \sum_{m=0}^{\infty} \frac{[i\phi(z;t)]^m}{m!} \frac{\omega'_{0m}}{\omega_m} \exp\left(-\frac{r_a^2}{\omega'^2_m} - \frac{ikr_a^2}{2R_m} + i\theta_m\right)$$

$$\tag{4.39}$$

定义 d 为在自由空间中样品出射面到远场小孔光阑之间的距离，（4.39）式中参量的定义如下[1]

$$\omega'^2_m = \omega'^2_{0m}\left(g^2 + \frac{d^2}{d_m^2}\right) \tag{4.40}$$

$$R_m = d\left(1 - \frac{g}{g^2 + d^2/d_m^2}\right)^{-1} \tag{4.41}$$

$$\theta_m = \arctan\left(\frac{d/d_m}{g}\right) \tag{4.42}$$

$$g = 1 + d/R(z) \tag{4.43}$$

$$\omega'^2_{0m} = \frac{\omega^2(z)}{2m+1} \tag{4.44}$$

$$d_m = k\omega'^2_{0m}/2 \tag{4.45}$$

对 $E_a(r_a,z;t)$ 空间积分可获得透过孔半径为 R_a 的光阑的瞬态功率

$$P_T(z,\Phi_2;t) = c\varepsilon_0 n_0 \pi \int_0^{R_a} |E_a(r_a,z;t)|^2 r_a \mathrm{d}r_a \tag{4.46}$$

考虑到脉冲暂态形状的变化，实验工作者感兴趣的归一化能量透过率可由下式给出

$$T(x,R_a) = \frac{\int_{-\infty}^{\infty} \mathrm{d}t \int_0^{R_a} |E_a(r_a,z;t)|^2 r_a \mathrm{d}r_a}{\int_{-\infty}^{\infty} \mathrm{d}t \int_0^{R_a} |E_a(r_a,z;t)|^2_{\Phi_2=0} r_a \mathrm{d}r_a} \tag{4.47}$$

将（4.39）式代入（4.47）式，可得

$$T(x,R_a) = \sum_{m,m'=0}^{\infty} \frac{i^{(m-m')}}{m!m'!}\left(\frac{\Phi_2}{1+x^2}\right)^{m+m'} A_{mm'} P_{mm'}(x) S_{mm'}(x,R_a) \tag{4.48}$$

其中，

$$A_{mm'} = \int_{-\infty}^{+\infty} h(t)^{m+m'+1} \mathrm{d}t / \int_{-\infty}^{+\infty} h(t)\mathrm{d}t \tag{4.49}$$

$$P_{mm'}(x) = \frac{\omega'_{m0}}{\omega_m} \exp(\mathrm{i}\theta_m) \frac{\omega'_{m'0}}{\omega_{m'}} \exp(-\mathrm{i}\theta_{m'}) \frac{\omega_0'^2}{\omega_{00}'^2} \tag{4.50}$$

$$S_{mm'}(x,R_a) = \frac{\int_0^{R_a} \exp(-C_{mm'}r_a^2) r_a \mathrm{d}r_a}{\int_0^{R_a} \exp(-2r_a^2/\omega_0'^2) r_a \mathrm{d}r_a} \tag{4.51}$$

$$C_{mm'}(x) = \frac{1}{\omega_m'^2} + \frac{1}{\omega_{m'}'^2} + \frac{\mathrm{i}k}{2R_m} - \frac{\mathrm{i}k}{2R_{m'}} \tag{4.52}$$

其中，$S_{mm'}$ 反映了孔径效应对 Z-扫描曲线的影响；$A_{mm'}$ 表示脉冲暂态形状对 Z-扫描曲线的贡献。众所周知，非线性光学响应（特征响应时间为 τ_R）强烈地依赖于激光脉冲宽度 τ。如果用连续激光做 Z-扫描测量，也就是非线性光学响应与时间无关，取 $A_{mm'}=1$。如果 $\tau_R \ll \tau$（即所谓的稳态条件），可以认为非线性效应瞬态地响应光脉冲。当 $\tau_R \sim \tau$ 时，非线性效应非瞬态响应于激光脉冲，这种情况下的 Z-扫描理论详见文献［12］。为简单起见，这里仅讨论用连续激光或者高斯型脉冲激发瞬态非线性光学效应的情况，有

$$A_{mm'} = \begin{cases} 1, & \text{连续激光} \\ (m+m'+1)^{-1/2}, & \text{高斯型脉冲激光} \end{cases} \tag{4.53}$$

（4.50）式和（4.51）式可以化简为

$$P_{mm'}(x) = \frac{(g^2+d^2/d_0^2)}{(g+\mathrm{i}d/d_m)(g-\mathrm{i}d/d_{m'})} \tag{4.54}$$

$$S_{mm'}(x,R_a) = \frac{\omega_0'^2}{2C_{mm'}} \cdot \frac{1-\exp(-C_{mm'}R_a^2)}{1-\exp(-2R_a^2/\omega_0'^2)} \tag{4.55}$$

在远场（即 $d \gg z_0$，在实际光路中只需要满足 $d \geqslant 20z_0$，见 4.5.1 节的讨论）条件下，（4.48）式可以进一步简化为

$$T(x,s) = \sum_{m,m'=0}^{\infty} \frac{\mathrm{i}^{(m-m')}}{m!m'!} \left(\frac{\Phi_2}{1+x^2}\right)^{m+m'} A_{mm'} P_{mm'}(x) S_{mm'}(x,s) \tag{4.56}$$

式中，

$$P_{mm'}(x) = \frac{(x^2+1)}{[x+\mathrm{i}(2m+1)][x-\mathrm{i}(2m'+1)]} \tag{4.57}$$

$$S_{mm'}(x,s) = \frac{1-\exp[B_{mm'}(x)\ln(1-s)]}{B_{mm'}(x)s} \tag{4.58}$$

$$B_{mm'}(x) = \frac{(m+m'+1)(x^2+1)}{[x+\mathrm{i}(2m+1)][x-\mathrm{i}(2m'+1)]} \tag{4.59}$$

这里，$s = 1-\exp(-2R_a^2/\omega_a^2)$ 为远场光阑孔径的线性透过率，$\omega_a = \omega_0 d/z_0$ 表示没有非线性光学效应时光阑处的光束半径。

首先，讨论远场光阑为小孔时的情形（即 $s \rightarrow 0$，但 $s \neq 0$），有 $S_{mm'}(x,s) \rightarrow 1$，（4.56）式可化简为

$$T(x,s \approx 0) = \sum_{m,m'=0}^{\infty} \frac{\mathrm{i}^{(m-m')} \Phi_2^{m+m'} A_{mm'}(x^2+1)}{m!m'!(x^2+1)^{m+m'}[x+\mathrm{i}(2m+1)][x-\mathrm{i}(2m'+1)]} \tag{4.60}$$

在一级近似条件下（也就是 $\Phi_2 \rightarrow 0$），从（4.60）式得到连续光 Z-扫描归一化功率透过率为

$$T(x,s \approx 0) = 1 + \frac{4x\Phi_2}{(x^2+1)(x^2+9)} \tag{4.61}$$

在高斯型脉冲光激发下，当 $s \approx 0$ 和 $\Phi_2 \rightarrow 0$ 时，归一化能量透过率为

$$T(x,s \approx 0) = 1 + \frac{4x\Phi_2}{2^{1/2}(x^2+1)(x^2+9)} \tag{4.62}$$

在 $|\Phi_2| \leqslant 0.2\pi$ 时，（4.61）式和（4.62）式与理论值的相对误差小于 2%。

从（4.61）式或（4.62）式可以看出，Z-扫描曲线相对于焦平面（$z=0$ 或 $x=0$）始终具有对称的峰-谷（或谷-峰）结构。然而，在非线性相移不是很小的情况下，这种对称性将被破坏，峰-谷将不再保持对称[13]。事实上，在（4.60）式中所有偶数项将导致 Z-扫描曲线不对称。在连续光激发下，三级近似下的归一化功率透过率为[14]

$$T(x,s \approx 0) = 1 + \frac{4x\Phi_2}{(x^2+1)(x^2+9)} + \frac{4\Phi_2^2(3x^2-5)}{(x^2+1)^2(x^2+9)(x^2+25)}$$
$$+ \frac{32\Phi_2^3 x(x^2-11)}{(x^2+1)^3(x^2+9)(x^2+25)(x^2+49)} \tag{4.63}$$

在高斯型脉冲光激发下，三级近似下的归一化能量透过率为

$$T(x,s \approx 0) = 1 + \frac{4x\Phi_2}{\sqrt{2}(x^2+1)(x^2+9)} + \frac{4\Phi_2^2(3x^2-5)}{\sqrt{3}(x^2+1)^2(x^2+9)(x^2+25)}$$
$$+ \frac{32\Phi_2^3 x(x^2-11)}{2(x^2+1)^3(x^2+9)(x^2+25)(x^2+49)} \tag{4.64}$$

在 $|\Phi_2| \leqslant 0.5\pi$ 时，（4.63）式和（4.64）式与理论值的相对误差小于 2%。

很明显，连续光（即 $A_{mm'}=1$）激发下（4.60）式对 m 和 m' 满足交换对称性，该式可写成

$$T(x,s \approx 0) = \lim_{M \rightarrow \infty} \left| \sum_{m=0}^{M} \frac{1}{m!} \left(\frac{\Phi_2}{1+x^2} \right)^m \frac{\mathrm{i}^m(x+\mathrm{i})}{x+\mathrm{i}(2m+1)} \right|^2 \tag{4.65}$$

在实际模拟时，（4.65）式的求和上限 M 不能是无限大而应该是一个有限值。为了更有效地模拟用高斯分解法得到的 Z-扫描曲线，现在讨论最佳求和上限 M。首先研究最佳求和上限 M 对 Z-扫描曲线图样的依赖关系。图 4.5

给出了三阶非线性折射相移 $\Phi_2 = 2\pi$ 时 M 对连续光 Z-扫描曲线结果的影响，事实上 2π 已经是一个很大的非线性相移。为了方便比较，图 4.5 同时给出了用快速傅里叶变换（FFT）方法获得的 Z-扫描曲线。因为 FFT 方法在材料的非线性折射率 n_2 已知的情况下能够精确得到 Z-扫描曲线。从图中可以看出：在 $x = 0$（即 $z = 0$）处，Z-扫描曲线强烈地振荡；Z-扫描曲线和精确结果（由 FFT 方法获得）的偏离程度依赖于求和上限的 M，特别是 M 取值很小时。同时发现 Z-扫描曲线和精确结果的偏离也依赖于非线性相移 Φ_2。数值模拟显示对于给定值 Φ_2，最佳求和上限 M_{opt} 满足如下超越方程

$$\left| \Phi_2^{M_{\mathrm{opt}}} / M_{\mathrm{opt}}! \right| = 0.5 \tag{4.66}$$

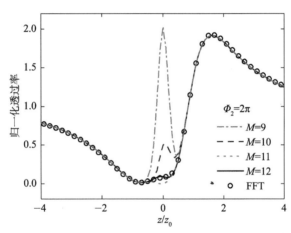

图 4.5　三阶非线性折射相移为 $\Phi_2 = 2\pi$ 时 M 对连续光 Z-扫描曲线的依赖关系

图 4.6 出了（4.60）式的最佳求和上限随 $|\Phi_2|$ 的依赖关系。从图上可以看出在 $|\Phi_2| \leqslant 2\pi$ 的条件下取 $M_{\mathrm{opt}} \geqslant 15$ 可以获得非常高的精确结果。

从实验的角度来看，为了获得探测器的高信噪比，远场小孔的线性透过率 s 不能太小，而应该保持在 $s = 0.1 \sim 0.2$，详见 4.5.2 节的讨论。利用 $A = \mathrm{Re}[A] + i\mathrm{Im}[A]$，$\mathrm{Re}[i^m] = \cos(m\pi/2)$ 和 $\mathrm{Re}[e^{-iA}] = \cos(-A)$，可将（4.56）式进一步化简，得到有限孔径 Z-扫描归一化能量表达式[13]

$$T(x,s) = \frac{1}{s}\left\{ 1 - \sum_{m,m'=0}^{M_{\mathrm{opt}}} \frac{\Phi_2^{m+m'} A_{mm'}}{m!\,m'!\,(m+m'+1)(x^2+1)^{m+m'}} (1-s)^{\lambda_{mm'}} \cos\psi_{mm'} \right\} \tag{4.67}$$

其中，

$$\lambda_{mm'} = \frac{(m+m'+1)(x^2+1)[x^2 + (2m+1)(2m'+1)]}{[x^2 + (2m+1)^2][x^2 + (2m'+1)^2]} \tag{4.68}$$

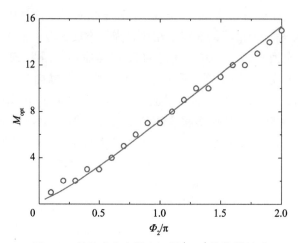

图 4.6　最佳求和上限 M_{opt} 随 $|\Phi_2|$ 的依赖关系

$$\psi_{mm'} = (m-m')\left\{\frac{\pi}{2} - \frac{2(m+m'+1)x(x^2+1)\ln(1-s)}{[x^2+(2m+1)^2][x^2+(2m'+1)^2]}\right\} \quad (4.69)$$

对任意非线性相移 Φ_2，(4.67) 式的最佳求和上限同样满足超越方程 (4.66)。需要强调的是，基于高斯分解法研究 Z-扫描是一种非常有效的方法，而不必顾虑非线性折射相移有多大。当然，非线性相移 Φ_2 也不宜过大，这是因为薄样品近似的前提条件一是 $L\ll z_0$，二是 $\Phi_2\ll 2\pi$。

连续激光激发下，三级近似下的任意孔径光阑（$0<s<1$）归一化功率透过率为

$$T(x,s) = 1 - \frac{\Phi_2}{s(x^2+1)}(1-s)^{\frac{2(x^2+3)}{x^2+9}}\sin\left[\frac{4x\ln(1-s)}{x^2+9}\right]$$

$$+\frac{\Phi_2^2}{3s(x^2+1)^2}\left\{(1-s)^{\frac{3(x^2+5)}{x^2+25}}\cos\left[\frac{12x\ln(1-s)}{x^2+25}\right] - (1-s)^{\frac{3(x^2+1)}{x^2+9}}\right\}$$

$$+\frac{\Phi_2^3}{4s(x^2+1)^3}\left\{\frac{1}{3}(1-s)^{\frac{4(x^2+7)}{x^2+49}}\sin\left[\frac{24x\ln(1-s)}{x^2+49}\right]\right.$$

$$\left. - (1-s)^{\frac{4(x^2+1)(x^2+15)}{(x^2+9)(x^2+25)}}\sin\left[\frac{8x(x^2+1)\ln(1-s)}{(x^2+9)(x^2+25)}\right]\right\} \quad (4.70)$$

高斯型脉冲光激发下，三级近似下的任意孔径光阑（$0<s<1$）归一化能量透过率为

$$T(x,s) = 1 - \frac{\Phi_2}{2^{1/2}s(x^2+1)}(1-s)^{\frac{2(x^2+3)}{x^2+9}}\sin\left[\frac{4x\ln(1-s)}{x^2+9}\right]$$

$$+\frac{\Phi_2^2}{3^{3/2}s(x^2+1)^2}\left\{(1-s)^{\frac{3(x^2+5)}{x^2+25}}\cos\left[\frac{12x\ln(1-s)}{x^2+25}\right] - (1-s)^{\frac{3(x^2+1)}{x^2+9}}\right\}$$

$$+\frac{\Phi_2^3}{8s(x^2+1)^3}\left\{\frac{1}{3}(1-s)^{\frac{4(x^2+7)}{x^2+49}}\sin\left[\frac{24x\ln(1-s)}{x^2+49}\right]\right.$$

$$\left.-(1-s)^{\frac{4(x^2+1)(x^2+15)}{(x^2+9)(x^2+25)}}\sin\left[\frac{8x(x^2+1)\ln(1-s)}{(x^2+9)(x^2+25)}\right]\right\} \tag{4.71}$$

在 $|\Phi_2|\leqslant0.5\pi$ 和 $0<s<1$ 的条件下，（4.70）式和（4.71）式与真实值的相对误差小于 2%。

下面简单分析纯非线性折射效应时 Z-扫描曲线的峰谷位置间距。对（4.61）式或（4.62）式求极值，即 $\mathrm{d}T(x)/\mathrm{d}x=0$ 得

$$x_{\mathrm{PV}}\approx\pm\sqrt{\frac{\sqrt{52}-5}{3}}\approx\pm0.858 \tag{4.72}$$

因此，可以得出峰-谷位置差 Δz_{PV} 与 z_0 的关系[4.2]

$$\Delta z_{\mathrm{PV}}\approx1.72z_0 \tag{4.73}$$

严格的理论计算表明，在实际测量中，无须对 Z-扫描曲线进行数值拟合，只需得到 Z-扫描曲线中峰-谷的变化值 Δz_{PV}，将（4.72）式代入（4.61）式或（4.62）式得

$$\Delta T_{\mathrm{PV}}=\frac{8|x_{\mathrm{PV}}|}{(x_{\mathrm{PV}}^2+9)(x_{\mathrm{PV}}^2+1)}|\Phi_2|=0.406|\Phi_2|,\quad\text{连续激光} \tag{4.74}$$

$$\Delta T_{\mathrm{PV}}=\frac{8|x_{\mathrm{PV}}|}{\sqrt{2}(x_{\mathrm{PV}}^2+9)(x_{\mathrm{PV}}^2+1)}|\Phi_2|=0.406\frac{|\Phi_2|}{\sqrt{2}},\quad\text{脉冲激光} \tag{4.75}$$

在 Z-扫描实验中，远场光阑的线性透过率越小，越容易出现离轴的情况，实验难度也越大。此外，受探测器灵敏度的限制，实际闭孔 Z-扫描实验中，一般光阑的孔径不那么小（比如，$s=0.1\sim0.4$）。在连续高斯光束 Z-扫描实验中，归一化峰谷差值满足如下关系[2,14]

$$\Delta T_{\mathrm{PV}}\approx0.406(1-s)^{0.268}|\Phi_2| \tag{4.76}$$

在高斯型脉冲光 Z-扫描实验中，有

$$\Delta T_{\mathrm{PV}}\approx[0.406(1-s)^{0.268}|\Phi_2|]/\sqrt{2} \tag{4.77}$$

以上两式在 $|\Phi_2|\leqslant\pi$ 和 $s\leqslant0.5$ 时与理论值的误差为 $\pm2\%$。

4.4　三阶非线性折射和吸收共存时的 Z-扫描技术

在很多具有大的非线性折射效应的材料中，通常伴随着明显的非线性吸收，这种非线性吸收可以包括饱和吸收、激发态吸收和两光子吸收等[2]。在开孔（$s=1$）的 Z-扫描测量中，归一化透过率曲线对非线性折射效应的变化

不敏感，因此通过样品的全部光功率/能量与光束的发散或会聚特性无关。在 $z=0$ 这点，对饱和吸收样品，其透过率最大；而对两光子吸收情形，透过率达到最小。非线性吸收可以通过开孔 Z-扫描曲线得到。

现在考虑厚度为 L 的光学薄样品同时具有三阶非线性折射（三阶非线性折射率为 n_2）、线性吸收（线性吸收系数为 α_0）和非线性吸收（三阶非线性吸收系数为 α_2）。类似于（4.24）式和（4.25）式，在薄样品近似和缓变包络近似下，描述三阶非线性光学样品中电场传播的方程为[2]

$$\frac{\mathrm{d}\Delta\phi(r,z;t)}{\mathrm{d}z'} = kn_2 I(r,z;t) \tag{4.78}$$

$$\frac{\mathrm{d}I(r,z;t)}{\mathrm{d}z'} = -\alpha_0 I(r,z;t) - \alpha_2 I^2(r,z;t) \tag{4.79}$$

同时解（4.78）式和（4.79）式，可得通过样品后的光强和相位分别为

$$I_e(r,z;t) = \frac{I(r,z;t)\mathrm{e}^{-\alpha_0 L}}{1+q(r,z;t)} \tag{4.80}$$

$$\Delta\phi(r,z;t) = \frac{\Phi_2}{\Psi_2}\ln[1+q(r,z;t)] \tag{4.81}$$

其中，$q(r,z;t) = \alpha_2 I(r,z;t)(1-R)L_{\mathrm{eff}}$，$\Psi_2 = \alpha_2 I_0(1-R)L_{\mathrm{eff}}$ 是峰值非线性吸收相移。

联立式（4.80）式和（4.81）式可得样品出射表面的复光场为

$$E_e(r,z;t) = E(r,z;t)\mathrm{e}^{-\frac{\alpha_0 L}{2}}[1+q(r,z;t)]^{(\frac{\Phi_2}{\Psi_2}-\frac{1}{2})} \tag{4.82}$$

在无非线性吸收（$\Psi_2=0$）情况下，（4.82）式退化为（4.34）式。基于惠更斯-菲涅耳衍射积分法（Huygens-Fresnel diffraction integral method）[15]，可以获得远场孔径平面处的复电场为

$$E_a(r_a,z;t) = \frac{2\pi}{\mathrm{i}\lambda(d-z)}\exp\left[\frac{\mathrm{i}\pi r_a^2}{\lambda(d-z)}\right] \times \int_0^\infty r\mathrm{d}r E_e(r,z;t)$$
$$\times \exp\left[\frac{\mathrm{i}\pi r^2}{\lambda(d-z)}\right]\mathrm{J}_0\left[\frac{2\pi r_a r}{\lambda(d-z)}\right] \tag{4.83}$$

其中，$\mathrm{J}_0(\cdot)$ 是零阶贝塞尔函数（Bessel function）。类似于（4.47）式，通过远场小孔的归一化能量透过率 $T(z,s)$ 为

$$T(x,s) = \frac{\int_{-\infty}^\infty \mathrm{d}t\int_0^{R_a}|E_a(r_a,z;t)|^2 r_a\mathrm{d}r_a}{\int_{-\infty}^\infty \mathrm{d}t\int_0^{R_a}|E_a(r_a,z;t)|_{\Phi_2=\Psi_2=0}^2 r_a\mathrm{d}r_a} \tag{4.84}$$

原则上（4.84）式适用于任意大小的非线性相移 Φ_2 和 Ψ_2。

对于 $|\Psi_2|<1$ 的情况，类似于 4.3 节对纯非线性折射的讨论，（4.82）式通过二项式展开成一系列具有不同光腰的高斯光束的叠加[2]

$$E_e(r,z;t) = E(r,z;t)e^{-\alpha_0 L/2} \sum_{m=0}^{\infty} \frac{q(r,z;t)^m}{m!} \prod_{n=0}^{m} \left(i\frac{\Phi_2}{\Psi_2} - \frac{1}{2} - n - 1 \right)$$

(4.85)

在样品出射面处，每一个高斯光束在自由空间沿 z 轴独立地传播。将这些从样品出射面传播到远场光阑平面处的所有高斯光束进行叠加，就得到光阑平面处的复电场

$$E_a(r_a,z;t) = E(0,z;t)e^{-\alpha_0 L/2} \sum_{m=0}^{\infty} f_m \frac{\omega_{0m}}{\omega_m} \exp\left(-\frac{r_a^2}{\omega_m^2} - \frac{ikr_a^2}{2R_m} + i\theta_m \right)$$

(4.86)

其中，

$$f_m = \frac{1}{m!} \left(\frac{i\Psi_2 h(t)}{1+x^2} \right)^m \prod_{n=0}^{m} \left[1 + i\left(n - \frac{1}{2}\right)\frac{\Psi_2}{\Phi_2} \right]$$

(4.87)

有 $f_0 = 1$。（4.86）式中的其他参量见（4.40）式～（4.45）式。

类似于 4.3 节所推导的纯非线性折射效应时 Z-扫描解析式（4.56），在远场条件（即 $z_0 \ll d$）下 Z-扫描归一化透过率为[16]

$$T(x,s) = \sum_{m,m'=0}^{M} A_{mm'} g_m(x,\Phi_2,\Psi_2) g_{m'}^*(x,\Phi_2,\Psi_2) S_{mm'}(x,s)$$

(4.88)

其中，

$$A_{mm'} = \frac{\int_{-\infty}^{+\infty} h(t)^{m+m'+1} \mathrm{d}t}{\int_{-\infty}^{+\infty} h(t)\mathrm{d}t}$$

(4.89)

$$g_m(x,\Phi_2,\Psi_2) = \frac{i^m \Phi_2^m (x+i)}{m!(x^2+1)^m [x+i(2m+1)]} \prod_{n=1}^{m} \left[1 + i\left(n - \frac{1}{2}\right)\frac{\Psi_2}{\Phi_2} \right]$$

(4.90)

$$S_{mm'}(x,s) = \frac{1 - \exp[B_{mm'}(x)\ln(1-s)]}{B_{mm'}(x)s}$$

(4.91)

$$B_{mm'}(x) = \frac{(m+m'+1)(x^2+1)}{[x+i(2m+1)][x-i(2m'+1)]}$$

(4.92)

这里，$A_{mm'}$ 表示脉冲暂态形状对 Z-扫描曲线的贡献。如果用连续激光做 Z-扫描测量，我们取 $A_{mm'}=1$。对于非线性光学效应瞬态响应于高斯型脉冲波形，（4.89）式可写成 $A_{mm'} = (m+m'+1)^{-1/2}$。

为了模拟 Z-扫描曲线，确定（4.88）式的最佳求和上限 M 非常重要。为确保高精度，发现最佳求和上限 M 应满足如下超越方程

$$\left| \frac{\Phi_2^M}{M!} \prod_{n=1}^{M} \left[1 + i\left(n - \frac{1}{2}\right)\frac{\Psi_2}{\Phi_2} \right] \right| \leqslant \frac{1}{2}$$

(4.93)

在 (4.88) 式中，$S_{mm'}$ 反映孔径效应对 Z-扫描曲线的影响。如果 $s \to 1$，(4.91) 式简化为 $S_{mm'} = 1/B_{mm'}$。在这种情况下，透过样品的能量全部被收集和探测。相应地，此时的实验装置对应于开孔 Z-扫描测量。开孔 Z-扫描曲线仅仅反映非线性吸收的贡献，从开孔 Z-扫描特征曲线可以分析非线性吸收的物理机理。对高斯型时间脉冲波形，其归一化透过率为

$$T(x, s = 1) = \sum_{m=0}^{\infty} \frac{(-\Psi_2)^m}{(x^2 + 1)^m (m+1)^{3/2}} \tag{4.94}$$

当然，需要强调的是 (4.88) 式和 (4.94) 式仅适用于 $|\Psi_2| < 1$ 的情况。

相反地，如果远场小孔非常小，即 $s \to 0$，从 (4.91) 式可以得到 $S_{mm'} = 1$。这样从 (4.88) 式得到针孔 Z-扫描归一化透过率为

$$T(x, s \approx 0) = \sum_{m,m'=0}^{M} A_{mm'} g_m(x, \Phi_2, \Psi_2) g_{m'}^*(x, \Phi_2, \Psi_2) \tag{4.95}$$

在二阶近似下，从 (4.95) 式可以得到连续光情况下的归一化透过率为[16]

$$T(x, s \approx 0) = 1 + \frac{4x\Phi_2 - (x^2 + 3)\Psi_2}{(x^2 + 1)(x^2 + 9)}$$
$$+ \frac{4\Phi_2^2(3x^2 - 5) + \Psi_2^2(x^4 + 17x^2 + 40) - 8\Phi_2\Psi_2 x(x^2 + 9)}{(x^2 + 1)^2 (x^2 + 9)(x^2 + 25)} \tag{4.96}$$

在高斯型脉冲激发下，Z-扫描曲线的表达式为

$$T(x, s \approx 0) = 1 + \frac{1}{\sqrt{2}} \frac{4x\Phi_2 - (x^2 + 3)\Psi_2}{(x^2 + 1)(x^2 + 9)}$$
$$+ \frac{1}{\sqrt{3}} \frac{4\Phi_2^2(3x^2 - 5) + \Psi_2^2(x^4 + 17x^2 + 40) - 8\Phi_2\Psi_2 x(x^2 + 9)}{(x^2 + 1)^2 (x^2 + 9)(x^2 + 25)} \tag{4.97}$$

明显地，归一化透过率不是纯非线性折射和纯非线性吸收的线性叠加，在同时存在非线性折射和非线性吸收时，其包含 Φ_2 和 Ψ_2 的耦合项。应该注意的是，(4.96) 式和 (4.97) 式仅在小非线性相移时才有效。例如，在 $|\Phi_2| \leqslant 0.2\pi$ 和 $\Psi_2 \leqslant 0.2\pi$ 时，与理论值的误差小于 2%。

图 4.7 为连续激光（实线）和高斯型脉冲激光（离散点）激发下的开孔和闭孔 Z-扫描曲线。在 (4.88) 式中使用的数值参数为 $\Phi_2 = \pi$，$\Psi_2 = 0.2\pi$，$s = 0.2$ 和 $M = 11$。显然，如果用连续光 Z-扫描理论来拟合飞秒脉冲光 Z-扫描实验曲线，获得的非线性系数将会导致很大的误差。在很多已发表的 Z-扫描理论[13,17~21]中，主要关注连续激光激发下或者非线性到达稳态情况下的

Z-扫描曲线特征。很明显，这样的理论用来分析超快脉冲激光激发下的 Z-扫描结果将会导致相当大的差异。需要指出的是，(4.88) 式只适用于任意非线性折射相移 Φ_2，任意孔径 s 和弱非线性吸收相移 $|\Psi_2|<1$ 的 Z-扫描曲线。

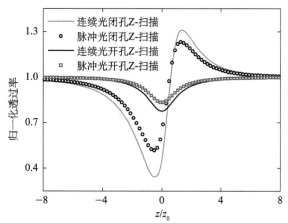

图 4.7 连续激光 (实线) 和高斯型脉冲激光 (离散点) 激发下的
开孔和闭孔 Z-扫描曲线

通过超短脉冲 Z-扫描实验测量，在操作的辐射水平内高阶非线性光学效应可以忽略时，从开孔 Z-扫描实验曲线无疑可以获得非线性吸收系数 α_2。但是，提取非线性折射率 n_2 没那么直接，需要复杂的分析，这是因为非线性吸收和非线性折射同时贡献于闭孔 Z-扫描曲线。因此，人们提出了多种数据处理方法[2,14,20-22]。比如，Sheik-Bahae 等[2]粗略地将闭孔 Z-扫描曲线除以相应的开孔 Z-扫描，获得的曲线认为只来源于纯非线性折射的贡献。这种数据处理方法只适用于小非线性吸收效应时的情况。但非线性材料大非线性吸收和小非线性折射共存时，用相除的方法获得的结果的相对误差将超过 50%[21,23,24]。基于对称性分析，Yin 等[22]提供了从针孔 Z-扫描曲线同时获得非线性折射和非线性吸收贡献的简单方法，这种数据处理方法虽然简单但带来了大误差[21]。Zang 等[20]改进了 Yin 的方法，并且获得了很高的精度，但获得结果需要复杂的计算。事实上，借助于从开孔 Z-扫描获得的非线性吸收系数 a_2，利用 (4.88) 式非线性拟合闭孔 Z-扫描曲线，就可以获得非线性折射率 n_2[16]。

4.5 Z-扫描实验注意事项

Z-扫描技术是一种用单光束测量简并光学非线性系数的常用方法。为了分析测量可靠性，非常有必要表征和控制诸如光束质量、激光的功率和暂态特征、光阑的孔径和位置、样品厚度和样品质量等实验参数。无法控制这些参数将会导致获得的光学非线性系数不准确。本节将讨论 Z-扫描实验过程中需要考虑的如下几个主要方面：光阑的位置、孔径的大小和是否离轴、样品厚度、激光束的空间和时间特性、样品质量等。

4.5.1　何为远场——小孔光阑的位置

基于折射非线性在远场的空间畸变原理而发展的 Z-扫描技术，一个重要的实验参数是从聚焦激光束的焦场到光阑之间的距离 d。当光阑透过率 $s{\to}0$ 和小非线性相移（也就是 $\Phi_2{\to}0$）时，从（4.48）式可得到连续光 Z-扫描归一化功率透过率的一阶近似表达式

$$T(x, s \approx 0) = 1 + \frac{4\Phi_2\left[x + z_0(x^2+1)/d\right]}{(x^2+1)\{\left[x+z_0(x^2+1)/d\right]^2 + 9\}} \tag{4.98}$$

用（4.98）式模拟了不同光阑位置 d 情况下当 $\Phi_2 = 0.2$ 时的一系列 Z-扫描曲线并且获得了其峰谷差值 ΔT_{PV}。图 4.8 给出了小孔 Z-扫描曲线中峰谷差 ΔT_{PV} 随光阑位置 d/z_0 的变化关系。可以看出，随着光阑位置 d 的增加，峰谷差值 ΔT_{PV} 趋于稳定值。当光阑位置为 $d = 10z_0$ 时，峰谷差值 ΔT_{PV} 相比于光阑在无穷远场时的偏离值为 0.4%。当光阑位置为 $d = 20z_0$ 时，ΔT_{PV} 值和光阑在无穷远处的几乎一致。从图 4.8 可以看出，光阑放在离聚焦光束的焦点 $d \geqslant 20z_0$ 处可以认为是远场光阑。

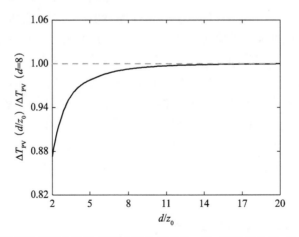

图 4.8　连续激光激发下小孔 Z-扫描曲线中峰谷差 ΔT_{PV} 随光阑位置 d/z_0 的变化关系
计算结果为 $\Phi_2 = 0.2$ 代入（4.98）式所得

4.5.2　光阑孔径的大小和是否离轴

用 Z-扫描技术测量非线性折射率时，为确保仅仅测量了在轴透过率，远场光阑通常是小孔（pinhole）。但透过小孔光阑的能量/功率太少，使得测量的信噪比降低，而且给实验带来一定的难度，就是远场光阑的孔径越小越容易出现光阑中心离轴的情况。实际闭孔 Z-扫描实验中，一般远场光阑的孔径不能太小。在实验中，测量透过远场光阑和光阑处的能量/功率，其比值就是远场光阑的线性透过率 s。

图 4.9 为利用（4.70）式给出的 $\Phi_2=0.5\pi$ 时闭孔 Z-扫描曲线中峰谷差 ΔT_{PV} 随远场小孔透过率 s 的变化关系。图中段划线和点线分别为校正系数为 $(1-s)^{0.268}$ 和 $(1-s)^{0.25}$，见（4.76）式[2,14]。可以看出，随着光阑孔径的增大（即 s 值增加），闭孔 Z-扫描曲线的峰谷差非线性地减小（即测量灵敏度降低）。为了增强测量的信噪比，同时考虑 Z-扫描测量的灵敏度，远场光阑的线性透过率一般选取为 $s=0.1\sim0.3$。

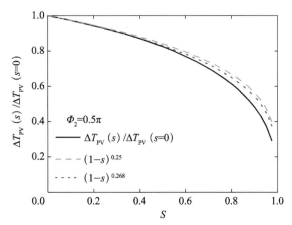

图 4.9　连续激光激发下闭孔 Z-扫描曲线中峰谷差 ΔT_{PV} 随远场小孔
透过率 s 的变化关系
计算结果为 $\Phi_2=0.5\pi$ 代入（4.70）式所得

理论上，在闭孔 Z-扫描实验中远场光阑的中心应该与激光束的光轴重合。对于高斯光束 Z-扫描，将光阑在横平面上沿 x 和 y 方向移动，使得透过光阑的能量/功率最大，此时光阑中心与光束中心对齐。如果远场小孔光阑离轴，在小相移近似下，连续光 Z-扫描归一化透过率的一阶近似表达式为[25]

$$T(x,s\approx0,Y_{\mathrm{a}})=1+\frac{2\Phi_2}{\sqrt{(x^2+1)(x^2+9)}}\exp\left(\frac{2(3-x^2)}{x^2+9}Y_{\mathrm{a}}^2\right)$$

$$\times \sin\left[\arctan\left(\frac{2x}{x^2+3}\right) - \frac{8xY_a^2}{(x^2+1)(x^2+9)}\right] \qquad (4.99)$$

其中，$Y_a = R_a/\omega_a$ 是小孔光阑中心离开光轴的相对距离。当 $Y_a = 0$ 时，该式简化为（4.61）式。

这里用（4.99）式模拟了 $\Phi_2 = 0.2$ 时离轴小孔光阑位置 Y_a 函数依赖的 Z-扫描曲线。图 4.10（a）给出了不同 Y_a 值时的小孔 Z-扫描曲线。可以看出，随着 Y_a 值的增加，峰谷差 ΔT_{PV} 快速地增大。这是因为，在远场的离轴小孔位置处，线性透过孔的光辐照小于其在轴光辐照。相比于在轴情形，由非线性折射引起的透过孔的光辐照改变在线性透过孔的光辐照中的比重增加，这是离轴 Z-扫描的优势所在。从图 4.10（a）可知，随着 Y_a 值的增加，峰-谷形状反转。这可以解释如下：假定非线性相移 Φ_2 为正，由自聚焦导致在 $+z$ 处光束尺寸变窄，远场激光束的在轴光辐照比没有非线性时的要大些。在离轴位置处，也是由于光束变窄，光辐照将会小于其没有非线性时的情形。这样使得 Z-扫描峰谷形状反转。图 4.10（b）呈现了峰谷差 ΔT_{PV} 随 Y_a 值的变化关系。可以看出，如果探测器的灵敏度和激光系统的稳定性足够高，这种离轴 Z-扫描技术的灵敏度将会大大增加。由这一思想发展而来的遮挡 Z-扫描技术（见 8.5 节的介绍）极大地提高了测量灵敏度[26,27]。

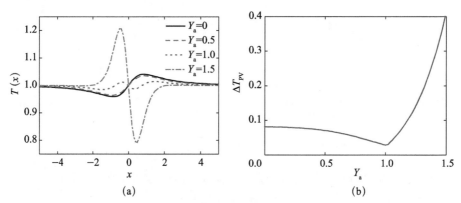

图 4.10　（a）不同 Y_a 值时的小孔 Z-扫描曲线；（b）峰谷差 ΔT_{PV} 随离轴
参数 Y_a 的变化关系

计算结果为 $\Phi_2 = 0.2$ 代入（4.99）式所得

4.5.3　薄样品近似——关于样品厚度

由于理论分析比较简单，通常用薄样品近似 Z-扫描理论来处理 Z-扫描实验数据，但是薄样品仅仅是一种不考虑由于光束在样品内传播使得样品内因衍射或折射率改变对光束尺寸产生影响的近似。

理论上，薄样品近似的有效性在于样品厚度 L 远小于光束的瑞利长度 z_0。瑞利长度的定义是沿着光束的传播方向上从光腰到光束截面积变为光腰处两倍时的距离。当存在非线性折射效应时，光束剖面改变的距离范围更短。当 $|\Phi_2|>1$ 时，薄样品近似需要满足附加条件 $L\ll z_0/|\Phi_2|$[14]。这就引发了这样的问题：实验中使用的样品能否满足薄样品判据？根据第 8 章中的图 8.9 和图 8.11，可知在 $L<3z_0$ 的条件下仍然可以使用薄样品近似下的 Z-扫描理论来分析实验数据[28]。对于样品展现出强非线性光学效应（即 $|\Phi_2|>1$）时，薄样品判据要求样品要更薄些（即 $L<3z_0/|\Phi_2|$）。

4.5.4　激光束参数

在测量光学非线性时，预先知道激光束的时空特征是特别重要的。这对于 Z-扫描测量非线性折射尤其如此，因为该测量的关键在于测量和分析光束空间截面的感应畸变。实验中可以将激光束通过空间滤波器整形，获得近高斯空间分布的激光脉冲。采用高斯光束 Z-扫描理论分析测量数据之前，需要用光束分析仪或者 CCD 等对激光的空间质量进行测试和分析，获得的光束质量因子 M^2 和光束椭偏率接近 1 为优。也可以将激光器输出的光束进行整形，生成诸如帽顶光束[29,30]、近高斯光束[31]、圆对称光束[18]、高斯-贝塞尔光束[32]、像散高斯光束[33]等，然后再用相应的非高斯光束 Z-扫描理论进行数据分析。

时间依赖性是脉冲激光束测量光学非线性的一个重要问题。当非线性响应时间远小于激光脉冲宽度时，可以认为非线性效应依赖于样品内的瞬态光强。虽然可以进行时间分辨测量，但测量脉冲能量通常比测量瞬态功率更方便，而且可以获得更好的信噪比。在脉冲光 Z-扫描理论中，必须考虑脉冲形状，然后时间积分透射光功率，获得归一化能量透过率的 Z-扫描曲线。通常认为激光脉冲是高斯型时间分布是不够的，有必要测量脉冲的时间分布，比如，用响应时间为 100ps 的光电二极管测量纳秒脉冲的形状，用自相关仪测量皮秒和飞秒脉冲形状。如果非线性响应时间与激光脉宽相当，此时激光脉冲非瞬态响应于激光脉冲，需要采用脉宽依赖的 Z-扫描理论分析测量数据[12]。当非线性响应时间远大于脉冲宽度时，非线性光学效应可以认为与光通量有关，而与光强无关。

激光功率波动影响 Z-扫描测量的稳定性。通常采用如图 4.1 所示的参考光束 Z-扫描，同时用两个探测器 D1 和 D2，D1 测量参考光束的功率/能量，

D2 测量透射功率/能量。最好两探测器 D1 和 D2 应该完全一致,并采用同样的信号处理模块和工作模式。这样在数据处理阶段,可以用 D2 的功率/能量逐一除以 D1 的功率/能量,作为误差修正后的 D2 功率/能量,这样可以部分消除光源功率/能量波动导致的 Z-扫描实验误差。另外,在脉冲激光 Z-扫描实验中,探测器的响应速度要高于激光脉冲重复频率,防止由探测器响应速度不够快而导致的 Z-扫描测量结果失真。

用 Z-扫描技术准确测量样品非线性光学系数时,需要优先测量聚焦激光束的束腰半径。测量光束束腰半径可以采用如下四种方法:①测量标准样品的 Z-扫描曲线,通过理论拟合获得光束的瑞利长度,进而计算出光束的束腰半径;②用光束分析仪或者 CCD 测量出入射光束半径 R,借助于透镜焦距 f,计算出聚焦光束的束腰半径,比如,高斯光束有 $\omega_0 = \lambda f/(\pi R)$;③测量聚焦光束在不同位置的半径,利用几何关系计算出束腰半径;④用刀口法测量聚焦光束的束腰半径。

从测量的 Z-扫描曲线,通过已知的峰值功率密度,才能获得样品的非线性光学系数的大小,而光束的峰值功率密度与激光束的空间线型和脉冲分布、激光功率/能量和束腰半径等激光参量相关,所以要优先测量激光束的这些参数。一种比较便捷的方法是对 Z-扫描实验系统进行校样,将待测样品与标准样品的 Z-扫描信号进行比较,进而获得待测样品的非线性光学系数的大小和符号。

4.5.5 样品质量

样品的形状和品质对 Z-扫描实验结果有着重要的影响。形状方面,样品可能不是理想的薄膜,具有楔形效应和/或透镜效应,导致 Z-扫描曲线发生特定形式的形变[14]。样品的品质,包括表面出现缺陷、划痕、沾染上灰尘,或者样品内部有杂质、气泡和不均匀等,造成扫描曲线的扭曲变形,严重时甚至会完全掩盖 Z-扫描信号[34,35]。

为了满足 Z-扫描中的薄样品近似条件,样品的厚度以 1~2mm 为宜。样品移动到焦平面处时,最大峰值光强不可超过其损伤阈值。对于化学溶液或者纳米材料悬浮液样品,在进行 Z-扫描测量时其样品浓度不宜过高,过高浓度容易出现分子或者纳米材料的聚集效应、过饱和,以及溶液吸收光能量导致温度升高等,影响测量的准确性。液体样品应该用石英比色皿盛装,制作比色皿的常见材料有紫外石英玻璃、可见石英玻璃和红外石英玻璃,应该根据光源的波长选择合适的石英比色皿。此外,使用比色皿前应该检测比色皿激光入射面和出射面平行度，避免使用如图 4.11（a）所示的"楔形比色皿"。检测方法是将比色皿中盛装溶液后，使用均匀平行光束垂直照射比色皿，在透射面后放置光束分析仪观察光斑图像，若比色皿两透光面平行，则该光斑图像为明暗相间的同心圆环（等倾干涉图样），如图 4.11（b）所示；若比色皿两透光面不平行，则该光斑图像上会出现明暗相间的直干涉条纹（劈尖干涉图样），如图 4.11（c）所示。

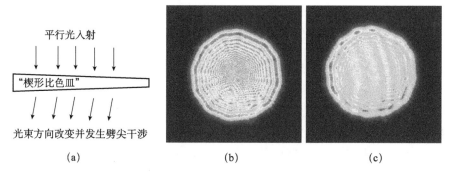

图 4.11 （a）光束透过"楔形比色皿"后转变方向并发生劈尖干涉示意图；（b）平行光透过标准比色皿后产生的等倾干涉图样；（c）平行光透过"楔形比色皿"后产生劈尖干涉图样

样品不均匀或者纳米粒子悬浮液等，会造成光的散射。样品的散射光对远场 Z-扫描信号有贡献。离开样品后，散射光的强度按照平方反比定律下降。因此，当样品接近探测器所对准的屏幕时，散射光对 Z-扫描信号的干扰变得非常明显。例如，图 4.12 给出了有散射效应时的闭孔 Z-扫描曲线。散射光较弱时，Z-扫描曲线会出现远离焦点位置处归一化透过率不相等（见图中实线），即 $T(-\infty) \neq T(+\infty)$。如果散射光很强，Z-扫描曲线会出现如图点线所示的整体性倾斜。显然，当闭孔 Z-扫描曲线出现异常时，计算出的非线性光学系数就不准确了。基于散射光的贡献遵循平方反比定律，通过引入一个修正项 $T_{scat} = A/(D-z)^2$ 就可以解决这个问题。这里 D 是光束焦点到探测器的距离，A 是一个与样品散射强弱有关的常数。从测量的 Z-扫描信号中去除散射的影响，就可得真实的 Z-扫描信号 $T(z) = T_{total} - T_{scat}$。

Z-扫描实验对峰值光强也有一定的限制。光强不宜太高的原因在于：①高光强下，可能会出现诸如双光子感应激发态吸收、高阶非线性效应，以及光场塌缩与成丝等其他非线性效应；②高光强下，溶液中微泡的形成等其他效应可能干扰实验结果；③在强激光辐照下，样品可能会损伤。利用 Z-扫描技术可以研究薄膜样品的激光损伤[36]，步骤如下：①进行低光强下的 Z-

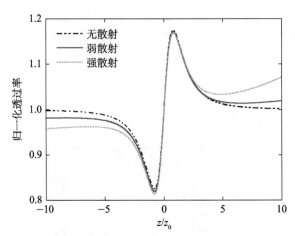

图 4.12　无散射、弱散射和强散射效应影响下的闭孔 Z-扫描曲线

扫描测量；②相同条件下进行高光强下的 Z-扫描测量；③与步骤①相同的低光强重复 Z-扫描测量。如果相同低光强下得到的两个 Z-扫描曲线没有显著差异，则表明样品没有损伤。

参 考 文 献

［1］Sheik-Bahae M,Said A A,van Stryland E W. High-sensitivity,single-beam n_2 measurements ［J］. Optics Letters,1989,14(17):955-957.

［2］Sheik-Bahae M,Said A A,Wei T H,et al. Sensitive measurement of optical nonlinearities using a single beam［J］. IEEE Journal of Quantum Electronics,1990,26(4):760-769.

［3］李淳飞. 非线性光学原理和应用［M］.上海:上海交通大学出版社,2015.

［4］Boyd R W. Nonlinear Optics［M］. third ed. Singapore:Elsevier Pte Ltd. ,2008.

［5］Chen Y F,Beckwitt K,Wise F W,et al. Measurement of fifth-and seventh-order nonlinearities of glasses［J］. Journal of the Optical Society of American B-Optical Physics,2006,23(2):347-352.

［6］Tsigaridas G,Fakis M,Polyzos I,et al. Z-scan analysis for near-Gaussian beams through Hermite-Gaussian decomposition［J］. Journal of the Optical Society of American B-Optical Physics,2003,20(4):670-676.

［7］Yao B,Ren L,Hou X. Z-scan theory based on a diffraction model［J］. Journal of the Optical Society of American B-Optical Physics,2003,20(6):1290-1294.

［8］Hughes S,Burzler J M,Spruce G,et al. Fast Fourier transform techniques for efficient simulation of Z-scan measurements［J］. Journal of the Optical Society of American B-Optical Physics,1995,12(10):1888-1893.

[9] Oliveira L C,Catunda T,Zilio S C. Saturation effects in Z-scan measurements[J]. Japanese Journal of Applied Physics Part 1-Regular Papers short notes and Review Papers,1996, 35(5A):2649-2652.

[10] Weaire D,Wherrett B S,Miller D A B,et al. Effect of low-power nonlinear refraction on laser-beam propagation in InSb[J]. Optics Letters,1979,4(10):331-333.

[11] Tsigaridas G, Fakis M, Polyzos I, et al. Z-scan analysis for high order nonlinearities through Gaussian decomposition[J]. Optics Communications,2003,225(4-6):253-268.

[12] Gu B,Wang H T,Ji W. Z-scan technique for investigation of the noninstantaneous optical Kerr nonlinearity[J]. Optics Letters,2009,34(18):2769-2771.

[13] Gu B,Chen J,Fan Y X,et al. Theory of Gaussian beam Z scan with simultaneous third- and fifth-order nonlinear refraction based on a Gaussian decomposition method[J]. Journal of the Optical Society of American B-Optical Physics,2005,22(12):2651-2659.

[14] Chapple P B, Staromlynska J, Hermann J A, et al. Single-beam Z-scan:measurement techniques and analysis[J]. Journal of Nonlinear Optical Physics,1997,6(3):251-293.

[15] Gaskill J D. Linear Systems Fourier Transforms and Optics[M]. New York:Wiley, 1978.

[16] Gu B,Ji W,Huang X Q. Analytical expression for femtosecond-pulsed z scans on instantaneous nonlinearity[J]. Applied Optics,2008,47(9):1187-1192.

[17] Hernandez F E,Marcano A,Maillotte H. Sensitivity of the total beam profile distortion Z-scan for the measurement of nonlinear refraction[J]. Optics Communications,1997, 134(1-6):529-536.

[18] Rhee B K,Byun J S,van Stryland E W. Z scan using circularly symmetric beams[J]. Journal of the Optical Society of American B-Optical Physics,1996,13(12):2720-2723.

[19] Gu B,Yan J,Wang Q,et al. Z-scan technique for characterizing third-order optical nonlinearity by use of quasi-one-dimensional slit beams[J]. Journal of the Optical Society of American B-Optical Physics,2004,21(5):968-972.

[20] Zang W P,Tian J G,Liu Z B,et al. Accurate determination of nonlinear refraction and nonlinear absorption by a single Z-scan method[J]. Journal of the Optical Society of American B-Optical Physics,2004,21(2):349-356.

[21] Gu B,Huang X Q,Tan S Q,et al. A precise data processing method for extracting $\chi^{(3)}$ from Z-scan technique[J]. Optics Communications,2007,277(1):209-213.

[22] Yin M,Li H P,Tang S H,et al. Determination of nonlinear absorption and refraction by single Z-scan method[J]. Applied Physics B-Laser and Optics,2000,70(4):587-591.

[23] Boudebs G,Sanchez F,Troles J,et al. Nonlinear optical properties of chalcogenide glasses:comparison between Mach-Zehnder interferometry and Z-scan techniques[J]. Optics Communications,2001,199(5-6):425-433.

[24] Liu Z B, Tian J G, Zang W P, et al. Influence of nonlinear absorption on Z-scan measurement of nonlinear refraction[J]. Chinese Physics Letters, 2003, 20(4): 509-512.

[25] Tian J G, Zang W P, Zhang G. The modified Z-scan method with simplicity and enhanced sensitivity[J]. Optik, 1995, 98(4): 143-146.

[26] Xia T, Hagan D J, Sheik-Bahae M, et al. Eclipsing Z-scan measurement of $\lambda/10^4$ wavefront distortion[J]. Optics Letters, 1994, 19(5): 317-319.

[27] Kershaw S V. Analysis of the EZ scan measurement technique[J]. Journal of Modern Optics, 1995, 42(7): 1361-1366.

[28] Zang W P, Tian J G, Liu Z B, et al. Analytic solutions to Z-scan characteristics of thick media with nonlinear refraction and nonlinear absorption[J]. Journal of the Optical Society of American B-Optical Physics, 2004, 21(1): 63-66.

[29] Zhao W, Palffy-Muhoray P. Z-scan technique using top-hat beams[J]. Applied Physics Letters, 1993, 63(12): 1613-1615.

[30] Zhao W, Palffy-Muhoray P. Z-scan measurement of $\chi^{(3)}$ using top-hat beams[J]. Applied Physics Letters, 1994, 65(6): 673-675.

[31] Chapple P B, Wilson P J. Z-scan with near-Gaussian laser beams[J]. Journal of Nonlinear Optical Physics & Materials, 1996, 5(2): 419-436.

[32] Hughes S, Burzler J. Theory of Z-scan measurement using Gaussian-Bessel beams[J]. Physical Review A, 1997, 56(2): R1103-R1106.

[33] Huang Y L, Sun C K. Z-scan measurement with an astigmatic Gaussian beam[J]. Journal of the Optical Society of American B-Optical Physics, 2000, 17(1): 43-47.

[34] Patterson B M, White W R, Robbins T A, et al. Linear optical effects in Z-scan measurements of thin film[J]. Applied Optics, 1998, 37(10): 1854-1857.

[35] Yang Q G, Seo J T, Creekmore S, et al. Distortions in Z-scan spectroscopy[J]. Applied Physics Letters, 2003, 82(1): 19-21.

[36] Li H P, Zhou F, Zhang X J, et al. Bound electronic Kerr effect and self-focusing induced damage in second-harmonic-generation crystals[J]. Optics Communications, 1997, 144(1-3): 75-81.

第 5 章

Z-扫描表征高阶非线性光学效应

在强激光激发下，材料会表现出高阶非线性光学效应。本章将介绍 Z-扫描技术表征高阶非线性光学效应，具体为 Z-扫描分别表征多光子吸收、n-光子吸收和 $(n+1)$- 光子吸收共存、多光子感应激发态吸收、三阶非线性折射和多光子吸收共存、三阶和五阶非线性折射效应共存，进而介绍鉴别高阶非线性光学过程和提取非线性光学系数的方法。通过本章的学习，有利于深入而系统地理解材料的高阶非线性光学效应的表征方法，分析高阶非线性光学效应的物理过程。

5.1 背景介绍

在强脉冲激光激发下，多原子分子系统同时吸收两个或者更多个光子，将电子从系统的基态经过虚拟中间态跃迁到激发态，这就是多光子吸收（multiphoton absorption，MPA）[1,2]。其后，通过吸收另一个光子，电子可以激发到更高能态，在有机分子中导致多光子吸收感应激发态吸收（MPA-induced excited-state absorption（ESA））[3-11]，在半导体材料中导致多光子诱导自由载流子吸收（MPA-generated free-carrier absorption（FCA））[12-15]。与此同时，多光子吸收布居新的电子态，比如，在有机分子中激发束缚态。明显的布居数重新分布（population redistribution）产生额外的折射率变化，导致多光子感应激发态折射（excited-state refraction）。部分依赖于激光特性（波长、脉冲宽度和光强）部分依赖于材料本身，在特定波长激发下材料可以同时展现出两种多光子吸收过程[16-18]。这些多光子吸收相关的过程在荧光成像、红外频率上转换激子、光功率限幅、三维光学数据存储、微加工和光动力学诊断等方面应用广泛[2,19-22]。

5.2 多光子吸收

为了全面地表征潜在的多光子吸收材料，如第 4 章所述，开孔 Z-扫描技术由于其高效和实验光路简单被广泛采用。在开孔 Z-扫描中，样品在激光束的焦点附近沿光轴移动，透射脉冲能量作为样品位置 z 的函数被完全探测。这样的 Z-扫描曲线仅仅反映了来自非线性吸收效应的贡献，提供了其光学非线性来源的线索，这是因为开孔 Z-扫描测量对非线性折射相关的光学效应不灵敏。通过拟合 Z-扫描曲线，可以获得非线性吸收系数。本节讨论 Z-扫描技术表征单一的多光子吸收过程，详细的理论可参考相关文献 [23，24]。

假定空间高斯型激光脉冲沿 $+z$ 方向传播，其坐标原点为聚焦高斯光束的光腰。与（4.31）式相同，光强可写成

$$I(r,z,t) = \frac{I_{00}h(t)}{1+x^2}\exp\left[-\frac{2r^2}{\omega^2(z)}\right] \tag{5.1}$$

当激光束在具有共存多光子吸收的光学薄样品中传播时，样品内的光强满足如下方程

$$\frac{\mathrm{d}I}{\mathrm{d}z'} = -\alpha_0 I - \alpha_2 I^2 - \alpha_3 I^3 - \alpha_4 I^4 - \alpha_5 I^5 - \cdots \tag{5.2}$$

其中，z' 和 I 分别是样品内的传播距离和光强；α_0，α_2，α_3，α_4，α_5 分别为线性吸收系数、两光子吸收系数、三光子吸收系数、四光子吸收系数和五光子吸收系数。参考带隙为 3.3 eV 的 ZnO 晶体的非线性光学参数[25,26]，表 5.1 列出了典型的多光子吸收系数。

表 5.1　典型的多光子吸收参数[25,26]

	两光子吸收	三光子吸收	四光子吸收	五光子吸收
λ	730nm	800nm	1240nm	1780nm
I_{00}	10GW/cm^2	15GW/cm^2	25GW/cm^2	50GW/cm^2
$\hbar\omega$	1.70eV	1.55eV	1.00eV	0.70eV
n_2	2.32×10^{-6} cm^2/GW	1.70×10^{-6} cm^2/GW	1.58×10^{-6} cm^2/GW	1.13×10^{-6} cm^2/GW
α_n	1.54×10^{-1}cm/GW	1.39×10^{-2} cm^3/GW^2	3.60×10^{-4} cm^5/GW^3	1.54×10^{-6} cm^7/GW^4
$\sigma_{n\mathrm{PA}}$	4.20×10^{-48}cm^4 · s^1 · photon^{-1}	8.59×10^{-77}cm^6 · s^2 · photon^{-2}	1.49×10^{-106}cm^8 · s^3 · photon^{-3}	2.40×10^{-137}cm^{10} · s^4 · photon^{-4}
Φ_2	0.20	0.20	0.20	0.20
Ψ_n	0.15	0.79	1.19	1.40

注：$\hbar\omega = hc/\lambda$，其中，普朗克常量 $h = 6.63×10^{-34}$J · s，真空中的光速 $c = 3.0×10^8$m · s^{-1}；1eV = 1.60×10^{-19}J；$\sigma_{n\mathrm{PA}} = \alpha_n(\hbar\omega)^{n-1}/N_0$，见（5.18）式；$\Phi_2 = 2\pi n_2 I_{00}L/\lambda$，$\Psi_n = [(n-1)\alpha_n I_{00}^{n-1}L]1/(n-1)$。
λ：激发波长；I_{00}：峰值光强；$\hbar\omega$：光子能量；n_2：三阶非线性折射率；α_n：多光子吸收系数；$\sigma_{n\mathrm{PA}}$：n-光子吸收截面；Φ_2：三阶非线性折射相移；Ψ_n：多光子吸收相移；$L = 1$mm：样品厚度；$N_0 = 10^{19}$cm^{-3}：样品浓度

为简化起见，在本节仅考虑光学薄样品只具有单一的非线性吸收过程。部分依赖于激发波长，部分依赖于材料本身，在许多实验条件下可以观察到这种非线性过程。样品内的光强用如下方程描述

$$\frac{\mathrm{d}I(r,z,t)}{\mathrm{d}z'} = -\alpha_0 I(r,z,t) - \alpha_n I^n(r,z,t) \tag{5.3}$$

其中，α_n 是 n-光子吸收系数，这里 n 是 $n \geqslant 2$ 的整数。通过厚度为 L 的样品的透射光强为

$$I_{\text{out}}(r,z,t) = \frac{I(r,z,t)\exp(-\alpha_0 L)}{[1 + (n-1)\alpha_n L_{\text{eff}}^{(n)} I^{n-1}(r,z,t)]^{1/(n-1)}} \tag{5.4}$$

其中，$L_{\text{eff}}^{(n)} = \{1 - \exp[-(n-1)\alpha_0 L]\}/[(n-1)\alpha_0]$ 是与 n-光子吸收相关的有效样品厚度。

（5.4）式对面积积分得透过功率

$$P_{\text{T}}(z,t) = P_{\text{in}}(t)\exp(-\alpha_0 L)$$

$$\times {}_2F_1\left[\frac{1}{n-1}, \frac{1}{n-1}, \frac{n}{n-1}, -\psi_n^{n-1}h^{n-1}(t)\right] \tag{5.5}$$

其中，$\psi_n = \Psi_n/(1+x^2)^{n-1}$，$\Psi_n = [(n-1)\alpha_n I_{00}^{n-1}L_{\text{eff}}^{(n)}]^{1/(n-1)}$ 是 n-光子吸收在轴峰值相移；$P_{\text{in}}(t) = \pi\omega_0^2 I_{00}h(t)/2$ 是入射功率；${}_2F_1[\cdot]$ 是超几何函数（hypergeometric function）[27]。

可以按照如下表达式计算出归一化能量透过率

$$T_{n\text{PA}}(z) = \frac{\int_{-\infty}^{+\infty} P_{\text{T}}(z,t)\mathrm{d}t}{\exp(-\alpha_0 L)\int_{-\infty}^{+\infty} P_{\text{in}}(t)\mathrm{d}t} \tag{5.6}$$

对于高斯型时间脉冲（$h(t) = \exp(-t^2)$）变化，将（5.5）式代入（5.6）式，得 z-依赖的归一化能量透过率为[24]

$$T_{n\text{PA}}(z) = \frac{1}{\pi^{1/2}}\int_{-\infty}^{\infty} e^{-t^2} F_1\left[\frac{1}{n-1}, \frac{1}{n-1}, \frac{n}{n-1}, -\psi_n^{n-1}h^{n-1}(t)\right]h(t)\mathrm{d}t \tag{5.7}$$

现在分析多光子吸收 Z-扫描曲线的特征。如图 5.1 所示，取表 5.1 中不同多光子吸收相移（$\Psi_2 = 0.15$，$\Psi_3 = 0.79$，$\Psi_4 = 1.19$ 和 $\Psi_5 = 1.40$ 分别对应两光子吸收，三光子吸收，四光子吸收和五光子吸收），用（5.7）式模拟了开孔 Z-扫描曲线。对非线性吸收参数进行了调整，使得 $T_{n\text{PA}}(0) = 0.95$ 是为了突出不同多光子吸收过程时 Z-扫描曲线的特征。可以看出，相比于两光子吸收的情形，高阶多光子吸收时 Z-扫描曲线变窄。这是因为，$(n-1)$ 个光子数指数依赖的辐射仅在高斯光束的中央部分局域非线性光学效应，随着光子数 n 的增加将导致更小的归一化透过率改变[23]。因此，当更多的光子参

与非线性吸收时 Z-扫描曲线越尖锐，这是高阶非线性吸收的高局域化结果。在多光子荧光成像、三维光学数据存储和光动力学诊断等应用中，利用高阶多光子吸收过程可以进一步改进空间分辨率和光穿透深度。

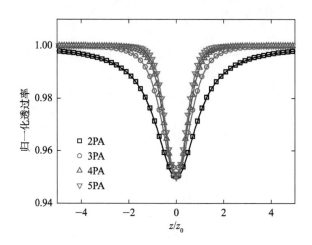

图 5.1　多光子吸收时开孔高斯光束 Z-扫描曲线。数值模拟用参数见表 5.1；离散点是用式（5.7）模拟的结果，而实线是分别用（5.13）式～（5.16）式拟合的结果

　　通常，对于 n-光子吸收 Z-扫描曲线要用（5.7）式进行数值模拟。然而，当 $\psi_n < 1$ 时，（5.7）式可以展开成

$$T_{n\text{PA}}(z) = 1 + \sum_{k=1}^{\infty} \frac{(-1)^k (\psi_n^{n-1})^k}{(nk-k+1)^{1/2}k!} W_k \tag{5.8}$$

其中，

$$W_k = \left[\prod_{n'=0}^{k-1} \left(\frac{1}{n-1} + n' \right) \right]^2 \Big/ \prod_{n'=0}^{k-1} \left(\frac{n}{n-1} + n' \right) \tag{5.9}$$

　　一阶近似下，从（5.8）式得到 n-光子吸收的 Z-扫描表达式

$$T_{n\text{PA}}(z) = 1 - \frac{1}{n^{3/2}} \frac{\alpha_n I_{00}^{n-1} L_{\text{eff}}^{(n)}}{(1 + z^2/z_0^2)^{n-1}} \tag{5.10}$$

可以用（5.10）式来鉴别显现在 Z-扫描曲线本身的 n-光子吸收过程。通过线性拟合 $\ln[1 - T_{n\text{PA}}(z)] \sim \ln[I_{00}/(1+z^2/z_0^2)]$，包含吸收 n 个光子的非线性吸收过程呈现曲线的斜率为 $n-1$。图 5.2 是用 $I(z) = I_{00}/(1+z^2/z_0^2)$ 将图 5.1 中的开孔 Z-扫描曲线转换成对数坐标，其中 I_{00} 的取值见表 5.1。如图 5.2 中的实线所示，在相对低光强时，包含 n-光子吸收过程的曲线，其斜率为 $S = n-1$，这与之前的实验观察一致[8,25]。但是，需要指出的是，这个结论仅适用于弱多光子吸收效应时的 Z-扫描。

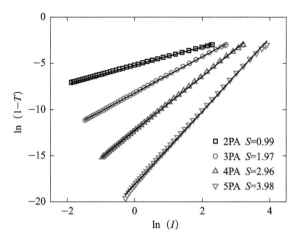

图 5.2 $\ln(1-T)$ 随 $\ln(I)$ 的变化关系。离散点是来自图 5.1 中的开孔
Z-扫描曲线，而斜率为 $S=n-1$ 的实线是线性拟合

（5.4）式对面积积分得透过功率，也可以变换成如下表达式

$$P_{\mathrm{T}}(z,t) = P_{\mathrm{in}}(t)\exp(-\alpha_0 L)\int_0^1 \frac{1}{[1+\psi_n^{n-1}h^{n-1}(t)\xi^{n-1}]^{1/(n-1)}}\mathrm{d}\xi \quad (5.11)$$

在高斯型时间脉冲激光激发下，将（5.11）式代入（5.6）式，得归一化能量透过率为

$$T_{n\mathrm{PA}}(z) = \frac{1}{\pi^{1/2}}\int_{-\infty}^{\infty}h(t)\mathrm{d}t\int_0^1 \frac{1}{[1+\psi_n^{n-1}h^{n-1}(t)\xi^{n-1}]^{1/(n-1)}}\mathrm{d}\xi \quad (5.12)$$

对于确定的多光子吸收过程，可将（5.12）式化简，归一化透过率表达式见表 5.2[23]。当然，用（5.7）式和（5.12）式以及表 5.2 数值计算的结果都相同。

表 5.2 两光子吸收、三光子吸收、四光子吸收和五光子吸收
情况下的归一化透过率 $T_{n\mathrm{PA}}(z)$

非线性过程	归一化透过率 $T_{n\mathrm{PA}}(z)$
两光子吸收	$T_{2\mathrm{PA}}(z) = \dfrac{1}{\sqrt{\pi}\psi_2}\displaystyle\int_{-\infty}^{+\infty}\ln[1+\psi_2 h(t)]\mathrm{d}t$
三光子吸收	$T_{3\mathrm{PA}}(z) = \dfrac{1}{\sqrt{\pi}\psi_3}\displaystyle\int_0^1 \dfrac{\ln\left[\sqrt{1+\psi_3^2 y^2}+\psi_3 y\right]}{y\sqrt{-\ln y}}\mathrm{d}y$
四光子吸收	$T_{4\mathrm{PA}}(z) = \dfrac{1}{3\sqrt{\pi}\psi_4}\displaystyle\int_0^1 \dfrac{R(\Delta)}{y\sqrt{-\ln y}}\mathrm{d}y$ $R(\Delta) = \ln\left(\dfrac{\sqrt{\Delta^2(y)+\Delta(y)+1}}{\Delta(y)-1}\right) - \sqrt{3}\arctan\left[\dfrac{2\Delta(y)+1}{\sqrt{3}}\right] + \dfrac{\sqrt{3}\pi}{2}$ $\Delta(y) = \sqrt[3]{1+\psi_4^{-3}y^{-3}}$

续表

非线性过程	归一化透过率 $T_{nPA}(z)$
五光子吸收	$T_{5PA}(z) = \dfrac{1}{2\sqrt{\pi}\psi_5}\displaystyle\int_0^1 \dfrac{R(\Delta)}{y\sqrt{-\ln y}}\mathrm{d}y$ $R(\Delta) = \ln\left(\sqrt{\dfrac{\Delta(y)+1}{\Delta(y)-1}}\right) - \arctan[\Delta(y)] + \dfrac{\pi}{2}$ $\Delta(y) = \sqrt[4]{1+\psi_5^{-4}y^{-4}}$

对于给定的多光子吸收系数来模拟 Z-扫描曲线是相对容易的。相比之下，在实际应用中为了表征多光子吸收型材料，必须利用实验上测量得到的 Z-扫描曲线来提取多光子吸收系数。处理这类逆问题是相对困难的。尽管开孔 Z-扫描测量简单，然而在大多数情况下提取非线性吸收系数需要复杂的计算来将实验数据用数值解进行拟合。因此，对于实验工作者量化数据来说，非常需要发展系统的多光子吸收解析理论来分析 Z-扫描实验，而只需要少量的数值计算。当材料仅有单一的非线性吸收时，在高斯型脉冲激发下，确实找到了如下的归一化能量透过率 $T_{nPA}(z)$[24]

$$T_{2PA}(z) = \begin{cases} \displaystyle\sum_{m=0}^{4} a_m\psi_2^m, & 0 \leqslant \Psi_2 \leqslant \pi \\ \dfrac{A_2 + B_2\psi_2}{1 + C_2\psi_2}, & \pi \leqslant \Psi_2 \leqslant 5\pi \end{cases} \tag{5.13}$$

$$T_{3PA}(z) = \begin{cases} \displaystyle\sum_{m=0}^{4} b_m\psi_3^m, & 0 \leqslant \Psi_3 \leqslant \pi \\ \dfrac{A_3 + B_3\psi_3}{1 + C_3\psi_3}, & \pi \leqslant \Psi_3 \leqslant 5\pi \end{cases} \tag{5.14}$$

$$T_{4PA}(z) = \begin{cases} \displaystyle\sum_{m=0}^{4} c_m\psi_4^m, & 0 \leqslant \Psi_4 \leqslant \pi \\ \dfrac{A_4 + B_4\psi_4}{1 + C_4\psi_4} & \pi \leqslant \Psi_4 \leqslant 5\pi \end{cases} \tag{5.15}$$

$$T_{5PA}(z) = \begin{cases} \displaystyle\sum_{m=0}^{4} d_m\psi_5^m, & 0 \leqslant \Psi_5 \leqslant \pi \\ \dfrac{A_5 + B_5\psi_5}{1 + C_5\psi_5}, & \pi \leqslant \Psi_5 \leqslant 5\pi \end{cases} \tag{5.16}$$

其中，系数 a_m、b_m、c_m 和 d_m 列在表 5.3 中。另外在 (5.13) 式～(5.16) 式

中的系数 A_n、B_n 和 C_n 见表 5.4。当 $0 \leqslant \Psi_n \leqslant 5\pi$ 时，所有的经验公式 (5.13) 式～(5.16) 式与精确的数值结果相对误差最大为 0.3%。

表 5.3　在高斯型脉冲激光激发下仅有单一的非线性吸收过程（两光子吸收、三光子吸收、四光子吸收或五光子吸收），当 $0 \leqslant \Psi_n \leqslant \pi$ 时，(5.13) 式～(5.16) 式中的系数 a_m、b_m、c_m 和 d_m

m	a_m	b_m	c_m	d_m
0	1.00000	1.00000	1.00000	1.00000
1	−0.33839	−0.00523	0.02766	0.02189
2	0.13326	−0.09990	−0.07937	−0.04273
3	−0.03446	0.03643	0.01835	−0.00158
4	0.00377	−0.00433	−0.00120	0.00184

表 5.4　在高斯型脉冲激光激发下仅有单一的非线性吸收过程（两光子吸收、三光子吸收、四光子吸收或五光子吸收），当 $\pi \leqslant \Psi_n \leqslant 5\pi$ 时，(5.13) 式～(5.16) 式中的系数 A_n、B_n 和 C_n

n	A_n	B_n	C_n
2	0.8709	0.0177	0.2194
3	1.1145	0.0168	0.2081
4	1.2010	0.0169	0.2107
5	1.2413	0.0172	0.2134

在高斯型时空分布的激光脉冲激发下，焦点处归一化能量透过率 $T_{nPA}(0)$ 随峰值多光子吸收相移 Ψ_n 变化关系如图 5.3 所示。离散点为用 (5.12) 式所得的数值模拟结果，而实线是 (5.13) 式～(5.16) 式所得的解析值。很明显，解析解与数值模拟结果完全一致。此外，对于两光子吸收和高阶多光子吸收，非线性透过率有明显差别，而高阶多光子吸收之间的 Z-扫描曲线（如四光子吸收或五光子吸收）差别微不足道。为了鉴别单一的多光子吸收，常用方法是在不同光强激发下获得一系列 Z-扫描测量曲线[23,28]。如果获得的非线性吸收系数 α_n 与光强无关，则可以推断出材料具有单一的多光子吸收效应。

为了示范如何提取多光子吸收系数，采用表 5.1 的非线性光学参数模拟多光子吸收情况下开孔高斯光束 Z-扫描曲线。调整非线性参量得到相同的 $T(0) = 0.95$ 值，是为了看出不同多光子吸收过程中 Z-扫描曲线的特征。借助于已知参数 $L = 1\text{mm}$，$\alpha_0 = 0$ 和列在表 5.1 中的光强 I_{00}，分别用 (5.13) 式～(5.16) 式来拟合图 5.1 中的两光子吸收、三光子吸收、四光子吸收和五光子吸收，从 Z-扫描曲线提取出非线性吸收系数，得到了最佳拟合值分别为

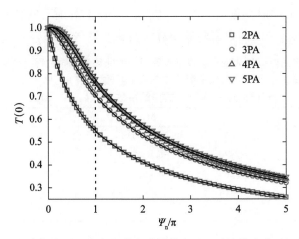

图 5.3　在高斯型时空分布的激光脉冲激发下，随峰值多光子吸收相移 Ψ_n 变化的焦点处归一化透过率 $T_{nPA}(0)$。离散点为数值模拟结果，而实线是（5.13）式～（5.16）式的解析值

$\alpha_2 = 0.159 \pm 0.001 \mathrm{cm/GW}$，$\alpha_3 = (1.34 \pm 0.01) \times 10^{-2} \mathrm{cm^3/GW^2}$，$\alpha_4 = (3.43 \pm 0.05) \times 10^{-4} \mathrm{cm^5/GW^3}$ 和 $\alpha_5 = (1.43 \pm 0.03) \times 10^{-6} \mathrm{cm^7 GW^4}$。显然，用（5.13）式～（5.16）式最佳拟合 Z-扫描曲线，毫无疑问可以获得多光子吸收系数。更重要的是，用 Z-扫描解析理论（（5.13）式～（5.16）式），从实验上测量的 Z-扫描曲线获得多光子吸收系数将变得简单而高效。

　　如图 5.1 所示，从实验测量的 Z-扫描可以获得非线性吸收系数 α_n。通常，吸收用单位面积的吸收截面 σ 来量化。在线性光学范畴，这个吸收截面是个常数。然而，对于由非线性极化引起的多光子吸收，σ 将依赖于激发光强。对于给定的多光子吸收过程，有[23]

$$\sigma = \sigma_{nPA} \left(\frac{I}{\hbar\omega} \right)^{n-1} \tag{5.17}$$

其中，σ_{nPA} 被定义为 n-光子吸收截面；$\hbar\omega$ 是光子能量；$I/(\hbar\omega)$ 表示光束的光子通量。由于 $\alpha = \sigma N_0 = \alpha_0 + \alpha_2 I + \alpha_3 I^2 + \cdots$，这里 N_0 是吸收物种单位立方厘米（$\mathrm{cm^{-3}}$）内的浓度，结合（5.17）式，可以计算材料的 n-光子吸收截面为

$$\sigma_{nPA} = \frac{\alpha_n (\hbar\omega)^{n-1}}{N_0} \tag{5.18}$$

通过测量开孔 Z-扫描曲线，借助于本节给出的 Z-扫描理论可以获得 n-光子系数 α_n，进而用（5.18）式可得到 n-光子吸收截面 σ_{nPA}。典型的多光子吸收截面见表 5.1。

5.3　两种多光子吸收效应共存

在 5.2 节我们讨论了 Z-扫描理论表征单一的多光子吸收，比如两光子吸收、三光子吸收、四光子吸收或五光子吸收。事实上，实验结果表明，在强激光脉冲激发下，许多材料展示出不止单一的非线性吸收过程。比如，许多强多光子吸收型有机分子具有杂化生色团（hybrid chromophore），多光子吸收过程伴随着激发态吸收[3,5-7]。在体半导体和纳米尺寸半导体中，多光子诱导自由载流子吸收被广泛研究[12-15,25]。对于给定波长下同时出现两种多光子吸收过程已经被实验所观察[16-18]。为此，许多工作关注从整个非线性吸收提取不同非线性吸收过程的贡献。比如，Yoshino 等[16]用数值计算从 Z-扫描曲线中来提取两种不同的多光子吸收系数。Boudebs 等[29]和 Sanchez 等[30]分别推导出近似的归一化光强透过率来分析共存的两光子吸收和三光子吸收。Gu 等分别报道了在连续激光[31]和脉冲激光[5]激发下两光子吸收和三光子吸收共存的 Z-扫描解析表达式。其后，Gu 等[6]给出了三光子吸收感应激发态吸收的归一化透过率解析理论。尽管已经有许多理论工作关注这个话题[5,6,16,29-31]，本节将系统地介绍表征两种不同非线性吸收共存时的 Z-扫描理论[24]。

现在考虑高斯激光束沿 +z 方向在薄样品内传播，样品同时展示线性吸收（α_0）、n-光子吸收（α_n）和（$n+1$）-光子吸收（α_{n+1}）。脉冲光强的传播由如下方程描述

$$\frac{\mathrm{d}I(r,z,t)}{\mathrm{d}z'} = -\alpha_0 I(r,z,t) - \alpha_n I^n(r,z,t) - \alpha_{n+1} I^{n+1}(r,z,t) \quad (5.19)$$

通常情况下，很难给出透射光强的精确解析解。因此，对（5.19）式的数据分析需要数值方法。数值上求解（5.19）式，获得透射光强 $I_{\text{out}}(r,z,t)$，然后对 $I_{\text{out}}(r,z,t)$ 在空间和时间上积分，得到透射能量。这样，归一化能量透过率可表示为

$$T(z,\Psi_n,\Psi_{n+1}) = \frac{2}{\pi^{3/2}\omega_0^2 I_0}\int_{-\infty}^{\infty}\mathrm{d}t\int_0^{\infty}I_{\text{out}}(r,z,t)\mathrm{d}r \quad (5.20)$$

对于薄光学样品同时具有两光子吸收和三光子吸收，可以获得以多项式形式表示的归一化能量透过率 $T(z,\Psi_2,\Psi_3)$ 为

$$T(z,\Psi_2,\Psi_3) = \sum_{m=0}^{4}\sum_{n=0}^{4}a_{mn}\psi_2^m\psi_3^n \quad (5.21)$$

对于入射激光脉冲为高斯型时间脉冲波形，（5.21）式中的系数列在表 5.5 中。当 $0 \leqslant \Psi_2 \leqslant \pi$ 和/或 $0 \leqslant \Psi_3 \leqslant \pi$ 时，（5.21）式的误差仅为 $\pm 0.3\%$。

表 5.5 高斯型脉冲激光激发共存的两光子吸收和三光子吸收，当 $0 \leqslant \Psi_2 \leqslant \pi$ 和 $0 \leqslant \Psi_3 \leqslant \pi$ 时，（5.21）式中的系数 a_{mn}

m	n				
	0	1	2	3	4
0	1.00000	−0.00523	−0.09990	0.03643	−0.00433
1	−0.33839	0.01430	0.11888	−0.05527	0.00756
2	0.13326	−0.01507	−0.06827	0.03576	−0.00521
3	−0.03446	0.00597	0.01970	−0.01102	0.00166
4	0.00377	−0.00075	−0.00228	0.00131	−0.00020

当三光子吸收伴随着四光子吸收时，Z-扫描归一化能量透过率可写成[6]

$$T(z, \Psi_3, \Psi_4) = \sum_{n=0}^{4} \sum_{i=0}^{4} b_{ni} \psi_3^n \psi_4^i \qquad (5.22)$$

表 5.6 列出了脉冲时间波形为高斯型情况下（5.22）式中的系数 b_{ni}。当 $0 \leqslant \Psi_3 \leqslant \pi$ 和/或 $0 \leqslant \Psi_4 \leqslant \pi$ 时，（5.22）式与精确的数值结果间最大相对误差为 0.3%。

表 5.6 高斯型脉冲激光激发共存的三光子吸收和四光子吸收，当 $0 \leqslant \Psi_3 \leqslant \pi$ 和 $0 \leqslant \Psi_4 \leqslant \pi$ 时，（5.22）式中的系数 b_{ni}

n	i				
	0	1	2	3	4
0	1.00000	0.02766	−0.07937	0.01835	−0.00120
1	−0.00523	−0.00118	0.01644	−0.01007	0.00165
2	−0.09990	−0.02457	0.05618	−0.01807	0.00170
3	0.03643	0.01269	−0.03193	0.01219	−0.00141
4	−0.00433	−0.00179	0.00474	−0.00194	0.00024

对于四光子吸收和五光子吸收共存，Z-扫描表达式如下

$$T(z, \Psi_4, \Psi_5) = \sum_{i=0}^{4} \sum_{j=0}^{4} c_{ij} \psi_4^i \psi_5^j \qquad (5.23)$$

考虑了空间上和时间上脉冲波形均为高斯型分布，（5.23）式中的系数 c_{ij} 列在表 5.7 中。当 $0 \leqslant \Psi_4 \leqslant \pi$ 和/或 $0 \leqslant \Psi_5 \leqslant \pi$ 时，上述经验公式与精确的数值结果间最大相对误差为 0.3%。

表 5.7　高斯型脉冲激光激发同时的四光子吸收和五光子吸收，当 $0 \leqslant \Psi_4 \leqslant \pi$ 和 $0 \leqslant \Psi_5 \leqslant \pi$ 时，（5.23）式中的系数 c_{ij}

i	j				
	0	1	2	3	4
0	1.00000	0.02189	−0.04273	−0.00158	0.00184
1	0.02766	0.00001	−0.01257	0.00345	−0.00010
2	−0.07937	−0.02009	0.07345	−0.02901	0.00325
3	0.01835	0.00940	−0.03733	0.01749	−0.00232
4	−0.00120	−0.00121	0.00536	−0.00278	0.00040

在（5.21）式，（5.22）式或（5.23）式中，有两个自由参数，即 n-光子吸收系数 α_n 和 $(n+1)$-光子吸收系数 α_{n+1}。在 $(n+1)$-光子吸收效应可以安全忽略的低光强下，可以从测量的 Z-扫描曲线明确地提取 α_n 值。借助于测量的 α_n，可以从 n-光子吸收和 $(n+1)$-光子吸收同时贡献观察信号的相对高光强下，最佳拟合 Z-扫描曲线提取 α_{n+1} 值。另一方面，也可以用相关 Z-扫描理论（（5.21）式～（5.23）式）来拟合 Z-扫描实验数据，估算出 α_n 和 α_{n+1}。例如，在空间和时间上均为高斯分布的激光脉冲激发下，两光子吸收和三光子吸收共存时的 Z-扫描曲线如图 5.4 中的空心圆所示。模拟用参数为 $L = 0.02\mathrm{cm}$，$\alpha_0 = 0$，$\alpha_2 = 6.0\mathrm{cm/GW}$，$\alpha_3 = 2.7\mathrm{cm^3/GW^2}$ 和 $I_{00} = 6\mathrm{GW/cm^2}$。这些参数是聚丁二炔在 100fs 脉冲 1320nm 波长激发下的典型参数[16,17]。借助于已知值 $L = 0.02\mathrm{cm}$，$\alpha_0 = 0$ 和 $I_{00} = 6\mathrm{GW/cm^2}$，用（5.21）式理论拟合图 5.4 所示的 Z-扫描曲线，可以同时估算出两光子吸收系数和三光子吸收系数。获得的最佳拟合结果为 $\alpha_2 = (5.982 \pm 0.001)\mathrm{cm/GW}$ 和 $\alpha_3 = (2.731 \pm 0.001)\mathrm{cm^3/GW^2}$，相比于理论值 $\alpha_2 = 6.0\mathrm{cm/GW}$ 和 $\alpha_3 = 2.7\mathrm{cm^3/GW^2}$，相对误差分别为 0.30% 和 1.15%。

图 5.5 是三光子吸收和四光子吸收共存时的高斯光束 Z-扫描曲线。用（5.20）式模拟时选取的参数为 $L = 0.02\mathrm{cm}$，$\alpha_0 = 0$，$\alpha_3 = 3 \times 10^{-2}\mathrm{cm^3/GW^2}$，$\alpha_4 = 8 \times 10^{-3}\mathrm{cm^5/GW^3}$ 和 $I_{00} = 30\mathrm{GW/cm^2}$。这些参数是聚丁二炔在 1890nm 波长激发下的典型参数[16,17]。图 5.5 中的实线为借助于已知参数 $L = 0.02\mathrm{cm}$，$\alpha_0 = 0$ 和 $I_{00} = 30\mathrm{GW/cm^2}$ 用（5.22）式理论拟合两自由变量（α_3 和 α_4）的 Z-扫描曲线。获得的参数分别为 $\alpha_3 = (3.40 \pm 0.26) \times 10^{-2}\mathrm{cm^3/GW^2}$ 和 $\alpha_4 = (7.57 \pm 0.28) \times 10^{-3}\mathrm{cm^5/GW^3}$。拟合结果与给定的多光子吸收系数很好地吻合，误差在 14% 以内。

需要指出的是，从单一的 Z-扫描实验曲线很难判断材料是否表现出 n-光子吸收和 $(n+1)$-光子吸收共存。这是因为，一方面单一多光子吸收和两种

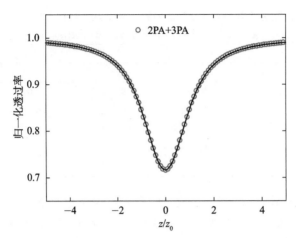

图 5.4　两光子吸收和三光子吸收共存时的高斯光束 Z-扫描曲线。参数为 $L=0.02\text{cm}$，$\alpha_0=0$，$\alpha_2=6.0\text{cm/GW}$，$\alpha_3=2.7\text{cm}^3/\text{GW}^2$ 和 $I_{00}=6\text{GW/cm}^2$；图中空心圆为用（5.20）式模拟值，而实线是用两变量参数（α_2 和 α_3）通过（5.21）式理论拟合的结果

非线性吸收共存时 Z-扫描曲线相差不大，另一方面是 Z-扫描实验曲线本身由于激光器稳定性和材料本身的不完美等带来的实验数据起伏，严重影响非线性拟合的结果。因此，鉴别和分离多光子吸收和多光子吸收共存效应需要执行不同光强下一系列 Z-扫描测量。

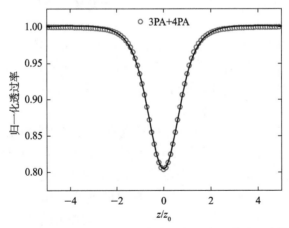

图 5.5　三光子吸收和四光子吸收共存时的高斯光束 Z-扫描曲线。参数为 $L=0.02\text{cm}$，$\alpha_0=0$，$\alpha_3=3\times10^{-2}\text{cm}^3/\text{GW}^2$，$\alpha_4=8\times10^{-3}\text{cm}^5/\text{GW}^3$ 和 $I_{00}=30\text{GW/cm}^2$；图中空心圆为用（5.20）式模拟值，而实线是用两变量参数（α_3 和 α_4）通过（5.22）式理论拟合的结果

还有另一种快速估算出多光子吸收相关效应的非线性系数的方法。在弱吸收非线性近似下，总 Z-扫描信号来源于 n-光子和（$n+1$）- 光子吸收非线性

的线性叠加。因此，开孔 Z-扫描在焦点处的归一化透过率 T_V^{total} 可以表示成 $T_V^{total} \approx T_V^{nPA} + T_V^{(n+1)PA}$，其中，$T_V^{nPA}$ 和 $T_V^{(n+1)PA}$ 分别为 n-光子和 $(n+1)$- 光子吸收感应的在焦点处的归一化能量透过率（（5.10）式）。暂时先假定样品仅具有 n-光子吸收。其后将 $n^{3/2} L_{eff}^{(n)}$ 除以 T_V^{total} 得到总的吸收改变量 $\Delta\alpha$，其中 $L_{eff}^{(n)} = \{1 - \exp[-(\alpha_0 + \alpha_n I_{00}^{n-1})L]\}/(\alpha_0 + \alpha_n I_{00}^{n-1})$。可以发现 $\Delta\alpha/I_{00}^{n-1}$ 为

$$\frac{\Delta\alpha}{I_{00}^{n-1}} = \alpha_n + Q_n \alpha_{n+1} I_{00} \tag{5.24}$$

其中，Q_n 依赖于脉冲激光束的时间线形。对于高斯型脉冲激光束，有 $Q_n = n^{3/2}/(n+1)^{3/2}$。如果仅有 n-光子吸收过程，画出随 I_0 变化的 $\Delta\alpha/I_{00}^{n-1}$ 将是一条在纵轴上截距为 α_n 的水平直线。但是，当材料同时具有 n-光子吸收和 $(n+1)$- 光子吸收时，作为 I_{00} 函数的 $\Delta\alpha/I_{00}^{n-1}$ 将是一条在纵轴上截距为 α_n、斜率为 α_{n+1} 的直线。

有趣的是，当 $\alpha_n=0$（或者 $\alpha_{n+1}=0$）时，（5.21）式～（5.23）式将退化为如 5.1 节所讨论的单一非线性吸收过程（（5.13）式～（5.16）式）。此外，需要强调的是，这里的 Z-扫描理论（（5.21）式～（5.23）式）适用于如下三种情形：①具有杂化生色团的多原子分子中同时发生多光子吸收和多光子感应激发态吸收过程；②体半导体和纳米尺寸半导体中出现的多光子吸收和多光子诱导自由载流子吸收；③对于给定波长下相互作用的固有 n-光子吸收和 $(n+1)$- 光子吸收。

5.4　多光子感应激发态吸收

5.2 节和 5.3 节介绍了 Z-扫描技术表征单一多光子吸收和两种多光子吸收共存效应。许多研究表明，在高功率超快脉冲激光激发下，强 n-光子吸收过程大大增大了激发态中的分子布居数。其后，从激发态中级联单光子吸收（one-photon absorption，1PA）可以产生等效的分步 nPA：1PA 过程。这种两步 $(n+1)$- 光子吸收就是所谓的 n-光子吸收感应激发态吸收（ESA）[3,12,13,16,32,33]。两光子感应激发态吸收已经在诸如有机分子[3]、纳米复合薄膜[32] 和量子点[33] 等各种各样的材料被观察。近年来，三光子吸收感应激发态吸收效应也引起了人们的关注。研究者在硫化镉（CdS）[12]、聚丁二炔[16]、氧化锌量子点[34] 和 2，4，5-三甲基氧基查耳酮[10] 等材料中观察到了三光子吸收感应激发态吸收。已有的研究表明，多光子吸收感应激发态吸收依赖于研究的材料[3,32-34]、光强[35]、激发态寿命[4]、波长[36] 和溶液浓度[9] 等。由此产生的非线性吸收过

程已经在纳秒[3]、皮秒[37]和飞秒[8]激光脉冲下被探测到。为了解释在不同时间尺度上获得的非线性吸收，人们提出了诸如有效多光子吸收[3]、五能级模型[38,39]和两步多光子吸收[5-7]等能级图。本节将介绍 n-光子吸收（$n \geqslant 2$）感应激发态吸收，分析其光动力学过程并给出有效两步（$n+1$）-光子吸收系数[6-11]。

众所周知，多光子吸收通常指在强脉冲激光激发下，系统同时吸收 n 个相同的光子，将电子从系统的基态 S_0 经过虚拟中间态跃迁到激发态 S_1。这就是所谓的一步 n-光子吸收[1,2]。但是，许多具有杂化生色团的强多光子吸收分子还伴随着激发态吸收。在高功率超快脉冲激光激发下，系统同时吸收 n 个相同的光子，将电子从 S_0 态通过虚拟中间态跃迁到 S_1 态。对于电子处在 S_1，如图 5.6（a）所示有三种可能的去处，即①弛豫到 S_0 态，②经历一个自旋反转转变（spin-flip transition）到低三重态 T_1，或者③通过吸收另一个光子跃迁到高能态 S_h。从 T_1 态，电子可能通过另一个自旋反转转变弛豫到 S_0 态或者吸收另一个光子跃迁到高三重态 T_h。以上物理过程描述了多光子感应单重和三重激发态吸收，可以用图 5.6（a）所示的能级图表示。这种五能级模型可以解释许多材料中的多光子吸收感应激发态吸收过程[10,38,39]。

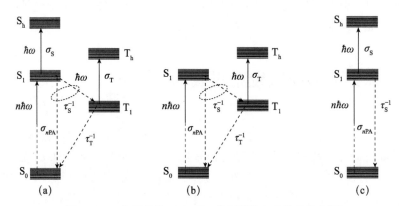

图 5.6　n-光子吸收（$n \geqslant 2$）感应激发态吸收的能级图

（a）n-光子吸收感应单重和三重激发态吸收；（b）n-光子吸收感应三重激发态吸收；

（c）n-光子吸收感应单重激发态吸收

光学薄样品内传播的脉冲激光强度可用如下的传播方程描述[3]

$$\frac{\partial I}{\partial z'} = -\sigma_{nPA} N_{S_0} I^n - \sigma_S N_{S_1} I - \sigma_T N_{T_1} I \quad (5.25)$$

处于 S_1 态和 T_1 态上的布居数对时间的导数表示为

$$\frac{\partial N_{S_1}}{\partial t} = \frac{\sigma_{nPA} I^n}{n\hbar\omega} N_{S_0} - \frac{N_{S_1}}{\tau_S} \tag{5.26}$$

$$\frac{\partial N_{T_1}}{\partial t} = \frac{\varphi_T}{\tau_S} N_{S_1} - \frac{N_{T_1}}{\tau_T} \tag{5.27}$$

$$N_{S_0} = N - N_{S_1} - N_{T_1} \tag{5.28}$$

其中，z' 是光束在样品内的传播距离；σ_{nPA} 是分子 n-光子吸收截面，σ_S 和 σ_T 分别是激发的单重态-单重态吸收截面和激发的三重态-三重态吸收截面；τ_S 和 τ_T 分别是单重态和三重态寿命，其典型值分别在皮秒和纳秒时间尺度[3, 12]；φ_T 是三重态量子产率（quantum yield）；$\hbar\omega$ 是入射光子能量（photon energy）。需要注意的是，这里忽略了 S_h 和 T_h 态上的布居数，这是因为，电子从 S_h 和 T_h 分别弛豫到 S_1 和 T_1 的时间非常短，因此泵浦到 S_h 和 T_h 的电子立刻跳回到 S_1 和 T_1 态，处在 S_h 和 T_h 的布居数接近为零。借助于龙格-库塔法等数值解法可严格解（5.25）式~（5.28）式，分析激发态动力学过程[39]。

为简化起见，假设在所使用的光辐射下 S_0 态上的布居数几乎没有消耗，故 $N_{S_1} \ll N$ 和 $N_{T_1} \ll N$，因此有 $N_{S_0} \approx N$，n-光子吸收系数为 $\alpha_n = \sigma_{nPA} N$。解（5.26）式和（5.27）式，得 S_1 和 T_1 上的布居数密度分别为

$$N_{S_1}(t) = \frac{\alpha_n}{n\hbar\omega} I^n(t) G(t) \tag{5.29}$$

$$N_{T_1}(t) = \frac{\varphi_T \alpha_n}{n\hbar\omega\tau_S} I^n(t) F(t) \tag{5.30}$$

其中，

$$G(t) = \frac{1}{I^n(t)} \int_{-\infty}^{t} I^n(t') \exp\left(\frac{t'-t}{\tau_S}\right) dt' \tag{5.31}$$

$$F(t) = \frac{1}{I^n(t)} \int_{-\infty}^{t} I^n(t') G(t') \exp\left(\frac{t'-t}{\tau_T}\right) dt' \tag{5.32}$$

可知，S_1 和 T_1 的布居数随着时间的演变强烈地依赖于激光的脉冲宽度和激发态寿命。

将（5.29）式和（5.30）式代入（5.25）式，得

$$\frac{\partial I(t)}{\partial z'} = -\alpha_n I^n(t) - \frac{\sigma_S \alpha_n}{n\hbar\omega} G(t) I^{n+1}(t) - \frac{\sigma_T \varphi_T \alpha_n}{n\hbar\omega\tau_S} F(t) I^{n+1}(t) \tag{5.33}$$

对于两光子吸收（$n=2$）感应激发态吸收过程，Gao 和 Potasek[4] 在理论上发现依赖于材料本身，透射的激光脉冲轮廓将在时间和空间上均发生畸变。其后，Liu 等[40] 实验上在二硫化碳中观察到了这种结果。以下，我们将论证激光脉冲在时间上和空间上的畸变程度也强烈地依赖于脉冲宽度。在分析中，假设入射激光脉冲的时空轮廓均为高斯型分布。选取典型参量 $n=2$，$L=$

0.2cm，$\alpha_2 = 0.1\text{cm/GW}$，$\sigma_\text{S} = 6.2 \times 10^{-18}\ \text{cm}^2$，$\tau_\text{S} = 500\text{ps}$，$\varphi_\text{T} \approx 0$，$\lambda = 532\text{nm}$，$\omega_0 = 19\ \mu\text{m}$ 和 $I_{00} = 20\text{GW/cm}^2$，借助于（5.33）式研究了透过脉冲的时空特征。为了便于比较，图 5.7 中的实线和短划线分别对应于输入激光脉冲光强和纯两光子吸收时的透射光强。图 5.7（a）展示了在 $r=0$ 处脉冲宽度依赖的透射光强是时间的函数，可以看出，激光脉冲在通过样品后，脉冲的峰和后沿在时间上均移动；而且，脉冲的峰值向着脉冲的前沿移动，这是因为，在长脉冲宽度的激发下，在后沿处有更多吸收。图 5.7（b）举例说明了在不同脉冲下 $t=0$ 时，透射光强是半径的函数。很明显，在更长脉冲激发下，最初的高斯光束结构变成了平顶光束（flat-topped beam），而当 $\tau \ll \tau_\text{e}$ 时高斯分布近似保持。更确切地说，在更长脉冲宽度激发下，材料展示了更强两光子吸收感应激发态吸收，然后增强了脉冲中心处的吸收。显然，在飞秒时域两光子吸收过程占优；在纳秒和更长脉冲激发下，激发态吸收变得重要；在皮秒时域，可以观察到两光子吸收和两光子吸收感应激发态吸收之间的竞争。为了确认两光子吸收感应激发态吸收的物理机理，获得两光子吸收感应激发态的寿命，可以执行瞬态透过率测量实验[8]。以上仅是以两光子吸收感应激发态吸收为例讨论了透射样品的激光脉冲轮廓在时间和空间上的畸变。事实上，对于高阶多光子（$n \geqslant 3$）吸收感应激发态吸收也有类似的结论。

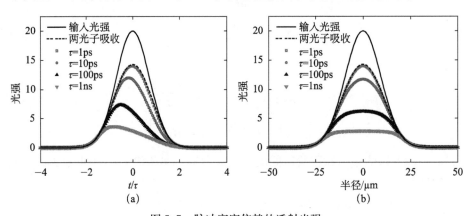

图 5.7　脉冲宽度依赖的透射光强

（a）在 $r=0$ 处光强是时间的函数；（b）在 $t=0$ 时光强是半径的函数[7]

为了表征材料的多光子吸收相关的特性，时间平均技术在 Z-扫描和非线性透射实验中广泛采用。在理论处理上，将（5.33）式对时间积分，可以获得描述脉冲通量衰减的方程。方程右边第二和第三项将包含积分项 $\int_{-\infty}^{+\infty} G(t) I^{n+1}(t)\mathrm{d}t$ 和 $\int_{-\infty}^{+\infty} F(t) I^{n+1}(t)\mathrm{d}t$，如果分别用积分式 $\langle G\rangle \int_{-\infty}^{+\infty} I^{n+1}(t)\mathrm{d}t$

和 $\langle F\rangle\int_{-\infty}^{+\infty}I^{n+1}(t)\mathrm{d}t$ 代替其结果不变，其中

$$\langle G\rangle=\frac{\int_{-\infty}^{+\infty}G(t)I^{n+1}(t)\mathrm{d}t}{\int_{-\infty}^{+\infty}I^{n+1}(t)\mathrm{d}t} \tag{5.34}$$

$$\langle F\rangle=\frac{\int_{-\infty}^{+\infty}F(t)I^{n+1}(t)\mathrm{d}t}{\int_{-\infty}^{+\infty}I^{n+1}(t)\mathrm{d}t} \tag{5.35}$$

这里，$\langle G\rangle$ 和 $\langle F\rangle$ 分别是在光强 $I^{n+1}(t)$ 的权重下 $G(t)$ 和 $F(t)$ 的时间平均。

在解 (5.33) 式时，数值计算出透射样品的光强，然后对其在时间和空间上积分得出透射能量。对获得透射能量的一种合理的近似如下：①将 $G(t)$ 和 $F(t)$ 分别用 (5.34) 式和 (5.35) 式中时间平均的 $\langle G\rangle$ 和 $\langle F\rangle$ 代替；②解 (5.33) 式，获得透射光强，然后对其在时间和空间上积分可得到透射能量。假定入射激光脉冲具有高斯型时间分布，即 $I(r,z,t)=I(r,z)\exp(-t^2/\tau^2)$。在以上近似下，(5.33) 式可以改写为

$$\frac{\partial I(r,z,t)}{\partial z'}=-\alpha_n I^n(r,z,t)-(\alpha_S+\alpha_T)I^{n+1}(r,z,t) \tag{5.36}$$

其中，

$$\alpha_S=\frac{\sigma_S\alpha_n}{n\hbar\omega}\frac{\sqrt{n+1}}{\sqrt{\pi}\tau}\int_{-\infty}^{+\infty}\exp\left(-\frac{t^2}{\tau^2}\right)g(t)\mathrm{d}t \tag{5.37}$$

$$\alpha_T=\frac{\sigma_T\varphi_T\alpha_n}{n\hbar\omega\tau_S}\frac{\sqrt{n+1}}{\sqrt{\pi}\tau}\int_{-\infty}^{+\infty}\exp\left(-\frac{t^2}{\tau^2}\right)\left[\int_{-\infty}^{t}g(t')\exp\left(\frac{t'-t}{\tau_T}\right)\mathrm{d}t'\right]\mathrm{d}t \tag{5.38}$$

$$g(t)=\int_{-\infty}^{t}\exp\left(-\frac{nt'^2}{\tau^2}\right)\exp\left(\frac{t'-t}{\tau_S}\right)\mathrm{d}t' \tag{5.39}$$

这里，α_S 和 α_T 分别是来源于单重和三重激发态吸收的有效 $(n+1)$- 光子吸收系数。显然，正如 (5.37) 式和 (5.38) 式所预测的，有效 $(n+1)$- 光子吸收系数依赖于 n-光子吸收系数、单重和三重激发态吸收截面、单重态和三重态寿命、激光脉冲宽度。

在超快激光脉冲激发下，注意到这是事实：$\tau_T\gg\tau_S\gg\tau$，可以将 (5.38) 式和 (5.39) 式中的 $\exp[(t'-t)/\tau_T]$ 和 $\exp[(t'-t)/\tau_S]$ 省略。这样就得到

$$\alpha_S=\sqrt{\frac{(n+1)\pi}{4n}}\frac{\sigma_S\alpha_n\tau}{n\hbar\omega} \tag{5.40}$$

$$\alpha_T=\frac{(n+1)}{2n}\frac{\sigma_T\varphi_T\alpha_n\tau^2}{n\hbar\omega\tau_S} \tag{5.41}$$

在相反的极限条件下，即 $\tau \gg \tau_S$ 和 $\tau \gg \tau_T$ 时，激发态吸收效应瞬态响应于激光辐射。也就是说，来源于单重和三重激发态吸收系数与脉冲宽度无关，可得

$$\alpha_S = \frac{\sigma_S \alpha_n \tau_S}{n\hbar\omega} \tag{5.42}$$

$$\alpha_T = \frac{\sigma_T \varphi_T \alpha_n \tau_T}{n\hbar\omega} \tag{5.43}$$

通常来说，为了获得 α_S 和 α_T，应该求助于数值积分。借助于数值模拟，表5.8归纳了两光子（$n=2$）感应激发态吸收时在不同条件下 α_S 和 α_T 的准解析表达式。

表5.8　不同激光脉冲条件下来源于单重和三重激发吸收的
两光子感应有效三光子吸收系数[11]

No.	τ	α_S	α_T
I	$\tau \ll \tau_S \ll \tau_T$	$\sqrt{\dfrac{3\pi}{8}}\dfrac{\sigma_S \alpha_n \tau}{2\hbar\omega}$	$\dfrac{\sigma_T \varphi_T \alpha_n}{2\hbar\omega}\dfrac{3\tau^2}{4\tau_S}$
II	$\tau \sim \tau_S \ll \tau_T$	$\dfrac{\sigma_S \alpha_2 \tau_S}{2\hbar\omega}\sqrt{\dfrac{0.59\,(\tau/\tau_S)^{\sqrt{3}}}{1+0.59\,(\tau/\tau_S)^{\sqrt{3}}}}$	$\sqrt{\dfrac{3\pi}{8}}\dfrac{\sigma_T \varphi_T \alpha_2 \tau}{2\hbar\omega}\dfrac{0.78\,(\tau/\tau_S)^{1.07}}{1+0.78\,(\tau/\tau_S)^{1.07}}$
III	$\tau_S \ll \tau \ll \tau_T$	$\dfrac{\sigma_S \alpha_2 \tau_S}{2\hbar\omega}$	$\sqrt{\dfrac{3\pi}{8}}\dfrac{\sigma_T \varphi_T \alpha_2 \tau}{2\hbar\omega}$
IV	$\tau_S \ll \tau_T \sim \tau$	$\dfrac{\sigma_S \alpha_2 \tau_S}{2\hbar\omega}$	$\dfrac{\sigma_T \varphi_T \alpha_2 \tau_T}{2\hbar\omega}\sqrt{\dfrac{0.59\,(\tau/\tau_T)^{\sqrt{3}}}{1+0.59\,(\tau/\tau_T)^{\sqrt{3}}}}$
V	$\tau_S \ll \tau_T \ll \tau$	$\dfrac{\sigma_S \alpha_2 \tau_S}{2\hbar\omega}$	$\dfrac{\sigma_T \varphi_T \alpha_2 \tau_T}{2\hbar\omega}$

以 $n=2$ 为例，分析在纳秒、皮秒和飞秒脉冲时域下两光子吸收感应激发态吸收的光动力学过程。取表5.9所列的典型参数，图5.8中的离散点为用（5.37）式和（5.38）式数值模拟不同脉冲宽度下单重态和三重态激发态吸收系数。为了便于比较，图5.8中的实线对应于相应的用解析结果（表5.8）。明显地，解析解与数值模拟很好地吻合。

表5.9　在 $\hbar\omega = 1.60\text{eV}$ 时有机材料中两光子感应激发态吸收的典型光物理参数[3,8]

$\alpha_2/(\text{cm/GW})$	σ_S/cm^2	σ_T/cm^2	φ_T	τ_S/ps	τ_T/ns
2.3×10^{-2}	1.3×10^{-17}	6.5×10^{-17}	0.05	2.5	200

在纳秒和更长脉冲光激发下，如图5.6（a）所示，两光子吸收和两光子感应单重态和三重态激发态吸收，而不是纯粹的两光子吸收过程，同时作用于观察的信号。在这种情况下，因为来源于激发三重态的贡献远大于激发单

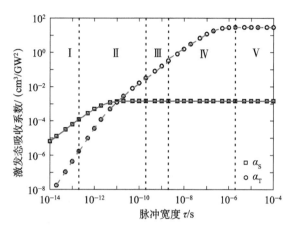

图 5.8　取表 5.8 所列的典型参数时脉冲宽度依赖的 α_S 和 α_T 值。空心正方形（α_S）和空心圆（α_T）为数值模拟值，而实线表示相应的解析结果

重态的贡献，能级图可简化成实验观察所支持的如图 5.6（b）所示的四能级模型[38]。在长脉冲宽度（毫秒至十几纳秒）下，系统的光动力学过程描述如下：通过同时吸收两个光子，电子从 S_0 态跃迁到 S_1 态；在 S_1 态，电子弛豫到 S_0 态或者经历一个自旋反转转变到 T_1 态；对于在 T_1 态的电子，可能通过另一个自旋反转转变弛豫到 S_0 态或者吸收另一个光子跃迁到 T_h 态。

在皮秒激光脉冲激发下，系统的光动力学过程如图 5.6（a）所示。系统同时吸收两个相同的光子，电子从 S_0 态跃迁到 S_1 态。对于处在 S_1 态的电子，可能弛豫到 S_0 态，经历一个自旋反转转变到 T_1 态，或者通过吸收另一个光子跃迁到高能态 S_h。在 T_1 态，电子可能通过另一个自旋反转转变弛豫到 S_0 态或者吸收另一个光子跃迁到 T_h 态。因此，在皮秒时域，来源于激发单重和三重激发态吸收效应是相当的。

在飞秒时域，如图 5.6 所示，三重激发态吸收变得微不足道。在这种情况下，单重激发态吸收贡献于整个两光子感应激发态吸收。此时，用如图 5.6（c）所示的简化三能级模型就可以充分地解释在亚皮秒和飞秒时域下的非线性吸收[8]。

在实验中发现，只有在某一光强阈值（intensity threshold）以上才能观察到多光子感应激发态吸收[8,10,35]。这个实验发现可以理解如下：在低光强下，因为在 S_1 态上的布居数还不够多，不足以使得电子从 S_1 态跃迁到 S_h 态或者经历一个自旋反转转变到 T_1 态上，此时非线性吸收以 n-光子吸收占绝对优势。当激发光强超过某一临界值时，出现了 n-光子吸收和 n-光子吸收感应激发态吸收的相互作用。也就是说，（5.36）式只有在临界光强以上

才有效。对（5.26）式运用稳态条件（steady-state condition），可以估算出临界光强为

$$I_{C} = \left(\frac{n\hbar\omega N_{S_1}^{C}}{\alpha_n\tau_{S}}\right)^{1/n} \tag{5.44}$$

其中，$N_{S_1}^{C}$ 是 S_1 态的临界布居数。在低光强（$I < I_C$）激发下，材料仅展示 n-光子吸收效应。但是当光强大于临界光强时，可以观察到同时出现的 n-光子吸收和 n-光子吸收感应激发态吸收效应[7,8]。

表征多光子吸收相关研究的通常而有效的技术是 Z-扫描和非线性透射测量。在解（5.36）式时，假定入射激光脉冲为高斯型时空分布。为了模拟样品位置 Z-依赖的非线性透过率，数值法计算出透射样品的光强，然后对其在空间和时间上积分获得透射能量。比如，两光子吸收感应激发态吸收，可获得（5.21）式的 Z-扫描解析表达式。对于三光子吸收感应激发态吸收，其归一化能量透过率可用（5.22）式表示。在激发态吸收可以忽略的低光强下，采用 5.2 节的理论可以获得 n-光子吸收系数（α_n）。利用测量的 α_n，借助于5.3 节的两种多光子吸收效应共存的 Z-扫描理论，可以获得有效的 $(n+1)$-光子吸收系数，进而可得到激发态吸收截面等光物理参数，同时可以分析多光子吸收感应激发态吸收的物理过程。在多光子吸收感应激发态吸收的同时，多光子吸收布居新的电子态，这可以是有机分子中激发的带电子态。显著的布居数重新分布产生了额外的折射率变化，导致了多光子感应激发态折射。两光子吸收感应激发态吸收和折射效应在理论和实验上已均有报道[7,8,13]。

5.5　三阶非线性折射与多光子吸收共存

5.2 节讨论了多光子吸收。在强飞秒激光脉冲激发下，材料同时吸收 n 个相同的光子，将电子从系统的基态激发到激发态。与此同时，电子云畸变产生了折射率系数的额外改变。这种现象导致了光强依赖的吸收系数和折射率改变分别为 $\Delta\alpha = \alpha_n I^{n-1}$ 和 $\Delta n = n_2 I$。因此，可以想象，由于强激光与物质相互作用，通过多光子吸收材料（multiphoton absorbing material），光学非线性将改变激光脉冲的传播方向、时空分布和透射特性。

过去，人们关注于可用于全光开关、光通信和光孤子等的非线性折射效应[1,41,42]。然而，折射非线性通常伴随着多光子吸收过程，如 5.2 节所讨论的两光子吸收、三光子吸收、四光子吸收和五光子吸收[16,34,43-46]。归功于快速发展的波长可调的激光系统和高效多光子吸收材料，不可避免地需要精确

得到包括非线性折射率和多光子吸收系数在内的非线性参数。在 4.4 节，已经介绍了 Z-扫描技术表征两光子吸收材料中的折射非线性。在这一节，将详细介绍表征材料三阶非线性折射和高阶多光子吸收的 Z-扫描理论[47]，相应的实验也有大量的报道[17,25,44,45,48,49]。

现在假定高斯激光束在光学薄样品中沿着 z-轴传播。样品具有三阶非线性折射率 n_2 和 n-光子吸收系数 α_n。在薄样品近似和缓变包络近似下，描述在非线性样品中电场的传播方程为

$$\frac{\mathrm{d}\phi(r,z;t)}{\mathrm{d}z'} = kn_2 I(r,z;t) \tag{5.45}$$

$$\frac{\mathrm{d}I(r,z;t)}{\mathrm{d}z'} = -\alpha_n I^n(r,z;t) \tag{5.46}$$

需要强调的是，在本节的分析中，在特定波长下仅有一种多光子吸收占优。

解以上两方程（$n \geqslant 3$），样品出射面的复电场可表示成

$$E_e(r,z;t) = E(r,z;t)\left[1 + \psi_n^{n-1}(r,z;t)\right]^{-\frac{1}{2(n-1)}}$$

$$\times \exp\left\{-\mathrm{i}\frac{(n-1)\phi(r,z;t)}{(n-2)\psi_n^{n-1}(r,z;t)}\left[(1 + \psi_n^{n-1}(r,z;t))^{\frac{n-2}{n-1}} - 1\right]\right\} \tag{5.47}$$

其中，

$$\phi(r,z;t) = \frac{\Phi_2}{1+x^2}\exp\left[-\frac{2r^2}{\omega^2(z)}\right]h(t) \tag{5.48}$$

$$\psi_n(r,z;t) = \frac{\Psi_n}{1+x^2}\exp\left[-\frac{2r^2}{\omega^2(z)}\right]h(t) \tag{5.49}$$

这里，$E(r,z;t)$ 是样品入射面的电场，表达式见（4.30）式；$\Phi_2 = kn_2 I_{00}L$ 和 $\Psi_n = \left[(n-1)\alpha_n I_{00}^{n-1}L\right]^{1/(n-1)}$ 分别是由折射非线性和 n-光子吸收导致的在轴峰值相移。

基于惠更斯-菲涅耳衍射积分法，可获得孔径平面的场分布为[50]

$$E_a(r_a,z;t) = \frac{2\pi}{\mathrm{i}\lambda(d-z)}\exp\left[\frac{\mathrm{i}\pi r_a^2}{\lambda(d-z)}\right]$$

$$\times \int_0^\infty E_e(r,z;t)\exp\left[\frac{\mathrm{i}\pi r^2}{\lambda(d-z)}\right]J_0\left[\frac{2\pi r_a r}{\lambda(d-z)}\right]r\mathrm{d}r \tag{5.50}$$

其中，$J_0(\bullet)$ 是零阶贝塞尔函数；d 是光束焦平面到远场光阑间的距离。于是，容易通过如下表达式获得归一化能量透过率（所谓的 Z-扫描透过率）

$$T(z,s) = \frac{4}{\pi^{1/2}I_{00}\omega_0^2 s}\int_{-\infty}^{+\infty}\mathrm{d}t\int_0^{R_a}|E_a(r_a,z;t)|^2 r_a\mathrm{d}r_a \tag{5.51}$$

这里，$s = 1 - \exp(-2R_a^2/\omega_a^2)$ 是远场光阑的线性透过率，其中 $\omega_a = \omega_0 d/z_0$ 和

R_a 分别是没有非线性效应时光阑处光束半径和远场光阑的孔径。当 $R_a \to \infty$ 时，有 $s=1$，得到 5.2 节讨论过的开孔 Z-扫描透过率。

需要注意的是，在已知非线性折射率 n_2 和 n-光子吸收系数 α_n 的情况下，用（5.47）式～（5.51）式就足够模拟 Z-扫描曲线；而且，用惠更斯-菲涅耳衍射积分法分析 Z-扫描测量具有很高的精度，适用于任意大小的 Φ_2 和 Ψ_n。但是，在大多数情况下，提取非线性系数 n_2 和 α_n 需要复杂的计算来用数值模拟拟合实验数据。因此，对于实验工作者来说，非常迫切需要从 Z-扫描曲线中提取多光子吸收的非线性参数，而不依赖于复杂的数值计算。

幸运的是，如果 $\Psi_n < 1$，类似于 4.4 节讨论的情况，（5.47）式可以展开成二项式级数形式。基于高斯分解法[51]，类似于文献报道[52-54]，可得到远场光阑处的复电场。其后通过复杂的数学推导可得 Z-扫描透过率表达式。在二阶近似下，远场光阑为针孔时，Z-扫描透过率解析解为

$$
\begin{aligned}
T(x,s \approx 0) = {} & 1 + \frac{kn_2 I_{00} L}{2^{1/2}} \frac{4x}{(x^2+1)(x^2+9)} - \frac{\alpha_n I_{00}^{n-1} L}{n^{1/2}} \frac{x^2+(2n-1)}{(x^2+1)^{n-1}\left[x^2+(2n-1)^2\right]} \\
& + \frac{4(kn_2 I_{00} L)^2}{3^{1/2}} \frac{3x^2-5}{(x^2+1)^2(x^2+9)(x^2+25)} \\
& + \frac{(\alpha_n I_{00}^{n-1} L)^2}{2(2n-1)^{1/2}(x^2+1)^{2(n-1)}} \left[\frac{x^2+1}{x^2+(2n-1)^2} \right. \\
& \left. + \frac{(2n-1)(x^2+4n-3)}{x^2+(4n-3)^2} \right] \\
& - \frac{kn_2 I_0 L \cdot \alpha_n I_{00}^{n-1} L}{(n+1)^{1/2}} \frac{2^{n+1}x}{(x^2+1)^n \left[x^2+(2n+1)^2\right]}
\end{aligned} \tag{5.52}
$$

对于有限孔径的 Z-扫描测量，一阶近似下的解析表达式为

$$
\begin{aligned}
T(x,s) = {} & 1 - \frac{kn_2 I_{00} L}{2^{1/2}(x^2+1)} \frac{(1-s)^\mu}{s} \sin\xi \\
& - \frac{\alpha_n I_{00}^{n-1} L}{n^{3/2}(x^2+1)^{n-1} s} \left[1 - (1-s)^\eta \cos\zeta \right]
\end{aligned} \tag{5.53}
$$

其中，

$$
\mu = \frac{2(x^2+3)}{x^2+9} \tag{5.54}
$$

$$
\xi = \frac{4x\ln(1-s)}{x^2+9} \tag{5.55}
$$

$$
\eta = \frac{n(x^2+2n-1)}{x^2+(2n-1)^2} \tag{5.56}
$$

$$\zeta = \frac{2n(n-1)x}{x^2+(2n-1)^2}\ln(1-s) \tag{5.57}$$

对于开孔 Z-扫描表征 n-光子吸收，在二阶近似下解析公式为[24]

$$T_{\text{OA}}(x) \approx 1 - \frac{1}{n^{3/2}}\frac{\alpha_n I_{00}^{n-1}L}{(x^2+1)^{n-1}} + \frac{n}{2(2n-1)^{3/2}}\frac{(\alpha_n I_{00}^{n-1}L)^2}{(x^2+1)^{2(n-1)}} \tag{5.58}$$

值得注意的是，对同时具有克尔非线性（Kerr nonlinearity）和 n-光子吸收（$n \geqslant 2$）的光学薄样品，（5.52）式～（5.57）式是有效的。对两光子吸收材料（$n = 2$），上述提及的公式退化为之前报道过的结果[24,54-56]。此外，需要强调的是（5.52）式～（5.58）式仅对高斯型激光脉冲激发下的弱光学非线性才有效。

为了研究具有克尔非线性和不同多光子吸收过程的光学薄样品的 Z-扫描曲线的特征，取 $L = 1$mm，$\omega_0 = 20$ μm，其他参数参考带隙为 3.3eV 的 ZnO 晶体的非线性光学参数[25,26]并列在表 5.1 中。如表 5.1 所示，取非线性折射相移 $\Phi_2 = 0.20$ 和不同的非线性吸收相移（$\Psi_2 = 0.15$，$\Psi_3 = 0.79$，$\Psi_4 = 1.19$ 和 $\Psi_5 = 1.40$ 分别对应于两光子吸收，三光子吸收，四光子吸收和五光子吸收）。对非线性吸收参数进行了调整，使得 $T_{\text{OA}}(0) = 0.95$，是为了突出不同多光子吸收过程时 Z-扫描曲线的特征。图 5.9 为用（5.51）式数值模拟的闭孔 Z-扫描曲线。离散点是用（5.52）式得到的解析结果。显然，解析结果与数值模拟高度一致。需要强调的是解析公式（（5.52）式～（5.57）式）只适用于 $\Psi_n < 1$ 的 Z-扫描。多光子吸收时开孔 Z-扫描曲线见图 5.1，在 5.1 节讨论过了。此外，两光子吸收器的闭孔 Z-扫描结构特征充分研究过了，列在这里仅是为了研究的完整性。如图 5.9 所示，由于 n-光子吸收过程，闭孔 Z-扫描曲线展示为谷增强和峰抑制。而且随着 n 的增加，峰高（$T_P - 1$）和谷深（$1 - T_V$）分别单调地增加和减小。图 5.9 中的插图举例说明了不对称参量 $A = (T_P - 1)/(1 - T_V)$ 随 n 的变化关系。显然，尽管材料具有强的 n-光子吸收和克尔非线性，高阶多光子吸收器中闭孔 Z-扫描曲线的峰和谷趋于对称。这个结果和实验观察完全一致[48]。

作为一个例子，图 5.10 给出了远场光阑的线性透过率 s 依赖的三光子吸收 Z-扫描曲线。将 $\Phi_2 = 0.20$ 和 $\Psi_3 = 0.79$ 代入（5.51）式，数值模拟揭示：Z-扫描曲线的幅度随着 s 的增加而减小；当 s 增加时，峰高比谷深要减小得更快。在图 5.10 中，线段是数值模拟结果，而离散点是用（5.53）式得到的解析结果。如图 5.10 所示，解析结果与数值模拟相一致，说明在 Z-扫描实验中材料具有弱非线性效应时（5.53）式是有效的。图 5.10 中的插图展示了对不同多光子吸收器，光阑孔径 s 依赖的 Z-扫描幅度 ΔT_{PV}（$= T_P - T_V$，归

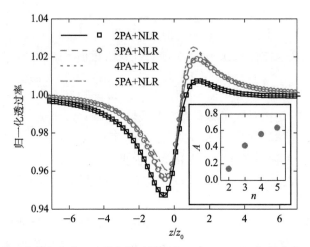

图 5.9 多光子吸收器具有表 5.1 的参数时的闭孔（$s=0.01$）Z-扫描曲线。线段是数值模拟值，而离散点是用式（5.52）得到的解析结果；插图为不对称参量 A 随 n 的变化关系

一化峰-谷透过率差值）。模拟用参数列在表 5.1 中。获得的 ΔT_{PV} 随着 s 的增加而单调非线性减小。明显地，高阶多光子吸收情况下孔径依赖的 Z-扫描幅度与两光子吸收情况下的变化趋势相一致[55]。

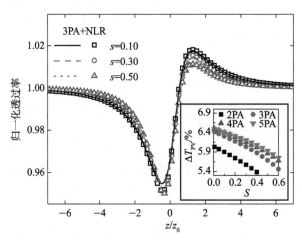

图 5.10 克尔非线性（$\Phi_2=0.20$）和三光子吸收（$\Psi_3=0.79$）共存时，光阑线性透过率 s 依赖的 Z-扫描曲线

线段是用（5.51）式数值模拟的结果；而离散点是由（5.53）式获得的结果；插图是具有表 5.1 中非线性参数（Φ_2 和 Ψ_n）时，n-光子吸收器中 ΔT_{PV} 随 s 的变化关系

为了论证理论的有效性，用理论分析发表了的实验结果。低光强激发下，Gu 等[10]用开孔 Z-扫描实验清楚无误地观察到了 2，4，5-三甲氧基查耳酮

（2，4，5TA)-丙酮溶液的三光子吸收。图 5.11 举例说明了浓度为 0.02M 的 2，4，5TA-丙酮溶液在光强分别为 $I_{00}=116$ 和 160GW/cm^2 激发下的开孔和闭孔 Z-扫描曲线。在闭孔 Z-扫描实验中，光阑的线性透过率是 $s=0.15$。实验细节见文献 [10]。正如文献所报道的，图 5.11 中的虚线给出了三光子吸收系数为 $\alpha_3=(2.2\pm0.1)\times10^{-4}$ cm^3/GW^2（相应地，光强为 $I_{00}=116$ 和 160GW/cm^2 时三光子吸收相移分别为 $\Psi_3=0.78$ 和 1.10）。借助于获得的 Ψ_3，用（5.51）式非线性拟合测量的闭孔 Z-扫描曲线，获得了 $n_2=(1.75\pm0.10)\times10^{-6}$ cm^2/GW（相应地，光强为 $I_{00}=116$ 和 160GW/cm^2 时非线性折射相移分别为 $\Phi_2=1.70$ 和 2.23）。此外，用（5.52）式拟合了光强为 $I_{00}=116$ GW/cm^2 时的实验数据。最佳拟合结果为 $\Phi_2=1.60$，于是有 $n_2=1.71\times10^{-6}$ cm^2/GW。用（5.51）式和（5.52）式分别模拟的结果对应于图 5.11(a) 中的实线和十字叉。模拟结果与实验数据（空心圆）很好地吻合。显然，如果用三光子吸收器的针孔（$s\approx0$) Z-扫描理论（（5.52）式）来拟合测量的闭孔（$s=0.15$) Z-扫描曲线，获得的 Φ_2（然后是 n_2）与固有值相吻合，误差在 6% 以内。但是，这种误差显得不那么重要，因为其小于实验不确定性 $\pm10\%$[10]。

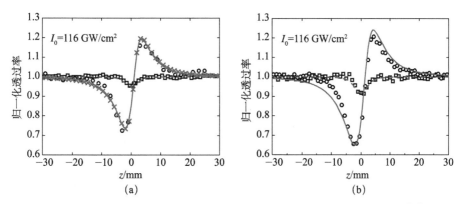

图 5.11 两种光强下浓度为 0.02M 的 2，4，5TA-丙酮溶液的开孔（正方形[10]）和闭孔（空心圆）Z-扫描曲线。虚线是用三光子吸收 Z-扫描[24]的理论拟合，而实线和十字叉分别是用（5.51）式和（5.52）式最佳拟合曲线

5.6 三阶和五阶非线性折射效应共存

Z-扫描实验测量表明，许多实用材料可以认为是纯克尔介质（pure Kerr

media），这是因为，五阶和更高阶非线性效应相比于三阶效应而言，通常非常弱可以忽略不计。然而，增强信噪比要求使用高辐射强度。此外，一些材料本身具有很强的高阶非线性光学效应。因此，必须考虑高阶非线性光学效应的贡献。另一方面，一些 Z-扫描测量表明，与三阶非线性折射效应相关的非线性系数不再是一个恒定的值，而是随着激发光强的增强而减小[52,57,58]。事实上，这种情况是三阶和五阶效应对整个非线性折射的贡献相反造成的，即三阶和五阶非线性折射率具有相反的符号。如果五阶效应的贡献不是足够地大，Z-扫描特征曲线仍然保持简单的峰-谷或谷-峰结构。但是，随着五阶非线性效应的增强（比如，提高激光辐射强度），简单的峰-谷或谷-峰结构不再保持，可能出现双峰双谷结构，甚至峰和谷的位置对调。尽管已有一些理论工作关注这个问题[52,59-61]，然而，几乎都是假设五阶效应相比于三阶而言非常小，并且 Z-扫描特征曲线仍然保持简单的峰-谷结构。本节将采用高斯分解法研究三阶和五阶非线性折射共存时的高斯光束 Z-扫描理论[53]。

现在考虑高斯光束沿 z 轴在光学薄样品中传播。样品具有线性吸收（线性吸收系数为 a_0）、三阶非线性折射（三阶非线性折射率为 n_2）和五阶非线性折射（五阶非线性折射率为 n_4）。描述非线性样品中电场传播的方程为

$$\frac{\mathrm{d}\phi(r,z;t)}{\mathrm{d}z'} = k\big[n_2 I(r,z;t) + n_4 I^2(r,z;t)\big] \tag{5.59}$$

$$\frac{\mathrm{d}I(r,z;t)}{\mathrm{d}z'} = -\alpha_0 I(r,z;t) \tag{5.60}$$

其中，z' 是光束在样品内的传播距离。

解（5.59）式和（5.60）式，依据样品入射面的电场 $E(r,z;t)$（（4.30）式），可得到样品出射平面处的复光场

$$E_e(r,z;t) = E(r,z;t)\exp(-\alpha_0 L/2)\exp\big[\mathrm{i}\phi_1(r,z;t) + \mathrm{i}\phi_2(r,z;t)\big] \tag{5.61}$$

其中，

$$\phi_1(r,z;t) = \frac{\Phi_2}{1+x^2}\exp\Big[-\frac{2r^2}{\omega^2(z)}\Big]h(t) \tag{5.62}$$

$$\phi_2(r,z;t) = \frac{\Phi_4}{(1+x^2)^2}\exp\Big[-\frac{4r^2}{\omega^2(z)}\Big]h^2(t) \tag{5.63}$$

这里，$\Phi_2 = kn_2 I_{00} L_{\mathrm{eff}}^{(2)}$ 和 $\Phi_4 = kn_4 I_{00}^2 L_{\mathrm{eff}}^{(4)}$ 分别是与三阶和五阶非线性折射相关在轴峰值相移，而 $L_{\mathrm{eff}}^{(2)} = [1-\exp(-\alpha_0 L)]/\alpha_0$ 和 $L_{\mathrm{eff}}^{(4)} = [1-\exp(-2\alpha_0 L)]/(2\alpha_0)$ 分别为与三阶和五阶非线性折射相关的有效样品厚度。$h(t)$ 表示激光脉冲的时间脉冲波形，对于连续激光，有 $h(t) = 1$；对于高斯型时间脉冲波形，取

$h(t) = \exp(-t^2)$，其中 t 是被 τ 归一化的时间，τ 是高斯型脉冲对应 e^{-1} 时的脉冲半幅宽。

原则上，任何中心对称介质都应该同时具有三阶、五阶和更高奇数阶光学非线性（因为所有偶数阶非线性是禁止的）。然而，事实上一般仅三阶和五阶效应对整个非线性有贡献[60,61]，而在大多数情况下可以忽略其他更高阶非线性光学效应。仅考虑材料同时具有三阶和五阶非线性折射效应的贡献，基于高斯分解法[51]，从（5.61）式容易得到样品出射面的电场如下

$$E_e(r,z,t) = E(0,z,t)e^{-\alpha_0 L/2} \sum_{m=0}^{\infty} f_{mv} \exp\left[\frac{-(2C_{mv}+1)r^2}{\omega^2(z)}\right]\exp\left[\frac{-ikr^2}{2R(z)}\right]$$

(5.64)

其中，在（5.64）式中的参量定义为

$$f_{mv} = \sum_{v=0}^{m} \frac{(i\Phi_2)^v(i\Phi_4)^{m-v}}{v!(m-v)!}\frac{h(t)C_{mv}}{(1+x^2)C_{mv}}$$ (5.65)

$$C_{mv} = 2m - v$$ (5.66)

在远场小孔光阑平面处的光场分布为

$$E_a(r_a,z,t) = E(0,z,t)e^{-\alpha_0 L/2}\sum_{m=0}^{\infty} f_{mv}\frac{\omega_{0mv}}{\omega_{mv}}\exp\left(-\frac{r_a^2}{\omega_{mv}^2}-\frac{ikr_a^2}{2R_{mv}}+i\theta_{mv}\right)$$ (5.67)

其中，

$$\omega_{0mv}^2 = \frac{\omega^2(z)}{2C_{mv}+1}$$ (5.68)

$$\omega_{mv}^2 = \omega_{0mv}^2\left(g^2 + \frac{d^2}{d_{mv}^2}\right)$$ (5.69)

$$d_{mv} = \frac{1}{2}k\omega_{0mv}^2$$ (5.70)

$$R_{mv} = d\left(1 - \frac{g}{g^2 + d^2/d_{mv}^2}\right)^{-1}$$ (5.71)

$$\theta_{mv} = \arctan\left(\frac{d/d_{mv}}{g}\right)$$ (5.72)

三阶和五阶非线性折射效应共存时的 Z-扫描归一化能量透过率可以写成

$$T(x,s) = \sum_{m,m'=0}^{\infty} \frac{f_{mv}f_{m'v'}^*(g^2+d^2/d_{00}^2)}{(g+id/d_{mv})(g-id/d_{m'v'})}A_{mm'}S_{mm'}(x,s)$$ (5.73)

其中，

$$A_{mm'} = \frac{\int_{-\infty}^{+\infty}h(t)^{C_{mv}+C_{m'v'}+1}dt}{\int_{-\infty}^{+\infty}h(t)dt}$$ (5.74)

$$S_{mm'}(x,s) = \frac{1 - \exp[B_{mm'}(x)\ln(1-s)]}{B_{mm'}(x)s} \tag{5.75}$$

$$B_{mm'}(x) = \frac{(C_{mv} + C_{m'v'} + 1)(1 + x^2)}{[x + \mathrm{i}(2C_{mv} + 1)][x - \mathrm{i}(2C_{m'v'} + 1)]} \tag{5.76}$$

这里，$A_{mm'}$ 表示脉冲时间波形对 Z-扫描曲线的贡献。如果用连续激光做 Z-扫描测量或者光学非线性到达稳态，有

$$A_{mm'} = 1 \tag{5.77}$$

对于高斯型脉冲激光表征瞬态非线性效应时，得

$$A_{mm'} = \frac{1}{(C_{mv} + C_{m'v'} + 1)^{1/2}} \tag{5.78}$$

现在讨论在远场（即 $d \gg z_0$）条件下，三阶和五阶非线性折射效应共存时的 Z-扫描表达式。首先考虑光阑为小孔（$s \to 0$）时，由（5.73）式得

$$T(x,s \approx 0) = \sum_{m,m'=0}^{\infty} f_{mv} f_{m'v'}^* A_{mm'} \frac{x^2 + 1}{[x + \mathrm{i}(2C_{mv} + 1)][x - \mathrm{i}(2C_{m'v'} + 1)]} \tag{5.79}$$

如果取二级近似，从（5.79）式可得连续光 Z-扫描归一化功率透过率为

$$\begin{aligned} T(x,s \approx 0) = 1 &+ \frac{4x\Phi_2}{(x^2+1)(x^2+9)} + \frac{4(3x^2-5)\Phi_2^2}{(x^2+1)^2(x^2+9)(x^2+25)} \\ &+ \frac{8x\Phi_4}{(x^2+1)^2(x^2+25)} + \frac{48(x^2-3)\Phi_4^2}{(x^2+1)^4(x^2+25)(x^2+81)} \\ &+ \frac{48\Phi_2\Phi_4(x^4+14x^2-35)}{(x^2+1)^3(x^2+9)(x^2+25)(x^2+49)} \end{aligned} \tag{5.80}$$

二阶近似下的高斯脉冲光 Z-扫描表达式为

$$\begin{aligned} T(x,s \approx 0) = 1 &+ \frac{4x\Phi_2}{\sqrt{2}\,(x^2+1)(x^2+9)} + \frac{4(3x^2-5)\Phi_2^2}{\sqrt{3}\,(x^2+1)^2(x^2+9)(x^2+25)} \\ &+ \frac{8x\Phi_4}{\sqrt{3}\,(x^2+1)^2(x^2+25)} + \frac{48(x^2-3)\Phi_4^2}{\sqrt{5}\,(x^2+1)^4(x^2+25)(x^2+81)} \\ &+ \frac{24\Phi_2\Phi_4(x^4+14x^2-35)}{(x^2+1)^3(x^2+9)(x^2+25)(x^2+49)} \end{aligned} \tag{5.81}$$

从（5.80）式和（5.81）式可以看出，当三阶和五阶非线性折射效应共存时，总的归一化透过率 T 不是简单来源于纯三阶和纯五阶非线性折射贡献的线性叠加，而是存在 Φ_2 和 Φ_4 的耦合项。

为了有效地模拟 Z-扫描曲线，找到（5.79）式中最佳的双求和上限 N_{opt} 显得非常重要。和 4.3 节的讨论相似，为了确保高精度结果，最佳求和上限

N_{opt} 应满足如下判据

$$\left| \sum_{v=0}^{N_{opt}} \frac{1}{v!(N_{opt}-v)!} \Phi_2^v \Phi_4^{N_{opt}-v} \right| = 0.5 \tag{5.82}$$

图 5.12 给出了（5.79）式的最佳求和上限 N_{opt} 随 Φ_2 和 Φ_4 的依赖关系。

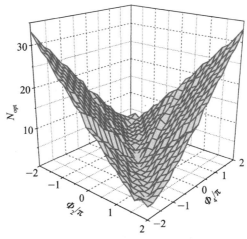

图 5.12　Φ_2 和 Φ_4 依赖的（5.79）式中最佳求和上限 N_{opt}

作为例子，图 5.13 给出了两种情况下：① $\Phi_2 = \pi$ 和 $\Phi_4 = +2\pi$；② $\Phi_2 = \pi$ 和 $\Phi_4 = -2\pi$，用（5.79）式（取最佳求和上限 N_{opt}）模拟的连续光 Z-扫描和脉冲光 Z-扫描曲线。显然，如果用连续光 Z-扫描理论来拟合飞秒脉冲光 Z-扫描实验曲线，获得的非线性系数将会导致很大的误差。为了比较，图中的离散点为用快速傅里叶变换法得到的连续光 Z-扫描曲线。很明显，用高斯分解法研究 Z-扫描表征技术具有很高的精度而且适用于任意非线性相移。此外，高斯分解法还具有明显的优点：省时和高效。

现在研究用（5.79）式获得的脉冲光 Z-扫描曲线的特性。图 5.14 给出了 $\Phi_2 = 0.4\pi$ 而 Φ_4 取不同值情况下的脉冲光 Z-扫描曲线。Φ_2 和 Φ_4 具有相同符号的情形如图 5.14（a）所示。Z-扫描曲线的峰高和谷深随着 Φ_4 值的增加而单调地增加，而且一直保持着单一的谷-峰结构。但是，谷比峰增加得快，最终谷深超过峰高。从峰和谷的位置来看，峰远离焦平面而谷接近焦平面。随着 Φ_4 值的增加，峰的移动比谷的移动要快些，这就意味着 Z-扫描曲线中峰和谷之间的距离 Δz_{PV} 增加了。这种现象是容易理解的，因为在三阶和五阶非线性折射率具有相同符号时，五阶非线性折射效应增强了 Z-扫描曲线的峰值和谷值。图 5.14（b）对应于 Φ_2 和 Φ_4 具有相反符号的情形，结果和图 5.14（a）完全不同。五阶非线性折射效应压制了脉冲光 Z-扫描曲线的峰和

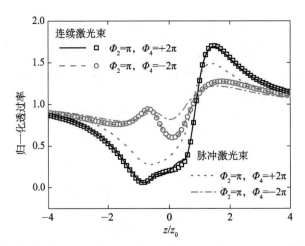

图 5.13 两种情况下（①$\Phi_2=\pi$ 和 $\Phi_4=+2\pi$；②$\Phi_2=\pi$ 和 $\Phi_4=-2\pi$）用（5.79）式（取最佳求和上限 N_{opt}）模拟的连续光 Z-扫描和脉冲光 Z-扫描曲线。线段是用高斯分析法模拟得到的结果，而离散点是用快速傅里叶变换法得到的连续光 Z-扫描曲线

谷。随着五阶效应的增强（即 $|\Phi_4|$ 值增加），Z-扫描曲线不再保持单一的谷-峰结构，而是出现了双峰双谷图样，比如，图 5.14（b）中的点线就对应于这种情形（$\Phi_4=-0.8\pi$）。当 $|\Phi_4|$ 进一步增加时，如图中的短线点线所示，由五阶效应感应的新的峰谷超过了旁边的由三阶效应引起的峰和谷。当 $\Phi_4=-1.2\pi$ 时，由五阶效应感应的新的峰-谷图样完全抑制了来源于三阶效应的谷-峰图样。最后，五阶效应导致了谷-峰图样完全倒置成峰-谷图样，造成感应的折射率 Δn 符号由正值反号为负值。这种现象已经被实验所观察[58,62-65]。

考虑到远场光阑的孔径对 Z-扫描特征曲线的影响，由（5.73）式可得到三阶和五阶非线性折射效应共存时的有限小孔 Z-扫描公式

$$T(x,s) = \frac{1}{s}\left\{1 - \sum_{m,m'=0}^{N_{opt}} \sum_{v,v'=0}^{m,m'} F_{mm'} A_{mm'} (1-s)^{\lambda_{mm'}} \cos\psi_{mm'}\right\} \quad (5.83)$$

其中，

$$F_{mm'} = \frac{\Phi_2^{v+v'} \Phi_4^{m+m'-v-v'}}{v!v'!(m-v)!(m'-v')!(C_{mv}+C_{m'v'}+1)(x^2+1)^{C_{mv}+C_{m'v'}}} \quad (5.84)$$

$$\lambda_{mm'} = \frac{(C_{mv}+C_{m'v'}+1)(x^2+1)[x^2+(2C_{mv}+1)(2C_{m'v'}+1)]}{[x^2+(2C_{mv}+1)^2][x^2+(2C_{m'v'}+1)^2]} \quad (5.85)$$

$$\psi_{mm'} = \frac{\pi}{2}(m-m') - \frac{2(C_{mv}-C_{m'v'})(C_{mv}+C_{m'v'}+1)x(x^2+1)\ln(1-s)}{[x^2+(2C_{mv}+1)^2][x^2+(2C_{m'v'}+1)^2]}$$

$$(5.86)$$

$A_{mm'}$ 表示脉冲时间波形对 Z-扫描曲线的贡献，用连续激光和高斯型脉冲激光

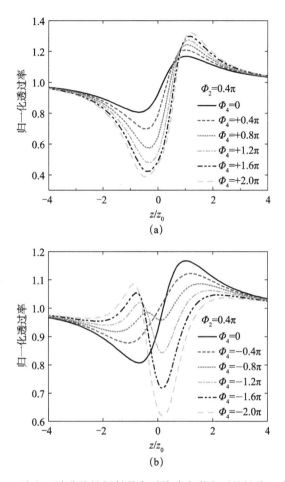

图 5.14　三阶和五阶非线性折射共存时脉冲光激发下的针孔 Z-扫描曲线

（a）对应于 $\Phi_2=0.4\pi$ 和不同正值 Φ_4；（b）是 $\Phi_2=0.4\pi$ 和不同负值 Φ_4 的情形

激发下，对应的 $A_{mm'}$ 分别见（5.77）式和（5.78）式。

　　脉冲光 Z-扫描曲线对远场光阑的线性透过率 s 的依赖关系如图 5.15 所示。图 5.15（a）对应于 $\Phi_2=0.4\pi$，$\Phi_4=0.8\pi$ 和 $0<s<1$ 的情形，意味着非线性折射率 n_2 和 n_4 具有相同的符号。用（5.83）式数值模拟显示：①脉冲光 Z-扫描曲线的峰谷差值随着 s 的增加而减小；②随着 s 值的增加，峰高比谷深减小得更快。当材料中三阶和五阶非线性折射效应共存但其具有相反的符号时，s 对 Z-扫描曲线的依赖关系如图 5.15（b）所示。此时脉冲光 Z-扫描曲线具有如下特征：①s 对由三阶非线性折射效应感应的 Z-扫描曲线的峰和谷要比由五阶效应感应的 Z-扫描曲线的峰和谷的影响大得多，也就是说，

三阶非线性折射效应相比于五阶效应而言，对 s 的变化更灵敏；②随着 s 的增加 Z-扫描曲线仍然保持双峰-谷结构。

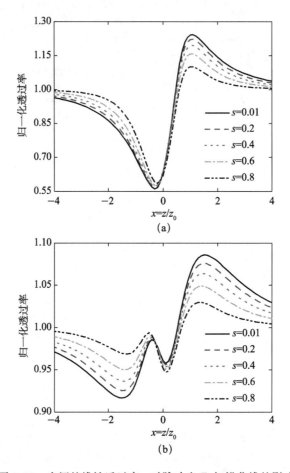

图 5.15　光阑的线性透过率 s 对脉冲光 Z-扫描曲线的影响

（a）对应于 $\Phi_2=0.4\pi$ 和 $\Phi_4=0.8\pi$；（b）是 $\Phi_2=0.4\pi$ 和 $\Phi_4=-0.8\pi$ 的情形

至此，在本节中我们处理的所有问题是这样的：假定知道材料的非线性系数（n_2 和 n_4），然后再研究 Z-扫描曲线的特征。但是，实际的表征材料非线性效应实验是一个逆问题，特征参数（n_2 和 n_4）未知，必须通过实验测量的 Z-扫描曲线来估算。因此，如何从实验测量的 Z-扫描曲线提取非线性系数显得非常重要。作为测试，用本节的理论（5.83）式来处理文献［65］报道的 C60-有机金属衍生物的 Z-扫描实验结果。为了比较，图 5.16（a）和图 5.16（b）中的离散点分别是 C60-铬衍生物和 C60-钼衍生物的闭孔 Z-扫描实验曲线。C60-有机金属衍生物的 Z-扫描曲线为双峰-谷构造，可以用共存的三阶和五阶非线性折射模型来解释。在 6ns 激光激发下，可以认为非线性效应达到稳态，用连续光 Z-扫描理论（5.83）式来拟合实验数据。对 C60-铬衍生物，估算出 $\Phi_2 = -(1.07 \pm 0.05)$ 和 $\Phi_4 = (1.9 \pm 0.1)$，而 C60-钼衍生物的 $\Phi_2 = -(1.02 \pm 0.05)$ 和 $\Phi_4 = (1.8 \pm 0.1)$。拟合的 Z-扫描曲线如图 5.16 中的实线所示。很显然，本节介绍的高斯分解方法非常有效。最后，可以分别通过 $n_2 = \Phi_2/(kI_0 L_{eff}^{(2)})$ 和 $n_4 = \Phi_4/(kI_0^2 L_{eff}^{(4)})$ 估算出三阶非线性折射率 n_2 和五阶非线性折射率 n_4。对 C60-铬衍生物，得 $n_2 = -(2.1 \pm 0.1) \times 10^{-5} \, cm^2/GW$ 和 $n_4 = (1.8 \pm 0.1) \times 10^{-5} \, cm^4/GW^2$，而 C60-钼衍生物的 $n_2 = -(2.0 \pm 0.1) \times 10^{-5} \, cm^2/GW$ 和 $n_4 = (1.7 \pm 0.1) \times 10^{-5} \, cm^4/GW^2$。

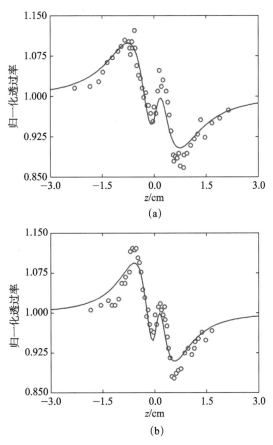

图 5.16　(a) C60-铬衍生物和 (b) C60-钼衍生物的闭孔 Z-扫描曲线[65]

空心圆是实验结果而实线是用（5.83）式的理论拟合线

参 考 文 献

[1] SutherlandR L with contributions by McLean D G and Kikpatrick S. Handbook of Nonlinear Optics[M]. second ed. New York:Marcel Dekker,2003.

[2] He G S,Tan L S,Zheng Q D,et al. Multiphoton absorbing materials:molecular designs, characterizations,and applications[J]. Chemical Reviews,2008,108(4):1245-1330.

[3] Sutherland R L,Brant M C,Heinrichs J,et al. Excited-state characterization and effective three-photon absorption model of two-photon-induced excited-state absorption in organic push-pull charge-transfer chromophores[J]. Journal of the Optical Society of American B-Optical Physics,2005,22(9):1939-1948.

[4] Gao Y,Potasek M J. Effects of excited-state absorption on two-photon absorbing materials[J]. Applied Optics,2006,45(11):2521-2528.

[5] Gu B,Ji W,Patil P S,et al. Two-photon-induced excited-state absorption:Theory and experiment[J]. Applied Physics Letters,2008,92(9):091118.

[6] Gu B,Ji W. Two-step four-photon absorption[J]. Optics Express,2008,16(14):10208-10213.

[7] Gu B,Sun Y,Ji W. Two-photon-induced excited-state nonlinearities[J]. Optics Express, 2008,16(22):17745-17751.

[8] Gu B,Ji W,Huang X Q,et al. Nonlinear optical properties of 2,4,5-Trimethoxy-4'-nitrochalcone:observation of two-photon-induced excited-state nonlinearities[J]. Optics Express,2009,17(2):1126-1135.

[9] Gu B,Ji W,Huang X Q,et al. Concentration-dependent two-photon absorption and subsequent excited-state absorption in 4-methoxy-2-nitroaniline [J]. Journal of Applied Physics,2009,106(3):033511.

[10] Gu B,Ji W,Yang H Z,et al. Theoretical and experimental studies of three-photon-induced excited-state absorption[J]. Applied Physics Letters,2010,96(8):081104.

[11] Gu B,Lou K,Wang H T,et al. Dynamics of two-photon-induced three-photon absorption in nanosecond, picosecond, and femtosecond regimes[J]. Optics Letters, 2010, 35(3):417-419.

[12]Penzkofer A,Falkenstein W. Three-photon absorption and subsequent excited-state absorption in CdS[J]. Optics Communications,1976,16(2):247-250.

[13] Said A A,Sheik-Bahae M,Hagan D J,et al. Determination of bound-electronic and free-carrier nonlinearities in ZnSe,GaAs,CdTe,and ZnTe[J]. Journal of the Optical Society of American B-Optical Physics,1992,9(3):405-414.

［14］ Hamad A Y,Wicksted J P,Wang S Y,et al. Spatial and temporal beam reshaping effects using bulk CdTe［J］. Journal of Applied Physics,1995,78(5):2932-2939.

［15］ Zhang X,Fang H,Tang S,et al. Determination of two-photon-generated free-carrier lifetime in semiconductors by a single-beam Z-scan technique［J］. Applied Physics B-Lasers and Optics,1997,65(4-5):549-554.

［16］ Yoshino F,Polyakov S,Liu M,et al. Observation of three-photon enhanced four-photon absorption［J］. Physical Review Letters,2003,91(6):063902.

［17］ Polyakov S,Yoshino F,Liu M,et al. Nonlinear refraction and multiphoton absorption in polydiacetylenes from 1200 to 2200 nm［J］. Physical Review B,2004,69(11):115421.

［18］ Corrêa D S,de Boni L,Balogh D T,et al. Three-and four-photon excitation of poly(2-methoxy-5-(2'-ethylhexyloxy)-1,4-phenylenevinylene)(MEH-PPV)［J］. Advanced Materials,2007,19(18):2653-2656.

［19］ He G S,Markowicz P P,Lin T C,et al. Observation of stimulated emission by direct three-photon excitation［J］. Nature(London),2002,415(6873):767-770.

［20］ Larson D R,Zipfel W R,Williams R M,et al. Watersoluble quantum dots for multiphoton fluorescence imaging in vivo［J］. Science,2003,300(5624):1434-1436.

［21］ He G S,Yong K T,Zheng Q,et al. Multi-photon excitation properties of CdSe quantum dots solutions and optical limiting behavior in infrared range［J］. Optics Express,2007,15(20):12818-12833.

［22］ Zheng Q,Zhu H,Chen S C,et al. Frequency-upconverted stimulated emission by simultaneous five-photon absorption［J］. Nature Photonics,2013,7(3):234-239.

［23］ Corrêa D S,de Boni L,Misoguti L,et al. Z-scan theoretical analysis for three-,four-and five-photon absorption［J］. Optics Communications,2007,277(2):440-445.

［24］ Gu B,Huang X Q,Tan S Q,et al. Z-scan analytical theories for characterizing multiphoton absorbers［J］. Applied Physics B-Lasers and Optics,2009,95(2):375-381.

［25］ He J,Qu Y L,Li H P,et al. Three-photon absorption in ZnO and ZnS crystals［J］. Optics Express,2005,13(23):9235-9247.

［26］ Vivas M G,Shih T,Voss T,et al. Nonlinear spectra of ZnO:reverse saturable,two-and three-photon absorption［J］. Optics Express,2010,18(9):9628-9633.

［27］ Wolfram S. Mathematica 4. 0［M］. Champaign:Wolfram Research,1999.

［28］ Bindra K S,Bookey H T,Wherrett B S,et al. Nonlinear optical properties of chalcogenide glasses:observation of multiphoton absorption［J］. Applied Physics Letters, 2001,79(13):1939-1941.

［29］ Boudebs G,Cherukulappurath S,Guignard M,et al. Experimental observation of higher order nonlinear absorption in tellurium based chalcogenide glasses［J］. Optics Communications,2004,232(1-6):417-423.

［30］ Sanchez F,Leblond H,Brunel M,et al. Application of Adomian's method to nonlinear absorption[J]. Journal of Nonlinear Optical Physics & Materials,2006,15(2):219-225.

[31] Gu B,Wang J,Chen J,et al. Z-scan theory for material with two-and three-photon absorption[J]. Optics Express,2005,13(23):9230-9234.

[32] Kurian P A,Vijayan C,Sandeep C S S,et al. Two-photon-assisted excited state absorption in nanocomposite films of PbS stabilized in a synthetic glue matrix[J]. Nanotechnology,2007,18(7):075708.

[33] Lad A D,Kiran P P,Kumar G R,et al. Three-photon absorption in ZnSe and ZnSe/ZnS quantum dots[J]. Applied Physics Letters,2007,90(13):133113.

[34] Chattopadhyay M,Kumbhakar P,Tiwary C S,et al. Three-photon-induced four-photon absorption and nonlinear refraction in ZnO quantum dots[J]. Optics Letters,2009,34 (23):3644-3646.

[35] Fakis M,Tsigaridas G,Polyzos I,et al. Intensity dependent nonlinear absorption of pyrylium chromophores[J]. Chemical Physics Letters,2001,342(1-2):155-161.

[36] Hales J M,Cozzuol M,Screen T E O,et al. Metalloporphyrin polymer with temporally agile,broadband nonlinear absorption for optical limiting in the near infrared[J]. Optics Express,2009,17(21):18478-18488.

[37] Wu F,Zhang G,Tian W,et al. Two-photon absorption and two-photon assisted excited-state absorption in CdSe$_{0.3}$S$_{0.7}$ quantum dots[J]. Journal of Optics A-Pure and Applied Optics,2009,11(6):065206.

[38] Khoo I C,Webster S,Kubo S,et al. Synthesis and characterization of the multi-photon absorption and excited-state properties of a neat liquid 4-propyl 4'-butyl diphenyl acetylene[J]. Journal of Materials Chemistry,2009,19(4):7525-7531.

[39] Yang J,Gu J,Song Y L,et al. Excited state absorption dynamics in metal cluster polymer[WS$_4$Cu$_3$I(4-bpy)$_3$]$_n$ solution[J]. Journal of Physical Chemistry B,2007,111(28):7987-7993.

[40] Liu Z B,Liu Y L,Zhang B,et al. Nonlinear absorption and optical limiting properties of carbon disulfide in a short-wavelength region[J]. Journal of the Optical Society of American B-Optical Physics,2007,24(5):1101-1104.

[41] Chen R Y,Charlton M D B,Lagoudakis P G. Chi 3 dispersion in planar tantalum pentoxide waveguides in the telecommunications window[J]. Optics Letters,2009,34(7):1135-1137.

[42] Ciattoni A,Crosignani B,Porto P D,et al. Azimuthally polarized spatial dark solitons: exact solutions of Maxwell's equations in a Kerr medium[J]. Physical Review Letters,2005,94(7):073902.

[43] Polyakov S,Yoshino F,Stegeman G. Interplay between self-focusing and high-order multiphoton absorption[J]. Journal of the Optical Society of American B-Optical Physics,2001,18(12):1891-1895.

[44] Venkatram N,Sathyavathi R,Narayana Rao D. Size dependent multiphoton absorption and refraction of CdSe nanoparticles[J]. Optics Express,2007,15(19):12258-12263.

[45] Chattopadhyay M,Kumbhakar P,Sarkar R,et al. Enhanced three-photon absorption and nonlinear refraction in ZnS and Mn^{2+} doped ZnS quantum dots[J]. Applied Physics Letters,2009,95(16):163115.

[46] Reddy J N B, Naik V B, Elizabeth S, et al. Multiphoton absorption in $CsLiB_6O_{10}$ with femtosecond infrared laser pulses [J]. Journal of Applied Physics, 2008, 104 (5): 053108.

[47] Gu B,Lou K,Chen J,et al. Determination of the nonlinear refractive index in multiphoton absorbers by Z-scan measurements[J]. Journal of the Optical Society of American B-Optical Physics,2010,27(11):2438-2442.

[48] Hurlbut W C,Lee Y S,Vodopyanov K L,et al. Multiphoton absorption and nonlinear refraction of GaAs in the mid-infrared[J]. Optics Letters,2007,32(6):668-670.

[49] Chattopadhyay M,Kumbhakar P,Tiwary C S,et al. Multiphoton absorption and refraction in Mn^{2+} doped ZnS quantum dots[J]. Journal of Applied Physics,2009,105(2):024313.

[50] Gaskill J D. Linear Systems Fourier Transforms and Optics[M]. New York: Wiley, 1978.

[51] Weaire D,Wherrett B S,Miller D A B,et al. Effect of low-power nonlinear refraction on laser-beam propagation in InSb[J]. Optics Letters,1979,4(10):331-333.

[52] Tsigaridas G, Fakis M, Plyzos I et al. Z-scan analysis for high order nonlinearities through Gaussian decomposition[J]. Optics Communications,2003,225(4-6):253-268.

[53] Gu B,Chen J,Fan Y X,et al. Theory of Gaussian beam Z scan with simultaneous third- and fifth-order nonlinear refraction based on a Gaussian decomposition method[J]. Journal of the Optical Society of American B-Optical Physics,2005,22(12):2651-2659.

[54] Gu B,Ji W,Huang X Q. Analytical expression for femtosecond-pulsed Z scans on instantaneous nonlinearity[J]. Applied Optics,2008,47(9):1187-1192.

[55] Chapple P B, Staromlynska J, Hermann J A, et al. Single-beam Z-scan: measurement techniques and analysis[J]. Journal of Nonlinear Optical Physics & Materials,1997,6 (3):251-293.

[56] Yin M,Li H P,Tang S H,et al. Determination of nonlinear absorption and refraction by single Z-scan method[J]. Applied Physics B-Lasers and Optics,2000,70(4):587-591.

[57] Kwak C H,Lee Y L,Kim S G. Analysis of asymmetric Z-scan measurement for large optical nonlinearities in an amorphous As_2S_3 thin film[J]. Journal of the Optical Society of American B-Optical Physics,1999,16(4):600-604.

[58] Zhan C L,Li D H,Wang D Y,et al. The high fifth-order nonlinearity in a new stilbazolium derivative: trans-1-[*p*-(*p*-dimethylaminobenzyl-azo)-benzyl]-2-(N-methyl-4-pyridinium)-ethene iodide[J]. Chemical Physics Letters,2001,347(4-6):410-414.

［59］Tsigaridas G,Fakis M,Polyzos I,et al. Z-scan analysis for near-Gaussian beams through Hermite-Gaussian decomposition[J]. Journal of the Optical Society of American B-Optical Physics,2003,20(4):670-676.

［60］Liu Z B,Zang W P,Tian J G,et al. Analysis of Z-scan of thick media with high-order nonlinearity by variational approach[J]. Optics Communications,2003,219(1-6):411-419.

［61］Gu B,Peng X C,Jia T,et al. Determinations of third-and fifth-order nonlinearities by the use of the top-hat-beam Z scan:theory and experiment[J]. Journal of the Optical Society of American B-Optical Physics,2005,22(2):446-452.

［62］Bindra K S,Kar A K. Role of femtosecond pulses in distinguishing third-and fifth-order nonlinearity for semiconductor-doped glasses[J]. Applied Physics Letters,2001,79(23):3761-3763.

［63］Ganeev R A,Baba M,Morita M,et al. Fifth-order optical nonlinearity of pseudoisocyanine solution at 529 nm[J]. Journal of Optics A-Pure and Applied Optics,2004,6(2):282-287.

［64］Wang K,Long H,Fu M,et al. Intensity-dependent reversal of nonlinearity sign in a gold nanoparticle array[J]. Optics Letters,2010,35(10):1560-1562.

［65］Fang G,Mo Y,Song Y,et al. Nonlinear refractive properties of organometallic fullerene-C_{60} derivatives[J]. Optics Communications,2002,205(406):337-341.

第**6**章
Z-扫描表征饱和非线性光学效应

依赖于材料的固有属性和所用激光参量，材料有时表现出饱和的非线性光学效应。本章将介绍 Z-扫描技术表征多种饱和非线性吸收效应，包括饱和吸收、两光子吸收饱和、三光子吸收饱和、饱和吸收和两光子吸收共存、饱和克尔非线性。结合不同光强激发下一系列 Z-扫描实验曲线，给出如何鉴别光学非线性过程中的饱和效应，如何快速而有效地获得饱和非线性光学效应中诸如饱和光强等特征参量的方法。

6.1　背景介绍

两光子吸收、多光子吸收、反饱和吸收和饱和吸收是超快脉冲激光与非线性光学材料相互作用时主要的非线性吸收过程。这些非线性吸收特征主要依赖于材料的固有性质和所用激光器的参量（波长、光强和脉冲宽度等）。饱和吸收材料作为重要的被动锁模和调 Q 材料，已经被广泛应用于短脉冲激光的产生这一领域[1]。因此，充分研究材料的饱和吸收，获得饱和特征参量是非常重要的。自 Sheik-Bahae 等[2]发明 Z-扫描技术以来，人们广泛采用开孔 Z-扫描技术来表征材料的饱和吸收特性。作为多光子吸收，系统同时吸收 n 个光子，将有限数量的电子从低能态跃迁到高能态。在高光强下，耗尽了低能态上的电子。整体来看，系统不可能从激发光场中吸收更多的光子。因此，布居数的重新分布将引起吸收的减小，这就是所谓的多光子吸收的饱和。另一方面，在高光强激发下许多材料也展示出明显的克尔非线性饱和效应，比如，离子掺杂晶体[3-5]、有机材料[6,7]、硫化玻璃[8]、铁电薄膜[9]和热原子气体[10]展示了类似的饱和行为。

6.2 饱和吸收

锁模激光器和调 Q 激光器中的饱和吸收器在超快光子应用方面至关重要[1,11]。作为实用的饱和吸收器，饱和光强是一个极其重要的参数。因此，亟须发展能从开孔 Z-扫描实验数据中精确提取材料的饱和光强的理论。本节将介绍表征饱和吸收器的高斯光束 Z-扫描理论[12]。

考虑到激光束在饱和吸收材料中传播，光强的演变由如下偏微分方程描述

$$\frac{\mathrm{d}I}{\mathrm{d}z'} = -f_j(I) = -\alpha_j(I)I \tag{6.1}$$

其中，z' 和 I 分别表示光束在样品内的传播距离和光强。$\alpha_j(I)$ 是与强度相关的吸收系数。（6.1）式中的下标 $j=1$ 和 2 分别对应于两种不同的饱和模型

$$\alpha_1(I) = \frac{\alpha_0}{1 + I/I_S}, \quad \text{M-I} \tag{6.2}$$

$$\alpha_2(I) = \frac{\alpha_0}{\sqrt{1 + I/I_S}}, \quad \text{M-II} \tag{6.3}$$

M-I 和 M-II 分别对应均匀展宽[13]和非均匀展宽[14]饱和吸收系统。其中 α_0 是低光强近似下的线性吸收系数，而 I_S 表示特征饱和强度。

在低激光强度或弱饱和光强条件下，即 $I/I_S \ll 1$，（6.2）式和（6.3）式可简化成类似于两光子吸收情形下的吸收系数随光强线性变化关系

$$\alpha(I) \approx \alpha_0 + \alpha_2 I \tag{6.4}$$

其中，α_2 是非线性吸收系数，对应于饱和吸收时其值为负。这种情况的 Z-扫描表征技术已经进行了广泛的研究[2]。

由（6.1）式～（6.3）式，可以得到两种饱和吸收情形下透射光强 I_j^{out} 和入射光强 I^{in} 变化关系的超越方程。一般情况下却很难获得 I_j^{out} 随 I^{in} 变化的解析解。将（6.1）式写成与样品入射面光强 I^{in} 相关的形式

$$I_j^{\text{out}} = I^{\text{in}} - \int_0^L f_j(I)\mathrm{d}z' \tag{6.5}$$

其中，L 是样品的厚度。

Adomian 分解法[15,16]将透射光强 I_j^{out} 表示成多项式形式

$$I_j^{\text{out}} = \sum_{m=0}^{\infty} u_{jm} \tag{6.6}$$

而非线性项用 Adomian 多项式级数表示为

$$f_j(I) = \sum_{m=0}^{\infty} A_{jm}(u_{j0}, u_{j1}, \cdots, u_{jm}) \tag{6.7}$$

其中，多项式 A_{jm} 定义为

$$A_{jm} = \frac{1}{m!}\left[\frac{\mathrm{d}^m}{\mathrm{d}\zeta^m}\alpha_j\left(\sum_{k=0}^{m}\zeta^k u_k\right)\right]_{\zeta=0} \tag{6.8}$$

这里，ζ 是中间变量。

将 (6.6) 式和 (6.7) 式代入 (6.5) 式，得

$$\sum_{m=0}^{\infty} u_{jm} = I^{\mathrm{in}} - \int_0^L \sum_{m=0}^{\infty} A_{jm}\,\mathrm{d}z' \tag{6.9}$$

定义零级项 $u_{j0} = I^{\mathrm{in}}$，I_j^{out} 的其他项 u_{jm} 可通过循环迭代获得

$$u_{j0} = I^{\mathrm{in}} \tag{6.10}$$

$$u_{j(m+1)} = -\int_0^L A_{jm}\,\mathrm{d}z' \tag{6.11}$$

将这些公式写成计算机代码，用程序，如 Mathematica 或 MATLAB 容易得到 (6.5) 式的解析值 $I_j^{\mathrm{out}} = \sum_{m=0}^{\infty} u_{jm}$。

基于 Adomian 分解法，可得 M-Ⅰ的精确解析式为

$$I_1^{\mathrm{out}} = I^{\mathrm{in}}\left[1 + \sum_{m=1}^{\infty} \frac{(-\alpha_0 L)^m}{m!}\frac{g_{1m}(\eta)}{(1+\eta)^{2m-1}}\right] \tag{6.12}$$

其中，$\eta = I^{\mathrm{in}}/I_{\mathrm{s}}$。获得的 $g_{1m}(\eta)$ 前五项如下[12]

$$g_{11}(\eta) = 1 \tag{6.13}$$

$$g_{12}(\eta) = 1 \tag{6.14}$$

$$g_{13}(\eta) = 1 - 2\eta \tag{6.15}$$

$$g_{14}(\eta) = 1 - 8\eta + 6\eta^2 \tag{6.16}$$

$$g_{15}(\eta) = 1 - 22\eta + 58\eta^2 - 24\eta^3 \tag{6.17}$$

相似地，M-Ⅱ的解析解可以写成

$$I_2^{\mathrm{out}} = I^{\mathrm{in}}\left[1 + \sum_{m=1}^{\infty} \frac{(-\alpha_0 L)^m}{m!}\frac{g_{2m}(\eta)}{(1+\eta)^{(3m-2)/2}}\right] \tag{6.18}$$

其中，$g_{2m}(\eta)$ 的前五项如下

$$g_{21}(\eta) = 1 \tag{6.19}$$

$$g_{22}(\eta) = 1 + \eta/2 \tag{6.20}$$

$$g_{23}(\eta) = 1 \tag{6.21}$$

$$g_{24}(\eta) = 1 - 5\eta/2 \tag{6.22}$$

$$g_{25}(\eta) = (2 - 18\eta + 15\eta^2)/2 \tag{6.23}$$

在弱饱和极限条件，即 $I^{\text{in}}/I_{\text{s}} \ll 1$，两种饱和模型的透射光强（6.12）式和（6.18）式均趋于

$$I_j^{\text{out}} = I^{\text{in}}\Big[1 + \sum_{m=1}^{\infty} \frac{(-\alpha_0 L)^m}{m!}\Big] \xrightarrow{m\to\infty} I^{\text{in}}\mathrm{e}^{-\alpha_0 L} \tag{6.24}$$

为了表征材料的饱和吸收特性，常采用开孔 Z-扫描技术。设基模高斯光束沿 +z 方向传播，高斯光束的光腰为坐标零点 $z=0$，饱和吸收器在聚焦光束焦点附近沿 z 轴移动，入射到样品表面的光强 I^{in} 和（4.31）式相同，为

$$I^{\text{in}}(r,z,t) = \frac{I_{00}h(t)}{1+x^2}\exp\Big[-\frac{2r^2}{\omega^2(x)}\Big] \tag{6.25}$$

式中，$\omega^2(x) = \omega_0^2(1+x^2)$，$x = z/z_0$ 是样品离开焦平面的相对位置，z 是样品离开焦平面的实际距离，$z_0 = \pi\omega_0^2/\lambda$ 和 ω_0 分别是聚焦高斯光束的瑞利长度和焦点处的光束半径，λ 是真空中所用激光束的波长。$I_{00} = I(0,0,0)$ 为焦平面处高斯光束在轴峰值光强。$h(t)$ 为描述激光脉冲的时间函数。对于高斯型时间脉冲，取 $h(t) = \exp(-t^2/\tau^2)$。

将（6.25）式中 I^{in} 代入（6.12）式和（6.18）式，容易获得通过饱和吸收器的透射光强 $I_j^{\text{out}}(r,z,t)$。因此，随样品相对位置 x 变化的归一化功率透过率解析解可以表示为

$$T_j(z,t) = \frac{\int_0^{\infty} I_j^{\text{out}}(r,z,t)r\mathrm{d}r}{\mathrm{e}^{-\alpha_0 L}\int_0^{\infty} I^{\text{in}}(r,z,t)r\mathrm{d}r} = \mathrm{e}^{\alpha_0 L}\Big[1 + \sum_{m=1}^{\infty}\frac{(-\alpha_0 L)^m}{m!}q_{jm}(\rho)\Big]$$

$$\tag{6.26}$$

式中，$\rho(t) = I_{00}h(t)/[I_{\text{s}}(1+x^2)]$ 是与时间有关的项。明显地，饱和吸收材料的 Z-扫描功率透过率曲线仅依赖于参量 $\alpha_0 L$ 和 ρ。为了方便应用该理论，首先给出了 M-I 情况 $q_{1m}(\rho)$ 的前五项为

$$q_{11}(\rho) = \frac{\ln(1+\rho)}{\rho} \tag{6.27}$$

$$q_{12}(\rho) = \frac{1}{2\rho}\Big[1 - \frac{1}{(1+\rho)^2}\Big] \tag{6.28}$$

$$q_{13}(\rho) = \frac{1}{12\rho}\Big[1 - \frac{1-8\rho}{(1+\rho)^4}\Big] \tag{6.29}$$

$$q_{14}(\rho) = \frac{2-3\rho}{2(1+\rho)^6} \tag{6.30}$$

$$q_{15}(\rho) = \frac{1}{120\rho}\Big[\frac{1+128\rho-872\rho^2+576\rho^3}{(1+\rho)^8} - 1\Big] \tag{6.31}$$

同样，M-II情况下 $q_{2m}(\rho)$ 的前五项为

$$q_{21}(\rho) = \frac{2}{\rho}\big[(1+\rho)^{1/2}-1\big] \qquad (6.32)$$

$$q_{22}(\rho) = \frac{1}{2(1+\rho)} + \frac{\ln(1+\rho)}{2\rho} \qquad (6.33)$$

$$q_{23}(\rho) = \frac{2}{5\rho}\Big[1 - \frac{1}{(1+\rho)^{5/2}}\Big] \qquad (6.34)$$

$$q_{24}(\rho) = \frac{1}{24\rho}\Big[1 - \frac{1-20\rho}{(1+\rho)^4}\Big] \qquad (6.35)$$

$$q_{25}(\rho) = \frac{1}{231\rho}\Big[-2 + \frac{2+242\rho-495\rho^2}{(1+\rho)^{11/2}}\Big] \qquad (6.36)$$

在稳态条件下或用连续激光束激发时，很容易得到开孔 Z-扫描的一般特征曲线，即 (6.26) 式中变量取 $h(t)=1$，即得 $T_j(x,t)=T_j(x)$。

通常用脉冲激光来表征材料的饱和吸收特性，如果材料的非线性响应时间远小于激光束脉冲宽度，就可以认为非线性效应与样品内的瞬态光强有关。这样，通过以下表达式可以获得脉冲激光 Z-扫描表达式

$$T_j(z) = \frac{\displaystyle\int_{-\infty}^{\infty} T_j(z,t)h(t)\,\mathrm{d}t}{\displaystyle\int_{-\infty}^{\infty} h(t)\,\mathrm{d}t} \qquad (6.37)$$

一般来说很难获得 (6.37) 式的解析表达式。但是可以采用高效辛普森算法 (Simpson arithmetic) 完成时间积分。

事实上在实用模拟过程中，(6.26) 式的求和上限不能为无穷大。从 (6.26) 式可以看出，截取误差 $\varepsilon(M)$（其中 M 定义为最佳求和上限）仅依赖 $\alpha_0 L$ 和 I_{00}/I_{S} 这两个参量。特别是已经证明了截取误差 $\varepsilon(M)$ 与 I_{00}/I_{S} 和 I_{00} 无关

$$\varepsilon(M) = \mathrm{e}^{\alpha_0 L}\bigg|\sum_{m=M+1}^{\infty} q_{jm}(\rho)\frac{(-\alpha_0 L)^m}{m!}\bigg|$$

$$\leqslant \mathrm{e}^{\alpha_0 L}\sum_{m=M+1}^{\infty}\frac{(\alpha_0 L)^m}{m!} = \mathrm{e}^{\alpha_0 L}\bigg|\mathrm{e}^{\alpha_0 L}-1-\sum_{m=0}^{M}\frac{(\alpha_0 L)^m}{m!}\bigg| \qquad (6.38)$$

这是一个非常重要的判据，由于最佳求和上限 M 仅由材料的线性损耗参量 $\alpha_0 L$ 决定，所以可以不必关心实验中所使用的激光强度。事实上，$\alpha_0 L$ 可以通过测量材料的线性透过率等很容易获得。在 $\varepsilon(M)\leqslant 1\%$（精度已经足够高了）条件的限制下，研究了最佳求和上限 M 随参量 $\alpha_0 L$ 的变化关系。图 6.1 表明最佳求和上限 M 和 $\alpha_0 L$ 基本呈线性关系。由于 M 必须取整数，对 M 的选取应该遵循图 6.1 中的台阶型实线。

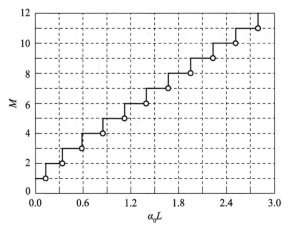

图 6.1　当截取误差小于 1‰ 时（6.26）式的最佳求和上限随 $\alpha_0 L$ 的变化关系[12]

现在分析脉冲激光时间线型对 Z-扫描曲线的影响。图 6.2 给出了参量 $\alpha_0 L = 1.5$，$I_S = 0.10 \text{GW/cm}^2$ 和 $I_{00} = 1.0 \text{GW/cm}^2$ 时，实验用激光为高斯型和双曲正割平方型脉冲光束，饱和模型 I 的 Z-扫描特征曲线。为方便比较，图 6.2 同时给出了连续激光 Z-扫描曲线。可以看出：①用两种脉冲线型模拟 Z-扫描曲线的差别相比于用稳态条件模拟来说很小，在该图所用参量计算情况下两者差别仅为 3‰；②用脉冲光束比用连续光束时 Z-扫描曲线的峰高要小得多。在下面图 6.3 和图 6.4 中，均采用高斯型时间和空间分布的脉冲激光激发饱和吸收效应。

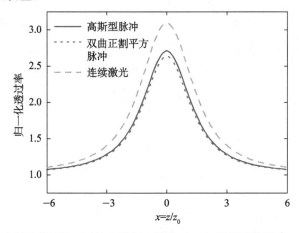

图 6.2　激光脉冲时间线型对饱和模型 I 情况下 Z-扫描曲线的影响。选用参数为 $\alpha_0 L = 1.5$，$I_S = 0.10 \text{GW/cm}^2$ 和 $I_{00} = 1.0 \text{GW/cm}^2$ 时；图中实线、点线和短划线分别对应高斯型脉冲、双曲正割平方型脉冲和连续激光的情形

　　图 6.3 给出了 $\alpha_0 L = 1.5$ 和 $I_S = 0.1\text{GW/cm}^2$ 时，开孔 Z-扫描曲线的归一化透过率峰值 $T(0)$ 随脉冲激光束峰值强度 I_{00} 的变化关系。图中实线和虚线分别对应 M-Ⅰ和 M-Ⅱ。可以看出：①在入射光强 I_{00} 与材料的饱和特征强度 I_S 相当时，$T(0)$ 随 I_{00} 的增加而迅速增加；②当 $I_{00} > I_S$ 时，$T(0)$ 随 I_{00} 的增加而非线性增加；③当 $I_{00} \gg I_S$ 时，$T(0)$ 几乎不随 I_{00} 而变化，此时实验测量的 Z-扫描曲线几乎没有变化，实验上已经观察到这种现象[12]。当然，对于两种饱和吸收模型，如图 6.3 插图所示，在相同光强（$I_{00} = 1\text{GW/cm}^2$）下 Z-扫描曲线的线形类似，但峰高差别明显。

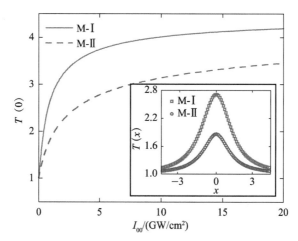

图 6.3　当 $\alpha_0 L = 1.5$ 和 $I_S = 0.1\text{GW/cm}^2$ 时，开孔 Z-扫描曲线的归一化透过率峰值
$T(0)$ 随脉冲激光束峰值光强 I_{00} 的变化关系
图中实线和短划线分别对应于 M-Ⅰ和 M-Ⅱ的结果；插图为 $I_{00} = 1\text{GW/cm}^2$ 时
两种饱和吸收情况下的 Z-扫描曲线

　　此外，本节也讨论了 Z-扫描曲线的峰值透过率 $T(0)$ 与材料的物理参量 $\alpha_0 L$ 的变化关系。正如前面所讨论的一样，饱和吸收材料的 Z-扫描曲线，如（6.26）式所示，仅随参量 $\alpha_0 L$ 和 I_{00}/I_S 变化。图 6.4 给出了 $I_{00}/I_S = 20$ 时，$T(0)$ 随 $\alpha_0 L$ 的变化关系。图中实线和短划线分别对应于饱和吸收模型Ⅰ和Ⅱ。研究不同材料的饱和吸收特性发现：尽管 Z-扫描实验曲线大同小异，但归一化透过率峰值却相差很大[17,18]。这种结果是由于，归一化透过率峰值主要是由材料的物理参量 $\alpha_0 L$ 决定的。

　　为了验证饱和吸收 Z-扫描理论的正确性，本书利用开孔 Z-扫描表征技术研究了侧链型偶氮聚合物薄膜——聚 6-[1-(4-(4-硝基偶氮苯基）酚氧基）哌嗪] 己基甲基丙烯酸酯（Pda）的非线性吸收性质。文献［19］

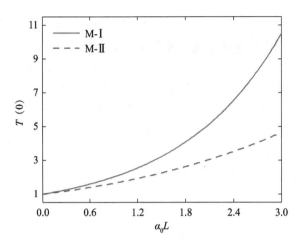

图 6.4 当 $I_{00}/I_{S}=20$ 时，开孔 Z-扫描曲线的归一化透过率峰值 $T(0)$ 随特征

参量 $\alpha_0 L$ 的变化关系

图中实线和短划线分别对应于模型 Ⅰ 和 Ⅱ 的结果

报道了该样品的合成、化学结构、线性吸收和全光极化感应的二阶光学非线性效应。测量的 Pda 薄膜的厚度为 850nm，在 532nm 波长时的线性透过率为 20.66%（线性吸收因子 $\alpha_0 L=1.577$）。可以期待强烈的单光子吸收常常展示出饱和吸收现象。激光源为 Nd：YAG 倍频激光（波长532nm，重复频率 10Hz，脉冲宽度 35ps）。激光束的横向分布和时间脉冲分布均为近高斯型。用焦距为 300mm 的透镜聚焦激光束，估算的聚焦光束光腰为 18.5 μm（光束的瑞利长度为 $z_0=2mm$）。做了不同光强 $I_{00}=$ 1.90GW/cm²、2.50GW/cm²、3.75GW/cm²、5.90GW/cm² 和 7.35GW/cm² 下的 Z-扫描实验。例如，图 6.5 给出了光强 $I_{00}=2.50GW/cm^2$ 时测量的Z-扫描曲线。实验结果表明，Pda 薄膜在不同入射光强的开孔 Z-扫描实验曲线相对于焦平面 $z=0$ 均具有明显对称的峰，表明 Pda 薄膜在皮秒脉冲532nm 波长存在饱和吸收行为。

现在来估算 Pda 薄膜的重要参量（特征饱和强度 I_S），解释其饱和吸收行为。高效而可行的方法是利用 (6.37) 式来拟合开孔 Z-扫描实验曲线。由于 Pda 薄膜的物理参量 $\alpha_0 L=1.577$，从图 6.5 可知，(6.38) 式的最佳求和上限取 $M=7$ 来拟合实验结果，误差将小于 1%。用 (6.2) 式和 (6.3) 式描述的两种饱和吸收模型，通过改变参量值 I_S 来拟合 Z-扫描实验曲线。拟合不同 I_0 条件下，获得了 $I_S=0.051GW/cm^2$ 和 0.0058GW/cm² 分别对应于饱和吸收模型 Ⅰ 和 Ⅱ。为了便于比较 Z-扫描曲线线型，图 6.5 同时给出了由 M-Ⅰ 和 M-Ⅱ 拟合得到的 Z-扫描曲线。很明显，用 M-Ⅰ 拟合的 Z-扫描线型和实

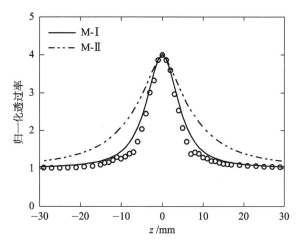

图 6.5　在光强 $I_{00}=2.50\text{GW/cm}^2$ 时 Pda 薄膜的开孔 Z-扫描曲线[12]

图中实线和点线分别对应于模型 I 和 II 的理论拟合结果

验结果吻合得很好。当然，实验和理论模拟 Z-扫描曲线之间有一定的差别，这是因为，实验上很难准确获得瑞利长度 z_0，而实验中通过测量非线性系数已知的标准样品二硫化碳的闭孔 Z-扫描，拟合实验结果来获得光束的瑞利长度 z_0。也就是说，实验和理论 Z-扫描线型的差别是因为获得的光束瑞利长度 z_0 存在误差。除此之外，在不同光强（I_{00} 从 $1.90 \sim 7.35\text{GW/cm}^2$）下实验得到的所有开孔 Z-扫描曲线都和 M-I 很好地吻合，得到了 $I_S=(0.051 \pm 0.002)\text{GW/cm}^2$。结果表明，Pda 薄膜的饱和吸收特性遵从 M-I 模型，而不是 M-II。并且，实验中没有观察到反饱和吸收现象。我们知道，M-II 可以很好地描述非均匀展宽的二能级系统的饱和吸收，比如具有多普勒效应的原子气体和分子系统。然而，对于固体 Pda 薄膜，多普勒效应并不明显，因此容易理解其饱和吸收行为不遵从 M-II 的原因。众所周知，模型 M-I 可以很好地描述均匀展宽的二能级系统的饱和吸收效应。然而，对于作为多原子分子系统的有机的 Pda 薄膜，其能级并不是简单的二能级系统，而是具有更加复杂的结构。用具有复杂的能级结构（被广泛认可的五能级模型[20]，包括单重基态 S_0、第一激发单态 S_1、更高激发单态 S_2，第一激发三态 T_1、高激发三态 T_2）能更好地解释 Pda 薄膜的饱和吸收效应。Pda 薄膜在皮秒脉冲 532nm 波长下具有饱和吸收，而不是反饱和吸收，这就意味着在五能级模型中 S_0 的吸收截面远大于 S_1 和 T_1 的吸收截面；也就是说，主要的吸收跃迁发生在 $S_0 \rightarrow S_1$ 间。这就表明，用简单的均匀展宽二能级模型而不是五能级模型就可以解释偶氮聚合物 Pda 的饱和吸收效应。

6.3   两光子吸收饱和

两光子吸收由于在光学数据存储和光功率限幅等方面的应用而引起了研究者的极大兴趣。然而，两光子吸收过程仅仅促进激发态中的有限数量的布居数。在足够高激发光强下，两光子吸收的饱和很容易发生。人们已经研究了聚合物、半导体、蛋白质和铁电薄膜等材料中的两光子吸收饱和[9,21-25]。与此同时，人们发展了诸如针对分子量子线的半微扰分析[21]、半导体体材料的双曲线近似[22]、铁电体的布居数重新分布[9]、蛋白质的速率方程分析[23]和聚合物中的态密度方法[25]等多种模型来解释饱和的两光子吸收效应。在两光子吸收饱和的理论框架中，有三种主流的饱和两光子吸收模型。本节针对这三种饱和两光子吸收模型，基于 Adomian 分解法，介绍表征两光子吸收饱和的 Z-扫描解析理论，并且结合实验结果讨论鉴别两光子吸收饱和的方法[26]。

现在讨论光束通过薄的饱和两光子吸收介质的传播行为。光强损耗由如下偏微分方程表示

$$\frac{\mathrm{d}I}{\mathrm{d}z'} = -f_j(I) = -[\alpha_0 + \alpha_j(I)I]I \tag{6.39}$$

其中，z' 和 I 分别为光束在饱和两光子吸收样品内的传播距离和光强；α_0 和 α_j（I）分别为线性吸收系数和光强依赖的吸收系数。对于三种主要的饱和两光子吸收模型，光强依赖的吸收系数描述如下

$$\alpha_A(I) = \frac{\alpha_2^0}{1 + I/I_S}, \quad \text{模型 A}$$

$$\alpha_B(I) = \frac{\alpha_2^0}{1 + I^2/I_S^2}, \quad \text{模型 B}$$

$$\alpha_C(I) = \frac{\alpha_2^0}{(1 + I^2/I_S^2)^{1/2}}, \quad \text{模型 C} \tag{6.40}$$

这里，α_2^0 和 I_S 分别是低光强极限下两光子吸收系数和两光子吸收饱和光强。这两个参数均为饱和两光子吸收介质的固有物理参量；下标 j＝A，B 和 C 分别表示三种不同的饱和两光子吸收模型。模型 A 是基于半导体体材料中的双曲面方法而提出的[22]，而模型 B 和模型 C 通常指分别在均匀展宽和非均匀展宽系统中的饱和两光子吸收[23]。

尽管借助于 (6.40) 式来精确求解 (6.39) 式是非常困难的，或许是不可能的。正如 6.2 节所讨论的，Adomian 分解法[15,16]提供了求解这种饱和非

线性吸收问题的方法。在样品出射面的透射光强 I^{out} 同时依赖于饱和两光子吸收样品的固有属性和所用激光束的参量（如脉冲激光束的时间和空间分布）。类似于讨论饱和吸收器的（6.5）式，从（6.39）式可以获得透射光强 I_j^{out} 为

$$I_j^{\text{out}} = I^{\text{in}} - \int_0^L f_j(I)\,\mathrm{d}z' \qquad (6.41)$$

其中，L 是样品厚度；I^{in} 是样品入射面的光强。

采用和 6.2 节相同的 Adomian 分解法这种通用技术，用（6.6）式~（6.11）式和（6.40）式，可得三种饱和两光子吸收模型 A、B 和 C 情况下以级数形式给出的透射光强精确解 I_j^{out}

$$I_{\text{A}}^{\text{out}} = I^{\text{in}}\left[1 + \sum_{m=1}^{\infty} \frac{(-\beta L)^m}{m!}\frac{g_{\text{A}m}(\eta)}{(1+\eta)^{2m-1}}\right]$$

$$I_{\text{B}}^{\text{out}} = I^{\text{in}}\left[1 + \sum_{m=1}^{\infty} \frac{(-\beta L)^m}{m!}\frac{g_{\text{B}m}(\eta)}{(1+\eta^2)^{2m-1}}\right]$$

$$I_{\text{C}}^{\text{out}} = I^{\text{in}}\left[1 + \sum_{m=1}^{\infty} \frac{(-\beta L)^m}{m!}\frac{g_{\text{C}m}(\eta)}{(1+\eta^2)^{(3m-2)/2}}\right] \qquad (6.42)$$

其中，$\beta = \alpha_0 + \alpha_2^0 I_{\text{S}}$ 和 $\eta = I^{\text{in}}/I_{\text{S}}$。例如，对三种不同模型 $g_{jm}(\eta)$ 的前两项为

$$g_{\text{A}1}(\eta) = [\alpha_0(1+\eta) + \alpha_2^0 I_{\text{S}}\eta]/\beta$$

$$g_{\text{A}2}(\eta) = (\alpha_0 + \beta\eta)\eta(2+\eta)/\beta$$

$$g_{\text{B}1}(\eta) = [\alpha_0(1+\eta^2) + \alpha_2^0 I_{\text{S}}\eta]/\beta$$

$$g_{\text{B}2}(\eta) = [\alpha_0(1+\eta^2) + \alpha_2^0 I_{\text{S}}\eta][\alpha_0(1+\eta^2)^2 + 2\alpha_2^0 I_{\text{S}}\eta]/\beta^2$$

$$g_{\text{C}1}(\eta) = [\alpha_0(1+\eta^2)^{1/2} + \alpha_2^0 I_{\text{S}}\eta]/\beta$$

$$g_{\text{C}2}(\eta) = [\alpha_0(1+\eta^2)^{1/2} + \alpha_2^0 I_{\text{S}}\eta][\alpha_0(1+\eta^2)^{3/2} + \alpha_2^0 I_{\text{S}}\eta(2+\eta^2)]/\beta^2$$

$$(6.43)$$

为了表征材料的非线性吸收属性，人们广泛采用诸如开孔 Z-扫描和光限幅实验等非线性透射法。将（6.25）式代入（6.42）式，容易获得作为样品位置 z 函数的用多项式表示的归一化功率透过率

$$T_j(z,t) = \mathrm{e}^{\alpha_0 L}\left[1 + \sum_{m=1}^{\infty} \frac{(-\beta L)^m}{m!}q_{jm}(\rho)\right] \qquad (6.44)$$

其中，时间依赖的变量 $\rho(t) = I_0 h(t)/[I_{\text{S}}(1+z^2/z_0^2)]$。显然，两光子吸收饱和时的 Z-扫描曲线仅依赖于材料的固有属性 $(\alpha_0 + \alpha_2^0 I_{\text{S}})L$ 和入射脉冲激光束强度 $I_0 h(t)$。对于三种模型 $q_{jm}(\rho)$ 的前两项为

$$q_{\text{A}1}(\rho) = 1 - \frac{\alpha_2^0 I_{\text{S}}}{\beta}\frac{\ln(1+\rho)}{\rho}$$

$$q_{\text{A}2}(\rho) = \frac{\rho^2(2\beta + \alpha_2^0 I_{\text{S}} + 2\beta\rho) - 2\alpha_2^0 I_{\text{S}}(1+\rho)^2\ln(1+\rho)}{2\beta\rho(1+\rho)^2}$$

$$q_{B1}(\rho) = \frac{\alpha_0}{\beta} + \frac{\alpha_2^0 I_S}{\beta} \frac{\ln(1+\rho^2)}{2\rho}$$

$$q_{B2}(\rho) = \frac{1}{4\beta^2 \rho (1+\rho^2)^2} \{ [2\alpha_0(1+\rho^2) + \alpha_2^0 I_S \rho]^2 \rho - (\alpha_2^0 I_S)^2 \rho$$
$$+ \alpha_2^0 I_S (1+\rho^2)^2 [2\alpha_0 \ln(1+\rho^2) + \alpha_2^0 I_S \arctan\rho] \}$$

$$q_{C1}(\rho) = \frac{\alpha_0}{\beta} + \frac{\alpha_2^0 I_S}{\beta} \frac{(1+\rho^2)^{1/2} - 1}{\rho}$$

$$q_{C2}(\rho) = \frac{1}{2\beta^2 \rho (1+\rho^2)} [2\alpha_0^2 \rho (1+\rho^2) + (\alpha_2^0 I_S)^2 \rho (1+2\rho^2)$$
$$+ 2\alpha_0 \alpha_2^0 I_S (1+\rho^2)^{1/2} (1+2\rho^2 - (1+\rho^2)^{1/2})$$
$$- (\alpha_2^0 I_S)^2 (1+\rho^2) \arctan\rho] \tag{6.45}$$

如果用连续激光束作为激发场，取激光脉冲的时间脉冲波形为 $h(t) = 1$ 代入 (6.45) 式，可得到开孔 Z-扫描多项式表达式。

为了洞察材料的超快非线性光学效应，在实验测量中人们通常使用脉冲激光，如低重复频率的飞秒脉冲激光。具有典型响应时间 $\sim 10^{-15}$ s 的两光子吸收过程非常快，比激光脉冲宽度短得多，可以认为非线性光学效应是瞬态过程。如果激光脉冲的时间包络是高斯型时间脉冲波形，取 $h(t) = \exp(-t^2/\tau^2)$。可得归一化能量透过率为

$$T_j(z) = \frac{\tau}{\pi^{1/2}} \int_{-\infty}^{\infty} T_j(z,t) \exp(-t^2/\tau^2) \mathrm{d}t \tag{6.46}$$

如果入射光强远低于饱和光强，即 $I_{00} \ll I_S$（也就是非饱和区域），(6.44) 式和 (6.46) 式退化为 4.4 节所讨论的未饱和两光子吸收的情形。

对两光子吸收饱和的开孔 Z-扫描曲线，可用精确的多项式解 (6.44) 式表示，但是在实际应用中，必然要截止 (6.44) 式中有限项多项式。因为对任意光强 I_0 满足 $|q_{jm}(\rho)| \leqslant 1$，可以估算在一定精度下取求和上限 M 时的截取误差为

$$\varepsilon \leqslant \mathrm{e}^{\alpha_0 L} \sum_{k=M+1}^{\infty} \frac{(\beta L)^k}{k!} \tag{6.47}$$

非常重要的是，截取误差 $\varepsilon(M)$ 仅与材料的固有属性 $(\alpha_0 + \alpha_2^0 I_S)L$ 有关，而与激光强度无关，这就意味着我们不需要关注不同激光强度对截取误差 $\varepsilon(M)$ 的影响。

在 $\varepsilon(M) \leqslant 1\%$ 的限制下，我们研究了参数 $\alpha_0 L$ 和 $\alpha_2^0 I_S L$ 对求和上限 M 的依赖关系。计算的结果用图 6.6 所示的三维图表示。可以发现，M 近似为 $\alpha_0 L$ 和 $\alpha_2^0 I_S L$ 的线性函数。例如，对铁电薄膜[9] 和 CdS 晶体[24] 来说，(6.46) 式的截取误差小于 1% 时，快速模拟 Z-扫描曲线只需要取 $M=8$。

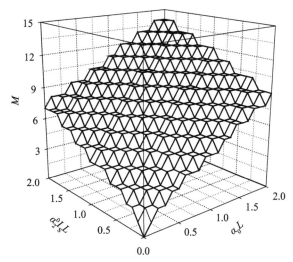

图 6.6 当 (6.44) 式或 (6.46) 式的截取误差小于 1% 时最佳求和
上限 M 随 $\alpha_0 L$ 和 $\alpha_2^0 I_S L$ 的变化关系[26]

　　原则上，由于两光子吸收过程促进大量电子跃迁到高能态，如果测量样品的损伤阈值足够高，在高光强激发下将会出现饱和效应。然而，在实验上并不是非常容易观察到饱和的两光子吸收效应。对饱和模型 A，饱和平台（saturation plateau）不容易观察到是因为存在载流子的态填充（state filling）和热化（thermalization）[22]。在均匀展宽系统中，由于存在处在低位态和高位态之间的布居数平衡，对于模型 B 将会在强饱和区域展示出饱和平台。相比之下，由于大分子（如蛋白质[23]）和纳米尺寸材料（如 CdS 纳米晶体[24]）具有不同的共振频率和纳米粒子的尺寸色散，很显然会出现非均匀展宽，对应于模型 C。事实上很难观察到均匀展宽的两光子吸收饱和，原因如下：一是在大多数测量的材料中，两光子吸收过程伴随着自由载流子吸收[24]、高阶非线性吸收[27]、激发态吸收[24]和基质材料（host material）的背景吸收[23]；二是高光强下诸如溶液中形成微泡[28]等其他效应扰乱了实验结果；三是在强饱和区域样品可能损坏了。

　　为了鉴别材料是否表现出两光子吸收行为（饱和或者未饱和），可以用解析表达式（6.46）式连同判据（6.47）式拟合实验上测量得到的开孔 Z-扫描曲线，提取饱和信息。但是，由于实验测量误差，从单一的开孔 Z-扫描曲线提取饱和效应的贡献是非常困难的。广泛采用的方法是测量不同激光强度下的一系列开孔 Z-扫描曲线。作为一个例子，取铁电薄膜的典型非线性光学参数 $L = 0.31\ \mu m$，$\alpha_0 = 2.0 \times 10^2\ cm^{-1}$，$\alpha_2^0 = 3.1 \times 10^4\ cm/GW$ 和 $I_S = 1.8\ GW/cm^2$[9]，用（6.46）式模拟了不同光强激发下的一系列开孔 Z-扫描曲线。例如，图 6.7 给出了当 $I_{00}=2\mathrm{GW/cm^2}$ 时的三种饱和两光子吸收模型时的 Z-扫描曲线。为了便于比较，同时给出了纯两光子吸收的情形，在图 6.7 中用实线表示。可以看出，饱和效应使得开孔 Z-扫描曲线的谷变浅，但仍然保持关于焦点对称的单一谷的开孔 Z-扫描特征曲线。

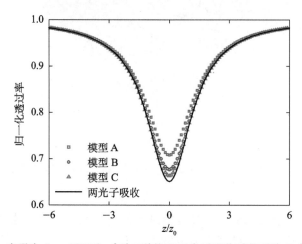

图 6.7 光强为 $I_{00}=2\mathrm{GW/cm^2}$ 时三种饱和两光子吸收时的开孔 Z-扫描曲线

至此，讨论了饱和两光子吸收情况下开孔 Z-扫描曲线的特征。利用给定的两光子吸收系数和饱和模型很容易模拟出 Z-扫描曲线。相比之下，在实际的表征材料光学非线性的应用中，需要通过测量的 Z-扫描曲线来估算出非线性光学参数，分析非线性光学的机理。处理这类逆问题是相对困难的。正如前文所提及的，从单一光强下的 Z-扫描曲线不可能严格鉴别出材料是否表现出两光子吸收的饱和。可以采用如下程序来鉴别材料是否表现出两光子吸收饱和效应：一是实验测量不同光强下的一系列 Z-扫描曲线；二是先假定材料暂时仅具有两光子吸收效应，将非线性吸收系数 α_2 和光束的瑞利长度 z_0 设成自由参数，采用5.2节的（5.13）式拟合 Z-扫描实验数据，获得光强依赖的有效非线性吸收系数和光束束腰半径。

作为例子，本书采用铁电薄膜典型非线性光学参数模拟了一系列对应于饱和模型 A 时的开孔 Z-扫描曲线。作为比较，我们也模拟了5.3节所讨论的两光子吸收和三光子吸收共存时的情形，所有参数为参数 $L=0.31\ \mu\mathrm{m}$，$\alpha_0=2.0\times10^2\mathrm{cm^{-1}}$，$\alpha_2=3.1\times10^4\mathrm{cm/GW}$ 和 $\alpha_3=2.4\times10^3\mathrm{cm^3/GW^2}$。按照上述程序，获得了如图6.8所示的光强依赖的有效非线性吸收系数和光束束腰半径。从图中可以看出，如果获得的非线性吸收系数和光束束腰半径与光强无关，说明材料仅具有两光子吸收效应。如果获得的非线性吸收系数随着光强增加非线性减小，而有效光束束腰半径随着光强的增加而非线性增加，说明此时出现了两光子吸收的饱和。如果有效非线性吸收系数随着光强增加而近似线性增加并且在光强近似为零时非线性吸收系数不为零，同时有效光束束腰半径随着光强增加而近似线性减小，说明此时出现了两光子吸收和三光子吸收（或两光子吸收感应激发态吸收）的共存效应。

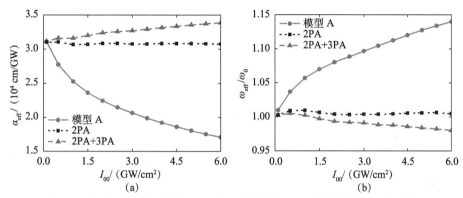

图 6.8　饱和两光子吸收模型 A 时光强依赖的（a）有效非线性吸收系数和
（b）有效光束束腰半径

为了论证本节的理论，本书用飞秒脉冲激光 Z-扫描技术实验上研究了四种直带Ⅱ-Ⅳ簇半导体（CdS、CdSe、ZnSe 和 ZnTe）的饱和两光子吸收属性。这四种样品均为 c-切割，CdS、CdSe、ZnSe 和 ZnTe 分别属于六方、纤维锌矿、闪锌矿和闪锌矿结构。样品厚度和带隙列于表 6.1 中。开孔 Z-扫描实验的激光源为钛宝石放大器（Quantronix，Titan），脉冲宽度 140fs，波长 780nm，重复频率 1kHz，近高斯型时间和空间波形。用 250mm 焦距的透镜聚焦激光束产生束腰半径为 54 μm（相应的瑞利长度为 $z_0 = 11.7$mm）的聚焦光束。激光束沿着晶体的 c-轴也就是（001）方向传播。

表 6.1　在 140fs 脉冲、1.6eV 光子能量激发下，实验测量的两光子吸收系数 α_2^0
（为了比较，表中列出了按照文献 [29] 获得的理论上的两光子吸收
系数 α_2^{th}），饱和强度 I_S 和其他参量

样品	E_g/eV	L/mm	α_2^{th} /(cm/GW)	α_2^0 /(cm/GW)	I_S /(GW/cm²)
CdS	2.42	0.5	4.50	6.4±0.6	5.4±0.5
CdSe	1.71	0.5	10.1	9.5±0.9	5.4±0.6
ZnSe	2.67	1.0	2.70	3.0±0.3	5.7±0.6
ZnTe	2.39	0.5	4.70	5.4±0.5	7.9±0.9

为了清楚地显示两光子吸收饱和行为，本书研究了焦点处在轴峰值光强 I_{00} 依赖的归一化透过率 $T(0)$。在实验中，已经考虑了样品入射面和出射面的反射损耗。当激发光强低于 60GW/cm^2 时，在这里研究的半导体内的自由载流子吸收效应不明显，可以忽略[22,24]。在两光子吸收饱和效应可以忽略不计的低光强下，从 Z-扫描测量可以获得两光子吸收系数 α_2^0。作为例子，图 6.9 给出了 CdS 样品中 I_{00} 依赖的 $T(0)$。图中离散点是实验数据，实线为拟合线。特别是，为了比较，对于理想两光子吸收（无饱和）时理论上 I_{00} 依赖的 $T(0)$ 用图中虚线表示。用（6.46）式拟合实验测量的 $T(0) \sim I_{00}$，获得了 $\alpha_2^0 = 6.4 \pm 0.6\text{cm/GW}$ 和 $I_S = 5.4 \pm 0.5\text{GW/cm}^2$。用同样的方法分析了其他三种样品的实验测量数据，结果归纳在表 1 中。为了比较，用两抛物型能带（two-parabolic-band）模型[29]计算了理论上的两光子吸收系数 α_2^{th}，并列在表 6.1 中。很显然，如果考虑到实验测量不确定性，理论值 α_2^{th} 非常接近于实验测量值，证实了两光子吸收是瞬态过程并且来源于电子非线性特性。另外，四种样品在不同峰值光强 I_0 下的开孔 Z-扫描实验结果均遵循饱和的两光子吸收模型 A[26]。

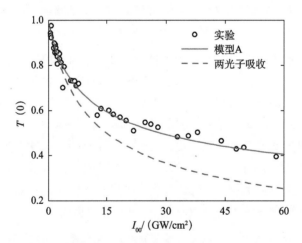

图 6.9　样品 CdS 中峰值光强 I_{00} 依赖的透过率 $T(0)$

离散点是实验数据，实线是用模型 A 的理论拟合线，虚线对应于纯两光子吸收的情形[26]

6.4　三光子吸收饱和

多光子吸收在上转换激子、荧光成像、光功率限幅、光动力学诊断和光学数据存储等光子学和生物光子学领域应用广泛。5.2节讨论了Z-扫描技术表征多光子吸收效应。近年来高功率超快脉冲激光开创了材料研究的新前沿。因此，建立材料的光物理模型成为理解和设计具有上述应用的光学器件的基本研究兴趣。人们努力研究了在飞秒多光子吸收激发载流子或者在宽带半导体中飞秒激光脉冲传播起重要作用的多光子吸收过程。从理论的角度来说，由于多光子过程促进了大量电子跃迁到有限数目的激发态，在强激光辐射下将出现饱和效应。这种饱和效应应该在材料响应多光子激发的理论和实验分析中予以考虑。两光子吸收饱和过程已经得到了广泛研究，在6.3节中做了详细的介绍。但是，对于三光子吸收过程，在光激发载流子分布远离平衡态和容易预测到饱和效应的情况下，建立强飞秒激光作用于宽带半导体仍然是一项具有挑战性的任务。与此同时，在文献中定量理解饱和的三光子吸收过程非常少，尽管在重要的技术应用中需要考虑这种饱和行为[30]。导致三光子吸收饱和少有报道的原因主要有三点：一是相比于两光子吸收饱和，三光子吸收饱和更难被观察到，这可以从跃迁概率上解释；二是高光强激发下才能出现三光子吸收的饱和，但是在高光强下，其他非线性光学效应妨碍了实验结果；三是高光强激发下有可能损坏了非线性光学材料。本节首先介绍三光子吸收饱和模型，然后运用Adomian分解法给出表征三光子吸收饱和的Z-扫描解析理论，最后介绍实验研究ZnO晶体中的三光子吸收饱和效应[31]。

　　基于态密度方法，Schroeder和Ullrich提出了两光子吸收饱和理论[25]。该理论与通过速率方程分析获得的饱和两光子吸收模型一致[23]。类似地，可以推导出如下的光强依赖的三光子吸收系数。这里我们考虑带隙以上占有态的态密度N_a的暂态行为是

$$\frac{dN_a}{dt} = \frac{\alpha_3 I^3(t)}{3\hbar\omega} \tag{6.48}$$

其中，$3\hbar\omega$是入射三个光子的能量；$I(t) = I\exp[-4\ln(2)t^2/\tau_F^2]$，这里$\tau_F$是激光束的半高全宽（FWHM）脉冲宽度；$\alpha_3$是光强依赖的三光子吸收系数。将（6.48）式对时间积分，得

$$N_a = \frac{\alpha_3 I^3 \tau_F}{3\hbar\omega} \sqrt{\frac{\pi}{12\ln 2}} \tag{6.49}$$

方程（6.49）式仅描述了稳态情形。严格来说，布居数在时间上并不是常数。事实上，载流子对的产生和复合是一个竞争过程。然而，强飞秒激光脉冲在光激发载流子分布远离平衡态的材料内传播时，认为"每个激光脉冲是独立的"这种似是而非的假设是有效的。

　　依赖于占有态和激发态的布居数，吸收系数可以描述如下[25]

$$\alpha_3 = \frac{N_g - N_a}{N_0}\alpha_3^0 \tag{6.50}$$

其中，N_g 是带隙以下占有态的布居数；$N_0 = N_g + N_a$ 是占有态的总布居数；α_3^0 是低光强近似下的三光子吸收系数；$\Delta N = N_g - N_a$ 是高于带隙和低于带隙的占有态的布居数之差。在低光强条件下，ΔN 是一个等于平衡布居密度差 ΔN_0 的常数。然而，在非常高的光强下，光激发载流子分布远离平衡态，也就是说 N_g 远大于 N_a。在 $N_g \approx N_0$ 的近似条件下，将（6.49）式中的 N_a 代入（6.50）式，可以获得如下表达式

$$\alpha_3 = \frac{\alpha_3^0}{1 + I^3/I_S^3} \tag{6.51}$$

其中，三光子饱和强度为

$$I_S^3 = \frac{3\hbar\omega N_0}{2\alpha_3^0 \tau_F}\sqrt{\frac{12\ln 2}{\pi}} \tag{6.52}$$

为简单起见，假定激光束在具有三光子吸收饱和效应的薄样品中传播。样品内的光强遵循如下方程

$$\frac{dI}{dz'} = -\frac{\alpha_3^0 I^3}{1 + I^3/I_S^3} \tag{6.53}$$

其中，z' 是光束在样品内的传播距离；I 是光强。

尽管从（6.53）式很难精确求解出用入射光强 I^{in} 表示的出射样品光强 I^{out}，正如 6.2 节和 6.3 节所讨论的，Adomian 分解法[15,16]提供了求解这类非线性吸收饱和问题的方法。

采用 Adomian 分解法，用（6.6）式～（6.11）式和（6.53）式，可得饱和三光子吸收时以级数形式给出的透射光强精确解 I_j^{out}

$$I^{out} = I^{in}\left[1 + \sum_{m=1}^{\infty}\frac{(-\alpha_3^0 I_S^2 L)^m}{m!}\frac{g_m(\eta)}{(1+\eta^3)^{2m-1}}\right] \tag{6.54}$$

其中，$\eta = I^{in}/I_S$。例如，$g_m(\eta)$ 的前两项为

$$g_1(\eta) = \eta^2 \tag{6.55}$$
$$g_2(\eta) = 3\eta^4 \tag{6.56}$$

将（6.25）式代入（6.54）式，然后对空间积分可得到样品位置 z 依赖的用多项式表示的归一化功率透过率

$$T(z,t) = 1 + \sum_{m=1}^{\infty}\frac{(-\alpha_3^0 I_S^2 L)^m}{m!}q_m(\rho) \tag{6.57}$$

其中，$\rho(t) = I_{00}h(t)/[I_S(1+z^2/z_0^2)]$。显然，三光子吸收饱和时的 Z-扫描曲线仅依赖于材料的固有属性 $\alpha_3^0 I_S^2 L$ 和入射脉冲激光束强度 $I_{00}h(t)$。$q_m(\rho)$ 的前

两项为

$$q_1(\rho) = \frac{\ln(1+\rho^3)}{3\rho} \tag{6.58}$$

$$q_2(\rho) = \frac{1}{18\rho}\left\{\frac{\rho^2(-3+6\rho^3)}{(1+\rho^3)^2} + 2(-1)^{1/3}\ln[1-(-1)^{1/3}\rho]\right.$$
$$\left. -2(-1)^{2/3}\ln[1+(-1)^{2/3}\rho] - 2\ln(1+\rho)\right\} \tag{6.59}$$

考虑到入射激光脉冲为高斯型时间脉冲波形，即 $h(t) = \exp(-t^2/\tau^2)$，可得归一化能量透过率为

$$T(z) = \frac{\tau}{\pi^{1/2}}\int_{-\infty}^{\infty} T(z,t)\exp(-t^2/\tau^2)\mathrm{d}t \tag{6.60}$$

如果入射光强远低于饱和光强，即 $I_0 \ll I_S$（也就是非饱和区域），(6.57) 式和 (6.60) 式退化为 5.2 节所讨论的未饱和三光子吸收的情形。

和 6.3 节的讨论类似，在实际模拟三光子吸收饱和时的开孔 Z-扫描曲线，必然要截止 (6.57) 式中有限项多项式。因为对任意光强 I_{00} 满足 $|q_m(\rho)| \leqslant 1$，可以估算取 (6.57) 式中求和上限 M 时的截取误差为

$$\varepsilon \leqslant \sum_{k=M+1}^{\infty} \frac{(\alpha_3^0 I_S^2 L)^k}{k!} \tag{6.61}$$

可知截取误差 $\varepsilon(M)$ 仅与材料的固有属性 $\alpha_3^0 I_S^2 L$ 有关，而与入射光强无关。如果 $\alpha_3^0 I_S^2 L$ 不是很大（比如，$\alpha_3^0 I_S^2 L \leqslant 2$，可取 $M=8$），可以很方便地采用上述的三光子吸收饱和 Z-扫描理论来分析材料的三光子吸收饱和。如果 $\alpha_3^0 I_S^2 L$ 比较大，则应采用数值模拟来分析材料的三光子吸收饱和效应。

现在介绍实验研究宽带半导体中的三光子吸收饱和[31]。实验所用样品为 ZnO 单晶（六方晶结构，〈0001〉取向，尺寸 $(10 \times 10 \times 1.0)\mathrm{mm}^3$，Atramet Inc.）。用开孔 Z-扫描技术研究样品的非线性吸收属性。光源是钛宝石再生放大器（Quantronix，Titan），输出能量 1mJ，脉冲宽度 120fs，重复频率 1kHz，近高斯型空间和时间线型的激光脉冲。样品在光束焦点附近沿光轴移动，透射能量被完全探测，这样实验结果仅反映了非线性吸收的信息。在高激发光强（高达 $500\mathrm{GW/cm}^2$）下，采用文献报道的 Z-扫描技术[32]可以判断出样品没有激光损伤。这里报道的 Z-扫描曲线均是激发光强低于损伤阈值时的结果。在超强激光脉冲激发下，考虑到传播衍射[33]，自聚焦样品（ZnO：$n_2 = 1.0 \times 10^{-5}\mathrm{cm}^2/\mathrm{GW}$ [34]）内的光腰将变小。用两个标准样品校准了 Z-扫描测试系统，结果表明实验不确定性在 $\pm 10\%$ 以内。选择二硫化碳作为标准样品是因为其具有大的折射非线性效应而且是常见样品。此外，用一片 CdS

晶体来校准实验系统是因为，在 780nm 波长下该样品具有大的两光子吸收系数。实验获得的该样品两光子吸收系数为 $(6.4\pm0.6)\mathrm{cm/GW}$，在实验不确定性 10% 以内，该结果与理论值高度吻合。

为了获得样品中三光子吸收饱和时三光子吸收激发载流子效应的直接证据，本书开展了不同泵浦光强下的时间分辨泵浦-探测测量。实验中使用了与 Z-扫描测量相同的激光系统，采用正交偏振的简并泵浦-探测装置。采用正交偏振的装置是为了消除任何"相干人为假象（coherent artifact）"的瞬态吸收信号。泵浦光束和探测光束的操作波长均为 780nm，也就是光子能量为 1.6eV。在泵浦-探测测量中，探测光强相对较弱，保持在 $0.1\mathrm{GW/cm^2}$，不到泵浦光强的 1%。

图 6.10 为不同激发光强 I_0 下 ZnO 晶体的 Z-扫描曲线，这里 I_{00} 是焦点处峰值在轴光强（注意，激光强度是样品内的光强，已经考虑了样品表面的菲涅耳反射）。用三光子吸收理论分析 Z-扫描实验曲线表明：一是在小于 $50\mathrm{GW/cm^2}$ 的低光强激发下，获得了与之前报道[34]一致的近似为常数的非线性吸收系数，说明在 1.6eV 光子能量激发下 ZnO 单晶确实具有三光子吸收；二是在高光强激发下，获得了类似于两光子吸收饱和过程[22,24-26]的光强依赖的非线性吸收系数，说明出现了三光子吸收饱和。

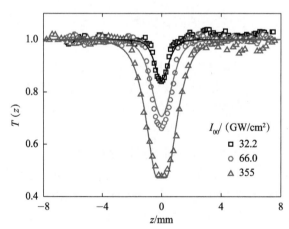

图 6.10　不同激发光强下 ZnO 晶体的 Z-扫描曲线

离散点是实验数据，而实线是用三光子吸收饱和 Z-扫描理论模拟的结果[31]

为了鉴别和研究饱和的三光子吸收，图 6.11 画出了光强 I_{00} 依赖的透过率倒数 $T(0)^{-1}$。观察到的饱和平台归功于在导带中的激发载流子和在价带中的占有态之间的态密度平衡。最近，通过非线性透过率实验在有机生色团中观察到了同样的饱和过程[30]。如果不考虑饱和效应，画出入射光强依赖的透过率倒数在图 6.11 中用虚线表示。显然，计算的结果严重偏离了实验数据。结果表明，在高光强激发下三光子吸收过程表现出了饱和行为。

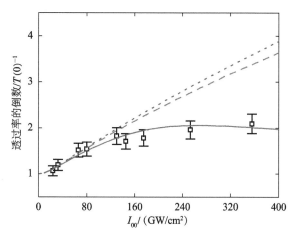

图 6.11　入射光强 I_{00} 依赖的能量透过率倒数 $T(0)^{-1}$。离散点是来源于 Z-扫描测量的实验数据；实线是采用三光子吸收饱和模型获得的理论拟合线；虚线（或点线）是考虑纯三光子吸收和没有（或有）自由载流子吸收时理论上的变化规律[31]

为了解释观察到的 Z-扫描实验结果，本书用三光子吸收饱和理论来分析实验数据。假定光束在具有三光子吸收饱和的半导体中传播，光强演变由如下表达式描述

$$\frac{\mathrm{d}I}{\mathrm{d}z'} = -\left[\alpha_3(I)I^2 + \sigma N_{e-h}\right]I \tag{6.62}$$

$$\frac{\mathrm{d}N_{e-h}}{\mathrm{d}t} = \frac{\alpha_3(I)I^3}{3\hbar\omega} - \frac{N_{e-h}}{\tau} \tag{6.63}$$

其中，$\alpha_3(I)$ 是光强依赖的三光子吸收系数，用（6.51）式表示；σ 是自由载流子吸收截面；N_{e-h} 是自由载流子密度；τ 是三光子激发自由载流子的有效弛豫时间，贡献来源于带内弛豫、带与带之间的复合，以及带与缺陷/表面之间的弛豫。

为了模拟实验结果，需要数值求解（6.62）式和（6.63）式，进而获得非线性介质的出射光强。通过对出射光强在空间和时间上积分可得到 Z-扫描曲线。在模型计算中，通过最佳拟合 Z-扫描实验数据可估算出三个自由参数 α_3^0，σ 和 I_S。在三光子吸收饱和模拟中，取有效弛豫时间为 1ps。事实上，在模拟中当 τ 从 1ps 变化到 200ps 的过程中对结果的影响均不明显，这是因为 τ 远大于激光脉冲宽度。为了核实三光子吸收饱和理论的正确性，本书对图 6.11 中的实验数据进行了拟合，分别得到了 $\alpha_3^0 = 0.013\mathrm{cm}^3/\mathrm{GW}^2$，$\sigma = 6.0 \times$

$10^{-18}\,\mathrm{cm^2}$ 和 $I_\mathrm{S}=44\mathrm{GW/cm^2}$。用最佳拟合图 6.11 中实验数据获得的参数来数值模拟了图 6.10 中的 Z-扫描曲线。从图 6.10 可以看出，三光子吸收饱和理论正确地描述了 Z-扫描实验结果。

相比于在光子能量为 1.6eV 和激发光强小于 $40\mathrm{GW/cm^2}$ 的条件下，发现 ZnO 晶体中的自由载流子吸收不明显[34]。在图 6.11 中，计算了同时考虑三光子吸收和自由载流子吸收时的非线性透过率。显然，低光强（$<100\mathrm{GW/cm^2}$）激发下可以名正言顺地省略自由载流子吸收。再者，这种发现被飞秒瞬态吸收测量（图 6.12）所支持。但是，当光强超过 $100\mathrm{GW/cm^2}$ 时，如图 6.11 所示，自由载流子吸收对整个非线性吸收的贡献不能忽略。这里获得的 ZnO 晶体的载流子吸收截面非常接近于报道值[35]。

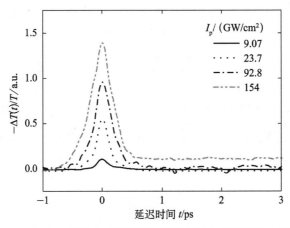

图 6.12　在 ZnO 晶体中不同泵浦光强下泵浦和探测脉冲之间时间
延时依赖的瞬态透过率变化[31]

图 6.12 为 ZnO 晶体中作为延迟时间 t 函数的简并瞬态吸收信号 $-\Delta T(t)/T$。在低泵浦光强（$I_\mathrm{p}<100\mathrm{GW/cm^2}$）下，如图 6.12 所示，信号关于中心峰值零延迟点近似对称，说明非线性响应是瞬态的。这一发现和之前的研究相一致[34]。在忽略自由载流子吸收的情况下无疑可以获得三光子吸收效应。但是，在高光强激发下，瞬态吸收信号明显包括两部分。通过双指数项模型，获得 $\tau_1\sim120\mathrm{fs}$ 和 $\tau_2\geqslant100\mathrm{ps}$，这里 τ_1 是所用激光脉冲的自相关值，τ_2 是带间弛豫时间。ZnO 晶体中的带间弛豫时间与 CdS 晶体的在同一数量级[24]。在 Z-扫描实验中，估算的 τ_2 值与泵浦-探测实验的结果一致，说明用泵浦-探测测量获得的 τ_2 是合理可靠的。

与 CdS 纳晶中两光子吸收过程的行为类似[24]，如图 6.13 所示，ZnO 晶体中零延迟处瞬态吸收信号峰值主要来源于带间三光子吸收过程。随着泵浦光强的增加，峰值信号非线性地增加并出现了饱和。在图 6.13 中，实线为考虑了三光子吸收饱和时的计算结果，而点线则为仅考虑三光子吸收的情况。数值模拟用参数来源于 Z-扫描测量。得出的结论是，带间饱和在三光子吸收饱和中占优，来源于电子布居而不是空穴布居的饱和。

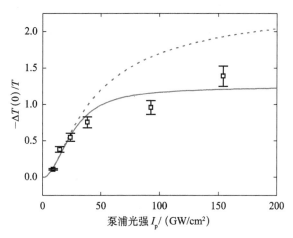

图 6.13　在 ZnO 晶体中泵浦光强依赖的零延时处瞬态吸收信号峰值

离散点是实验数据，实线（点线）是三光子吸收饱和（三光子吸收）时瞬态吸收测量的理论模拟结果；模拟参数来源于 Z-扫描测量的结果[31]

6.5　饱和吸收和两光子吸收共存

在 5.2 节和 5.3 节分别介绍了 Z-扫描理论表征单一的多光子吸收和两种多光子吸收效应共存。研究表明，在强激光脉冲激发下一些材料同时存在饱和吸收和两光子吸收（或反饱和吸收），使得开孔 Z-扫描曲线的改变依赖于所用激光的光强或者波长[36-42]。Rao 等[36]发现，在 600nm 波长下罗丹明 B 中随着浓度或者光强的增加，非线性吸收效应从饱和吸收改变为反饱和吸收。Rangel-Rojo 等[37]报道，随着入射光强的增加，新颖有机材料的非线性吸收来源于同时的饱和吸收和感应吸收（即随着在轴峰值光强的增加，非线性透过率降低）。Gao 等[38]用唯象的饱和吸收和两光子吸收共存模型解释了非线性吸收从饱和吸收转变为反饱和吸收，通过拟合实验曲线估算出了饱和光强和非线性吸收系数。Cassano 等[39]用不同光强下的 Z-扫描技术研究了钌氧杂环戊二烯化合物，观察到了开孔 Z-扫描曲线从反饱和吸收到饱和吸收的转变。Wang 等发现，随着激发能量的增加或者粒子尺寸的增加，金纳米粒子陈列的非线性吸收从反饱和吸收改变为饱和吸收，而非线性折射从自散焦改变为自聚焦[40,41]。Yang 等[42]实验观察到了双层石墨烯中的饱和吸收和光子吸收共存效应。对于材料同时具有饱和吸收和两光子吸收效应时，区分非线性吸收效应和提取光物理参量（两光子吸收系数和饱和光强）就显得非常重要。本节将介绍饱和吸收和两光子吸收共存时的 Z-扫描解析表达式，研究在 Z-扫描曲线中饱和吸收和两光子吸收的相互作用；通过测量不同光强下的 Z-扫描曲线，快速而准确地获得饱和光强和两光子吸收系数[43]。

应用文献［38，44］提出的模型来研究材料同时具有饱和吸收和两光子吸收的开孔 Z-扫描理论。这个模型已经成功地解释了铂纳米球水溶液中入射光强依赖的非线性吸收效应[38]。模型包括如下两项：第一项代表饱和吸收，第二项表示两光子吸收

$$\alpha(I) = \frac{\alpha_0}{1 + I/I_S} + \alpha_2 I \tag{6.64}$$

其中，I_S 和 α_2 分别表示饱和光强和两光子吸收系数。

考虑到入射激光束（光强分布用 I^{in} 表示）在非线性薄样品中传播，出射样品处的光强分布可写成

$$I^{out} = I^{in} - \int_0^L \alpha(I) I \, \mathrm{d}z' \tag{6.65}$$

其中，L 是样品厚度。

采用 Adomian 分解法这种通用技术，用（6.6）式～（6.11）式和（6.65）式，可得非线性薄样品同时具有饱和吸收和两光子吸收时，用级数形式表示的出射光强精确解 I_j^{out}

$$I^{out} = I^{in}\left[1 + \sum_{m=1}^{\infty} \frac{(-\alpha_0 L)^m}{m!} \frac{g'_m(\eta)}{(1+\eta)^{2m-1}} + \sum_{m=1}^{\infty} \frac{(-\alpha_2 I_S L)^m}{m!} \frac{g''_m(\eta)}{(1+\eta)^{2m-1}}\right] \tag{6.66}$$

其中，

$$g'_m(\eta) = \frac{g_m(\eta)}{\alpha_0^{m-1}} \tag{6.67}$$

$$g''_m(\eta) = \frac{g_m(\eta)\eta(1+\eta)}{(\alpha_2 I_S)^{m-1}} \tag{6.68}$$

和 $\eta = I^{in}/I_S$。例如，$g_m(\eta)$ 的前两项为

$$g_1(\eta) = 1 \tag{6.69}$$

$$g_2(\eta) = \alpha_0 + 2\alpha_2 I_S \eta (1+\eta)^2 \tag{6.70}$$

现在假定入射激光脉冲为空间和时间上均为高斯型分布，入射样品的光强分布用（6.25）式表示，其中 $h(t) = \exp(-t^2/\tau^2)$。将（6.25）式代入（6.66）式，可得到透过非线性吸收样品的透射光强 $I^{\text{out}}(r,z,t)$。对透射光强空间积分，获得了随样品相对位置 x 变化的归一化功率透过率解析解表达式

$$T(x,t) = \exp(\alpha_0 L)\left[1 + \sum_{m=1}^{\infty}\frac{(-\alpha_0 L)^m}{m!}q_m'(\rho) + \sum_{m=1}^{\infty}\frac{(-\alpha_2 I_{\text{s}}L)^m}{m!}q_m''(\rho)\right]$$

(6.71)

式中，$\rho(t) = I_{00}h(t)/[I_{\text{s}}(1+x^2)]$ 是与时间有关的项。参数 $q_m'(\rho)$ 和 $q_m''(\rho)$ 的前两项为

$$q_1'(\rho) = \ln(1+\rho)/\rho \tag{6.72}$$

$$q_2'(\rho) = \frac{2+\rho}{2(1+\rho)^2} + \frac{2\alpha_2 I_{\text{s}}[\rho - \ln(1+\rho)]}{\alpha_0\rho} \tag{6.73}$$

$$q_1''(\rho) = \rho/2 \tag{6.74}$$

$$q_2''(\rho) = \frac{\alpha_0(2+\rho)}{2\alpha_2 I_{\text{s}}(1+\rho)^2} + 2 - \frac{2\ln(1+\rho)}{\rho} \tag{6.75}$$

如果材料仅具有饱和吸收而无两光子吸收，（6.66）式和（6.71）式分别退化为（6.12）式和（6.26）式所讨论的饱和吸收情形。

为了研究材料的超快非线性光学效应，在实验测量中常使用低重复频率的超快激光脉冲作为光源。对于高斯型时间脉冲波形，可得归一化能量透过率为

$$T(z) = \frac{\tau}{\pi^{1/2}}\int_{-\infty}^{\infty}T(z,t)\exp(-t^2/\tau^2)\mathrm{d}t \tag{6.76}$$

从（6.71）式和（6.76）式可以看出，饱和吸收和两光子吸收共存时的 Z-扫描能量透过率曲线仅依赖于材料的固有属性（$\alpha_0 L$ 和 $\alpha_2 I_{\text{s}}L$）和入射光束峰值光强 I_{00}。在实际应用中，需要截止（6.71）式中有限项多项式。

类似于（6.38）式和（6.47）式，可以估算出取（6.71）式中 M 项时的截止误差为

$$\varepsilon \leqslant \mathrm{e}^{\alpha_0 L}\sum_{k=M+1}^{\infty}\frac{[(\alpha_0 L)^k + (\alpha_2 I_{\text{s}}L)^k]}{k!} \tag{6.77}$$

重要的是，截取误差 $\varepsilon(M)$ 仅与材料的固有属性 $\alpha_0 L$ 和 $\alpha_2 I_{\text{s}}L$ 有关，而与激光强度无关，这就意味着我们不需要关注不同激光强度对截取误差 $\varepsilon(M)$ 的影响。

在大多数情况下，用超快激光脉冲探测材料的光学非线性效应。在以下分析中，用（6.76）式讨论不同光强下的 Z-扫描曲线。作为测试，取材料同

时具有饱和吸收和两光子吸收过程的非线性参量 $\alpha_0 = 1.43\text{cm}^{-1}$，$L = 0.2\text{cm}$，$I_S = 0.0011\text{GW/cm}^2$ 和 $\alpha_2 = 32\text{cm/GW}$[38]。本书用（6.76）式和（6.77）式模拟了不同光强下的 Z-扫描曲线。图 6.14 为四种不同光强 $I_{00} = 0.011\text{GW/cm}^2$，$0.024\text{GW/cm}^2$，$0.041\text{GW/cm}^2$ 和 0.065GW/cm^2 下用解析方法（实线表示）和数值模拟（离散点）获得的开孔 Z-扫描曲线。可以看出解析结果与数值模拟高度一致。此外，图 6.14 也展示了随着入射光强增加，饱和吸收和两光子吸收之间存在着竞争，导致了开孔 Z-扫描曲线的变化。在低光强 $I_{00} = 0.011\text{GW/cm}^2$ 下，如图 6.14（a）所示，归一化能量透过率展示了关于焦点（$z = 0$）对称的单峰结构，意味着饱和吸收在材料的非线性属性中占主导地位。随着入射光强增加，在 $z = 0$ 处出现了峰，Z-扫描曲线呈现出了双峰单谷结构。随着光强持续增加，如图 6.14（b）～（d）所示，Z-扫描曲线中谷单调增强，峰逐渐退化。容易理解这是两光子吸收效应导致了 Z-扫描曲线中谷的增强。而且也说明，随着光强 I_{00} 的增加，跟随着饱和吸收出现了两光子吸收过程。

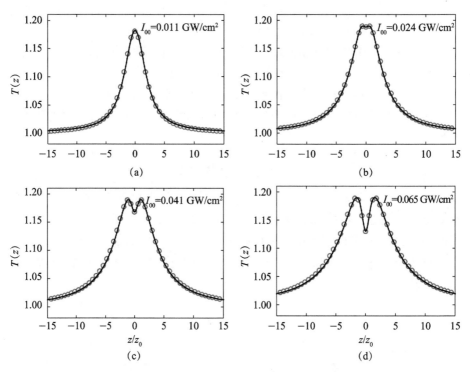

图 6.14　四种不同光强下的开孔 Z-扫描曲线

实线和离散点分别是用（6.76）式和数值模拟的结果[43]

为了进一步展示非线性材料同时具有饱和吸收和两光子吸收的行为，图

6.15 给出了光强 I_{00} 依赖的焦点处归一化透过率 $T(z=0)$。采用文献 [38] 的参数计算的结果在图 6.15 中用三角形表示。为了比较，材料具有纯两光子吸收和纯饱和吸收的情况分别在图 6.15 中用正方形和圆圈表示。可以看出，随着光强增加，两光子吸收的情况是 $T(z=0)$ 单调地减小；对饱和吸收而言，$T(z=0)$ 是先增加而后近似保持不变单调。但是对于材料同时存在饱和吸收和两光子吸收的情形，$T(z=0)$ 存在转变，是先增加后减小，这来源于饱和吸收和两光子吸收效应之间的竞争。这种光强依赖的透过率曲线（样品位于 $z=0$ 处）可以用来鉴别材料是否同时拥有饱和吸收和两光子吸收。

　　因此，为了获得被测量材料的非线性吸收系数，可以首先得到如图 6.15 所示的入射光强依赖的归一化透过率 $T(z=0)$。其后，如果材料同时存在饱和吸收和两光子吸收，可以做不同光强激发下的一系列开孔 Z-扫描实验，然后用解析表达式（6.76）式来拟合测量曲线。通过调整（6.76）式中的两个自由参数 I_S 和 α_2，用解析式最佳拟合实验上的 Z-扫描曲线。最后，可以快速而容易地获得非线性材料的 I_S 和 α_2 值。

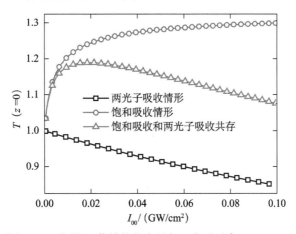

图 6.15　光强 I_{00} 依赖的焦点处归一化透过率 $T(z=0)$
正方形对应于材料仅具有两光子吸收效应；圆圈对应于饱和吸收；而三角形对应于
饱和吸收和两光子吸收共存的情形[43]

6.6　饱和克尔非线性

　　除了非线性吸收会出现饱和，非线性折射效应也同样如此。大多数研究只关注具有极端高饱和强度的透明材料。这类具有三阶非线性折射效应的材料称为克尔介质，在诸如超快全光器件等方面应用广泛。事实上，许多材料在高光强激发下表现出明显的克尔非线性效应的饱和。例如，掺杂离子晶体[3-5]、有机材料[6,7]、硫化玻璃[8]和热原子蒸气（hot atomic vapor）[10]等均呈现出这样的饱和行为。当所用光束的光强接近或者高于所测样品的特征饱和强度时，饱和效应对 Z-扫描曲线（即归一化透过率曲线）的影响不可忽视。否则，如果用描述克尔非线性效应的理论去解释和拟合非线性折射饱和的实验数据，得到的结果显然是无效的。现在已经发展了多种高斯光束 Z-扫描方法来处理饱和克尔非线性（saturable Kerr nonlinearity）问题[4,45-47]。本节将介绍闭孔 Z-扫描技术表征饱和克尔非线性效应，定量分析三阶非线性折射的饱和对 Z-扫描特征曲线的影响，提出鉴别和分离非线性折射饱和的方法。

对于理想的克尔介质，光感应折射率变化直接正比于光强。实际上，理想的克尔介质并不存在。如果在实验中所用光束强度远高于实际材料的饱和光强，可以将材料看成克尔介质。然而，一些材料具有相对低的饱和强度，需要考虑克尔非线性的饱和效应。因此，在饱和克尔非线性的情况下，光感应折射率变化 Δn 是光强的非线性函数，可以被写成[3-8]

$$\Delta n(I) = n_2^0 \frac{I}{1 + I/I_{\mathrm{S}}} \tag{6.78}$$

其中，n_2^0 是低光强近似下的非线性折射率（或称为未饱和非线性折射率）；I 和 I_{S} 分别是介质中的光强和特征饱和光强。显然，当 I_{S} 足够大，$\Delta n(I)$ 退化成 $\Delta n(I) = n_2^0 I$，即折射率改变线性依赖于光强，此时材料是理想的克尔介质。

为简单起见，本节讨论限制在样品的线性和非线性吸收可以忽略，仅存在非线性折射。事实上，在实验中容易满足这样的条件[10]。在薄样品近似下，光束在样品内沿 z 方向传播时感应的空间依赖的相移为

$$\Delta\phi = \int_0^L k\Delta n(I)\mathrm{d}z' = \frac{kn_2^0 I(r,z;t)L}{1 + I(r,z;t)/I_{\mathrm{S}}} \tag{6.79}$$

其中，$k = 2\pi/\lambda$ 是波矢。

存在饱和克尔非线性时，样品出射面的电场可表示为

$$E_{\mathrm{e}}(r,z;t) = E(r,z;t)\exp\left[\frac{ikn_2^0 I(r,z;t)L}{1 + I(r,z;t)/I_{\mathrm{S}}}\right] \tag{6.80}$$

这里，$E(r,z;t)$ 和 $I(r,z;t)$ 表示样品入射面的电场和强度分布，分别用（4.30）式和（4.31）式表示。此外，定义两个重要参数分别为在轴峰值非饱和相移和饱和参数

$$\phi_0 = \phi(0,0;0)\,|_{I_S=\infty} = kn_2^0 I_{00} L \tag{6.81}$$

$$\eta = I_{00}/I_S \tag{6.82}$$

基于惠更斯-菲涅耳衍射积分法[48]，可得远场光阑处的光场分布为

$$E_a(r_a,z;t) = \frac{2\pi}{i\lambda(d-z)}\exp\left[\frac{i\pi r_a^2}{\lambda(d-z)}\right]$$

$$\times \int_0^\infty E_e(r,z;t)\exp\left[\frac{i\pi r^2}{\lambda(d-z)}\right]J_0\left[\frac{2\pi r_a r}{\lambda(d-z)}\right]r\mathrm{d}r \tag{6.83}$$

其中，$J_0(\bullet)$ 是零阶贝塞尔函数；d 是光束焦平面到远场光阑处的距离。于是，容易获得归一化能量透过率为

$$T(z,s) = \frac{4}{\pi^{1/2}I_0\omega_0^2 s}\int_{-\infty}^{+\infty}\mathrm{d}t\int_0^{R_a}|E_a(r_a,z;t)|^2 r_a\mathrm{d}r_a \tag{6.84}$$

其中，$s = 1-\exp(-2R_a^2/\omega_a^2)$ 是远场光阑的线性透过率；$\omega_a = \omega_0 d/z_0$ 和 R_a 分别是没有非线性效应时光阑处光束半径和远场光阑的孔径。

首先研究饱和效应对高斯光束 Z-扫描曲线的影响。例如，图 6.16 画出了当 $\phi_0 = 0.5\pi$，$s = 0.01$ 和 $I_{00} = 10\mathrm{GW/cm^2}$ 时不同饱和光强 $I_S = 20\mathrm{GW/cm^2}$，$10\mathrm{GW/cm^2}$ 和 $2\mathrm{GW/cm^2}$ 下的 Z-扫描曲线 $T(z)$。为了便于比较，图 6.16 也画出了理想克尔介质（对应于 $I_S = \infty$）情况下的 Z-扫描曲线。可以看出，Z-扫描峰谷差 ΔT_{PV} 随着饱和光强 I_S 的增加而增加，在 $I_S = \infty$（即对应于理想的克尔介质）时达到最大值。很明显，饱和效应的增强（即 I_S 的减小）导致了 Z-扫描峰谷差 ΔT_{PV} 的明显减小。

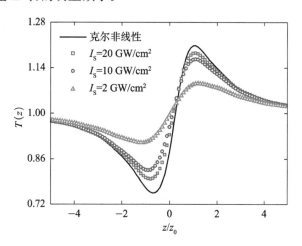

图 6.16 克尔介质（图中实线）和不同饱和光强下饱和克尔介质（离散点）的 Z-扫描曲线。模拟用参数为 $\phi_0 = 0.5\pi$，$s = 0.01$ 和 $I_{00} = 10\mathrm{GW/cm^2}$

为了定量理解克尔非线性的饱和导致 Z-扫描曲线中峰谷差 ΔT_{PV} 的减小，探究当饱和克尔介质处于透镜后焦面时饱和光强 I_S 依赖的感应折射率变化 $\Delta n(r, z = 0, t = 0)$ 的空间分布是非常有价值的。图 6.17 所示为当 $\phi_0 = 0.5\pi$ 和 $I_S = 10\mathrm{GW/cm^2}$ 时，不同饱和参数 $\eta = 0$、1、5 和 10 下的理论计算结果。当 $\eta = 0$（对应于理想的克尔介质，即 $I_S = \infty$）时，因为 $\Delta n(r, z = 0, t = 0) \propto I(r, 0, 0) \propto \exp(-2r^2/\omega_0^2)$，$\Delta n(r, 0, 0)$ 的空间分布具有高斯型分布。随着饱和参数 η 的增加，$\Delta n(r, 0, 0)$ 的空间分布变宽，展示了在中心出现平坦区域的趋势。$\Delta n(r, 0, 0)$ 的空间分布这种变化行为使得光感应的类透镜效应变弱。因此，Z-扫描中的峰谷差 ΔT_{PV} 变小。此外，非线性折射率有效值 $n_2^{\mathrm{eff}} = n_2^0/(1 + I_{00}/I_S)$ 的下降也引起了 Z-扫描信号的减小。

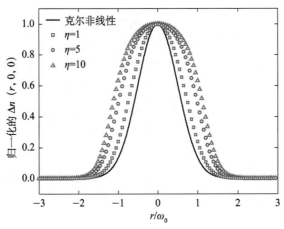

图 6.17　各种饱和参数 $\eta = I_{00}/I_S$ 下归一化非线性折射率分布 $\Delta n(r, z = 0, t = 0)$

以下给出定量分析。定义 $\Delta n(r, z = 0, t = 0)$ 的半峰全宽的一半为 r_F。图 6.18 给出了饱和参数 η 依赖的 r_F 和 ΔT_{PV}。可以看出：①当 $\eta \leqslant 0.01$ 时（即，极端弱饱和情况），饱和效应可以忽略，用描述理想克尔非线性的理论 (4.61) 式来处理高斯光束 Z-扫描实验数据，然后获得样品的三阶非线性折射率；②在弱饱和区域（$0.01 < \eta < 1$），随着饱和参数 η 的增加，r_F 和 ΔT_{PV} 分别非线性地增加和减小；③在过饱和（$\eta \geqslant 1$）的情况下，饱和参数（换言之，饱和效应）强烈地影响了 $\Delta n(r, 0, 0)$ 的空间分布和 Z-扫描的峰谷差 ΔT_{PV}；具体地说，随着 η 的增加，r_F 和 ΔT_{PV} 值分别快速地（近似线性地）增加和减小。

图 6.19 展示了当 $n_2^0 = 1.5 \times 10^{-5}\,\mathrm{cm^2/GW}$，$L = 1\mathrm{mm}$，$\lambda = 800\mathrm{nm}$，$\omega_0 = 15\,\mu\mathrm{m}$，$z_0 = 0.9\mathrm{mm}$ 和 $s = 0.01$ 时，不同饱和光强 $I_S = \infty$（理想的克尔介

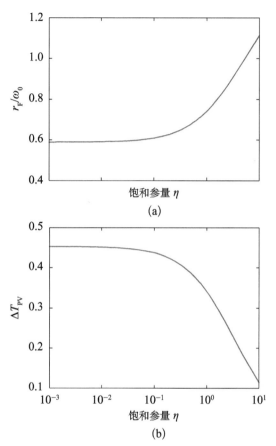

图 6.18 饱和参数 η 依赖的 (a) r_{F}/ω_0 和 (b) ΔT_{PV}

数值模拟参数为 $\phi_0 = 0.5\pi$, $s = 0.01$ 和 $I_{00} = 10\mathrm{GW/cm^2}$

质), $100\mathrm{GW/cm^2}$, $20\mathrm{GW/cm^2}$, $10\mathrm{GW/cm^2}$ 和 $5\mathrm{GW/cm^2}$ 下光强 I_0 依赖的 Z-扫描峰谷差 ΔT_{PV}。可以看出,对于不同的 I_{S},ΔT_{PV} 对 I_{00} 展示出十分不同的行为。对于 $I_{\mathrm{S}} = 100\mathrm{GW/cm^2}$ 的情形,其值相对于理想的克尔非线性 ($I_{\mathrm{S}} = \infty$) 而言,具有较小的偏差(最大误差仅为 6.8%)。随着饱和效应(即 I_{S} 的减小)贡献的增加,Z-扫描峰谷差 ΔT_{PV} 降低,偏离(4.77)式描述的理想克尔介质的结果。

表征材料饱和非线性的关键问题是如何鉴别光学非线性是否出现饱和效应,如何从不同光强 I_{00} 下测量的 Z-扫描曲线中获得非线性折射率 n_2^0 和特征饱和光强 I_{S}。常见方法如下[8-10]:首先,暂时假定测量的材料是一个理想的克尔非线性介质,尽管其实际上具有饱和克尔非线性;其次,将非线性折射

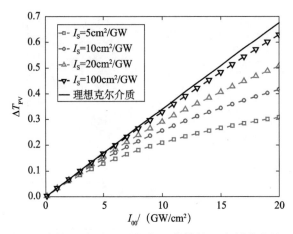

图 6.19 不同饱和光强 I_S 下光强 I_{00} 依赖的 Z-扫描峰谷差 ΔT_{PV}

模拟用参数为 $n_2^0 = 1.5 \times 10^{-5}\,\text{cm}^2/\text{GW}$，$L = 1\,\text{mm}$，$\lambda = 800\,\text{nm}$ 和 $s = 0.01$

率 n_2^{nom} 和光束的瑞利长度 z_0 设成自由参数，采用 4.3 节的（4.67）式拟合 Z-扫描实验数据，获得光强依赖的有效非线性折射率和光束束腰半径。在高斯光束 Z-扫描配置中，按照上述提及的传统方法，研究了不同饱和光强 I_S 下 I_{00} 依赖的 n_2^{nom} 和有效光束束腰半径 ω_{eff}，其结果如图 6.20 所示。数值模拟中所用参数和图 6.19 的一致。为了便于比较，图 6.20 也呈现了理想克尔非线性的情况。事实上，对于理想的克尔介质，有 $n_2^{nom} = n_2^0$。很显然，n_2^{nom} 和 ω_{eff} 与 I_{00} 之间的关系随着饱和光强 I_S 的减小展示出了从线性相关到非线性相关的演变，而且 n_2^{nom} 和 ω_{eff} 分别随着 I_0 的增加而减小和增大。

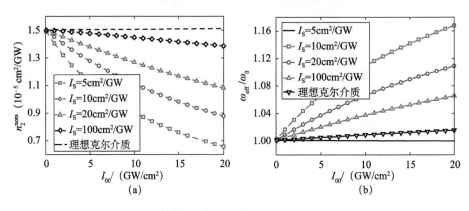

图 6.20 采用常用方法获得的不同饱和光强下，光强 I_{00} 依赖的名义上的

（a）非线性折射率 n_2^{nom} 和（b）有效光束束腰半径

数值模拟参数和图 6.19 中的相同

现在尝试从高斯光束 Z-扫描中分离饱和效应的贡献。其目的是评估常用方法获得的非线性折射率和饱和光强是否有效。我们将结果与理论值进行比较。例如,选择理论值 $n_2^0 = 1.5 \times 10^{-5}$ cm²/GW 和 $I_S = 10$ GW/cm²,其后 I_{00} 依赖的 n_2^{nom} 如图 6.21 中的正方形所示,理论上可写成 $n_2^{\mathrm{nom}} = 1.5 \times 10^{-5} / (1 + I_{00}/I_S) = 1.5 \times 10^{-5} / (1 + 0.1 I_{00})$ cm²/GW,其中 I_{00} 的单位是 GW/cm²。基于上面提及的通常方法,导致 I_{00} 依赖的 n_2^{nom} 用图 6.21 中的圆圈描述。显然,尽管获得的 n_2^0 值是精确的,但获得的 I_S 完全不同于理论值。因此,用这种惯例方法来估算非线性折射率是合适的,但不适用于提取饱和光强。

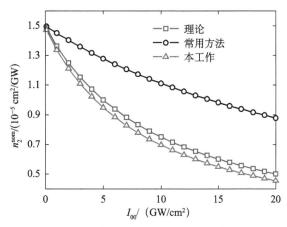

图 6.21　当 $n_2^0 = 1.5 \times 10^{-5}$ cm²/GW 和 $I_S = 10$ GW/cm² 时,用不同方法获得的 I_{00} 依赖的名义上非线性折射率 n_2^{nom}

从理论和实验的角度来看,不依赖于数值拟合 Z-扫描实验数据而从 Z-扫描曲线直接获得 n_2^0 值将是极为方便的事。在克尔介质中这是可以实现的,因为通过测量 Z-扫描峰谷透过率差 ΔT_{PV} 就可以直接计算出非线性折射率,见 (4.77) 式。因此,饱和克尔非线性的公式应该具有如下特征:①如果所用光强远小于饱和光强,如上所述的 $\eta \leqslant 0.01$,公式应退化成所期待的克尔介质的三阶非线性;②在低光强下,可以将饱和克尔非线性看成高阶非线性光学效应,并将折射率变化展开成 $\Delta n(I) \approx n_2^0 I - n_2^0 I^2 / I_S = n_2^0 I + n_4 I^2$,相当于介质名义上共存三阶和五阶非线性折射但 n_2^0 和 n_4 具有相反的符号。对饱和克尔非线性而言,Z-扫描曲线中谷-峰/峰-谷结构保持不变。但是当材料拥有高阶非线性折射时,三阶和五阶非线性折射率具有相反的符号,Z-扫描曲线不再保持简单的谷-峰/峰-谷结构,有可能出现双谷-峰结构甚至峰和谷的反转,相关讨论见 5.6 节。考虑到非线性介质中的饱和效应,通过和数值模拟比较,发现了如下关系式

$$\Delta T_{PV} = \frac{0.406}{\sqrt{2}(1+0.27I_{00}/I_S)}(1-s)^{0.268}\,|\,\phi_0\,| \qquad (6.85)$$

该经验公式在 $|\,\phi_0\,|<\pi$，$s\leqslant 0.5$ 和 $I_{00}\leqslant 4I_S$ 的范围内误差不大于 5.5%。

如果已经知道了样品的特征饱和光强 I_S，就可以通过（6.85）式和关系式 $n_2^0=\phi_0/(kI_{00}L)$ 立即获得非线性折射率 n_2^0。事实上，大多数情况下在操作光强下从单个 Z-扫描曲线很难判断样品是否呈现出饱和效应。测量在不同光强下的一系列 Z-扫描曲线是非常有效的方法。本书建议采用如下步骤：①测量不同 I_{00} 下的一系列 Z-扫描曲线；②获得作为 I_{00} 函数的 ΔT_{PV}；③借助于已知的 s，用（6.85）式非线性拟合 $\Delta T_{PV}\sim I_{00}$，分别获得特征饱和光强 I_S 和非线性折射率 n_2^0。为了比较，用上述方法获得的 n_2^0 和 I_S 构造了 $n_2^{nom}=n_2^0/(1+I_{00}/I_S)$，在图 6.21 中用三角形表示。显然，提出的方法用来提取饱和克尔介质的非线性参量具有很高的精度。

参 考 文 献

[1] Fan Y X, He J L, Wang Y G, et al. 2-ps passively mode-locked Nd：YVO₄ laser using an output-coupling-type semiconductor saturable absorber mirror[J]. Applied Physics Letters, 2005, 86(10)：101103.

[2] Sheik-Bahae M, Said A A, Wei T H, et al. Sensitive measurement of optical nonlinearities using a single beam[J]. IEEE Journal of Quantum Electronics, 1990, 26(4)：760-769.

[3] CatundaT, Cury L A. Transverse self-phase modulation in ruby and GdAlO₃：Cr⁺³ crystals[J]. Journal of the Optical Society of American B-Optical Physics, 1990, 7(8)：1445-1455.

[4] Oliveira L C, Catunda T, Zilio S C. Saturation effects in Z-scan measurements[J]. Japanese Journal of Applied Physics Part 1-Regular Papers Short Notes & Review Papers, 1996, 35(5A)：2649-2652.

[5] Samad R E, Baldochi S L, Morato S P, et al. Determination of Ni²⁺ concentration dependence of the nonlinear refractive index of BaLiF₃：Ni²⁺ crystal by the resonant Z-scan method[J]. Solid State Communications, 1998, 107(4)：171-176.

[6] Demenicis L, Gomes A S L, Petrov D V, et al. Saturation effects in the nonlinear-optical susceptibility of poly(3-hexadecylthiophene)[J]. Journal of the Optical Society of American B-Optical Physics, 1997, 14(3)：609-614.

[7] Tatsuura S, Wada O, Tian M, et al. Large χ⁽³⁾ of squarylium dye J aggregates measured using the Z-scan technique[J]. Applied Physics Letters, 2001, 79(16)：2517-2519.

［8］ Smektala F,Quemard C,Couderc V,et al. Non-linear optical properties of chalcogenide glasses measured by Z-scan［J］. Journal of Non-Crystalline Solids,2000,274(1-3):232-237.

［9］ Gu B,Wang Y H,Peng X C,et al. Giant optical nonlinearity of a $Bi_2Nd_2Ti_3O_{12}$ ferroelectric thin film［J］. Applied Physics Letters,2004,85(17):3687-3689.

［10］ Mccormick C F,Solli D R,Chiao R Y,et al. Saturable nonlinear refraction in hot atomic vapor［J］. Physical Review A,2004,69(2):023804.

［11］ Wu K,Zhang X,Wang J,Li X,et al. WS_2 as a saturable absorber for ultrafast photonic applications of mode-locked and Q-switched lasers［J］. Optics Express, 2015, 23(9): 11453-11461.

［12］ Gu B,Fan Y X,Wang J,et al. Characterization of saturable absorbers using an open-aperture Gaussian-beam Z scan［J］. Physical Review A,2006,73(6):065803.

［13］ Yang L,Dorsinville R,Wang Q Z,et al. Excited-state nonlinearity in polythiophene thin films investigated by the Z-scan technique［J］. Optics Letters,1992,17(5):323-325.

［14］ Swartzlander G A,Yin H,Kaplan A E. Continuous-wave self-deflection effect in sodium vapor［J］. Journal of the Optical Society of American B-Optical Physics, 1989, 6(7): 1317-1325.

［15］ Adomian G. A review of the decomposition method in applied mathematics［J］. Journal of Mathematical Analysis and Applications,1988,135(2):501-544.

［16］ Sanchez F,Abbaoui K,Cherruault Y. Beyond the thin-sheet approximation:Adomian's decomposition［J］. Optics Communications,2000,173(1-6):397-401.

［17］ Samoc M,Samoc A,Davies B L,et al. Saturable absorption in poly(indenofluorene):a picket-fence polymer［J］. Optics Letters,1998,23(16):1295-1297.

［18］ Srinivas N K M,Rao S V,Rao N D. Saturable and reverse saturable absorption of Rhodamine B in methanol and water［J］. Journal of the Optical Society of American B-Optical Physics,2003,20(12):2470-2479.

［19］ Guo B,Liu J,Jia Y J,et al. Effect of piperazine group in side-chain azobenzene polymer on second-order optical nonlinearity by all-optical poling［J］. Journal of Optoelectronics and Advanced Materials,2005,7(2):1017-1021.

［20］ Sutherland R L with contributions by McLean D G,Kikpatrick S. Handbook of Nonlinear Optics［M］. second ed. New York:Marcel Dekker,2003.

［21］ Torruellas W E,Lawrence B L,Stegeman G I,et al. Two-photon saturation in the band gap of a molecular quantum wire［J］. Optics Letters,1996,21(21):1777-1779.

［22］ Lami J F,Gilliot P,Hirlimann C. Observation of interband two-photon absorption saturation in CdS［J］. Physical Review Letters,1996,77(8):1632-1635.

［23］ Kirkpatrick S M,Naik R R,Stone M O. Nonlinear saturation and determination of the two-photon absorption cross section of green fluorescent protein［J］. Journal of Physical

Chemistry B,2001,105(14):2867-2873.

[24] He J,Mi J,Li H P,et al. Observation of interband two-photon absorption saturation in CdS nanocrystals[J]. Journal of Physical Chemistry B,2005,109(41):19184-19187.

[25] Schroeder R,Ullrich B. Absorption and subsequent emission saturation of two-photon excited materials:theory and experiment[J]. Optics Letters,2002,27(15):1285-1287.

[26] Gu B,Fan Y X,Wang J,et al. Z-scan theory of two-photon absorption saturation and experimental evidence[J]. Journal of Applied Physics,2007,102(8):083101.

[27] Boudebs G,Cherukulappurath S,Guignard M,et al. Experimental observation of higher order nonlinear absorption in tellurium based chalcogenide glasses[J]. Optics Communications,2004,232(1-6):417-423.

[28] Goedert R,Becker R,Clements A,et al. Time-resolved shadow graphic imaging of the response of dilute suspensions to laser pulses[J]. Journal of the Optical Society of American B-Optical Physics,1998,15(5):1442-1462.

[29] Sheik-Bahae M,Hutchings D C,Hagan D J,et al. Dispersion of bound electronic nonlinear refraction in solids[J]. IEEE Journal of Quantum Electronics,1991,27(6):1296-1309.

[30] He G S,Zheng Q D,Baev A,et al. Saturation of multiphoton absorption upon strong and ultrafast infrared laser excitation[J]. Journal of Applied Physics,2007,101(8):083106.

[31] Gu B,He J,Ji W,et al. Three-photon absorption saturation in ZnO and ZnS crystals[J]. Journal of Applied Physics,2008,103(3):073105.

[32] Li H P,Zhou F,Zhang X J,et al. Bound electronic Kerr effect and self-focusing induced damage in second-harmonic-generation crystals [J]. Optics Communications,1997,144(1-3):75-81.

[33] Banerjee P P,Misra R M,Maghraoui M. Theoretical and experimental studies of propagation of beams through a finite sample of a cubically nonlinear material[J]. Journal of the Optical Society of American B-Optical Physics,1991,8(5):1072-1080.

[34] He J,Qu Y L,Li H P,et al. Three-photon absorption in ZnO and ZnS crystals[J]. Optics Express,2005,13(23):9235-9247.

[35] Zhang X,Ji W,Tang S. Determination of optical nonlinearities and carrier lifetime in ZnO[J]. Journal of the Optical Society of American B-Optical Physics,1997,14(8):1951-1955.

[36] Rao S V,Srinivas N K M N,Rao D N. Nonlinear absorption and excited state dynamics in Rhodamine B studied using Z-scan and degenerate four wave mixing techniques[J]. Chemical Physics Letters,2002,361(5-6):439-445.

[37] Rangel-Rojo R,Stranges L,Kar A K,et al. Saturation in the near-resonance nonlinearities in a triazole-quinone derivative[J]. Optics Communications,2002,203(3-6):385-391.

[38] Gao Y C,Zhang X R,Li Y L,et al. Saturable absorption and reverse saturable absorp-

tion in platinum nanoparticles[J]. Optics Communications,2005,251(4-6):429-433.

[39] Cassano T,Tommasi R,Meacham A P,et al. Investigation of the excited-state absorption of a Ru dioxolene complex by the Z-scan technique[J]. Journal of Chemical Physics,2005, 122(15):154507.

[40] Wang K,Long H,Fu M,et al. Size-related third-order optical nonlinearities of Au nano-particle arrays[J]. Optics Express,2010,18(13):13874-13879.

[41] Wang K,Long H,Fu M,et al. Intensity-dependent reversal of nonlinearity sign in a gold nanoparticle arrays[J]. Optics Letters,2010,35(10):1560-1562.

[42] Yang H,Feng X,Wang Q,et al. Giant two-photon absorption in bilayer graphene[J]. Nano Letters,2011,11(7):2622-2627.

[43] Wang J,Gu B,Wang H T,et al. Z-scan analytical theory for material with saturable ab-sorption and two-photon absorption[J]. Optics Communications,2010,283(18):3525-3528.

[44] Liu Z B,Wang Y,Zhang X L,et al. Nonlinear optical properties of graphene oxide in nanosecond and picosecond regimes[J]. Applied Physics Letters,2009,94(2):021902.

[45] Bian S,Martinelli M,Horowicz R J. Z-scan formula for saturable Kerr media[J]. Optics Communications,1999,172(1-6):347-353.

[46] Wang Y X,Saffman M. Z-scan formula for two-level atoms[J]. Optics Communications, 2004,241(4-6):513-520.

[47] Gu B,Wang H T. Theoretical study of saturable Kerr nonlinearity using top-hat beam Z-scan technique[J]. Optics Communications,2006,263(2):322-327.

[48] Gaskill J D. Linear Systems Fourier Transforms and Optics[M]. New York:Wiley, 1978.

第 **7** 章

偏振光 Z-扫描技术

归功于晶体的点群对称性和带结构特点，通常晶体的非线性光学响应是各向异性的。本章将介绍任意椭圆偏振光 Z-扫描技术表征各向同性和各向异性三阶非线性光学效应。结合晶体取向和光的偏振，将给出如何通过 Z-扫描技术表征各向异性三阶非线性极化率张量元，进而获得描述各向异性非线性效应的三阶非线性光学系数 $\chi_{1111}^{(3)}$、各向异性系数和二向色性系数。

7.1 背景介绍

大多数材料（如无序分子和纳米材料分散液）表现出各向同性或者宏观各向同性的三阶非线性光学效应。但是，晶体的点群对称性和能级结构特点造成了材料的三阶非线性光学响应是各向异性的[1,2]。这种各向异性的三阶非线性光学效应与入射激光的偏振和晶体的取向密切相关。比如，在线偏振光激发下，人们研究了诸如 BaF_2[3]、单根 ZnO 纳米线[4]、非极性 GaN[5] 和黑磷[6] 等多种材料的各向异性三阶非线性光学效应；在任意椭圆偏振光下人们研究了 BaF_2[7] 和 ZnSe[8,9] 等的各向异性非线性光学效应。

通常，Z-扫描技术表征的是三阶非线性极化率 $\chi_{1111}^{(3)}$。在过去的 20 多年里，人们拓展了传统的 Z-扫描技术，用来表征三阶非线性极化率张量 $\chi^{(3)}$[3]。三阶非线性光学晶体分七大晶系，32 个点群，描述各向异性三阶非线性极化率张量 $\chi^{(3)}$ 比较复杂[10]，因此，绝大多数研究集中在最简单的各向同性和立方对称性材料。例如，椭圆偏振光 Z-扫描技术表征各向同性介质的三阶非线性极化率分量 $\chi_{1122}^{(3)}$ 和 $\chi_{1221}^{(3)}$ [11,12]；在立方对称晶体的各向异性三阶非线性极化率 $\chi^{(3)}$ 具有三个独立的张量元 $\chi_{1111}^{(3)}$、$\chi_{1122}^{(3)}$ 和 $\chi_{1221}^{(3)}$，通过晶体取向依赖的线偏振光 Z-扫描测量，可以获得 $\chi_{1111}^{(3)}$ 值和各向异性系数 $\sigma = (\chi_{1111}^{(3)} - \chi_{1122}^{(3)} -$

$2\chi_{1221}^{(3)})/\chi_{1111}^{(3)}$ [3]。此后，人们提出了用任意椭圆偏振光 Z-扫描测量，以确定立方对称性材料中三个独立张量元的大小和符号[7,9,13,14]。

7.2 椭圆偏振光 Z-扫描表征各向同性光学非线性

本节首先介绍线偏振高斯光束通过 1/4 波片转化成椭圆偏振光束的电场表达式，然后给出各向同性非线性折射和非线性吸收共存时的椭圆偏振光 Z-扫描解析理论，最后介绍从 Z-扫描曲线获得各向同性三阶非线性极化率分量 $\chi_{1122}^{(3)}$ 和 $\chi_{1221}^{(3)}$ 的方法。

7.2.1 椭圆偏振高斯光束

假定基模（TEM$_{00}$）高斯光束沿＋z 方向传播，其坐标原点为聚焦高斯光束的光腰。与（4.30）式相同，线偏振高斯光束的电场可写成

$$E(r,z;t) = E_0(t)\frac{\omega_0}{\omega(z)}\exp\left[-\frac{r^2}{\omega^2(z)} - \frac{ikr^2}{2R(z)}\right] \qquad (7.1)$$

式中，$\omega^2(z) = \omega_0^2(1+x^2)$，$\omega(z)$ 为坐标 z 处的光束半径，ω_0 为光束的束腰半径；$R(z) = z(1+1/x^2)$ 是 z 处的光束曲率半径；$x=z/z_0$ 是相对样品位置；$z_0 = k\omega_0^2/2$ 为光束的瑞利长度；$k=2\pi/\lambda$ 为波矢；λ 为激光波长；$E_0(t) = E_0 h(t)$ 是焦点处高斯光束在轴电场振幅；$h(t) = \exp(-t^2/\tau^2)$ 是高斯型激光脉冲的暂态分布；r 为径向坐标。

线偏振高斯光束通过 1/4 波片后转化成了椭圆偏振高斯光束。设 1/4 波片的慢轴和线偏振光电矢量之间的夹角为 $\varphi_1 \in [-45°,45°]$，1/4 波片的相位延迟为 δ_1（$\delta_1 = 90°$ 或 $-90°$），则产生的椭圆偏振高斯光束的电场可表示为

$$\boldsymbol{E}(r,z;t) = E_0(t)\frac{\omega_0}{\omega(z)}\exp\left[-\frac{r^2}{\omega^2(z)} - \frac{ikr^2}{2R(z)}\right][\cos\varphi_1 \boldsymbol{e}_x + \sin\varphi_1 \mathrm{e}^{-i\delta_1}\boldsymbol{e}_y]$$

$$(7.2)$$

利用线偏振基矢与圆偏振基矢之间的转换关系 $\boldsymbol{\sigma}_\pm = (\boldsymbol{e}_x \pm i\boldsymbol{e}_y)/\sqrt{2}$ 和 $E_\pm = (E_x \mp iE_y)/\sqrt{2}$，可得

$$\boldsymbol{E}(r,z;t) = \frac{\omega_0}{\omega(z)}\exp\left[-\frac{r^2}{\omega^2(z)} - \frac{ikr^2}{2R(z)}\right][E_{+,0}\boldsymbol{\sigma}_+ + E_{-,0}\boldsymbol{\sigma}_-] \qquad (7.3)$$

其中，$E_{\pm,0} = E_0(t)(\cos\varphi_1 \mp i\mathrm{e}^{-i\delta_1}\sin\varphi_1)/\sqrt{2}$。

取 $\delta_1 = -90°$，（7.3）式用椭偏率 $e=\tan\varphi_1$ 可写成

$$E(r,z;t) = \begin{pmatrix} E_x \boldsymbol{e}_x \\ E_y \boldsymbol{e}_y \end{pmatrix} = \frac{E_0(t)}{\sqrt{(1+e^2)}} \frac{\omega_0}{\omega(z)} \exp\left[-\frac{r^2}{\omega^2(z)} - \frac{\mathrm{i}kr^2}{2R(z)}\right] \begin{pmatrix} \boldsymbol{e}_x \\ \mathrm{i}e\boldsymbol{e}_y \end{pmatrix}$$

$$= \begin{pmatrix} E_+ \boldsymbol{\sigma}_+ \\ E_- \boldsymbol{\sigma}_- \end{pmatrix} = \frac{E_0(t)}{\sqrt{2(1+e^2)}} \frac{\omega_0}{\omega(z)} \exp\left[-\frac{r^2}{\omega^2(z)} - \frac{\mathrm{i}kr^2}{2R(z)}\right] \begin{pmatrix} (1+e)\boldsymbol{\sigma}_+ \\ (1-e)\boldsymbol{\sigma}_- \end{pmatrix}$$

(7.4)

在忽略 1/4 波片能量损耗的情况下，线偏振高斯光束和椭圆偏振高斯光束的强度均为

$$I(r,z;t) = \frac{I_0(t)}{1 + z^2/z_0^2} \exp\left[-\frac{2r^2}{\omega^2(z)}\right]$$

(7.5)

7.2.2　偏振依赖的各向同性三阶非线性极化率

椭圆偏振光激发下，基于左右旋正交基矢，可以获得与左右旋分量相关的各向同性非线性折射率 $n_{2,\pm}^{\mathrm{iso}}$[15]和各向同性两光子吸收系数 α_2^{iso}[16,17]分别为

$$n_{2,\pm}^{\mathrm{iso}} = \frac{3}{\varepsilon_0 c n_0^2}\left[2\mathrm{Re}[\chi_{1122}^{(3)}] + \mathrm{Re}[\chi_{1221}^{(3)}]\frac{(1\mp e)^2}{1+e^2}\right]$$

(7.6)

$$\alpha_2^{\mathrm{iso}} = \frac{12\pi}{\varepsilon_0 c n_0^2 \lambda}\left[2\mathrm{Im}[\chi_{1122}^{(3)}] + \mathrm{Im}[\chi_{1221}^{(3)}]\left(\frac{1-e^2}{1+e^2}\right)^2\right]$$

(7.7)

其中，$\chi_{1122}^{(3)}$ 和 $\chi_{1221}^{(3)}$ 是各向同性介质中三阶非线性极化率的两个独立张量元。

取决于光学非线性的物理来源，见表 7.1，$\chi_{1221}^{(3)}/\chi_{1122}^{(3)}$ 对于不同的光学非线性机理是不同的。实验上，通过测量偏振依赖的 Z-扫描曲线，获得各向同性三阶非线性极化率 $\chi_{1221}^{(3)}/\chi_{1122}^{(3)}$ 比值，进而鉴别和分离不同来源的光学非线性[16-18]。

表 7.1　不同光学非线性机理下的 $\chi_{1221}^{(3)}/\chi_{1122}^{(3)}$ 值[10]

光学非线性机理	$\chi_{1221}^{(3)}/\chi_{1122}^{(3)}$
热致非线性	0
电致伸缩非线性	0
非共振电子非线性	1
分子取向非线性	6
非共振原子核非线性	6

从 (7.6) 式和 (7.7) 式可知，三阶非线性折射率 $n_{2,\pm}^{\mathrm{iso}}$ 和两光子吸收系数 α_2^{iso} 强烈地依赖于光场的椭偏率 e。圆偏振光和线偏振光的情况见表 7.2。显然，圆偏振光时三阶极化率取决于 $\chi_{1122}^{(3)}$ 而不是 $\chi_{1221}^{(3)}$。线偏振光时三阶极化

率大小达到最大值。由于 $\mathrm{Re}[\chi_{1221}^{(3)}]$ 的存在，强的椭圆偏振光与各向同性非线性介质相互作用时会发生非线性偏振旋转效应[19]。

表 7.2　各向同性非线性折射率和两光子吸收系数

	三阶非线性折射率 $n_{2,\pm}^{\mathrm{iso}}$	两光子吸收系数 a_2^{iso}
线偏振光（$e=0$）	$\dfrac{3}{\varepsilon_0 c n_0^2}\mathrm{Re}[\chi_{1111}^{(3)}]$	$\dfrac{12\pi}{\varepsilon_0 c n_0^2 \lambda}\mathrm{Im}[\chi_{1111}^{(3)}]$
圆偏振光（$e=\pm 1$）	$\dfrac{6}{\varepsilon_0 c n_0^2}\mathrm{Re}[\chi_{1122}^{(3)}]$	$\dfrac{24\pi}{\varepsilon_0 c n_0^2 \lambda}\mathrm{Im}[\chi_{1122}^{(3)}]$

注：各向同性非线性时，满足 $\chi_{1111}^{(3)}=2\chi_{1122}^{(3)}+\chi_{1221}^{(3)}$

7.2.3　纯三阶非线性折射时的椭圆偏振高斯光束 Z-扫描技术

假定椭圆偏振高斯光束（（7.4）式）通过具有各向同性三阶非线性折射的光学薄样品，在缓变包络近似和薄样品近似下，光场的相位和光强随传输距离的变化遵循如下公式

$$\frac{\partial \Delta \phi_{\pm}}{\partial z'} = k n_{2,\pm}^{\mathrm{iso}} I(r,z;t) \tag{7.8}$$

$$\frac{\partial I(r,z;t)}{\partial z'} = -\alpha_0 I(r,z;t) \tag{7.9}$$

同时解（7.8）式和（7.9）式，可得通过厚度为 L 的样品后的复电场为

$$\begin{aligned}
\boldsymbol{E}_{\mathrm{e}}(r,z;t) &= E_+(r,z;t)\mathrm{e}^{-\alpha_0 L/2}\mathrm{e}^{\mathrm{i}\Delta\phi_+^{\mathrm{iso}}(r,z;t)}\boldsymbol{\sigma}_+ \\
&\quad + E_-(r,z;t)\mathrm{e}^{-\alpha_0 L/2}\mathrm{e}^{\mathrm{i}\Delta\phi_-^{\mathrm{iso}}(r,z;t)}\boldsymbol{\sigma}_-
\end{aligned} \tag{7.10}$$

式中，$\Delta\phi_{\pm}^{\mathrm{iso}}(r,z;t)=k n_{2,\pm}^{\mathrm{iso}} I(r,z;t) L_{\mathrm{eff}}$ 和 $\Phi_{\pm}^{\mathrm{iso}}=k n_{2,\pm}^{\mathrm{iso}} I_{00} L_{\mathrm{eff}}$。

将（7.10）式中的非线性相移项进行泰勒展开，得

$$\mathrm{e}^{\mathrm{i}\Delta\phi_{\pm}^{\mathrm{iso}}(r,z;t)} = \sum_{m=0}^{\infty} \frac{[\mathrm{i}\Delta\phi_{\pm,0}^{\mathrm{iso}}(z;t)]^m}{m!}\exp\left(-\frac{2mr^2}{\omega^2(z)}\right) \tag{7.11}$$

其中，$\Delta\phi_{\pm,0}^{\mathrm{iso}}(z,t)=k n_{2,\pm}^{\mathrm{iso}} L_{\mathrm{eff}} h(t) I_{00}/(1+x^2)$。

（7.10）式可以写成一系列具有不同光腰的高斯光束的线性叠加

$$\begin{aligned}
\boldsymbol{E}_{\mathrm{e}}(r,z;t) &= E_+(0,z;t)\mathrm{e}^{-\frac{\alpha_0 L}{2}}\sum_{m=0}^{\infty}\frac{[\mathrm{i}\Delta\phi_{+,0}^{\mathrm{iso}}(z;t)]^m}{m!}\exp\left(-\frac{(2m+1)r^2}{\omega^2(z)}-\frac{\mathrm{i}kr^2}{2R(z)}\right)\boldsymbol{\sigma}_+ \\
&\quad + E_-(r,z;t)\mathrm{e}^{-\frac{\alpha_0 L}{2}}\sum_{m=0}^{\infty}\frac{[\mathrm{i}\Delta\phi_{-,0}^{\mathrm{iso}}(z;t)]^m}{m!}\exp\left(-\frac{(2m+1)r^2}{\omega^2(z)}-\frac{\mathrm{i}kr^2}{2R(z)}\right)\boldsymbol{\sigma}_-
\end{aligned} \tag{7.12}$$

按照高斯分解法[20]，在样品出射面，每一束高斯光束均沿 z 轴在自由空

间独立地传播。叠加这些单个的高斯光束，就得到远场小孔光阑平面处的复电场为

$$\boldsymbol{E}_{\mathrm{a}}(r_{\mathrm{a}},z;t) = E_{+}(0,z;t)\mathrm{e}^{\frac{a_0 L}{2}} \sum_{m=0}^{\infty} \frac{\left[\mathrm{i}\Delta\phi_{+,0}^{\mathrm{iso}}(z,t)\right]^m}{m!} \frac{\omega_{0m}}{\omega_m} \exp\left(-\frac{r_{\mathrm{a}}^2}{\omega_m^2} - \frac{\mathrm{i}kr_{\mathrm{a}}^2}{2R_m} + \mathrm{i}\theta_m\right)\boldsymbol{\sigma}_+$$

$$+ E_{-}(0,z;t)\mathrm{e}^{\frac{a_0 L}{2}} \sum_{m=0}^{\infty} \frac{\left[\mathrm{i}\Delta\phi_{-,0}^{\mathrm{iso}}(z,t)\right]^m}{m!} \frac{\omega_{0m}}{\omega_m} \exp\left(-\frac{r_{\mathrm{a}}^2}{\omega_m^2} - \frac{\mathrm{i}kr_{\mathrm{a}}^2}{2R_m} + \mathrm{i}\theta_m\right)\boldsymbol{\sigma}_-$$

$$(7.13)$$

式中，

$$\omega_m^2 = \omega_{0m}^2 \left(g^2 + \frac{d^2}{d_m^2}\right) \tag{7.14}$$

$$g = 1 + \frac{d}{R(z)} \tag{7.15}$$

$$\omega_{0m}^2 = \frac{\omega^2(z)}{2m+1} \tag{7.16}$$

$$d_m = \frac{1}{2}k\omega_{0m}^2 \tag{7.17}$$

$$R_m = d\left(1 - \frac{g}{g^2 + d^2/d_m^2}\right)^{-1} \tag{7.18}$$

$$\theta_m = \arctan\left(\frac{d/d_m}{g}\right) \tag{7.19}$$

定义 d 为自由空间中样品出射面到远场小孔光阑平面的距离。

对 $E_{\mathrm{a}}(r_{\mathrm{a}},z,t)$ 空间积分可获得透过孔半径为 R_{a} 的光阑的瞬态功率

$$P_{\mathrm{T}}(z,t) = c\varepsilon_0 n_0 \pi \int_0^{R_{\mathrm{a}}} \left(\,|\,E_{\mathrm{a},+}(r_{\mathrm{a}},z;t)\,|^2 + |\,E_{\mathrm{a},-}(r_{\mathrm{a}},z;t)\,|^2\right)r_{\mathrm{a}}\mathrm{d}r_{\mathrm{a}} \quad (7.20)$$

闭孔 Z-扫描归一化能量透过率可由下式给出

$$T(z,s) = \frac{\mathrm{e}^{a_0 L}\displaystyle\int_{-\infty}^{+\infty} P_{\mathrm{T}}(z,t)\mathrm{d}t}{s\displaystyle\int_{-\infty}^{+\infty} P_{\mathrm{in}}(t)\mathrm{d}t} \tag{7.21}$$

式中，$s = 1 - \exp(-2R_{\mathrm{a}}^2/\omega_{\mathrm{a}}^2)$ 是光阑的线性透过率；$\omega_{\mathrm{a}} = \omega_0 d/z_0$ 表示没有非线性光学效应时光阑处的光束半径。

在远场近似条件（即 $d \gg z_0$，在实际光路中只需要满足 $d \geqslant 20z_0$）下，类似于 4.3 节的推导过程，可得表征各向同性非线性折射效应的椭圆偏振高斯光束 Z-扫描解析表达式

$$T(z,s) = \frac{1}{s} - \sum_{m,m'=0}^{\infty} \frac{\left[(1+e)^2 (\Phi_+^{\mathrm{iso}})^{m+m'} + (1-e)^2 (\Phi_-^{\mathrm{iso}})^{m+m'}\right](1-s)^{\lambda_{mm'}}\cos\psi_{mm'}}{2s(1+e^2)m!m'!(m+m'+1)^{3/2}(x^2+1)^{m+m'}}$$

$$(7.22)$$

式中，

$$\lambda_{mm'} = \frac{(m+m'+1)(x^2+1)\left[x^2+(2m+1)(2m'+1)\right]}{\left[x^2+(2m+1)^2\right]\left[x^2+(2m'+1)^2\right]} \quad (7.23)$$

$$\psi_{mm'} = (m-m')\left\{\frac{\pi}{2} - \frac{2(m+m'+1)x(x^2+1)\ln(1-s)}{\left[x^2+(2m+1)^2\right]\left[x^2+(2m'+1)^2\right]}\right\} \quad (7.24)$$

当 $|\Phi_{\pm}^{\mathrm{iso}}|\ll 1$ 时，从 (7.22) 式可得二级近似下的 Z-扫描透过率

$$T(z,s) = 1 - \frac{\left[(1+e)^2\Phi_{+}^{\mathrm{iso}}+(1-e)^2\Phi_{-}^{\mathrm{iso}}\right]}{2\sqrt{2}s(1+e^2)(x^2+1)}(1-s)^{\frac{2(x^2+3)}{x^2+9}}\sin\left[\frac{4x\ln(1-s)}{x^2+9}\right]$$

$$+ \frac{\left[(1+e)^2(\Phi_{+}^{\mathrm{iso}})^2+(1-e)^2(\Phi_{-}^{\mathrm{iso}})^2\right]}{6\sqrt{3}s(1+e^2)(x^2+1)^2}$$

$$\times\left\{(1-s)^{\frac{3(x^2+5)}{x^2+25}}\cos\left[\frac{12x\ln(1-s)}{x^2+25}\right]-(1-s)^{\frac{3(x^2+1)}{x^2+9}}\right\} \quad (7.25)$$

为了研究偏振依赖的闭孔 Z-扫描曲线特征，定义焦点处圆偏振光下的峰值折射相移 $\Phi_{\mathrm{cir}}^{\mathrm{iso}}=kn_{2,\mathrm{cir}}^{\mathrm{iso}}I_{00}L_{\mathrm{eff}}$。这里取参数 $\Phi_{\mathrm{cir}}^{\mathrm{iso}}=0.2\pi$ 和 $s=0.2$，用 (7.22) 式模拟了不同椭偏率时的闭孔 Z-扫描曲线，见图 7.1。图 7.1 (a) 给出了线偏振 ($e=0$)、椭圆偏振 ($e=0.5$) 和圆偏振光 ($e=1$) 时的 Z-扫描曲线。可以发现，线偏振光时的 Z-扫描信号最大，而圆偏振光时的最小，椭圆偏振光的介于两者之间。这是因为，随着椭偏率的增加，非线性极化率分量 $\mathrm{Re}[\chi_{1221}^{(3)}]$ 的贡献变小。图 7.1 (b) 给出了热致非线性 ($\chi_{1221}^{(3)}/\chi_{1122}^{(3)}=0$)、非共振电子非线性 ($\chi_{1221}^{(3)}/\chi_{1122}^{(3)}=1$) 和分子取向非线性 ($\chi_{1221}^{(3)}/\chi_{1122}^{(3)}=6$) 情况下，归一化透过率峰谷差 ΔT_{PV} 随着椭偏率 e 的变化关系。可以看出，

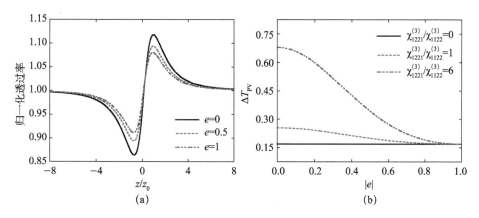

图 7.1　(a) 当 $\chi_{1221}^{(3)}/\chi_{1122}^{(3)}=1$ 时偏振依赖的闭孔 Z-扫描曲线；

(b) 三种 $\chi_{1221}^{(3)}/\chi_{1122}^{(3)}$ 值时椭偏率 $|e|$ 依赖的 ΔT_{PV}

选用参数为 $\Phi_{\mathrm{cir}}^{\mathrm{iso}}=0.2\pi$ 和 $s=0.2$

热致非线性时 Z-扫描信号与偏振无关，非共振电子非线性和分子取向非线性时 Z-扫描信号随着椭偏率 $|e|$ 的增大而非线性减小。利用这种不同非线性机理下偏振光 Z-扫描的特征，鄢小卿等[16]在飞秒激光脉冲下分离了二硫化碳中非共振电子和原子核非线性，刘智波等[18]辨别了热致非线性和纯折射非线性。因此，利用偏振依赖的 Z-扫描实验，可以鉴别和分离不同来源的光学非线性。

7.2.4　各向同性光学非线性时的椭圆偏振高斯光束 Z-扫描技术

假定椭圆偏振高斯光束（(7.4) 式）通过各向同性的三阶非线性折射和两光子吸收共存的薄介质，在缓变包络近似和薄样品近似下，光场的相位和光强随传输距离的变化遵循如下公式

$$\frac{\partial \Delta \phi_{\pm}}{\partial z'} = k n_{2,\pm}^{\mathrm{iso}} I(r,z;t) \tag{7.26}$$

$$\frac{\partial I(r,z;t)}{\partial z'} = -\alpha_0 I(r,z;t) - \alpha_2^{\mathrm{iso}} I^2(r,z;t) \tag{7.27}$$

同时解 (7.26) 式和 (7.27) 式，可得样品出射面的光强和相位分别为

$$I_{\mathrm{e}}(r,z;t) = \frac{I(r,z;t)\mathrm{e}^{-\alpha_0 L}}{1+q^{\mathrm{iso}}(r,z;t)} \tag{7.28}$$

$$\Delta \phi_{\pm}(r,z;t) = \frac{\Phi_{\pm}^{\mathrm{iso}}}{\Psi_2^{\mathrm{iso}}} \ln[1+q^{\mathrm{iso}}(r,z;t)] \tag{7.29}$$

式中，$q^{\mathrm{iso}}(r,z;t) = \alpha_2^{\mathrm{iso}} I(r,z;t) L_{\mathrm{eff}}$，$\Psi_2^{\mathrm{iso}} = \alpha_2^{\mathrm{iso}} I_{00} L_{\mathrm{eff}}$，$L_{\mathrm{eff}} = [1-\exp(-\alpha_0 L)]/\alpha_0$。

联立 (7.28) 式和 (7.29) 式解得样品出射面的复光场为

$$\boldsymbol{E}_{\mathrm{e}}(r,z;t) = E_+(r,z;t)\mathrm{e}^{-\alpha_0 L/2}[1+q^{\mathrm{iso}}(r,z;t)]^{\left(\mathrm{i}\frac{\Phi_+^{\mathrm{iso}}}{\Psi_2^{\mathrm{iso}}}-\frac{1}{2}\right)}\boldsymbol{\sigma}_+$$

$$+ E_-(r,z;t)\mathrm{e}^{-\alpha_0 L/2}[1+q^{\mathrm{iso}}(r,z;t)]^{\left(\mathrm{i}\frac{\Phi_-^{\mathrm{iso}}}{\Psi_2^{\mathrm{iso}}}-\frac{1}{2}\right)}\boldsymbol{\sigma}_- \tag{7.30}$$

在无非线性吸收（即 $\Psi_2^{\mathrm{iso}} \to 0$）时，(7.30) 式将简化为 (7.10) 式。

当 $|\Psi_2^{\mathrm{iso}}| < 1$ 时，基于高斯分解法，得远场光阑处的电场分布为

$$\boldsymbol{E}_{\mathrm{a}}(r_{\mathrm{a}},z;t) = E_+(0,z;t)\mathrm{e}^{-\frac{\alpha_0 L}{2}}\sum_{m=0}^{\infty} f_m^+ \frac{\omega_{0m}}{\omega_m}\exp\left(-\frac{r_{\mathrm{a}}^2}{\omega_m^2}-\frac{\mathrm{i}k r_{\mathrm{a}}^2}{2R_m}+\mathrm{i}\theta_m\right)\boldsymbol{\sigma}_+$$

$$+ E_-(0,z;t)\mathrm{e}^{-\frac{\alpha_0 L}{2}}\sum_{m=0}^{\infty} f_m^- \frac{\omega_{0m}}{\omega_m}\exp\left(-\frac{r_{\mathrm{a}}^2}{\omega_m^2}-\frac{\mathrm{i}k r_{\mathrm{a}}^2}{2R_m}+\mathrm{i}\theta_m\right)\boldsymbol{\sigma}_- \tag{7.31}$$

式中，

$$f_m^{\pm} = \frac{1}{m!}\left(\frac{\mathrm{i}\Phi_{\pm}^{\mathrm{iso}} h(t)}{1+x^2}\right)^m \prod_{n=1}^{m}\left[1+\mathrm{i}\left(n-\frac{1}{2}\right)\frac{\Psi_2^{\mathrm{iso}}}{\Phi_{\pm}^{\mathrm{iso}}}\right] \tag{7.32}$$

有 $f_0=1$。(7.31) 式中的其他参量见 (7.14) 式~(7.19) 式。

类似于 7.2.3 节的推导过程，可得远场光阑处的归一化能量透过率为

$$T(z,s) = \sum_{m,m'=0}^{\infty} \frac{S_{mm'}(x,s)}{2(1+e^2)(m+m'+1)^{1/2}} [(1+e)^2 g_m(\Phi_+^{iso}, \Psi_2^{iso}) g_m^*(\Phi_+^{iso}, \Psi_2^{iso})$$
$$+ (1-e)^2 g_m(\Phi_-^{iso}, \Psi_2^{iso}) g_m^*(\Phi_-^{iso}, \Psi_2^{iso})] \tag{7.33}$$

式中，

$$g_m(\Phi_\pm^{iso}, \Psi_2^{iso}) = \frac{i^m (\Phi_\pm^{iso})^m (x+i)}{m!(x^2+1)^m [x+i(2m+1)]} \prod_{n=1}^{m} \left[1 + i\left(n - \frac{1}{2}\right)\frac{\Psi_2^{iso}}{\Phi_\pm^{iso}}\right]$$
$$\tag{7.34}$$

$$S_{mm'}(x,s) = \frac{1 - \exp[B_{mm'}(x)\ln(1-s)]}{B_{mm'}(x)s} \tag{7.35}$$

$$B_{mm'}(x) = \frac{(m+m'+1)(x^2+1)}{[x+i(2m+1)][x-i(2m'+1)]} \tag{7.36}$$

如果透过样品的能量全部被收集和探测，此时的实验装置对应于开孔 Z-扫描测量。对 (7.28) 式空间和时间积分，可得 z-依赖的归一化能量透过率为

$$T(z,s=1) = \frac{1}{\sqrt{\pi}\psi_2^{iso}(z)} \int_{-\infty}^{+\infty} \ln[1 + \psi_2^{iso}(z)e^{-\xi^2}] d\xi \tag{7.37}$$

其中，$\psi_2^{iso} = \Psi_2^{iso}/(1+x^2)$。

如果 $|\Psi_2^{iso}| < 1$，则 (7.37) 式可以写成

$$T(z,s=1) = \sum_{m}^{\infty} \frac{(-\Psi_2^{iso})^m}{(1+m)^{3/2}(1+x^2)^m} \tag{7.38}$$

类似于各向同性非线性折射，定义焦点处圆偏振光下的两光子吸收峰值相移为 $\Psi_{cir}^{iso} = \alpha_{2,cir}^{iso} I_{00} L_{eff}$。这里取参数 $\Phi_{cir}^{iso}=0.2\pi$，$\Psi_{cir}^{iso}=0.1\pi$ 和 $\chi_{1221}^{(3)}/\chi_{1122}^{(3)}=1$，分别用 (7.33) 式和 (7.37) 式模拟了如图 7.2 (a) 和 7.2 (b) 所示的三种偏振光下的闭孔和开孔 Z-扫描曲线。由于两光子吸收的存在和正的非线性折射效应，谷峰结构的闭孔 Z-扫描曲线表现出谷增强和峰抑制，而开孔 Z-扫描曲线具有关于 $z=0$ 对称的谷结构。可以发现，线偏振光时的 Z-扫描信号最大，而圆偏振光时的最小，椭圆偏振光的介于两者之间。这是因为，随着椭偏率 $|e|$ 的增加，非线性极化率分量 $\chi_{1221}^{(3)}$ 的贡献变小。通过开展偏振依赖的 Z-扫描实验，借助 Z-扫描理论 ((7.33) 式和 (7.38) 式)，就可以获得各向同性非线性极化率 $\chi_{1221}^{(3)}$ 和 $\chi_{1122}^{(3)}$，并且利用 $\chi_{1221}^{(3)}/\chi_{1122}^{(3)}$ 的比值分析其非线性机理[17]。

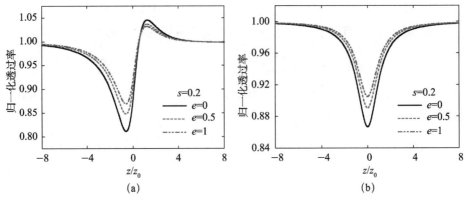

图 7.2 各向同性非线性折射和两光子吸收共存时偏振依赖的（a）闭孔和（b）开孔 Z-扫描曲线。模拟用参数为 $\Phi_{cr}^{iso}=0.2\pi$，$\Psi_{cr}^{iso}=0.1\pi$ 和 $\chi_{1221}^{(3)}/\chi_{1122}^{(3)}=1$

7.3　线偏振光 Z-扫描表征各向异性光学非线性

各向异性非线性光学效应与晶体点群对称性和线偏振光的电矢量取向密切相关，相对复杂。本节仅以立方对称性晶体为例，推导出各向异性非线性极化率表达式，给出表征各向异性光学非线性的线偏振光 Z-扫描理论。

7.3.1　线偏振光激发下立方晶体中的各向异性非线性极化率

为简化起见，假定非线性光学材料属于立方晶系，具有 432、$\overline{4}3m$（如 GaAs）或 $m3m$（如 Si、BaF$_2$）点群对称性，其 81 个三阶极化率张量 $\chi^{(3)}$ 元中有 21 个不为零。又因为点群对称特征，一般情况下只有三个不为零的张量元，分别是 $\chi_{1111}^{(3)}$、$\chi_{1122}^{(3)}$ 和 $\chi_{1221}^{(3)}$[10]。

现在假设样品具有三阶非线性光学效应，入射激光是频率为 ω 的单色平面波 $E(t)=E_0 e^{-i\omega t}+\text{c.c.}$，频率为 ω 的三阶非线性极化强度为

$$P_i^{(3)}(\omega)=\frac{3}{4}\varepsilon_0 \sum_{jkl}\chi_{ijkl}^{(3)}(\omega=\omega+\omega-\omega)E_j(\omega)E_k(\omega)E_l(\omega) \quad (7.39)$$

由于晶体点群对称性特点，(7.39) 式中 $\chi_{ijkl}^{(3)}$ 只有 21 个非零张量元，即

$$
\begin{aligned}
\chi_{1111}^{(3)}&=\chi_{2222}^{(3)}=\chi_{3333}^{(3)}\\
\chi_{1122}^{(3)}&=\chi_{2211}^{(3)}=\chi_{1133}^{(3)}=\chi_{3311}^{(3)}=\chi_{3322}^{(3)}=\chi_{2233}^{(3)}\\
\chi_{1212}^{(3)}&=\chi_{2121}^{(3)}=\chi_{1313}^{(3)}=\chi_{3131}^{(3)}=\chi_{2323}^{(3)}=\chi_{3232}^{(3)}\\
\chi_{1221}^{(3)}&=\chi_{2112}^{(3)}=\chi_{1331}^{(3)}=\chi_{3113}^{(3)}=\chi_{2332}^{(3)}=\chi_{3223}^{(3)}
\end{aligned}
\quad (7.40)
$$

对于单一光束作用介质时，有 $\chi_{1212}^{(3)}=\chi_{1221}^{(3)}$。将（7.40）式代入（7.39）式，三阶非线性极化强度可以进一步表示为

$$P_X^{(3)} = 3\varepsilon_0\left[\chi_{1111}^{(3)}E_X^3 + (\chi_{1122}^{(3)} + 2\chi_{1221}^{(3)})E_X(E_Y^2 + E_Z^2)\right]$$

$$P_Y^{(3)} = 3\varepsilon_0\left[\chi_{1111}^{(3)}E_Y^3 + (\chi_{1122}^{(3)} + 2\chi_{1221}^{(3)})E_Y(E_X^2 + E_Z^2)\right] \qquad (7.41)$$

$$P_Z^{(3)} = 3\varepsilon_0\left[\chi_{1111}^{(3)}E_Z^3 + (\chi_{1122}^{(3)} + 2\chi_{1221}^{(3)})E_Z(E_X^2 + E_Y^2)\right]$$

式中，$(P_X^{(3)}, P_Y^{(3)}, P_Z^{(3)})$ 和 (E_X, E_Y, E_Z) 分别表示在晶体主轴坐标系 (X, Y, Z) 中的非线性极化强度和电场分量。

图 7.3 给出了晶体主轴坐标系 (X, Y, Z) 和实验室坐标系 (x, y, z) 的空间关系，其中 z 轴与 Z 轴重合。光波矢量 $\boldsymbol{k}$ 在 xy 平面内与 [010] 方向成 φ 角。电场矢量 $\boldsymbol{E}$ 与 [001] 方向成 θ 角。电场 $\boldsymbol{E}$ 在实验室坐标系中为 $E_x = E_0\sin\theta$，$E_y = 0$，$E_z = E_0\cos\theta$，所以电场在主轴坐标系中的分量可表示为

$$E_X = E_x\sin\varphi = E_0\sin\varphi\sin\theta$$

$$E_Y = -E_x\cos\varphi = -E_0\cos\varphi\sin\theta \qquad (7.42)$$

$$E_Z = E_z = E_0\cos\theta$$

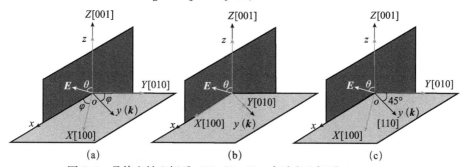

图 7.3　晶体主轴坐标系 (X, Y, Z)、实验室坐标系 (x, y, z)、

光波电场 $\boldsymbol{E}$ 方向和波矢量 $\boldsymbol{k}$ 方向示意图

（a）波矢与 [010] 方向成 φ 角；（b）波矢沿 [010] 方向；（c）波矢沿 [110] 方向

考虑到沿着波矢量 $\boldsymbol{k}$ 方向的极化强度分量为零，即 $P_y^{(3)}=0$。在与波矢量垂直的方向上，三阶非线性极化强度在实验室坐标系中的两个分量为

$$P_x^{(3)} = P_X^{(3)}\sin\varphi - P_Y^{(3)}\cos\varphi$$

$$P_z^{(3)} = P_Z^{(3)} \qquad (7.43)$$

将（7.42）式代入（7.41）式，然后再代入（7.43）式，得

$$P_x^{(3)} = 3\varepsilon_0 E_0^3\left[\chi_{1111}^{(3)}\sin^3\theta(\sin^4\varphi + \cos^4\varphi)\right.$$

$$\left. + (\chi_{1122}^{(3)} + 2\chi_{1221}^{(3)})(2\sin^2\varphi\cos^2\varphi\sin^3\theta + \sin\theta\cos^2\theta)\right] \quad (7.44)$$

$$P_z^{(3)} = 3\varepsilon_0 E_0^3\left[\chi_{1111}^{(3)}\cos^3\theta + (\chi_{1122}^{(3)} + 2\chi_{1221}^{(3)})\sin^2\theta\cos\theta\right]$$

极化强度分量 $P_x^{(3)}$ 和 $P_z^{(3)}$ 在光场电矢量 $\boldsymbol{E}$ 方向的合成，可得有效极化强度为

$$P_{\mathrm{eff}}^{(3)} = P_x^{(3)} \sin\theta + P_z^{(3)} \cos\theta \tag{7.45}$$

从 (7.39) 式可以写成有效极化强度为

$$P_{\mathrm{eff}}^{(3)} = 3\varepsilon_0 \chi_{\mathrm{eff}}^{(3)} E_0^3 \tag{7.46}$$

比较 (7.45) 式和 (7.46) 式，可得有效三阶极化率 $\chi_{\mathrm{eff}}^{(3)}$ 为

$$\chi_{\mathrm{eff}}^{(3)}(\theta,\varphi) = \chi_{1111}^{(3)}\{1 + 2\sigma[(1 - \sin^2\varphi\cos^2\varphi)\sin^4\theta - \sin^2\theta]\} \tag{7.47}$$

式中，各向异性系数 σ 为

$$\sigma = (\chi_{1111}^{(3)} - \chi_{1122}^{(3)} - 2\chi_{1221}^{(3)})/\chi_{1111}^{(3)} \tag{7.48}$$

值得注意的是，(7.47) 式有两种特殊情况。其一是，实验室坐标与晶体主轴坐标系重合，如图 7.3 (b) 所示，此时晶体取向角 $\varphi = 0°$，可得[3]

$$\chi_{\mathrm{eff}}^{(3)}(\theta) = \chi_{1111}^{(3)}[1 + 2\sigma(\sin^4\theta - \sin^2\theta)] \tag{7.49}$$

另一种情况是当波矢 $\boldsymbol{k}$ 方向沿着 [110] 晶向，如图 7.3 (c) 所示，此时晶体取向角 $\varphi = 45°$，可得[3]

$$\chi_{\mathrm{eff}}^{(3)}(\theta) = \chi_{1111}^{(3)}\left[1 + 2\sigma\left(\frac{3}{4}\sin^4\theta - \sin^2\theta\right)\right] \tag{7.50}$$

三阶非线性折射率 $n_2^{\mathrm{ani}}(\theta,\varphi)$ 和两光子吸收系数 $\alpha_2^{\mathrm{ani}}(\theta,\varphi)$ 分别与三阶非线性极化率 $\chi_{\mathrm{eff}}^{(3)}$ 的实部和虚部有关，其关系为

$$
\begin{aligned}
n_2^{\mathrm{ani}}(\theta,\varphi) &= \frac{3}{\varepsilon_0 cn_0^2}\mathrm{Re}[\chi_{\mathrm{eff}}^{(3)}(\theta,\varphi)] \\
&= n_2^0\{1 + 2\sigma[(1 - \sin^2\varphi\cos^2\varphi)\sin^4\theta - \sin^2\theta]\}
\end{aligned} \tag{7.51}
$$

$$
\begin{aligned}
\alpha_2^{\mathrm{ani}}(\theta,\varphi) &= \frac{12\pi}{\varepsilon_0 cn_0^2\lambda}\mathrm{Im}[\chi_{\mathrm{eff}}^{(3)}(\theta,\varphi)] \\
&= \alpha_2^0\{1 + 2\sigma[(1 - \sin^2\varphi\cos^2\varphi)\sin^4\theta - \sin^2\theta]\}
\end{aligned} \tag{7.52}
$$

式中，$n_2^0 = 3\mathrm{Re}[\chi_{1111}^{(3)}]/(\varepsilon_0 cn_0^2)$，$\alpha_2^0 = 12\pi\mathrm{Im}[\chi_{1111}^{(3)}]/(\varepsilon_0 cn_0^2\lambda)$。

这里用 (7.52) 式模拟了偏振角 θ 依赖的各向异性两光子吸收系数。图 7.4 给出了各向异性系数 $\sigma = -0.8$ 时，晶体取向角分别为 $\varphi = 0°$ 和 $45°$ 情况下偏振角 θ 依赖的 α_2^{ani}。由于对称性和晶体的取向，当 $\varphi = 0°$ 和 $45°$ 时对应的各向异性两光子吸收系数随偏振角的变化关系，分别具有周期为 $90°$ 的四重旋转对称性和周期为 $180°$ 的二重旋转对称性特征。实验上，通过测量不同偏振角时的 Z-扫描曲线，可以获得如图 7.4 所示的偏振角 θ 依赖各向异性两光子吸收系数，进而得到各向异性系数 σ。

7.3.2 表征各向异性光学非线性的线偏振光 Z-扫描技术

假设在线偏振高斯光束 ((4.30) 式) 激发下，光学薄样品仅具有如

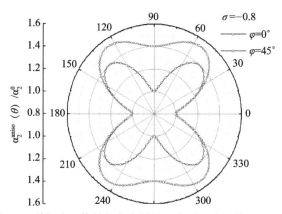

图 7.4　偏振角 θ 依赖的各向异性两光子吸收系数 $\alpha_2^{\text{ani}}(\theta, \varphi)$

(7.51) 式所描述的各向异性非线性折射效应。基于高斯分解法，类似于 4.3 节的数学推导，可得表征各向异性非线性折射的线偏振光闭孔 Z-扫描解析表达式为

$$T(z, s) = \frac{1}{s}\left\{1 - \sum_{m, m'=0}^{\infty} \frac{(\Phi_2^{\text{ani}})^{m+m'}}{m!\, m'!\, (m+m'+1)^{3/2}(x^2+1)^{m+m'}}(1-s)^{\lambda_{mm'}}\cos\psi_{mm'}\right\}$$

(7.53)

式中，

$$\lambda_{mm'} = \frac{(m+m'+1)(x^2+1)[x^2+(2m+1)(2m'+1)]}{[x^2+(2m+1)^2][x^2+(2m'+1)^2]}$$ (7.54)

$$\psi_{mm'} = (m-m')\left\{\frac{\pi}{2} - \frac{2(m+m'+1)x(x^2+1)\ln(1-s)}{[x^2+(2m+1)^2][x^2+(2m'+1)^2]}\right\}$$ (7.55)

其中，$\Phi_2^{\text{ani}} = kn_2^{\text{ani}}(\theta, \varphi)I_{00}L_{\text{eff}}$。定义焦点处峰值非线性折射相移 $\Phi_2^0 = kn_2^0 I_{00}L_{\text{eff}}$。

样品具有各向异性非线性折射效应时，如 (7.51) 式所描述的，Z-扫描曲线与偏振角 θ 和晶体取向角 φ 有关。但各向异性非线性效应并不改变闭孔 Z-扫描曲线中谷和峰的位置。Z-扫描曲线中峰谷差为

$$\Delta T_{\text{PV}} \approx 0.406(1-s)^{0.268}|\Phi_2^{\text{ani}}|/\sqrt{2}$$ (7.56)

该结论在 $|\Phi_2^{\text{ani}}| \leqslant \pi$ 和 $s \leqslant 0.5$ 时，与理论值的误差在 ±2% 以内。

作为例子，选取参数 $\Phi_2^0 = 0.5\pi$，$s = 0.2$ 和 $\sigma = -0.8$，利用 (7.53) 式模拟了闭孔 Z-扫描曲线。图 7.5 (a) 给出了当 $\varphi = 0°$ 的情况下，偏振角 θ 分别为 0°、22.5° 和 45° 时的闭孔 Z-扫描曲线。随着 θ 从 0° 增大到 45°，Z-扫描信号增加。如图 7.5 (b) 所示，这种 Z-扫描信号 ΔT_{PV} 随着 θ 的增加呈现出周期性变化，不同的晶体取向角 φ 时 Z-扫描信号也不同。这是因为，如 (7.51) 式所描述的，非线性折射效应随着偏振角 θ 和晶体取向角 φ 的改变表

现出各向异性。

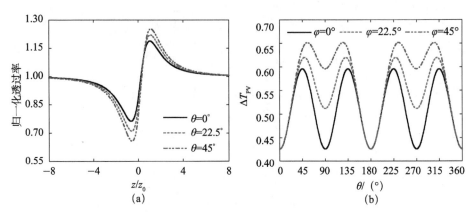

图 7.5　(a) 当 $\varphi=0°$ 时偏振角 θ 依赖的闭孔 Z-扫描曲线；(b) 三种 φ 值时偏振角 θ 依赖的 ΔT_{PV}。选用参数为 $\Phi_2^0=0.5\pi$，$s=0.2$ 和 $\sigma=-0.8$

　　通过测量偏振角依赖的线偏振光 Z-扫描曲线，可以获得材料的各向异性非线性折射信息。实验上执行不同偏振角下的 Z-扫描测量，可以用半波片改变偏振角而不是旋转样品，从而减少由改变样品导致光束在孔径上的偏离，这样可以提高测量各向异性非线性光学效应的灵敏度。另一方面，偏振角 θ 和晶体取向角 φ 的改变，如图 7.5（a）所示，并不改变闭孔 Z-扫描曲线中谷和峰的位置。实验中，可以将样品固定在峰和谷位置（$z_{\mathrm{P,V}}\approx\pm0.86z_0$）处，通过旋转半波片改变偏振角 θ，获得如图 7.5（b）所示的 θ 依赖的 Z-扫描信号 ΔT_{PV}，再利用（7.56）式进行拟合，就可以获得描述各向异性非线性折射效应的参数 n_2^0 和 σ[3]。

　　现在考虑光学薄样品同时具有各向异性三阶非线性折射（（7.51）式）和各向异性两光子吸收（（7.52）式）。基于高斯分解法，类似于 4.4 节的数学推导，可得线偏振高斯光束闭孔 Z-扫描归一化透过率为

$$T(z,s)=\sum_{m,m'=0}^{M}\frac{S_{mm'}(x,s)}{(m+m'+1)^{1/2}}g_m(\Phi_2^{\mathrm{ani}},\Psi_2^{\mathrm{ani}})g_{m'}^*(\Phi_2^{\mathrm{ani}},\Psi_2^{\mathrm{ani}})\quad(7.57)$$

式中，

$$g_m(\Phi_2^{\mathrm{ani}},\Psi_2^{\mathrm{ani}})=\frac{\mathrm{i}^m(\Phi_2^{\mathrm{ani}})^m(x+i)}{m!(x^2+1)^m[x+\mathrm{i}(2m+1)]}\prod_{n=1}^{m}\left[1+\mathrm{i}\left(n-\frac{1}{2}\right)\frac{\Psi_2^{\mathrm{ani}}}{\Phi_2^{\mathrm{ani}}}\right]$$
$$(7.58)$$

$$S_{mm'}(x,s)=\frac{1-\exp[B_{mm'}(x)\ln(1-s)]}{B_{mm'}(x)s}\quad(7.59)$$

$$B_{mm'}(x)=\frac{(m+m'+1)(x^2+1)}{[x+\mathrm{i}(2m+1)][x-\mathrm{i}(2m'+1)]}\quad(7.60)$$

其中，$\Psi_2^{\text{ani}} = \alpha_2^{\text{ani}}(\theta, \varphi) I_{00} L_{\text{eff}}$。定义焦点处峰值非线性吸收相移 $\Psi_2^0 = \alpha_2^0 I_{00} L_{\text{eff}}$。（7.57）式成立的条件是 $|\Psi_2^{\text{ani}}| < 1$。

开孔 Z-扫描时，其归一化透过率为

$$T(z, s = 1) = \sum_{m=0}^{\infty} \frac{(-\Psi_2^{\text{ani}})^m}{(x^2 + 1)^m (m+1)^{3/2}} \quad (7.61)$$

例如，取参数为 $\Phi_2^0 = 0.5\pi$，$\Psi_2^0 = 0.2\pi$ 和 $\sigma = -0.8$，分别用（7.57）式和（7.61）式模拟了如图 7.6（a）和（b）所示的三种偏振角 θ 下的闭孔（$s = 0.2$）和开孔 Z-扫描曲线。当非线性折射与两光子吸收共存时，闭孔 Z-扫描曲线表现出增强了的谷和抑制了的峰，而开孔 Z-扫描曲线具有关于 $z = 0$ 对称的谷结构。由于光学非线性的各向异性，Z-扫描信号随着偏振角的变化而不同。如图 7.6（c）和（d）所示，闭孔 Z-扫描峰谷差 ΔT_{PV} 和开孔 Z-扫描谷深 ΔT_{V} 随着 θ 的增加呈现出周期性变化。比如，晶体取向角 $\varphi = 0°$ 时，这种变化表现出周期为 $90°$ 的四重旋转对称性；晶体取向角 φ 取其他值时，这种

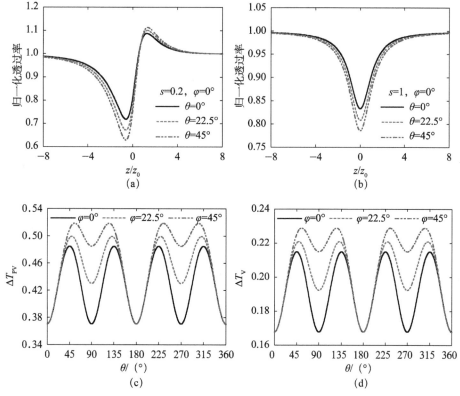

图 7.6 当 $\varphi = 0°$ 时偏振角 θ 依赖的（a）闭孔和（b）开孔 Z-扫描曲线；三种 φ 值时 θ 角依赖的（c）ΔT_{PV} 和（d）ΔT_{V}。模拟用参数为 $\Phi_2^0 = 0.5\pi$，$\Psi_2^0 = 0.2\pi$ 和 $\sigma = -0.8$

变化表现出周期为 $180°$ 的二重旋转对称性。这是由晶体相对于线偏振光的空间取向所决定的。类似于纯各向异性非线性折射时的情况，将线偏振光通过半波片，然后旋转波片，即改变偏振角 θ，可以测量不同 θ 值时的闭孔和开孔 Z-扫描曲线，再借助于 Z-扫描理论（（7.57）式和（7.61）式），就可以获得线偏振光激发下的各向异性光学非线性系数。

本节讨论了在线偏振光激发下立方晶体中的各向异性光学非线性，其他晶系的情况比较复杂。比如，c-切割的 KTP 晶体属于正交晶系的 $mm2$ 点群。当光波沿着晶体 [001] 传播时，线偏振光的电场矢量在 xy 平面内与晶轴 [100] 之间的夹角为 θ。此时，有效的三阶极化率可写成[3]

$$\chi_{\text{eff}}^{(3)}(\theta) = \chi_{xxxx}^{(3)}\cos^4\theta + \chi_{yyyy}^{(3)}\sin^4\theta + B\frac{\sin^2(2\theta)}{4} \tag{7.62}$$

式中，$B = 2\chi_{xxyy}^{(3)} + 2\chi_{yyxx}^{(3)} + \chi_{xyyx}^{(3)} + \chi_{yxxy}^{(3)}$。通过执行 θ 角依赖的 Z-扫描测量，可以获得相应的系数 $\chi_{xxxx}^{(3)}$、$\chi_{yyyy}^{(3)}$ 和 B。

7.4 椭圆偏振光 Z-扫描表征各向异性光学非线性

7.3 节介绍的线偏振光 Z-扫描表征各向异性光学非线性效应，是通过偏振角依赖的线偏振光 Z-扫描测量，来获得材料的三阶极化率张量元 $\chi_{1111}^{(3)}$ 和各向异性系数 σ。但是这种方法不能区分更多极化率张量元，如立方晶系中的 $\chi_{1122}^{(3)}$ 和 $\chi_{1221}^{(3)}$。这是因为只有光强和偏振角两个变量。数学上，建立两个方程只能求解两个参数 $\chi_{1111}^{(3)}$ 和 σ。要完全确定立方晶系中的三个极化率张量元 $\chi_{1111}^{(3)}$、$\chi_{1221}^{(3)}$ 和 $\chi_{1221}^{(3)}$，就需要寻找新的自由度，即本节所介绍的光场椭偏率。为了确定立方对称晶体中三个独立 $\chi^{(3)}$ 张量元，可以进行不同偏振角下的椭圆偏振光 Z-扫描测量。这是因为，有光强、偏振角和椭偏率三个变量，建立三个方程就可以求解出三个参数 $\chi_{1111}^{(3)}$、$\chi_{1221}^{(3)}$ 和 $\chi_{1221}^{(3)}$。

7.4.1 椭圆偏振光激发下立方晶体中的各向异性非线性极化率

任意椭圆偏振光激发下的各向异性光学非线性效应，以立方对称性晶体（如 BaF_2 和 ZnSe）为例。此时三阶非线性极化率 $\chi^{(3)}$ 只有三个独立分量 χ_{1111}^3、$\chi_{1122}^{(3)}$ 和 $\chi_{1221}^{(3)}$。接下来，假定任意光束正入射至薄晶体表面，并且沿 [001] 晶轴传播。此外，假定晶体具有各向同性的线性吸收和各向异性的三阶光学非线性效应。对于入射的椭圆偏振光束，其电场 E 总是可以分解成 x

和 y 方向分量 (E_x 和 E_y) 的线性组合,或者左旋和右旋圆分量 (E_+ 和 E_-),两种坐标下电场分量的变换关系为 $E_{\pm} = (E_x \mp \mathrm{i}E_y)/\sqrt{2}$。图 7.7 给出了相对于入射椭圆偏振光束与晶体取向相关的坐标系。这里的偏振角 θ 是偏振椭圆的长半轴与 [100] 晶轴之间的夹角。z 轴与 Z 晶轴重合。因此,xy 平面和 XY 平面是相同的。在这种特定的情况下,可得到与左旋和右旋相关的各向异性三阶非线性折射率为[7]

$$n_{2,\pm}^{\mathrm{ani}} = n_2^0 \Big[1 \mp \frac{2e\delta}{1+e^2} - \frac{\sigma}{2}\sin^2(2\theta)\frac{(1\mp e)^2}{1+e^2} \Big] \tag{7.63}$$

和各向异性两光子吸收系数为[9]

$$\alpha_2^{\mathrm{ani}} = \alpha_2^0 \Big[1 - \frac{4e^2}{(1+e^2)^2}\delta - \frac{1}{2}\sigma\sin^2(2\theta)\Big(\frac{1-e^2}{1+e^2}\Big)^2 \Big] \tag{7.64}$$

式中,各向异性系数 σ 的定义见 (7.48) 式;二向色性系数 δ 为

$$\delta = \frac{\chi_{1111}^{(3)} + \chi_{1122}^{(3)} - 2\chi_{1221}^{(3)}}{2\chi_{1111}^{(3)}} \tag{7.65}$$

其中,$n_2^0 = 3\mathrm{Re}[\chi_{1111}^{(3)}]/(\varepsilon_0 cn_0^2)$ 和 $\alpha_2^0 = 12\pi\mathrm{Im}[\chi_{1111}^{(3)}]/(\varepsilon_0 cn_0^2\lambda)$ 分别是线偏振光的电场矢量平行于 [100] 晶轴时的三阶非线性折射率和两光子吸收系数。偏振椭圆的椭偏率为 $e = (|E_+| - |E_-|)/(|E_+| + |E_-|)$。

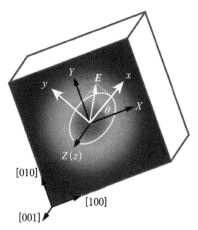

图 7.7　晶体主轴坐标系 (X,Y,Z) 和描述椭圆偏振光场 $\boldsymbol{E}(x,y,z)$ 的
实验室坐标系 (x,y,z) 之间的关系[7]

有趣的是,(7.63) 式和 (7.64) 式有三种特殊情况:线偏振光 ($e=0$) 时,即为 (7.49) 式所描述的,$n_2^{\mathrm{lin}} = n_2^0[1 - \sigma\sin^2(2\theta)/2]$ 和 $\alpha_2^{\mathrm{lin}} = \alpha_2^0[1 - \sigma\sin^2(2\theta)/2]$[3];圆偏振光 (即 $e=\pm 1$) 时,可得 $n_2^{\mathrm{cir}} = n_2^0(1-\delta)$ 和 $\alpha_2^{\mathrm{cir}} = \alpha_2^0(1-\delta)$[13];当材料具有各向同性的三阶非线性折射和两光子吸收 (即 $\sigma=$

0）时，（7.63）式和（7.64）式分别简化为（7.6）式和（7.7）式[13, 21]。

7.4.2 表征各向异性折射非线性的椭圆偏振光 Z-扫描理论

现在我们考虑具有任意偏振的高斯光束（（7.4）式）沿着＋z 轴在光学薄样品中传播，该样品具有各向同性的线性吸收系数 α_0 和各向异性的三阶非线性折射率 $n_{2,\pm}^{ani}$。基于高斯分解法，采用与 7.2.3 节类似的数学推导，可得表征各向异性折射非线性的椭圆偏振高斯光束 Z-扫描解析表达式为[7]

$$T(z,s) = \frac{1}{s}\left[1 - \sum_{m,m'=0}^{\infty} \frac{F_{mm'}^{m+m'}(1-s)^{\lambda_{mm'}}\cos\psi_{mm'}}{m\,!\,m'\,!\,(m+m'+1)^{3/2}(x^2+1)^{m+m'}} \right] \quad (7.66)$$

式中，

$$F_{mm'} = \left[\frac{(1+e)^2(\Phi_+^{ani})^{m+m'} + (1-e)^2(\Phi_-^{ani})^{m+m'}}{2(1+e^2)} \right]^{1/(m+m')} \quad (7.67)$$

$$\lambda_{mm'} = \frac{(m+m'+1)(x^2+1)\left[x^2+(2m+1)(2m'+1)\right]}{\left[x^2+(2m+1)^2\right]\left[x^2+(2m'+1)^2\right]} \quad (7.68)$$

$$\psi_{mm'} = (m-m')\left\{ \frac{\pi}{2} - \frac{2(m+m'+1)x(x^2+1)\ln(1-s)}{\left[x^2+(2m+1)^2\right]\left[x^2+(2m'+1)^2\right]} \right\} \quad (7.69)$$

其中，$\Phi_\pm^{ani}=kn_{2,\pm}^{ani}I_{00}L_{eff}$。定义焦点处峰值非线性折射相移为 $\Phi_2^0=kn_2^0 I_{00}L_{eff}$。$F_{mm'}$ 反映了光场偏振态对 Z-扫描曲线的贡献。对线偏振（$e=0$）和圆偏振（$e=\pm1$），从（7.67）式可分别得到 $F_{mm'}=kn_2^{lin}I_{00}L_{eff}$ 和 $F_{mm'}=kn_2^{cir}I_{00}L_{eff}$。当 $e=0$ 时，（7.66）式简化为（7.53）式。当样品具有各向同性非线性折射（即 $\sigma=0$）时，（7.66）式简化为（7.22）式。当线偏振光激发各向同性的非线性折射时，可得 $F_{mm'}=\Phi_2$，（7.66）式简化为（4.67）式。

在二阶近似下，从（7.66）式可得 Z-扫描透过率具有如下形式

$$T(z,s) = 1 - \frac{\left[(1+e)^2\Phi_+^{ani} + (1-e)^2\Phi_-^{ani}\right]}{2\sqrt{2}s(1+e^2)(x^2+1)}(1-s)^{\frac{2(x^2+3)}{x^2+9}}\sin\left[\frac{4x\ln(1-s)}{x^2+9}\right]$$

$$+ \frac{\left[(1+e)^2(\Phi_+^{ani})^2 + (1-e)^2(\Phi_-^{ani})^2\right]}{6\sqrt{3}s(1+e^2)(x^2+1)^2}$$

$$\times \left\{ (1-s)^{\frac{3(x^2+5)}{x^2+25}}\cos\left[\frac{12x\ln(1-s)}{x^2+25}\right] - (1-s)^{\frac{3(x^2+1)}{x^2+9}} \right\} \quad (7.70)$$

原理上，不同偏振的高斯光束在不同偏振角 θ 下进行闭孔 Z-扫描测量，通过（7.66）式可以获得各向异性非线性光学参数 n_2^0、σ 和 δ。或者，采用如下简单而有效的方案：首先，测量不同 θ 值（即不同偏振角）下的线偏振（$e=0$）光闭孔 Z-扫描曲线；其次，计算出不同 θ 值下的非线性折射率 n_2^{lin}；第三，用 $n_2^{lin} = n_2^0[1-\sigma\sin^2(2\theta)]$ 拟合 $n_2^{lin}\sim\theta$ 曲线，获得参量 n_2^0 和 σ；第四，

开展圆偏振光 Z-扫描测量并提取非线性折射率 n_2^{cir}；最后，借助于已知的 n_2^0 值利用 $n_2^{\mathrm{cir}} = n_2^0(1-\delta)$ 可得出二向色性系数 δ。

　　为了验证上述表征各向异性克尔非线性的 Z-扫描理论（即（7.66）式），这里将利用椭圆偏振的飞秒脉冲高斯光束进行 Z-扫描实验。激光源是 Ti：蓝宝石再生放大器（Coherent Inc.），脉冲宽度 170fs，重复频率 1kHz，波长 800nm，该光束是近高斯的时间和空间线型。用 1/4 波片将准直的线偏振激光束转换成椭偏率为 e 的椭圆偏振光。椭圆偏振光束经过消色差透镜聚焦，在焦点处产生的束腰半径为 $\omega_0 \approx 17\ \mu m$（瑞利长度为 $z_0 \approx 2.3mm$）。所用样品是一片 BaF_2 晶体（立方晶系，〈001〉取向，尺寸 $(10\times10\times0.5)mm^3$），该晶体具有各向异性的克尔非线性[3]。为了进行 Z-扫描测量，采用计算机控制的平移台沿光轴扫描样品，同时测量透过线性透过率为 $s=0.2$ 的远场光阑的脉冲能量，获得闭孔 Z-扫描曲线。

　　图 7.8 给出了 $I_{00}=190GW/cm^2$ 和 $\theta=45°$ 时三种偏振光激发下 BaF_2 晶体的 Z-扫描曲线。这里三个椭偏率 $e=0$、0.5 和 1 分别对应于线偏振、椭圆偏振和圆偏振。所有的闭孔 Z-扫描曲线均具有对称谷峰结构特征，表明该晶体具有正的折射非线性。但是，随着椭偏率 e 从 0 增加到 1，谷深 $(1-T_V)$、峰高 (T_P-1) 和峰谷差 ΔT_{PV} 均下降。此外，固定偏振角 θ 测量了不同光强下的线偏振光 Z-扫描曲线。发现在固定 θ 值下获得的 n_2^{lin} 与光强 I_{00} 无关，确认该晶体具有三阶折射非线性。

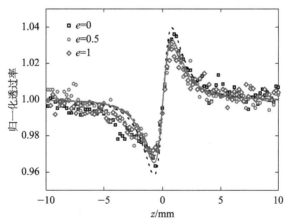

图 7.8　在 $I_{00}=190GW/cm^2$ 和 $\theta=45°$ 时三种偏振光激发下 BaF_2
晶体的闭孔 Z-扫描曲线[7]

　　通过测量 $e=0$ 时不同偏振角 θ 下的 Z-扫描曲线，获得了 800nm 波长时 $n_2^0=(2.79\pm0.05)\times10^{-7}cm^2/GW$ 和 $\sigma=-0.47\pm0.06$，其结果与 532nm 文

献报道值相当[3]。从圆偏振光 Z-扫描曲线可得 $\delta=0.07\pm0.01$。利用测量值 n_2^0、σ 和 δ，用（7.66）式模拟出了图 7.8 中的实线，这说明提出的 Z-扫描理论正确地描述了 Z-扫描实验结果。

在三种典型偏振光下的测量值 ΔT_{PV} 随 θ 的变化关系如图 7.9 所示。归功于 $\mathrm{BaF_2}$ 中克尔非线性的各向异性，偏振角 θ 依赖的 ΔT_{PV} 遵从周期为 $90°$ 的正弦变化。正如所料，圆偏振光激发下测量的 ΔT_{PV} 与 θ 无关。用测量值 n_2^0、σ 和 δ 模拟的结果如图 7.9 中的实线所示。显然，理论结果与实验观察相一致，确认了理论分析的合理性。

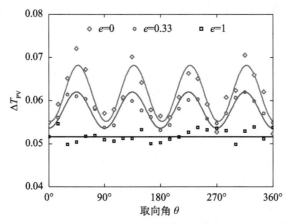

图 7.9　在 $I_{00}=190\mathrm{GW/cm^2}$ 和三种偏振光激发下 $\mathrm{BaF_2}$ 晶体中
偏振角 θ 依赖的 ΔT_{PV}[7]

采用测量的各向异性非线性参数（n_2^0、σ 和 δ），可获得 $\mathrm{BaF_2}$ 晶体在 800nm 的三阶非线性极化率张量 $\mathrm{Re}[\chi_{1111}^{(3)}]=5.25\times10^{-23}\mathrm{m^2/V^2}$、$\mathrm{Re}[\chi_{1122}^{(3)}]=1.62\times10^{-23}\mathrm{m^2/V^2}$ 和 $\mathrm{Re}[\chi_{1221}^{(3)}]=3.05\times10^{-23}\mathrm{m^2/V^2}$。总之，用任意偏振光 Z-扫描技术可以准确测量立方晶体中各向异性折射非线性的三个独立非线性极化率张量。

7.4.3　表征各向异性两光子吸收的椭圆偏振光 Z-扫描技术

当椭圆偏振高斯光束（（7.4）式）透过用（7.64）式所描述的两光子吸收器后，可得开孔 Z-扫描归一化能量透过率为

$$T(z,s=1)=\frac{1}{\sqrt{\pi}\,\psi_2^{\mathrm{ani}}(z)}\int_{-\infty}^{+\infty}\ln[1+\psi_2^{\mathrm{ani}}(z)\mathrm{e}^{-\xi^2}]\mathrm{d}\xi \qquad (7.71)$$

其中，$\psi_2^{\mathrm{ani}}=\Psi_2^{\mathrm{ani}}/(1+x^2)$，$\Psi_2^{\mathrm{ani}}=\alpha_2^{\mathrm{ani}}I_{00}L_{\mathrm{eff}}$。此外，定义焦点处峰值非线性吸

收相移为 $\Psi_2^0 = \alpha_2^0 I_{00} L_{\text{eff}}$。

如果 $|\Psi_2^{\text{ani}}| < 1$，则（7.71）式可以写成

$$T(z, s = 1) = \sum_{m}^{\infty} \frac{(-\Psi_2^{\text{ani}})^m}{(1+m)^{3/2}(1+x^2)^m} \tag{7.72}$$

原理上，不同椭偏率 e 的高斯光束在不同偏振角 θ 下进行开孔 Z-扫描测量，通过（7.71）式可提取出各向异性两光子吸收系数 α_2^0、σ 和 δ。也可以采用如下简单而有效的方法：①在不同偏振角 θ 下测量线偏振（$e=0$）光开孔 Z-扫描曲线；②计算出 θ 依赖的 α_2^{lin}；③用 $\alpha_2^{\text{lin}} = \alpha_2^0 [1 - \sigma \sin^2(2\theta)/2]$ 拟合 $\alpha_2^{\text{lin}} \sim \theta$ 曲线，获得系数 α_2^0 和 σ；④执行圆偏振光开孔 Z-扫描测量，获得两光子吸收系数 α_2^{cir}；⑤借助于已知的 α_2^0 值利用 $\alpha_2^{\text{cir}} = \alpha_2^0 (1-\delta)$ 可得二向色性系数 δ。这样就获得了各向异性两光子吸收系数 α_2^0、σ 和 δ。

为了论证上述表征各向异性两光子吸收的 Z-扫描理论，本书进行了椭圆偏振飞秒脉冲高斯光束开孔 Z-扫描实验。实验光源和光路与 7.4.2 节类似。样品 ZnSe 是一片 Z-切割的立方单晶（尺寸 $(10 \times 10 \times 1) \text{mm}^3$）。该样品在 800nm 波长下满足两光子吸收条件（$h\nu < E_g < 2h\nu$），其中，$h\nu = 1.55\text{eV}$，晶体带隙 $E_g \sim 2.7\text{eV}$。两光子吸收的各向异性归功于 ZnSe 晶体的立方对称性和能带结构特点[8]。

图 7.10 是在 $I_{00} = 15.7\text{GW/cm}^2$ 和 $\theta = 0°$ 时在线偏振（$e=0$）、椭圆偏振（$e=0.4$）和近圆偏振（$e=0.8$）激光脉冲激发下 ZnSe 晶体的开孔 Z-扫描曲线。所有 Z-扫描曲线均关于焦点呈现对称性的谷，这说明晶体具有正的非线性吸收系数。在不同偏振光激发下，线偏振光 Z-扫描信号最大而圆偏振的最小。用（7.71）式，得到了 $e = 0$、0.4 和 0.8 时的最佳拟合值 β 分别为 1.30cm/GW、1.20cm/GW 和 1.05cm/GW。例如，图 7.10 的插图给出了当 $I_{00} = 15.7\text{GW/cm}^2$ 和 $\theta = 0°$ 时测量值 α_2^{ani} 随 e 的变化关系。可以看出，随着椭偏率 $|e|$ 从 0 增加到 1，测量值 α_2^{ani} 下降。用（7.71）式拟合曲线，可得到 800nm 波长下 ZnSe 晶体的两光子吸收系数 $\alpha_2^0 = (1.29 \pm 0.02)\text{cm/GW}$ 和二向色性吸收 $\delta = 0.17 \pm 0.02$，其值与已报道的结果相当[8]。

此外，本书开展了固定偏振角在不同光强下的线偏振光开孔 Z-扫描测量。图 7.11 给出了 $e=0$ 和 $\theta = 0°$ 下 I_{00} 分别为 12.7GW/cm^2、15.7GW/cm^2 和 18.9GW/cm^2 时的开孔 Z-扫描曲线。用（7.71）式分析开孔 Z-扫描曲线得出了如下结果：①当激发光强低于 20GW/cm^2 时，测量的 α_2^{lin} 值近似为常数，确认在 800nm 波长下晶体确实具有纯的两光子吸收效应；②当光强相对较高时，如图 7.11 的插图所示，α_2^{ani} 值随着光强的增加而增加，这是因为

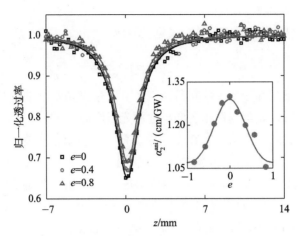

图 7.10　在 $I_{00}=15.7\text{GW/cm}^2$ 和 $\theta=0°$ 时三种偏振光激发下 ZnSe 晶体的开孔 Z-扫描曲线

离散点是实验数据,实线是用 (7.71) 式模拟的开孔 Z-扫描曲线;插图是 $\theta=0°$ 时椭偏率

依赖的 α_2^{ani},实线是借助于 (7.64) 式的最佳拟合曲线[9]

ZnSe 中同时出现了两光子吸收和双光子感应自由载流子吸收。因此,仅限于光强 $I_{00}\leqslant 20\text{GW/cm}^2$ 的 Z-扫描测量。

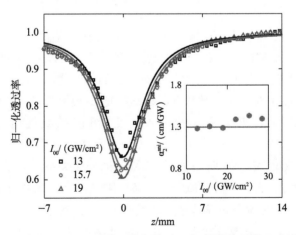

图 7.11　在 $e=0$ 和 $\theta=0°$ 时三种光强下 ZnSe 晶体的开孔 Z-扫描曲线

离散点是实验数据,实线是用 (7.71) 式模拟的 Z-扫描曲线;插图是光强依赖的 α_2^{ani} 值[9]

图 7.12 给出了从线偏振光开孔 Z-扫描测量的 α_2^{lin} 值随 θ 的变化关系。由于 ZnSe 中两光子吸收的各向异性,偏振角 θ 依赖的 α_2^{lin} 遵从周期为 $90°$ 的正弦变化。如图 7.12 中的实线给出了用 $\alpha_2^{\text{lin}}=\alpha_2^0[1-\sigma\sin^2(2\theta)/2]$ 计算的最佳拟合值为 $\alpha_2^0=(1.30\pm 0.01)\text{cm/GW}$ 和 $\sigma=-0.40\pm 0.04$。借助于测量值 α_2^0、σ

和 δ，用式（7.71）模拟的开孔 Z-扫描曲线见图 7.10 中的实线。结果表明，Z-扫描理论正确地描述了 Z-扫描实验结果。

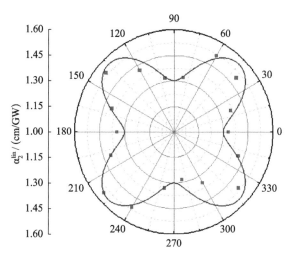

图 7.12　在 $I_{00}=15.7\mathrm{GW/cm^2}$ 和 $e=0$ 时 ZnSe 晶体中偏振角 θ 依赖的 α_2^{lin} 值[9]

借助于测量的各向异性两光子吸收系数 α_2^0、σ 和 δ，可获得 800nm 波长处 ZnSe 晶体中三阶非线性极化率张量为 $\mathrm{Im}[\chi_{1111}^{(3)}] = (7.32\pm 0.10)\times 10^{-22}\,\mathrm{m^2/V^2}$、$\mathrm{Im}[\chi_{1122}^{(3)}]=(3.78\pm 0.22)\times 10^{-22}\,\mathrm{m^2/V^2}$ 和 $\mathrm{Im}[\chi_{1221}^{(3)}]=(2.70\pm 0.35)\times 10^{-22}\,\mathrm{m^2/V^2}$。简单来说，用椭圆偏振开孔 Z-扫描测量可以很好地表征各向异性两光子吸收器的三阶非线性极化率张量元。

7.4.4　各向异性光学非线性的椭圆偏振光 Z-扫描技术

现在考虑椭圆偏振高斯光束（（7.4）式）通过光学薄样品。该样品同时具有各向异性三阶非线性折射（（7.63）式）、各向同性线性吸收和各向异性两光子吸收（（7.64）式）。类似于 7.2.4 节的数学推导，当 $|\Psi_2^{\mathrm{ani}}|<1$ 时，可得闭孔 Z-扫描归一化能量透过率为

$$
\begin{aligned}
T(z,s) = \sum_{m,m'=0}^{\infty} &\frac{S_{mm'}(x,s)}{2(1+e^2)(m+m'+1)^{1/2}} \\
&\times \big[(1+e)^2 g_m(\Phi_+^{\mathrm{ani}},\Psi_2^{\mathrm{ani}})g_{m'}^*(\Phi_+^{\mathrm{ani}},\Psi_2^{\mathrm{ani}}) \\
&+(1-e)^2 g_m(\Phi_-^{\mathrm{ani}},\Psi_2^{\mathrm{ani}})g_{m'}^*(\Phi_-^{\mathrm{ani}},\Psi_2^{\mathrm{ani}})\big]
\end{aligned}
\tag{7.73}
$$

式中，

$$
g_m(\Phi_\pm^{\mathrm{ani}},\Psi_2^{\mathrm{ani}}) = \frac{\mathrm{i}^m(\Phi_\pm^{\mathrm{ani}})^m(x+\mathrm{i})}{m!(x^2+1)^m[x+\mathrm{i}(2m+1)]}\prod_{n=1}^{m}\left[1+\mathrm{i}\left(n-\frac{1}{2}\right)\frac{\Psi_2^{\mathrm{ani}}}{\Phi_\pm^{\mathrm{ani}}}\right]
\tag{7.74}
$$

$$S_{mm'}(x,s) = \frac{1 - \exp[B_{mm'}(x)\ln(1-s)]}{B_{mm'}(x)s} \tag{7.75}$$

$$B_{mm'}(x) = \frac{(m+m'+1)(x^2+1)}{[x+\mathrm{i}(2m+1)][x-\mathrm{i}(2m'+1)]} \tag{7.76}$$

现在分别利用（7.73）式和（7.72）式模拟各向异性非线性折射和两光子吸收共存时的闭孔和开孔 Z-扫描曲线。例如，选取的典型参数为 $\Phi_2^0 = 0.5\pi$，$\Psi_2^0 = 0.2\pi$，$\sigma = -0.8$ 和 $\delta = 0.1$。图 7.13 （a）和 7.13 （b）分别给出了当 $\theta = 45°$时三种偏振角 θ 下的闭孔（$s = 0.2$）和开孔 Z-扫描曲线，其结果与线偏振光 Z-扫描表征各向异性光学非线性的类似（图 7.6）。Z-扫描信号，即闭孔 Z-扫描峰谷差 ΔT_{PV} 和开孔 Z-扫描谷深 ΔT_{V}，如图 7.13 （c）和 7.13 （d）所示，随着 θ 的增加呈现出周期性变化。值得注意的是，圆偏振光时 Z-扫描信号与 θ 角无关，而其他偏振光时这种变化表现出周期为 90°的四重旋转

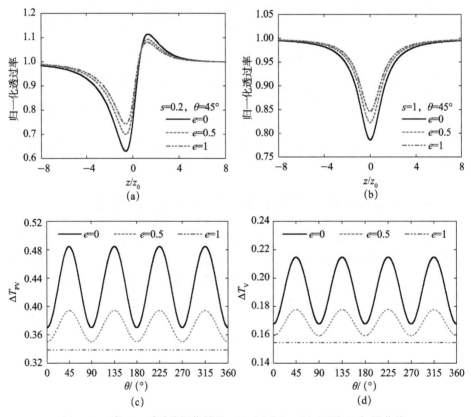

图 7.13　当 $\theta = 45°$时偏振依赖的 （a） 闭孔和 （b） 开孔 Z-扫描曲线；

偏振角 θ 依赖的 （c） ΔT_{PV} 和 （d） ΔT_{V}

模拟用参数为 $\Phi_2^0 = 0.5\pi$，$\Psi_2^0 = 0.2\pi$，$\sigma = -0.8$ 和 $\delta = 0.1$

对称性。这是由入射光电矢量相对于晶体的空间取向所决定的。类似于纯各向异性非线性折射时的情况，见 7.4.2 节的讨论，通过将线偏振光依次通过 1/2 波片和 1/4 波片，然后旋转波片，即改变偏振角 θ 和椭偏率 e，可以测量不同 θ 和 e 值时的开孔和闭孔 Z-扫描曲线，再借助于 Z-扫描理论（（7.73）式和（7.72）式），就可以获得描述各向异性光学非线性效应的非线性系数 n_2^0、α_2^0、σ 和 δ。

参 考 文 献

[1] Hutchings D C, Wherrett B S. Theory of anisotropy of two-photon absorption in zincblende semiconductors[J]. Physical Review B, 1994, 49(4): 2418-2426.

[2] Dvorak M D, Schroeder W A, Andersen D R, et al. Measurement of the anisotropy of two-photon absorption coefficients in zincblende semiconductors[J]. IEEE Journal of Quantum Electronics, 1994, 30(2): 256-268.

[3] DeSalvo R, Sheik-Bahae M, Said A A, et al. Z-scan measurements of the anisotropy of nonlinear refraction and absorption in crystals[J]. Optics Letters, 1993, 18(3): 194-196.

[4] Wang K, Zhou J, Yuan L, et al. Anisotropic third-order optical nonlinearity of a single ZnO micro/nanowire[J]. Nano Letters, 2012, 12(2): 833-838.

[5] Fang Y, Zhou F, Yang J, et al. Anisotropy of two-photon absorption and free-carrier effect in nonpolar GaN[J]. Applied Physics Letters, 2015, 106(13): 131903.

[6] Yang T, Abdelwahab I, Lin H, et al. Anisotropic third-order nonlinearity in pristine and lithium hydride intercalated black phosphorus[J]. ACS Photonics, 2018, 5(12): 4969-4977.

[7] Wen B, Hu Y, Rui G, et al. Anisotropic nonlinear Kerr media: Z-scan characterization and interaction with hybridly polarized beams[J]. Optics Express, 2019, 27(10): 13845-13857.

[8] Dabbicco M, Catalano I M. Measurement of the anisotropy of the two-photon absorption coefficient in ZnSe near half the band gap[J]. Optics Communications, 2000, 178(1-3): 117-121.

[9] Hu Y, Gu B, Wen B, et al. Anisotropic two-photon absorbers measured by the Z-scan technique and its application in laser beam shaping[J]. Journal of the Optical Society of American B-Optical Physics, 2020, 37(3): 756-761.

[10] Boyd R W. Nonlinear Optics. 3rd ed. Academic, 2008.

[11] Liu Z B, Yan X Q, Tian J G, et al. Nonlinear ellipse rotation modified Z-scan measurements of third-order nonlinear susceptibility tensor[J]. Optics Express, 2007, 15(20):

13351-13359.

[12] Yan X Q, Liu Z B, Zhang X L, et al. Modified elliptically polarized light Z-scan method for studying third-order nonlinear susceptibility components[J]. Optics Express, 2010, 18(10):10270-10281.

[13] Krauss T D, Ranka J K, Wise F W, et al. Measurements of the tensor properties of third-order nonlinearities in wide-gap semiconductors[J]. Optics Letters, 1995, 20(10): 1110-1112.

[14] Oishi M, Shinozaki T, Hara H, et al. Measurement of third-order nonlinear susceptibility tensor in InP using extended Z-scan technique with elliptical polarization[J]. Japanese Journal of Applied Physics, 2018, 57(5):050306.

[15] Gu B, Wen B, Rui G, et al. Nonlinear polarization evolution of hybridly polarized vector beams through isotropic Kerr nonlinearities[J]. Optics Express, 2016, 24(22):25867-25875.

[16] Yan X Q, Zhang X L, Shi S, et al. Third-order nonlinear susceptibility tensor elements of CS$_2$ at femtosecond time scale[J]. Optics Express, 2011, 19(6):5559-5564.

[17] 鄢小卿. 各向同性介质中非线性光学的偏振特性. 天津:南开大学博士学位论文, 2011.

[18] Liu Z B, Shi S, Yan X Q, et al. Discriminating thermal effect in nonlinear-ellipse-rotation-modified Z-scan measurements[J]. Optics Letters, 2011, 36(11):2086-2088.

[19] Maker P D, Terhune R W, Savage C W. Intensity-dependent changes in the refractive index of liquids[J]. Physical Review Letters, 1964, 12(18):507-509.

[20] Sheik-Bahae M, Said A A, Wei T H, et al. Sensitive measurement of optical nonlinearities using a single beam[J]. IEEE Journal of Quantum Electronics, 1990, 26(4):760-769.

[21] Lefkir M, Phu X N, Rivoire G. Existence of a bistable polarization state in a Kerr medium in the presence of two-photon absorption[J]. Quantum Semiclassical Optics, 1998, 10(1):283-292.

第 **8** 章
多种改进型 Z-扫描技术

本章将介绍几种典型的改进型 Z-扫描表征技术，着重介绍两类改进型 Z-扫描技术：一是提高测量灵敏度和可靠性，如帽顶光束 Z-扫描、准一维狭缝光束 Z-扫描和厚光学介质 Z-扫描；二是拓展 Z-扫描技术的测量内容和适用范围，如遮挡 Z-扫描、双色光 Z-扫描、反射 Z-扫描和 I-扫描等。

8.1 背景介绍

在前面的介绍中已经知道，Z-扫描技术由于其实验光路简单、测量灵敏度高、可以同时获得光学非线性的符号和大小，而广泛用于材料的非线性光学系数表征。自 1989 年 Sheik-Bahae 等[1,2]发明了高斯光束 Z-扫描技术以来，人们改进了各种 Z-扫描技术。改进的思路有两个方面：一方面在原有的基础上，讨论其他可能的光入射方式，以及改变对光的检测方式和调制方式，从而提高测量灵敏度，简化实验过程[3-24]；另一方面，发展和完善不同非线性光学机制下的 Z-扫描表征技术，拓展其测量的内容和适用范围[25-33]。具体来说，将 Z-扫描实验配置中的高斯光束用其他入射光束替代，如帽顶光束[3,4]、近高斯光束[5]、圆对称光束[6]、高斯-贝塞尔光束[7]、像散高斯光束[8]、准一维狭缝光束[9]、部分相干光束[10]和径向偏振光[11]等。在 Z-扫描实验中，改变了光的检测方式和调制方式，发展了离轴 Z-扫描[12]、反射 Z-扫描[13]、遮挡 Z-扫描[14,15]、厚光学 Z-扫描[16-19]、X-扫描[20]、P-扫描[21]、R-扫描[22]、I-扫描[23]和 F-扫描[24]等，提高了测量灵敏度和可靠性。改进 Z-扫描实验光路，拓展其测量的内容，例如，双色光 Z-扫描技术测量非简并光学非线性[25]，双光束时间分辨 Z-扫描技术测量光学非线性的大小和响应时间[26,27]，Z-扫描技术测量光束质量[28]，Z-扫描技术表征高阶光学非线性折射[29]和多光子吸收[30]，白光 Z-扫描技术表征简并非线性色散特性[31]，Z-扫描表征热光效应[32]和非局域非线性效应[33]等。

8.2　帽顶光束 Z-扫描

帽顶光束 Z-扫描的实验装置如图 8.1 所示，与高斯光束 Z-扫描的装置基本相同（图 4.1），只是在透镜前另加一个光阑 A1，它是 A1 提取经扩束系统后的扩展光束的中心部分，以便得到尽可能光强分布均匀的照明。由于圆孔衍射并经过会聚透镜的光束在横向上光强分布不均匀，特别是在透镜焦点附近，光强中间大，两边逐渐减小至零，再逐渐变强，然后再逐渐变弱，呈衍射环状。由于非线性折射效应导致折射率有一个横向变化，从而造成光束自聚焦或自散焦。

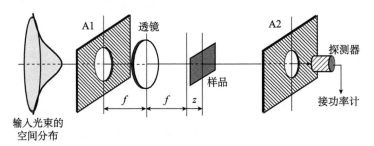

图 8.1　帽顶光束 Z-扫描实验光路示意图

在图 8.1 所示的帽顶光束 Z-扫描实验装置中，半径为 r_0 的光阑 A1 放置在透镜焦距为 f 的会聚透镜前焦面上。假定聚焦的帽顶光束沿 $+z$ 方向传播且焦平面处 $z=0$，运用瑞利-索末菲公式[34]，可得聚焦帽顶光束的焦场分布为[35]

$$E(r,z;t) = \frac{2E_0 fh(t)^{1/2}\mathrm{e}^{\mathrm{i}kz}}{f+z}\Omega(r,z) \tag{8.1}$$

其中，

$$\Omega(r,z) = \int_0^1 \exp\left[-\frac{\mathrm{i}\pi\lambda f z\rho^2}{4\omega_0^2(f+z)}\right]\mathrm{J}_0\left[\frac{\pi f r\rho}{\omega_0(f+z)}\right]\rho\mathrm{d}\rho \tag{8.2}$$

这里，$\omega_0 = \lambda f/(2r_0)$，是聚焦帽顶光束的束腰半径，相应地定义其瑞利长度为 $z_0 = \pi\omega_0^2/\lambda$。$h(t)$ 是帽顶光束的时间脉冲波形，对于连续激光，取 $h(t)=1$；对于高斯型时间脉冲波形，取 $h(t)=\exp(-t^2/\tau^2)$。当 $z=0$ 时，获得焦平面处的电场分布为[3]

$$E(r,0;t) = E_0 \frac{2J_1(\pi r/\omega_0)}{\pi r/\omega_0} h(t)^{1/2} \tag{8.3}$$

此处，J_0 和 J_1 分别是零阶和一阶贝塞尔函数。由（8.1）式可得聚焦帽顶光束的光强为

$$I(r,z;t) = \frac{4I_0 f^2 h(t)}{(f+z)^2} |\Omega(r,z)|^2 \tag{8.4}$$

其中，$I_{00} = \pi^{1/2}\varepsilon/(4\omega_0^2\tau)$ 是帽顶光束在焦点处的峰值光强，即 $I_{00} = I(0,0;0)$，这里，ε 是入射帽顶光束的能量；τ 是高斯型脉冲对应 e^{-1} 时的脉冲半幅宽。

　　为简化起见，这里只考虑用连续激光做帽顶光束 Z-扫描测量或者非线性光学效应到达稳态。在分析讨论中略去时间因子，取 $h(t)=1$。假定聚焦的帽顶光束沿 +z 轴在光学薄样品中传播，样品仅具有线性吸收（线性吸收系数为 α_0）、两光子吸收（非线性吸收系数为 α_2）和三阶非线性折射（非线性折射率为 n_2）。和（4.82）式相同，样品出射平面处的复电场为

$$E_e(r,z) = E(r,z)e^{-\alpha_0 L/2}[1+q(r,z)]^{(i\Phi_2/\Psi_2-1/2)} \tag{8.5}$$

其中，

$$\Phi_2 = kn_2 I_{00} L_{eff} \tag{8.6}$$

$$\Psi_2 = \alpha_2 I_{00} L_{eff} \tag{8.7}$$

$$L_{eff} = (1-e^{-\alpha_0 L})/\alpha_0 \tag{8.8}$$

$$q(r,z) = \alpha_2 I(r,z) L_{eff} \tag{8.9}$$

由（8.5）式可得出射样品的光强为

$$I_e(r,z) = \frac{I(r,z)e^{-\alpha_0 L}}{1+q(r,z)} \tag{8.10}$$

　　基于惠更斯-菲涅耳衍射积分法，可获得远场 A2 孔径平面的场分布为[36]

$$E_a(r_a,z) = \frac{2\pi}{i\lambda(d-z)} \exp\left[\frac{i\pi r_a^2}{\lambda(d-z)}\right]$$

$$\times \int_0^\infty E_e(r,z) \exp\left[\frac{i\pi r^2}{\lambda(d-z)}\right] J_0\left[\frac{2\pi r_a r}{\lambda(d-z)}\right] r dr \tag{8.11}$$

其中，d 是帽顶光束焦平面到远场光阑 A2 的距离。于是，容易通过如下表达式获得归一化功率透过率（即 Z-扫描透过率）

$$T(z,s) = \frac{\pi^2}{2I_{00}\omega_0^2 s} \int_0^{R_a} |E_a(r_a,z)|^2 r_a dr_a \tag{8.12}$$

其中，R_a 是远场光阑 A2 的半径。一个重要的参数是远场光阑 A2 的线性透过率 s，它是在低光强极限条件下透过小孔光阑 A2 的光能量与入射到光阑 A2 平面处的总能量之比。当 $R_a \to \infty$ 时，有 $s=1$，可得帽顶光束激发下的开

孔 Z-扫描功率透过率为

$$T(z) = \frac{\pi^2 e^{\alpha_0 L}}{2 I_{00} \omega_0^2} \int_0^\infty I_e(r,z) r \mathrm{d}r \tag{8.13}$$

　　帽顶光束 Z-扫描曲线和高斯光束 Z-扫描曲线非常相似，图 8.2 给出了在相同的在轴峰值非线性相移 $\Phi_2 = 0.5\pi$ 和小孔 A2 的线性透过率 $s = 0.01$ 的情况下，帽顶光束和高斯光束 Z-扫描曲线。正如图 8.2 所示，帽顶光束 Z-扫描曲线中归一化透过率的峰谷差值，$\Delta T_{PV} = T_P - T_V$，较之于高斯光束情形，提高了近 2.5 倍。这就意味着用 Z-扫描测量 n_2 值时，用帽顶光束比用高斯光束测量灵敏度要提高近 2.5 倍。在帽顶光束 Z-扫描中峰谷透过率间距 Δz_{PV} 近似等于 $1.4 z_0$[3]，比高斯光束的情形 $\Delta z_{PV} = 1.72 z_0$ 要小[1]。

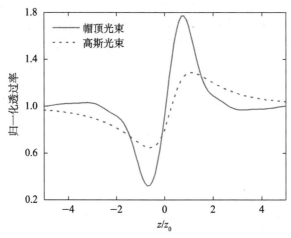

图 8.2　纯非线性折射（$\Phi_2 = 0.5\pi$）时帽顶光束和高斯光束闭孔
（$s = 0.01$）Z-扫描曲线

　　对于光克尔介质，帽顶光束 Z-扫描实验中得到峰与谷的差值 ΔT_{PV}，测量小孔光阑的线性透过率 s，进而计算出 Φ_2，利用关系 $n_2 = \Phi_2 / (k I_0 L_{eff})$ 获得三阶非线性折射率 n_2。实验测量值 ΔT_{PV} 和 s，以及 Φ_2 之间满足如下经验公式[3]

$$\Phi_2 = 2.7 \, \mathrm{artanh}\left(\frac{\Delta T_{PV}}{2.8(1-s)^{1.14}} \right) \tag{8.14}$$

　　图 8.3 给出了非线性折射和非线性吸收共存时的帽顶光束 Z-扫描曲线。为了便于比较，图中也同时给出了相同条件下的高斯光束 Z-扫描曲线。类似于高斯光束 Z-扫描曲线，开孔 Z-扫描曲线相对于焦点呈现出明显对称的谷；闭孔 Z-扫描曲线呈现出谷-峰结构，非线性吸收导致了 Z-扫描曲线存在被抑

制的峰和被增强了的谷。

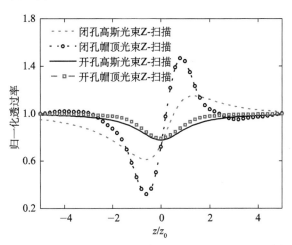

图 8.3 当非线性折射（$\Phi_2 = 0.5\pi$）和非线性吸收（$\Psi_2 = 0.2\pi$）共存时帽顶光束和
高斯光束开孔和闭孔（$s=0.01$）Z-扫描曲线

如何从开孔和闭孔帽顶光束 Z-扫描实验曲线获得光学非线性系数，是一个极其重要的问题。文献［4］用图表的形式来获得非线性光学系数。对于闭孔 Z-扫描的情况，该图表只给出了 $s\approx0$ 的情形。然而，在实际测量中远场小孔的透过率 s 不可能趋于零；为了提高测量的信噪比，一般选取 $s=0.1\sim0.4$。明显地，文献［4］用图表法获得非线性光学系数存在着一定的局限性。本书通过研究各参量 ΔT_V、ΔT_{PV}、Ψ_2、Φ_2，以及 s 之间的依赖关系，发现了可以直接估算非线性吸收和非线性折射率的两个经验表达式。从开孔 Z-扫描曲线的谷深 ΔT_V（$=1-T_V$，T_V 是 $z=0$ 处的归一化透过率）来估算 α_2 值[37]

$$\Psi_2 = 0.6\sinh^{1.1}(4.48\Delta T_V) \tag{8.15}$$

该公式在 $\Psi_2 \leqslant \pi$ 条件下，和精确数值结果相比最大误差仅为 1.0%。借助于（8.15）式从开孔 Z-扫描曲线获得的 Ψ_2，可以从相应的闭孔 Z-扫描特征曲线的归一化透过率的峰谷差 ΔT_{PV} 获得非线性折射率 n_2 值[37]

$$\Phi_2 = [2.7 - 2.24\tanh(-0.34\Psi_2)]\text{artanh}\left[\frac{(1+0.14\Psi_2)\Delta T_{PV}}{2.8(1-s)^{1.14-0.1\Psi_2}}\right] \tag{8.16}$$

该经验公式在 $\Psi_2 \leqslant \pi$，$\Phi_2 \leqslant \pi$ 和 $s \leqslant 0.5$ 条件下，误差仅为 2%。

明显地，估算 α_2 和 n_2，使用（8.15）式和（8.16）式比用文献［4］中的表一更实用、方便。计算闭孔 Z-扫描实验曲线中峰谷差值 ΔT_{PV}，使用（8.16）式和已知值 Ψ_2 就可以获得 Φ_2，最后很容易通过 $n_2 = \Phi_2/(kI_0L_{\text{eff}})$ 得出非线性折射率 n_2 的大小。

总之，帽顶光束 Z-扫描的实验装置与高斯光束 Z-扫描的结构基本相同，只是将入射光束由高斯光束换成帽顶光束。入射光束由帽顶光束取代高斯光束，该方法较之于高斯光束的情形，灵敏度提高了近 2.5 倍；此外，帽顶光束比高斯光束更容易获得，在没有高斯分布光源的条件下仍可进行测量，因此帽顶光束 Z-扫描更具优越性。

8.3 准一维狭缝光束 Z-扫描

样品的形状和品质对 Z-扫描实验结果有着重要的影响。形状方面，样品可能不是理想的薄膜，具有楔形效应和透镜效应，导致 Z-扫描曲线发生特定形式的形变[38]。而样品的品质，包括表面出现缺陷、划痕、沾染上灰尘、或者样品内部有杂质、气泡，造成实验曲线的扭曲变形，严重时甚至会完全掩盖 Z-扫描信号[39]。为了减小这些影响，本节将简要介绍准一维狭缝光束 Z-扫描技术[9]。

图 8.4 给出了准一维狭缝光束 Z-扫描表征技术的实验光路示意图，与帽顶光束 Z-扫描的实验配置不同[3,4]，狭缝 S1 和 S2 分别代替圆孔 A1 和 A2；聚焦透镜是柱面透镜而不是传统的球面汇聚透镜。和其他 Z-扫描[1,2]实验配置相似，宽度为 D 的狭缝 S1 放置在焦距为 f 的柱透镜的前焦面上。狭缝 S1 和 S2 以及柱透镜的光轴共线并且相互平行。采用准一维狭缝光束主要有如下两个原因：①通过 S1 的光束仅在 x-轴方向聚焦；②实际上照明光束在 y-轴方向上不可能无限大。前面提到的诸如高斯光束 Z-扫描和帽顶光束 Z-扫描均具有一个共同的特点，这就是在横向上二维平面同时聚焦光束，而一旦样品表面出现缺陷、沾染上灰尘、有气泡或者厚薄不均匀，将导致测量的实验结果产生很大的波动。如果采用准一维狭缝光束 Z-扫描，自然可以克服这些问题，因为光束仅在 x-轴方向聚焦，而在 y-轴方向没有聚焦并且光束至少有几个微米长。

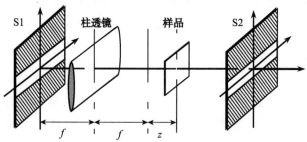

图 8.4 准一维狭缝光束 Z-扫描实验光路示意图[9]

根据电磁波传播的菲涅耳衍射理论[40]，样品入射面处的聚焦狭缝光束的光场横向分布可以表示为

$$E(x;z) \propto \frac{\sin(\pi x D/f\lambda)}{\pi x D/f\lambda} \otimes \frac{\exp[\mathrm{i}\pi x^2/\lambda z]}{\sqrt{\lambda z}} \qquad (8.17)$$

式中 z 表示样品距离透镜焦点的位置，当样品位于焦点左边的时候，z 为负值，反之为正；λ 是激光光束的波长；$\otimes$ 表示卷积运算。当样品位于焦点处（$z=0$）的时候，光场分布可以表示为

$$E(x;z=0) \propto \frac{\sin(\pi x/\omega_0)}{\pi x/\omega_0} \qquad (8.18)$$

式中 $\omega_0 = \lambda f/D$ 是准一维狭缝光束在焦点处 x 轴方向上"艾里斑"宽度的一半。相应地光束的瑞利长度为 $z_0 = \pi\omega_0^2/\lambda$。

在薄样品近似下，样品出射平面处的复电场 $E_e(r,z)$ 用式（8.5）表示。在远场探测平面，光场的分布和样品出射面处的光场分布 $E_e(r,z)$ 的傅里叶变换成正比，因此，可以直接计算狭缝 S2 处光场分布，获得远场 S2 处的归一化功率透过率 $T(z)$。样品远离焦点时，归一化透过率 $T(z)$ 等于 1。当样品在焦点附近时，随着位置的不同，$T(z)$ 会随着 z 产生相应的变化。通过数值计算不同样品位置 z 处透过率就可以获得准一维狭缝光束 Z-扫描曲线。

图 8.5 给出了样品具有纯非线性折射时，四对不同 s 和 Φ_0 时的 $T(z)$ 曲线。参量 s 为狭缝 S2 的线性透过率，是低光强下透过 S2 的功率与入射到 S2 平面处总功率的比值，定义为 $s=D_{\mathrm{S2}}/D_0$，其中 D_{S2} 和 D_0 分别是狭缝 S2 与光束在 S2 处的宽度。从图 8.5 可以看出准一维狭缝光束 Z-扫描曲线类似于色散型图样，与帽顶光束和高斯光束 Z-扫描曲线相似。归一化透过率的峰值和谷值分别被定义为 T_{P} 和 T_{V}，峰谷间距 Δz_{PV} 约为 $1.36z_0$，接近于帽顶光束 Z-扫描中的 $\Delta z_{\mathrm{PV}}=1.4z_0$[3]，不同于高斯光束 Z-扫描中的 $\Delta z_{\mathrm{PV}}=1.72z_0$[1,2]。与帽顶光束和高斯光束 Z-扫描不同，准一维狭缝光束 Z-扫描中峰谷间距 Δz_{PV} 随 Φ_2 的变化很小。从图 8.5 也可以看出准一维狭缝光束 Z-扫描的另一个显著特点：对于 s 和 Φ_2 很小时，Z-扫描曲线具有对称的峰-谷结构；当 Φ_2 和 s 增大时，将不再保持这种对称结构。对于 Φ_2 为正值时，①谷深大于峰高（即 $T_{\mathrm{P}}-1<1-T_{\mathrm{V}}$），这和高斯光束 Z-扫描的情况一致[1,2]，却和帽顶光束 Z-扫描的情况相反[3]；②峰和谷同时向 z 轴正方向移动，而峰谷间距保持不变，为 $1.36z_0$。随着 Φ_2 和 s 越来越大，不对称也越发明显。原因在于，这种光感应的类透镜在焦点处样品不能被视为理想透镜，因为相位变化因子是 $\exp(-\sin^2 x/x^2)$ 而不是理想透镜的 $\exp(-x^2)$。

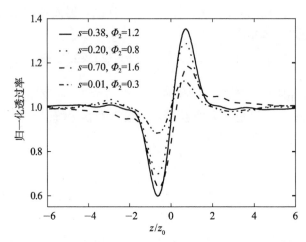

图 8.5　具有四对不同 s 和 Φ_2 值时准一维狭缝光束 Z-扫描曲线

为了能够从实验测量中获得的归一化透过率的峰谷差值 T_{PV} 估算非线性折射率 n_2，必须知道 ΔT_{PV}、Φ_2 和 s 之间的关系。通过对一系列 Φ_2 和 s 情形下理论模拟出 Z-扫描曲线进而得到 ΔT_{PV} 值，拟合出了一个简单而又精确的关系式[9]：

$$\Delta T_{PV} = 1.67(1-s^{1.8})\sin(0.48\Phi_2) \tag{8.19}$$

式（8.19）给出了 ΔT_{PV}，Φ_2 和 s 之间的函数关系，并且当 $s<0.7$ 和 $\Phi_2<2$ 时，该式和精确的数值模拟结果之间的误差在 1.5% 以内。一旦通过实验得到 Z-扫描曲线，从而得到 ΔT_{PV} 和实验已知的 s 值，就可以利用（8.19）式得到 Φ_2。最终，通过关系式 $n_2 = \Phi_2/(kI_{00}L_{eff})$，可求得非线性折射率 n_2。

图 8.6 给出了薄样品同时具有非线性折射 $\Phi_2=0.4\pi$ 和非线性吸收 $\Psi_2=0.2\pi$ 时的开孔（$s=1$）和闭孔（$s=0.01$）准一维狭缝光束 Z-扫描曲线。很明显，当接收孔 S2 是开孔（$s=1$）时，Z-扫描归一化透过率与非线性折射无关，而仅仅是非线性吸收的函数。可以看到，当 $z=0$ 时，$T(z)$ 呈现一个波谷，因为在焦点位置，非线性吸收最大。通过 $T(z)$ 曲线的谷深这一特征可以估算出非线性吸收系数 α_2。因为开孔的时候，非线性折射的影响是被忽略的。模拟不同 Ψ_2 值情况下的开孔准一维狭缝光束 Z-扫描曲线，得到一系列谷深 $\Delta T_V = 1 - T_V$。通过数值拟合，找到了 ΔT_V 和 Ψ_2 之间的函数关系为[9]

$$\Delta T_V = 0.641[1-\exp(-0.91\Psi_2)] \tag{8.20}$$

当 $\Psi_2 \leqslant 2$ 时，（8.20）式的误差在 ±2.2% 以内。

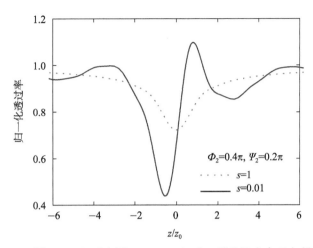

图 8.6 开孔（s=1）和闭孔（s=0.01）准一维狭缝光束 Z-扫描曲线

在 $\Phi_0 \leqslant 2$、$\Psi_2/\Phi_2 \leqslant 1$ 和 $s \ll 1$ 的情况下，模拟了不同 Φ_2 和 Ψ_2 值的闭孔准一维狭缝光束 Z-扫描曲线。如图 8.6 中的实线所示，薄样品同时存在非线性折射和非线性吸收时，闭孔 Z-扫描曲线呈现出明显的不对称图样：增强了的谷和压制了的峰；如果非线性吸收相对于非线性折射达到一定程度，峰将消失，仅具有唯一的谷。因为归一化透过率峰谷差值 ΔT_{PV} 同时依赖 Φ_2 和 Ψ_2，经过数值拟合，找到了 ΔT_{PV} 同 Φ_2 和 Ψ_2 之间的函数关系[9]

$$\Delta T_{PV} = [0.546 + 1.124\exp(-0.585\Psi_2)]\sin[0.408\Phi_2\sinh(1-0.1\Psi_2)]$$
(8.21)

当 $s \ll 1$ 且 $\Phi_2 \leqslant 2$ 和 $\Psi_2/\Phi_2 \leqslant 1$ 时，（8.21）式和理论模拟值之间的最大误差仅为 $\pm 2.9\%$。即使 $s=10\%$，（8.21）式的误差也只有 $\pm 3.4\%$，这就意味着 $s=10\%$ 时仍然可以认为是小孔，安全地使用（8.21）式。如果 $\Psi_2=0$，即完全没有非线性吸收，（8.21）式将退化为 $\Delta T_{PV}=1.67\sin(0.48\Phi_2)$，这和不考虑非线性吸收时计算出来的关系式（8.19）一致。

与文献 [4] 给出的图表不同，式（8.19）～式（8.21）给出了准一维狭缝光束 Z-扫描技术中 ΔT_V 和 ΔT_{PV} 的经验表达式。显然，估算 α_2 和 n_2 使用经验公式比用图表更实用更方便。首先，通过开孔 Z-扫描，得到 ΔT_V，然后由（8.20）式和 $\alpha_2 = \Psi_2/(I_{00}L_{eff})$ 确定 α_2 的大小；其次，知道了 Ψ_2 后，再对样品进行闭孔 Z-扫描得到 ΔT_{PV}，将 Ψ_2 和 ΔT_{PV} 以及关系式 $n_2 = \Phi_2/(kI_{00}L_{eff})$，可以算出非线性折射率 n_2。

总之，准一维狭缝光束 Z-扫描的测量灵敏度和帽顶光束 Z-扫描技术相仿，是高斯光束法的 2.5 倍，另一个显著的优点是该表征技术可以极大地抑制样品缺陷对测量结果的影响。通过准一维狭缝光束 Z-扫描测量，借助于归一化透过率曲线的峰谷差值经验公式（8.19）～（8.21），可以直接计算出非线性折射率 n_2 和非线性吸收系数 α_2 的大小。

8.4 厚光学介质 Z-扫描

第 4 章介绍了样品厚度远小于聚焦激光束瑞利长度的薄样品近似下的 Z-扫描理论。通常，对光功率限幅器（optical-power limiter）来说，非线性样品的厚度远大于光束的瑞利长度。许多学者研究了光束在厚非线性光学介质中的传播，主要的兴趣点是自陷（self-trapping）现象的描述。Sheik-Bahae 等[41]实验研究了厚介质 Z-扫描，并采用无像差近似（aberrationless approximation）方法分析实验结果。更严格地，Hermann 和 McDuff[42]提出了一阶近似下的解析理论分析厚样品 Z-扫描。Chapple 等[16]用高斯-拉盖尔分解法处理了薄样品到厚样品范围内二硫化碳的 Z-扫描实验曲线，发现光功率限幅器的最佳厚度是介质中光束瑞利长度的 6 倍。本节基于高斯分解法和分布透镜模型，给出了具有非线性折射和非线性吸收时厚介质 Z-扫描解析理论，并分析 Z-扫描曲线的特征[19]。

对于厚光学非线性介质，当光束通过非线性介质时，光束的半径会发生改变。这种改变由两个因素，即光被介质线性衍射和非线性折射引起。对于不太强的激光来说，由 n_2 引起的光束半径的改变与介质线性衍射引起的改变相比是很小的。作为近似，认为在样品中光束半径只受线性衍射的影响，非线性折射的作用只是引起相位畸变。

如图 8.7 所示，聚焦高斯光束在厚度为 L 的样品中传播，定义光束的坐标原点为 o，样品的中心离原点 o 的距离为 z，则样品前后表面的坐标分别为 $z_1=Z-L/2$ 和 $z_2=z+L/2$。先假定样品仅具有非线性折射而无非线性吸收，采用分布透镜近似[41]，沿光束传播方向将样品看作一组薄样品的紧密叠合，那么当光束依次通过每个薄片到达光阑 A 处时，总的光场应为

$$E_\mathrm{a}(r_\mathrm{a},z;t)=K\prod_{i=1}^{n}\mathrm{e}^{-\alpha_0 L_i}\sum_{m=0}^{\infty}\frac{[\mathrm{i}\phi_i(z;t)]^m}{m!}\frac{\omega_{m0}(z_i)}{\omega_m(z_i)} \tag{8.22}$$

式中，K 是与介质非线性无关的系数；$\prod\limits_{i=1}^{n}$ 代表 n 项连乘；L_i 为第 i 个薄片的厚度；z_i 为第 i 个薄片到原点 o 的距离；其余参数与（4.39）式中的定义相同。

光阑 A 处在轴电场强度可令（8.22）式中 $r_\mathrm{a}=0$ 得到，这时在轴归一化

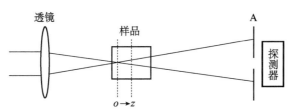

图 8.7 厚介质 Z-扫描实验示意图

透射率为

$$T(z) = \frac{|E_a(r_a = 0, z; t, \phi_i)|^2}{|E_a(r_a = 0, z; t, \phi_i = 0)|^2}, \quad i = 1, 2, \cdots, n \quad (8.23)$$

当将厚样品分成相当多的薄片时，忽略薄片之间非线性效应的耦合，在远场近似（$d \gg z_0$）条件下归一化透过率可写成

$$T(z) \approx \prod_{i=1}^{n} \left(1 + \frac{4\Delta\varphi_i(t)x_i}{(x_i^2 + 9)(x_i^2 + 1)} \right) = \exp\left(\sum_{i=1}^{n} \frac{4\Delta\varphi_i(t)x_i}{(x_i^2 + 9)(x_i^2 + 1)} \right) \quad (8.24)$$

式中，$x_i = z_i/z_0$，$\Delta\varphi_i(t) = kn_2 I_0 h(t) z_0 \Delta x_i = \Delta\varphi_R(t)\Delta x_i$，$\Delta\varphi_R(t) = kn_2 I_0 h(t) z_0$。$h(t)$ 表示激光脉冲的时间脉冲波形，对于连续激光，取 $h(t) = 1$；对于高斯型时间脉冲波形，取 $h(t) = \exp(-t^2/\tau^2)$。当 $\Delta x_i \to 0$ 时，样品厚度为 L，同时将厚样品位置用样品前表面位置替代，从（8.24）式得

$$T(z) = \exp\left[\int_{x-l/2}^{x+l/2} \frac{4\Delta\varphi_R(t)x'\mathrm{d}x'}{(x'^2 + 9)(x'^2 + 1)} \right]$$

$$= \left\{ \frac{[(x+l/2)^2 + 1][(x-l/2)^2 + 9]}{[(x-l/2)^2 + 1][(x+l/2)^2 + 9]} \right\}^{\frac{\Delta\varphi_R(t)}{4}} \quad (8.25)$$

其中，$l = L/z_0$。

当 $l \to 0$ 时，对应于薄样品情形，将（8.25）式对 l 作泰勒展开，并且只保留到 l 的一次项，得

$$T(z) \approx 1 + \frac{4\Delta\varphi_R(t)lx}{(x^2 + 9)(x^2 + 1)} \quad (8.26)$$

将 $\Delta\varphi_R(t) = kn_2 I_0 h(t) z_0$ 和 $l = L/z_0$ 代入上式，得

$$T(z) = 1 + \frac{4kn_2 I_0 h(t)Lx}{(x^2 + 9)(x^2 + 1)} \quad (8.27)$$

上式与（4.61）式相同。

在高光强激发时，考虑到薄片之间非线性效应的耦合，需要将（8.25）式中的 $\Delta\varphi_R(t)$ 用校正函数 $C_\varphi[\Delta\varphi_R(t), x, l]$ 替代。因为归一化透过率的峰谷位置随非线性折射幅度的变化缓慢，校正函数 $C_\varphi[\Delta\varphi_R(t), x, l]$ 可表示成

$C_{\varphi}[\Delta\varphi_{\mathrm{R}}(t),l]$。此外，数值模拟表明，非线性折射与样品厚度间的耦合非常弱，因此 $C_{\varphi}[\Delta\varphi_{\mathrm{R}}(t),l]$ 可以表示成 $\Delta\varphi_{\mathrm{R}}(t)$ 和样品厚度与非线性折射的乘积。因此，校正函数应该具有如下特征：当非线性折射或者样品厚度很小时，$C_{\varphi}[\Delta\varphi_{\mathrm{R}}(t),l]$ 应该等于 $\Delta\varphi_{\mathrm{R}}(t)$；当样品厚度足够大时，将会出现归一化透过率的饱和，此时样品厚度的影响将会消失。文献〔19〕采用 Crank-Nicolson 有限差分法进行数值模拟，通过将数值模拟与（8.25）式比较，校正函数可以近似表示成

$$C_{\varphi}(t) \approx \Delta\varphi_{\mathrm{R}}(t) + \tanh\left(\frac{l}{3}\right)\left\{\frac{[\Delta\varphi_{\mathrm{R}}(t)]^2}{4} + \frac{[\Delta\varphi_{\mathrm{R}}(t)]^3}{16}\right\} \qquad (8.28)$$

因此，修正的归一化功率透过率可写成

$$T(z) = \left\{\frac{[(x+l/2)^2+1][(x-l/2)^2+9]}{[(x-l/2)^2+1][(x+l/2)^2+9]}\right\}^{\frac{C_{\varphi}(t)}{4}} \qquad (8.29)$$

用（8.29）式模拟了不同样品厚度时的 Z-扫描归一化透过率曲线。图 8.8 给出了 $\Delta\varphi_{\mathrm{R}}=0.5$ 时连续光闭孔 Z-扫描曲线。从图中可以看出，对于不同样品无量纲厚度 l，具有与薄样品类似的 Z-扫描谷-峰特征曲线。随着 l 的增加，谷和峰的间距变大，同时峰高和谷深均增大，且对称分布在 $z=0$ 的两侧。当样品很厚（即 $l \gg 1$）时，谷和峰的位置处在厚样品的前后表面处。

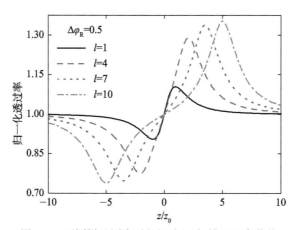

图 8.8　不同样品厚度时的闭孔 Z-扫描透过率曲线

通过解方程 $\mathrm{d}T/\mathrm{d}x=0$，可以得到归一化透过率的峰谷位置坐标为

$$x_{\mathrm{PV}} = \pm\sqrt{\frac{(l^2/2-10)+\sqrt{(l^2+10)^2+108}}{6}} \qquad (8.30)$$

从上式可以看出，对于同一厚度 l，Z-扫描曲线的峰谷坐标关于原点对称。

利用（8.29）式和（8.30）式可得到峰谷的数值关系如下

$$T_P T_V = 1 \tag{8.31}$$

峰谷间距为下式

$$\Delta z_{PV} = 2z_0 \sqrt{\frac{(l^2/2 - 10) + \sqrt{(l^2 + 10)^2 + 108}}{6}} \tag{8.32}$$

将（8.30）式代入（8.29）式得峰谷透射率差为

$$\Delta T_{PV} = T(x_P) - T(x_V) \tag{8.33}$$

用（8.33）式可以计算出不同非线性折射效应时归一化峰谷透过率差 ΔT_{PV} 随样品厚度 L 的依赖关系，如图 8.9 所示。可以看出，当样品比较薄（$L \leqslant 3z_0$）时，随着样品厚度的增加，ΔT_{PV} 值近似线性地增大。对照（4.76）式，可以发现样品厚度小于 $3z_0$ 仍然可以使用薄样品近似下的 Z-扫描理论来分析实验数据[19]。样品厚度在 $3z_0 < L < 6z_0$ 范围内，ΔT_{PV} 值随着样品厚度的增加而非线性地增大。当样品厚度大于 $6z_0$ 时，归一化峰谷差 ΔT_{PV} 达到饱和，基本上不随 L 的增加而增大了，最后趋于一个极限值。这意味着基于非线性折射效应的光功率限幅器的最佳厚度为 $6z_0$[19]。

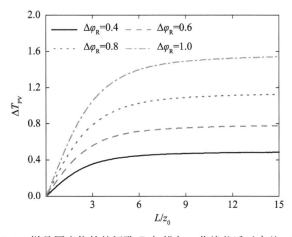

图 8.9 样品厚度依赖的闭孔 Z-扫描归一化峰谷透过率差 ΔT_{PV}

现在考虑样品具有诸如两光子吸收和反饱和吸收等非线性吸收效应，薄样品情况下开孔归一化功率透过率为

$$T(z) = \frac{1}{q_0(x;t)} \ln[1 + q_0(x;t)] \tag{8.34}$$

其中，$q_0(x;t) = q_0(t)/(1 + x^2)$，$q_0(t) = \alpha_2 I_0 h(t) L = Q_R(t) l$，这里，$Q_R(t) = \alpha_2 I_0 h(t) z_0$，$\alpha_2$ 是三阶非线性吸收系数。

运用分布透镜模型，忽略非线性折射效应，厚样品开孔归一化功率透过率可写成

$$T(z) = \prod_{i=1}^{n} \left\{ \frac{1}{q_{0i}(x_i;t)} \ln[1 + q_{0i}(x_i;t)] \right\}$$

$$\approx 1 - \frac{1}{2}\sum_{i=1}^{n} q_{0i}(x_i;t) + \left[\frac{1}{2}\sum_{i=1}^{n} q_{0i}(x_i;t)\right]^2 + O\left\{\left[\frac{1}{2}\sum_{i=1}^{n} q_{0i}(x_i;t)\right]^3\right\}$$

$$(8.35)$$

为了将求和换成积分，可以将（8.35）式近似写成

$$T(z) = \frac{1}{1 + \frac{1}{2}\sum_{i=1}^{n} q_{0i}(x_i;t)} = \frac{1}{1 + \frac{1}{2}\int_{x-l/2}^{x+l/2} q_0(x';t)dx'} \qquad (8.36)$$

比较（8.34）式和近似表达（8.35）式，可以看出（8.36）式的截取误差是二阶的。将 $q_0(x;t)$ 代入（8.36）式并完成积分，可以获得

$$T(z) = \frac{1}{1 + \frac{1}{2}Q_R(t)[\arctan(x+l/2) - \arctan(x-l/2)]} \qquad (8.37)$$

如果激光束在同时具有非线性折射和非线性吸收的厚介质中传播，必须考虑非线性折射对非线性吸收的影响。（8.37）式中的 $Q_R(t)$ 必须用校正函数 $C_q[Q_R(t),x,l]$ 替代。因为归一化透过率中谷的位置随着非线性吸收幅度的变化缓慢，校正函数 $C_q[Q_R(t),x,l]$ 可表示成 $C_q[Q_R(t),l]$。校正函数应该具有如下特征：当非线性折射或样品厚度很小时，$C_q[Q_R(t),l]$ 应该等于 $Q_R(t)$；当样品厚度足够大时，将会出现非线性吸收的饱和，此时样品厚度的影响将会消失。通过将数值模拟与（8.37）式比较，校正函数可以近似表示成[19]

$$C_q(t) \approx Q_R(t)\left(1 + \tanh\left(\frac{l}{2}\right)\left\{\frac{3\Delta\varphi_R(t)}{10} + \frac{[\Delta\varphi_R(t)]^2}{8}\right\}\right) \qquad (8.38)$$

这样修正的归一化功率透过率可写成

$$T(z) = \frac{1}{1 + \frac{1}{2}C_q(t)[\arctan(x+l/2) - \arctan(x-l/2)]} \qquad (8.39)$$

图 8.10 给出了样品同时具有非线性折射和非线性吸收（$\Delta\varphi_R = 0.5$ 和 $Q_R = 0.5$）时，不同样品厚度情况下的开孔 Z-扫描功率透过率曲线。开孔 Z-扫描曲线关于 $z = 0$ 呈现出对称的谷。随着样品厚度的增加，谷变宽变深。在厚介质开孔 Z-扫描中，非线性折射的贡献不可忽略，在分析 Z-扫描时需要考虑，见（8.38）式[19]。

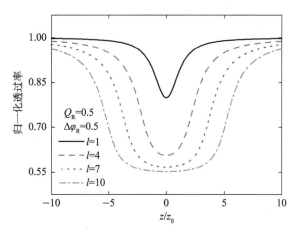

图 8.10 不同样品厚度时的开孔 Z-扫描功率透过率曲线

图 8.11 给出了样品同时具有非线性折射和非线性吸收（$\Delta\varphi_R = 0.4$ 和不同 Q_R 值）时，样品厚度依赖的开孔 Z-扫描谷深 $\Delta T_V (= 1 - T(0))$。随着样品厚度的增加，谷深先是线性地增加，然后非线性地增加至出现饱和，到达极限值。需要注意的是，对于厚非线性光学介质，开孔 Z-扫描的谷深 ΔT_V 也强烈地依赖非线性折射效应[19]。

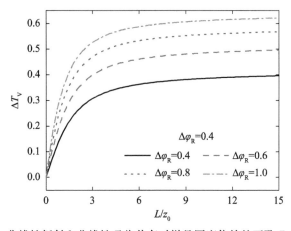

图 8.11 非线性折射和非线性吸收共存时样品厚度依赖的开孔 Z-扫描谷深

此外，通过将（8.29）式与数值模拟结果比较，发现当非线性折射和非线性吸收同时存在时，闭孔 Z-扫描归一化功率透过率可以近似表达为

$$T_{ca}(z) = T_{cr} \times T_{oa} \tag{8.40}$$

其中，T_{cr} 由（8.29）式给出，表示闭孔 Z-扫描测量中在一阶近似下纯非线性折射对应的归一化透过率；T_{oa} 由（8.39）式给出，表示开孔 Z-扫描测量

中纯非线性吸收对应的归一化透过率。

图 8.12 为厚样品同时具有非线性折射和非线性吸收（$\Delta\varphi_R = 0.5$ 和 $Q_R = 0.2$）时不同样品厚度下的闭孔 Z-扫描曲线。文献 [19] 采用 Crank-Nicolson 有限差分法进行数值模拟，结果表明，解析解（8.40）式和数值模拟很好地吻合（见文献 [19] 中的图5）。此外，在 $\Delta\varphi_R(t) \leqslant 1$，$Q_R(t) \leqslant 1$ 和样品厚度 $L \leqslant 10z_0$ 的范围内，归一化透过率峰谷差 ΔT_{PV} 与数值模拟结果的误差小于 10%。从图 8.12 可以看出，由于非线性吸收的影响，闭孔 Z-扫描呈现出增强了的谷和压制了的峰。随着样品厚度的增加，谷和峰发生分离，在厚样品 Z-扫描曲线中，谷和峰分别位于样品的前后表面附近。

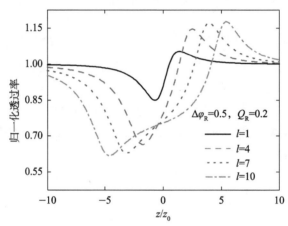

图 8.12　同时具有非线性折射和非线性吸收（$\Delta\varphi_R = 0.45$ 和 $Q_R = 0.15$）时
不同样品厚度下的闭孔 Z-扫描曲线

8.5　遮挡 Z-扫描

遮挡 Z-扫描的实验装置与 Z-扫描的结构基本相同，但远场探测器前的光阑由一圆盘取代（图 8.13）。D1 测量无样品的参考光功率/能量，D2 测量经样品通过圆盘后的光功率/能量。两臂的结构一致，归一化透射率直接由 D2/D1 得到。该方法可以明显地提高测量的灵敏度[14,15,43]。

假设线偏振高斯光束（（4.30）式）沿着 $+z$ 轴在光学薄样品中传播，该样品具有线性吸收和三阶非线性折射。类似于 4.3 节的推导，可得远场圆屏处的光场 $E_a(r_a, z; t)$（（4.39）式）。光场被半径为 R_a 的圆屏遮挡后，可得遮挡 Z-扫描的归一化能量透过率为

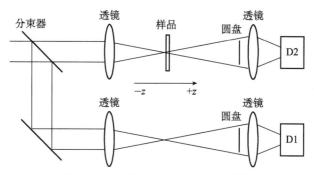

图 8.13　遮挡 Z-扫描实验光路图[14]

$$T(z,R_a) = \frac{\int_{-\infty}^{\infty} \mathrm{d}t \int_{R_a}^{\infty} |E_a(r_a,z;t)|^2 r_a \mathrm{d}r_a}{\int_{-\infty}^{\infty} \mathrm{d}t \int_{R_a}^{\infty} |E_a(r_a,z;t)|^2_{\Phi_2=0} r_a \mathrm{d}r_a} \qquad (8.41)$$

将（4.39）式代入（8.41）式，在利用远场条件（即 $d \gg z_0$），可得时间和空间分布均为高斯型的遮挡光束 Z-扫描解析表达式

$$T(x,s) = \frac{1}{(1-s)} \sum_{m,m'=0}^{\infty} \frac{\Phi_2^{m+m'}(1-s)^{\lambda_{mm'}} \cos\psi_{mm'}}{m!\,m'!\,(m+m'+1)^{3/2}(x^2+1)^{m+m'}} \qquad (8.42)$$

其中，

$$\lambda_{mm'} = \frac{(m+m'+1)(x^2+1)\left[x^2+(2m+1)(2m'+1)\right]}{\left[x^2+(2m+1)^2\right]\left[x^2+(2m'+1)^2\right]} \qquad (8.43)$$

$$\psi_{mm'} = (m-m')\left\{\frac{\pi}{2} - \frac{2(m+m'+1)x(x^2+1)\ln(1-s)}{\left[x^2+(2m+1)^2\right]\left[x^2+(2m'+1)^2\right]}\right\} \qquad (8.44)$$

式中，$s = 1 - \exp(-2R_a^2/\omega_a^2)$ 为远场圆屏的线性遮挡率。这里，$\omega_a = \omega_0 d/z_0$ 表示没有非线性光学效应时圆屏处的光束半径。

图 8.14（a）给出了当 $\Phi_2 = 0.2\pi$ 时遮挡 Z-扫描（$s=0.99$）和闭孔 Z-扫描（$s=0.01$）曲线。可以看出，遮挡 Z-扫描曲线呈现先峰后谷结构，与传统的闭孔 Z-扫描曲线情况恰好相反。这是因为当入射光为高斯光束时，具有非线性自聚焦特性（$n_2>0$）的介质在焦点附近起到一个正透镜的作用。当样品置于焦点前（$z>0$）时，远场光束的发散度增大，圆盘边缘通过的光增多。当样品移到焦点后时，光束的发散度减小，圆盘遮挡更多的光。从而遮挡 Z-扫描曲线呈现出先峰后谷结构，与传统的闭孔 Z-扫描曲线情况正好相反。同理，当样品具有自散焦效应（$n_2<0$）时，则遮挡 Z-扫描曲线为先谷后峰结构。

在遮挡 Z-扫描中圆屏的线性遮挡率 $s = 1 - \exp(-2R_A^2/\omega_A^2)$ 正好等于闭孔 Z-扫描中圆孔的线性透过率。虽然对于同样大小的圆屏和圆孔，由样品非线性折射引起的透射光能量的改变大小相等，但在中心处光的线性成分较大，两者归一化的透射率有很大的差别。例如，图 8.14（b）给出了 $\Phi_2 = 0.2\pi$ 时遮挡 Z-扫描和闭孔 Z-扫描的峰谷差 ΔT_{PV} 随 s 值的变化关系。闭孔 Z-扫描随 s 的增大 ΔT_{PV} 减小，小孔半径较小时灵敏度较高；而在遮挡 Z-扫描测量中 ΔT_{PV} 随 s 的增大而增大，即圆屏的半径大时对应的灵敏度高。在 $s = 0.5$ 时，两者的测量灵敏度相等。

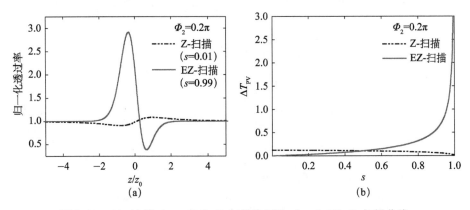

图 8.14 （a）遮挡（$s = 0.99$）Z-扫描和闭孔（$s = 0.01$）Z-扫描曲线；
（b）遮挡 Z-扫描和闭孔 Z-扫描的峰谷差 ΔT_{PV} 随 s 的变化关系

在遮挡 Z-扫描测量中所利用的光束边翼（$s \to 1$）的光线偏折程度大于闭孔 Z-扫描测量中所利用的小孔中心（$s \to 0$）的光线偏折程度。实验得到 Z-扫描测量的信噪比可提高 $3 \sim 5$ 倍。遮挡 Z-扫描可测出 $\lambda/10^4$ 的波前变化[14]。实际测量中，由于入射光有可能不是理想的高斯光束，这将影响测量结果的绝对大小。用已知非线性系数的介质对遮挡 Z-扫描系统进行校准，可减小绝对误差。遮挡 Z-扫描方法适用于测量较小的光学非线性相移，如薄膜中非共振的非线性折射率。基于与遮挡 Z-扫描同样原理的还有离轴 Z-扫描[12]：小孔偏离光轴放置，利用光束边缘的光线，提高测量灵敏度。

对于较大的圆屏（$0.98 < s < 0.99$）和小的非线性相移 $|\Phi_2| \leqslant 0.2$ 时，遮挡 Z-扫描技术得到的透射率的改变 ΔT_{PV} 与 Φ_2 基本上满足线性关系[14]

$$\Delta T_{\mathrm{PV}} = 0.68(1-s)^{-0.44}|\Phi_2| \tag{8.45}$$

8.6 双色光 Z-扫描

双色光 Z-扫描[25]是单光束 Z-扫描，不过包含两个不同的波长，一个波

长在材料的吸收区，另一个波长在透明区。由波长在材料吸收区的泵浦光束
感应相位畸变，通过交联相位调制到在材料透明区传播的弱探测光束上。
探测光束足够弱以致不感应出任何光学非线性相位变化。这样，通过分析
透射的探测光束，就可以直接获得频率为 ω_{e} 的强激发光感应频率为 ω_{p} 的弱
探测光的非线性折射率 $n_2(\omega_{\mathrm{p}};\omega_{\mathrm{e}})$ 和非线性吸收系数 $\alpha_2(\omega_{\mathrm{p}};\omega_{\mathrm{e}})$，即非简并
三阶光学非线性的大小和符号。此外，双色光 Z-扫描还可以进行时间分辨
测量。

作为双色光 Z-扫描的一个例子，实验装置如图 8.15 所示。可用脉冲光
作为泵浦光，二次谐波（SHG）晶体产生的倍频光作为探测光，两种频率的
光同时通过聚焦透镜。对样品的要求是泵浦光和探测光分别对应材料的吸收
区和透明区。薄样品放在焦点附近，透射光在远场处被分成相互垂直的两束
光进入两个探测器，每个探测器分别探测一种波长的光能量。

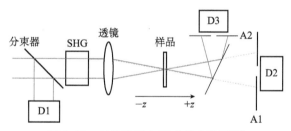

图 8.15 双色光 Z-扫描实验光路图[25]

在薄样品近似下，假设探测光足够小，它不引起自相位调制和交叉调制
效应。激发光强 I_{e}、探测光强 I_{p} 和相位 $\Delta\phi_{\mathrm{p}}$ 满足耦合波方程[25]

$$\frac{\mathrm{d}I_{\mathrm{e}}}{\mathrm{d}z'} = -\alpha_0^{\mathrm{e}}I_{\mathrm{e}} - \alpha_2^{11}(\omega_{\mathrm{e}};\omega_{\mathrm{e}})I_{\mathrm{e}}^2 \tag{8.46}$$

$$\frac{\mathrm{d}I_{\mathrm{p}}}{\mathrm{d}z'} = -2\alpha_2^{12}(\omega_{\mathrm{p}};\omega_{\mathrm{e}})I_{\mathrm{e}}I_{\mathrm{p}} \tag{8.47}$$

$$\frac{\mathrm{d}\Delta\phi_{\mathrm{p}}}{\mathrm{d}z'} = \frac{\omega_{\mathrm{p}}}{c}2n_2^{12}(\omega_{\mathrm{p}};\omega_{\mathrm{e}})I_{\mathrm{e}} \tag{8.48}$$

式中，α_0^{e} 为激发光的线性吸收系数；z' 为光束在样品中的传播深度；$\alpha_2^{11}(\omega_{\mathrm{e}};$
$\omega_{\mathrm{e}})$ 和 $\alpha_2^{12}(\omega_{\mathrm{p}};\omega_{\mathrm{e}})$ 分别表示简并的和非简并的非线性吸收系数。非线性系数
中上标 1 和 2 分别表示激发光和探测光的偏振态，对应于横向方向为 x
和 y。

当入射光为高斯光束（（4.30）式）时，由（8.46）式～（8.48）式可得
到样品输出面上的光场分布，再利用衍射传播理论可求得探测光的远场分布。
和简并的情况类似，归一化透射率的峰谷之差 ΔT_{PV} 与相位改变 Φ_{p2} 基本上满

足线性关系[25]

$$\Delta T_{\mathrm{PV}} \approx g\langle \Phi_{12}^{\mathrm{p}}\rangle \tag{8.49}$$

其中，$\Phi_{12}^{\mathrm{p}}=\omega_{\mathrm{p}} n_{2}^{\mathrm{pe}} I_{0\mathrm{e}}(1-\mathrm{e}^{-\alpha_{0}^{\mathrm{e}}L})/(\alpha_{0}^{\mathrm{e}})$，这里，$I_{0\mathrm{e}}$ 是激发光在光腰处的在轴峰值光强。针孔（$s\approx0$）时，可得 $g\approx0.42$。对双波长和单波长脉冲激光，可分别有 $\langle\Phi_{12}^{\mathrm{p}}\rangle=\Phi_{12}^{\mathrm{p}}/\sqrt{1.5}$ 和 $\langle\Phi_{12}^{\mathrm{p}}\rangle=\Phi_{12}^{\mathrm{p}}/\sqrt{2}$。

通过改变激发光和探测光的偏振特性，如平行偏振（xx）和交叉（或正交）偏振（xy），可分别测量非线性折射率 $n_{2}^{xx}(\omega_{\mathrm{p}};\omega_{\mathrm{e}})$，$n_{2}^{xy}(\omega_{\mathrm{p}};\omega_{\mathrm{e}})$ 和非线性吸收系数 $\alpha_{2}^{xx}(\omega_{\mathrm{p}};\omega_{\mathrm{e}})$，$\alpha_{2}^{xy}(\omega_{\mathrm{p}};\omega_{\mathrm{e}})$。用于研究样品非线性极化的色散特性，以及光学开关元件的交叉相位调制效应[25,44]。

8.7　双光束时间分辨 Z-扫描

运用超短脉冲光，在激发光与探测光中引入时间延迟，可获得非线性作用的时间分辨信息，用以研究介质的非线性响应时间及其机理。

双光束时间分辨率 Z-扫描的实验结构如图 8.16 所示。将入射光分为两束，分别作为泵浦光和探测光，调节半波片和偏振片使两束光垂直偏振。两光束由半反镜合并为一束通过透镜会聚入射到样品，光阑前的偏振片用以滤除泵浦光，使探测光单独进入探测器。实验中，样品的位置 z、探测光与泵浦光之间的时间延迟 t_{d} 可以独立调节。测得的归一化透射率 T 是 z 和 t_{d} 的函数。

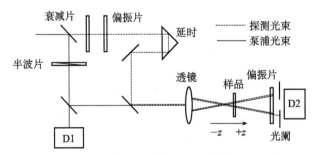

图 8.16　双光束时间分辨率 Z-扫描实验光路图

通过对双光束时间分辨 Z-扫描透过率 $T(t_{\mathrm{d}},z)$ 的测量，可得到非线性响应的弛豫时间，可用于分析半导体中束缚电荷、自由载流子对非线性的贡献，也可区分快速响应的克尔效应与慢响应的热致非线性的贡献等[26,27]。

8.8 反射 Z-扫描

反射 Z-扫描是通过测量样品表面反射光能量的改变，研究高吸收介质（如半导体材料）表面的光学非线性特性的方法[13,45]。

若样品垂直于入射光束（z 轴）放置，由光感应而引起的反射光波前的变化非常小，在许多情况下低于测量的灵敏度。Martinelli 等提出了增强灵敏度的反射 Z-扫描技术[45]。实验结构如图 8.17 所示，入射光以振动方向平行于入射面的线偏振光斜入射至样品的表面，入射角 θ 接近布儒斯特角 θ_B，此时反射光强最小。当样品沿 z 轴平移至焦点附近时，光强度增大，样品所产生的非线性折射（Δn）使得入射光线偏离布儒斯特角，反射光强度将发生明显的变化。

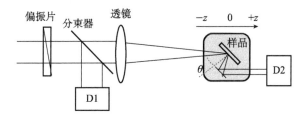

图 8.17　反射 Z-扫描实验光路图[45]

由菲涅耳公式，具有复折射率介质的反射系数可表示为

$$r(\theta) = \frac{\tilde{n}^2 \cos\theta - \sqrt{\tilde{n}^2 - \sin^2\theta}}{\tilde{n}^2 \cos\theta + \sqrt{\tilde{n}^2 - \sin^2\theta}} \tag{8.50}$$

其中，$\tilde{n}$ 为介质的复折射率。考虑介质的光学克尔非线性 $\tilde{n} = \tilde{n}_0 + \Delta\tilde{n}(I)$，其中介质的线性和非线性项（$\tilde{n}_0$ 和 $\Delta\tilde{n}$）都包含实部色散 n 和虚部吸收 κ。

为了计算反射光的强度，将反射系数按一级展开为

$$r(\theta) = r_0(\theta) + \Delta\tilde{n}\,\frac{\partial r(\theta)}{\partial \tilde{n}} \tag{8.51}$$

归一化的功率反射率 R 定义为反射光束的功率与无非线性光学效应时的反射功率之比

$$R(z,\theta) = \frac{\int_0^\infty |r(\theta)|^2 I(\rho,z)\rho\mathrm{d}\rho}{\int_0^\infty |r_0(\theta)|^2 I(\rho,z)\rho\mathrm{d}\rho} \tag{8.52}$$

式中，$I(\rho,z)$ 为入射的高斯光束强度分布。

对于饱和吸收介质，折射率的改变 $\Delta\widetilde{n}(I) = \widetilde{n}_2 I/(1+I/I_{\mathrm{S}})$，其中 I_{S} 是饱和光强。（8.52）式可写为[42]

$$R(z,\theta) = 1 + 2\mathrm{Re}[\hat{r}(\theta)]\frac{4I_{\mathrm{S}}}{I_0^2\omega_0^2}\int_0^\infty \frac{I^2(\rho,z)}{I(\rho,z)+I_{\mathrm{S}}}\rho\,\mathrm{d}\rho \qquad (8.53)$$

式中，归一化的非线性反射系数 $\hat{r}(\theta)$ 定义为 $z=0$ 和 $\rho=0$ 处反射系数的非线性部分与线性部分之比

$$\hat{r}(\theta) = \frac{\widetilde{n}_2 I_0}{r_0(\theta)}\frac{\partial r(\theta)}{\partial \widetilde{n}}\bigg|_{\Delta\widetilde{n}=0} \qquad (8.54)$$

对于非饱和吸收介质，折射率改变正比于光强 $\Delta\widetilde{n}(I) = \widetilde{n}_2 I$，式（8.53）简化为

$$R(z,\theta) = 1 + \frac{\mathrm{Re}[\hat{r}(\theta)]}{1+z^2/z_0^2} \qquad (8.55)$$

通过测量样品在不同位置 z 的反射功率 R，并用（8.53）式拟合测量的数据，可以确定归一化的反射系数 $\hat{r}(\theta)$ 和非线性折射率 n_2。入射光正入射至样品时，归一化的反射系数为 $\hat{r}(0°) = 2\widetilde{n}_2 I_0/(\widetilde{n}_0^2 - 1)$[13]。

8.9 I-扫描

在 4.5 节了解了 Z-扫描实验注意事项，已经知道 Z-扫描虽然具有实验光路简单和测量灵敏度高等优点。然而，这种方法也有不少不足之处。比如，在测量过程中，Z-扫描曲线会受到小孔离轴、样品不完美和激光功率波动等因素的影响而发生畸变。为此，Taheri 等提出了 I-扫描技术[46]。在单光束表征材料的光学非线性时，聚焦光束辐照样品，用激光功率/能量计探测远场光阑存在或不存在时的透射脉冲能量，获得入射光强依赖的闭孔或者开孔 I-扫描曲线。与 Z-扫描技术相比，采用闭孔 I-扫描测量 n_2 有许多优点。例如，在使用 I-扫描时，由于不涉及移动样品，在实验过程中只对同一部分样品进行研究，避免了因样品畸变和小孔离轴等造成的测量误差，因此更容易调节实验系统。使用参考光路后，激光器输出光强的起伏对测量结果影响不大。此外，样品放置在焦平面附近（比如，高斯光时 $z=\pm 0.86z_0$）时测量灵敏度高，这样就避免了因样品放置在辐照最强的焦平面处而受到损伤。

近年来，诸如石墨烯、氧化石墨烯、过渡金属硫化物等二维材料的光学非线性受到了广泛关注。制备在透明基底上的二维材料可以直接用于非线性

透射/吸收实验。常采用如图 8.18 所示的带有显微成像系统的改进型 I-扫描系统研究二维材料的光学非线性特性。该系统采用物镜和照相机对样品进行观察，检查激光光斑是否准确辐照在样品中心。采用两个高精度光电探测器（探测器 0 和探测器 1）记录参考光和透射光的激光脉冲能量，确定探测器 1 与探测器 0 的能量比值为非线性透过率 T。利用线性平移台驱动衰减片改变入射光强 I_0，从而得到光强 I_0 依赖的透过率 T（即开孔 μ-I-扫描曲线）。在探测器 1 之前放置小孔光阑，相应地可以获得闭孔 μ-I-扫描曲线。

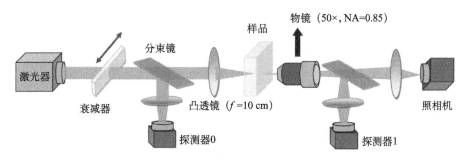

图 8.18　μ-I-扫描实验装置原理图[47]

用高斯型时间和空间分布的激光脉冲开展闭孔 I-扫描测量，样品具有纯三阶非线性折射时的归一化透过率解析式见（4.67）式。由（4.72）式可知，样品处在 $z=\pm 0.86 z_0$ 时测量信号变化最大。图 8.19 给出了 $kn_2 L_{eff}=5\pi\times 10^{-3}\,\mathrm{cm^2/GW}$、$s=0.01$ 和 $z=\pm 0.86 z_0$ 时用（4.67）式得到的闭孔 I-扫描曲线。从样品在 $+z$ 处获得透过率 $T>1$ 而 $-z$ 处 $T<1$ 可知 $n_2>0$。实验中，将闭孔 I-扫描曲线用（4.67）式拟合可以获得三阶非线性折射率 n_2。

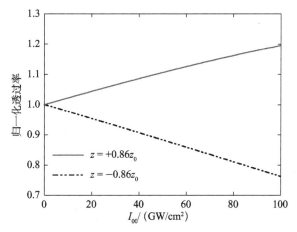

图 8.19　纯三阶非线性折射样品在 $z=\pm 0.86 z_0$ 时的闭孔 I-扫描曲线

如果样品同时具有两光子吸收和非线性折射且$|\Psi_2|<1$，相应的开孔和闭孔 I-扫描归一化透过率解析式分别是（4.94）式和（4.88）式。这里取 $kn_2 L_{eff}=5\pi\times10^{-3}\,\mathrm{cm^2/GW}$ 和 $\alpha_2 L_{eff}=2\pi\times10^{-3}\,\mathrm{cm^2/GW}$，分别用（4.94）式和（4.88）式模拟了开孔和闭孔（$s=0.01$）I-扫描曲线。图 8.20（a）是样品在 $z=0$ 处的开孔 I-扫描曲线，而图 8.20（b）是样品在 $z=\pm0.86z_0$ 处的闭孔 I-扫描曲线。从图 8.20（a）中可知，随着入射峰值光强 I_{00} 的增加，非线性透过率单调递减，说明非线性吸收系数为正。利用（4.94）式拟合 $T\sim I_{00}$ 就得到两光子吸收系数 α_2。借助于从开孔 I-扫描获得的 α_2，用（4.88）式拟合如图 8.20（b）的闭孔 I-扫描曲线，就可以得到三阶非线性折射率 n_2。类似地，利用（6.37）式和（6.46）式可以分别拟合饱和吸收和两光子吸收饱和时的开孔 I-扫描曲线，获得相应的饱和强度 I_S[47]。

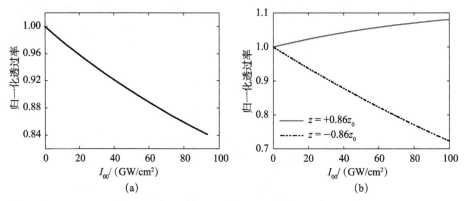

图 8.20　三阶非线性折射和两光子吸收共存时（a）样品在 $z=\pm0.86z_0$ 处的闭孔 I-扫描曲线和（b）样品在 $z=0$ 处的开孔 I-扫描曲线

8.10　Z-扫描表征非局域非线性光学效应

根据非线性光学响应对于激发光场的空间分布，光学非线性效应可以分成局域和非局域非线性。局域非线性是非线性光学响应与激发光场分布一致的非线性效应，对于非线性光学响应与激发光场分布不一致的非线性效应，无论响应的空间区域是大于还是小于激发光场的空间区域，都属于非局域非线性。由电致伸缩、粒子数重新分布和电子云畸变引起的三阶非线性折射是典型的局域非线性效应；而由温度变化引起的热致非线性和向列型液晶分子取向变化引起的光学非线性都是典型的非局域非线性效应[32]。此外，一些原子和载流子也可以导致非局域非线性。非局域非线性在很多方面都有着重要价值，例如，非局域非线性介质中的孤子，非局域非线性介质中的远场空间自相位调制效应和表征非局域非线性的改进型 Z-扫描理论[33,48]。

假定高斯光束（（4.30）式）沿着 +z 轴在非局域折射非线性薄样品中传播，出射样品面的光场可表示成[49]

$$E_e(r,z) = E(r,z)e^{-\alpha_0 L/2}\exp[i\Delta\phi(r,z;u)] \qquad (8.56)$$

式中，

$$\Delta\phi(r,z;u) = \frac{\Phi_2}{(1+x^2)^{u/2}}\exp\left[-\frac{ur^2}{\omega^2(z)}\right] \qquad (8.57)$$

其中，Φ_2 是在轴峰值非线性相移。参数 u 是一个用来表征非局域程度大小的非局域因子，u 是一个大于零的实数[33]。当 $0 < u < 2$ 时，非线性相位改变区域超出了入射光强分布区域，属于弱非局域非线性效应，典型情况是热致非线性效应；当 $u > 2$ 时，非线性相位改变区域窄于光强分布区域，属于强非局域非线性效应；仅当 $u = 2$ 时，非线性相位改变服从光强分布，此时材料的非线性响应是局域的。

典型的非局域非线性有热致非线性效应。考虑高斯光束在具有线性吸收的样品内传播。样品吸收激光能量，导致样品内部光束周围的温度上升，假设热致非线性折射率与温度的变化成正比，溶液中的温度上升引起折射率的变化为 $\Delta n = (dn/dT) \cdot \Delta T$，其中 dn/dT 是溶液的热光系数。连续高斯激光束通过薄样品后，热致非局域非线性导致的额外非线性相位可用（8.57）式描述，式中 $\Phi_2 = [k\alpha_0 L_{eff}P/(2\pi\kappa)] \cdot (dn/dT)$，其中 α_0 是样品的线性吸收系数，κ 是导热系数，入射功率 P 和峰值光功率密度 I_0 之间的关系是 $I_0 = 2P/(\pi\omega_0^2)$。

为了表征材料的光学非线性，考虑材料具有非局域非线性折射效应的贡献，单光束 Z-扫描技术由于其实验装置简单和测量灵敏度高而被广泛采用。基于高斯分解法，类似于 4.3 节的数学推导，可得闭孔 Z-扫描中远场光阑的归一化功率透过率为[48]

$$T(x,s) = \frac{1}{s}\left[1 - \sum_{m,m'=0}^{\infty}\frac{\Phi_2^{m+m'}(1-s)^{\lambda_{mm'}}\cos\psi_{mm'}}{m!m'!(mu/2+m'u/2+1)(x^2+1)^{mu/2+m'u/2}}\right]$$

$$(8.58)$$

式中，

$$\lambda_{mm'} = \frac{(mu/2+m'u/2+1)(x^2+1)[x^2+(mu+1)(m'u+1)]}{[x^2+(mu+1)^2][(x^2+(m'u+1)^2]} \qquad (8.59)$$

$$\psi_{mm'} = \frac{\pi}{2}(m-m') - \frac{(m-m')u(mu/2+m'u/2+1)x(x^2+1)\ln(1-s)}{[x^2+(mu+1)^2][(x^2+(m'u+1)^2]}$$

$$(8.60)$$

当 $u=2$ 时，即为纯三阶局域非线性折射效应时，（8.58）式简化为（4.67）式。

为了研究非局域非线性时的 Z-扫描曲线特征，本书取参数 $\Phi_2=-0.5\pi$ 和 $s=0.01$，用（8.58）式模拟了如图 8.21 所示的闭孔 Z-扫描曲线。可以看出，对于相同的轴向峰值相移时，随着非局域因子 u 的增大，Z-扫描的信号（即归一化透过率峰谷差 ΔT_{PV}）变小。实验中，用（8.58）式拟合测量出的闭孔 Z-扫描曲线，就可以获得非线性的正负（根据先谷峰结构判断）和大小 $|\Phi_2|$，以及非局域因子 u。当局域和非局域非线性折射共存时，也可以用闭孔 Z-扫描测量来鉴别和分离这两种非线性的贡献[48]。

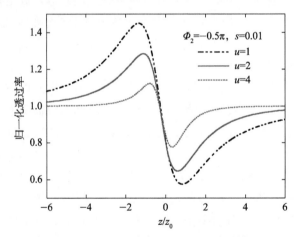

图 8.21 弱非局域（$u=1$）、局域（$u=2$）和强非局域（$u=4$）非线性折射时的闭孔 Z-扫描曲线

参 考 文 献

[1] Sheik-Bahae M, Said A A, Van Stryland E W. High-sensitivity, single-beam n_2 measurements[J]. Optics Letters, 1989, 14(17): 955-957.

[2] Sheik-Bahae M, Said A A, Wei T H, et al. Sensitive measurement of optical nonlinearities using a single beam[J]. IEEE Journal of Quantum Electronics, 1990, 26(4): 760-769.

[3] Zhao W, Palffy-Muhoray P. Z-scan technique using top-hat beams[J]. Applied Physics

Letters,1993,63(12):1613-1615.

[4] Zhao W,Palffy-Muhoray P. Z-scan measurement of $\chi^{(3)}$ using top-hat beams[J]. Applied Physics Letters,1994,65(6):673-675.

[5] Chapple P B,Wilson P J. Z-scan with near-Gaussian laser beams[J]. Journal of Nonlinear Optical Physics & Materials,1996,5(2):419-436.

[6] Rhee B K,Byun J S,van Stryland E W. Z scan using circularly symmetric beams[J]. Journal of the Optical Society of American B-Optical Physics,1996,13(12):2720-2723.

[7] Hughes S,Burzler J. Theory of Z-scan measurement using Gaussian-Bessel beams[J]. Physical Review A,1997,56(2):R1103-R1106.

[8] Huang Y L,Sun C K. Z-scan measurement with an astigmatic Gaussian beam[J]. Journal of the Optical Society of American B-Optical Physics,2000,17(1):43-47.

[9] Gu B,Yan J,Wang Q,He J L,et al. Z-scan technique for charactering third-order optical nonlinearity by use of quasi-one-dimensional slit beams[J]. Journal of the Optical Society of American B-Optical Physics,2004,21(5):968-972.

[10] Liu Y X,Pu J X,Qi H Q. Investigation on Z-scan experiment by use of partially coherent beams[J]. Optics Communications,2008,281(2):326-330.

[11] Gu B,Liu D,Wu J L,et al. Z-scan characterization of optical nonlinearities of an imperfect sample profits from radially polarized beams[J]. Applied Physics B-Lasers and Optics,2014,117(4):1141-1147.

[12] Tian J G,Zang W P,Zhang G Y. Two modified Z-scan methods for determination of nonlinear-optical index with enhanced sensitivity[J]. Optics Communications,1994,107(5-6):415-419.

[13] Petrov D V,Gomes A S L,Dearaujo C B. Reflection Z-scan technique for measurements of optical properties of surfaces[J]. Applied Physics Letters,1994,65(9):1067-1069.

[14] Xia T,Hagan D J,Sheik-Bahae M,et al. Eclipsing Z-scan measurement of $\lambda/10^4$ wavefront distortion[J]. Optics Letters,1994,19(5):317-319.

[15] Kershaw S V. Analysis of the EZ scan measurement technique[J]. Journal of Modern Optics,1995,42(7):1361-1366.

[16] Chapple P B,Staromlynska J,McDuff R G. Z-scan studies the thin-and the thick-sample limits[J]. Journal of the Optical Society of American B-Optical Physics,1994,11(6):975-982.

[17] Bridges R E,Fischer G L,Boyd R W. Z-scan measurement technique for non-Gaussian beams and arbitrary sample thicknesses[J]. Optics Letters,1995,20(17):1821-1823.

[18] Chen P,Oulianov D A,Tomov I V,et al. Two-dimensional Z scan for arbitrary beam shape and sample thickness[J]. Journal of Applied Physics,1999,85(10):7043-7050.

[19] Zang W P,Tian J G,Liu Z B,et al. Analytic solutions to Z-scan characteristics of thick media with nonlinear refraction and nonlinear absorption[J]. Journal of the Optical So-

ciety of American B-Optical Physics,2004,21(1):63-66.

[20] La Sala J E,Dietrick K,Benecke G,et al. Measuring optical nonlinearities with a two-beam X-scan technique[J]. Journal of the Optical Society of American B-Optical Physics,1997,14(5):1138-1148.

[21] Banerjee P P,Danileiko A Y,Hudson T,et al. P-scan analysis of inhomogeneously induced optical nonlinearities[J]. Journal of the Optical Society of American B-Optical Physics,1998,15(9):2446-2454.

[22] Tsigaridas G,Fakis M,Polyzos I,et al. Z-scan technique through beam radius measurements[J]. Applied Physics B-Lasers and Optics,2003,76(1):83-86.

[23] Yang Q G,Seo J T,Creekmore S J,et al. I-scan measurements of the nonlinear refraction and nonlinear absorption coefficients of some nanomaterials[J]. Proceedings of the Society of Photon-Optical Instrumentation Engineers(SPIE),2003,4797:101-109.

[24] Kolkowski R,Samoc M. Modified Z-scan technique using focus-tunable lens[J]. Journal of Optics,2014,16(12):125202.

[25] Sheik-Bahae M,Wang J,DeSalvo R,et al. Measurement of nondegenerate nonlinearities using a two-color Z scan[J]. Optics Letters,1992,17(4):258-260.

[26] Oliverira L C,Zilio S C. Single-beam time-resolved Z-scan measurements of slow absorbers[J]. Applied Physics Letters,1994,65(17):2121-2123.

[27] Wang J,Sheik-Bahae M,Said A A,et al. Time-resolved Z-scan measurements of optical nonlinearities[J]. Journal of the Optical Society of American B-Optical Physics,1994,11(6):1009-1017.

[28] Agnesi A,Reali G C,Tomaselli A. Beam quality measurement of laser pulses by nonlinear optical techniques[J]. Optics Letters,1992,17(24):1764-1766.

[29] Tsigaridas G,Fakis M,Polyzos I,et al. Z-scan analysis for high order nonlinearities through Gaussian decomposition[J]. Optics Communications,2003,225(4-6):253-268.

[30] Corrêa D S,de Boni L,Misoguti L,et al. Z-scan theoretical analysis for three-,four-and five-photon absorption[J]. Optics Communications,2007,277(2):440-445.

[31] Balu M,Hales J,Hagan D J,et al. White-light continuum Z-scan technique for nonlinear materials characterization[J]. Optics Express,2004,12(16):3820-3826.

[32] Pálfalvi L,Hebling J. Z-scan study of the thermo-optical effect[J]. Applied Physics B-Lasers and Optics,2004,78(6):775-780.

[33] Irivas B A M,Carrasco M L A,Otero M M M,et al. Far-field diffraction patterns by a thin nonlinear absorptive nonlocal media[J]. Optics Express, 2015, 23 (11): 14036-14043.

[34] Luneburg R K. Mathematical Theory of Optics. University of California,1966.

[35] Liu D,Gu B,Ren B,et al. Enhanced sensitivity of the Z-scan technique on saturable absorbers using radially polarized beams[J]. Journal of Applied Physics,2016,119(7):

073103.

[36] Gaskill J D. Linear Systems Fourier Transforms and Optics. New York: Wiley, 1978.

[37] Gu B, Wang Y H, Peng X C, et al. Giant optical nonlinearity of a $Bi_2 Nd_2 Ti_3 O_{12}$ ferroelectric thin film[J]. Applied Physics Letters, 2004, 85(17): 3687-3689.

[38] Chapple P B, Staromlynska J, Hermann J A, Mckay T J, et al. Single-beam Z-scan: measurement techniques and analysis[J]. International Journal of Nonlinear Optical Physics, 1997, 6(3): 251-293.

[39] Yang Q, Seo J T, Creekmore S, et al. Distortions in Z-scan spectroscopy[J]. Applied Physics Letters, 2003, 82(1): 19-21.

[40] Born M, Wolf E. Principles of Optics[M]. Seventh ed. England: Cambridge University Press, 1999.

[41] Sheik-Bahae M, Said A A, Hagan D J, et al. Nonlinear refraction and optical limiting in thick media[J]. Optical Engineering, 1991, 30(8): 1228-1235.

[42] Hermann J A, McDuff R G. Analysis of spatial scanning with thick optically nonlinear media[J]. Journal of the Optical Society of American B-Optical Physics, 1993, 10(11): 2056-2064.

[43] Pereira M K, Correia R R B. Z-scan and eclipsing Z-scan analytical expressions for third-order optical nonlinearities[J]. Journal of the Optical Society of American B-Optical Physics, 2020, 37(2): 478-487.

[44] Ma H, Dearaujo C B. Two-color Z-scan technique with enhanced sensitivity[J]. Applied Physics Letters, 1995, 66(13): 1581-1583.

[45] Martinelli M, Bian S, Leite J R, et al. Sensitivity-enhanced reflection Z-scan by oblique incidence of a polarized beam[J]. Applied Physics Letters, 1998, 72(12): 1427-1429.

[46] Taheri B, Liu H, Jassemnejad B, et al. Intensity scan and two photon absorption and nonlinear refraction of C_{60} in toluene[J]. Applied Physics Letters, 1996, 68(10): 1317-1319.

[47] Li Y, Dong N, Zhang S, et al. Giant two-photon absorption in monolayer MoS_2[J]. Laser Photonics Reviews, 2015, 9(4): 427-434.

[48] Han Y, Gu B, Zhang S, et al. Identification and separation of local and nonlocal nonlinear optical effects: theory and experiment[J]. Chinese Optics Letters, 2019, 17(6): 061901.

[49] Ramirez E V G, Carrasco M L A, Otero M M M, et al. Far field intensity diffractions due to spatial self phase modulation of a Gaussian beam by a thin nonlocal nonlinear media[J]. Optics Express, 2010, 18(21): 22067-22079.

第 9 章

多种材料的光学非线性特性

在过去的几十年里，人们合成制备了各种各样的非线性光学材料，表征了这些材料的三阶非线性光学系数。本章将简要介绍溶剂、有机材料、玻璃、铁电薄膜、半导体、二维材料和近零折射率材料的三阶非线性光学效应，列出这些典型材料的线性和三阶非线性光学系数。

9.1 典型的溶剂

在研究某些纳米/微米材料或者有机材料的光学非线性效应时，通常将其溶解在溶剂中，溶剂自身的性质对材料的光学非线性效应有较大影响，因此对溶剂的非线性光学效应的研究必不可少。溶剂按化学成分可以分为有机溶剂和无机溶剂，实验中常用的溶剂为有机溶剂。有机溶剂是指以有机物为介质的溶剂，一般情况下介质为碳化合物，这类有机化合物分子量小，常温下呈液态。有机溶剂的种类较多，按照化学结构可分为 10 大类：①卤代烃类，烃分子中的氢原子被卤素原子取代后的化合物称为卤代烃，其官能团为 F、Cl、Br 和 I，如二氯甲烷、三氯甲烷等；②脂肪烃类，脂肪烃是只含有碳、氢两种元素的开链烃，如正戊烷、己烷等；③脂环烃类，脂环烃是分子中只含有碳和氢两种元素，碳原子彼此相连成链，可以形成环又可以不形成环状的一类化合物，如环戊烷、环己烷、环己酮等；④醇类，指的是分子中含有跟烃基或苯环侧链上的碳结合的羟基的化合物，官能团为—OH，如甲醇、乙醇、丙醇等；⑤二醇衍生物，如乙二醇单甲醚、乙二醇单乙醚等；⑥醚类，醚是指分子中含有—C—O—C—基团的化合物，官能团为 C—O—C，如乙醚等；⑦酯类，羧酸或无机含氧酸与醇类发生化学反应生成的有机物，官能团为—COOR，如乙酸乙酯、甲酸甲酯等；⑧酮类，酮是羰基与两个烃基相连的化合物，官能团为—CO，如丙酮等；⑨芳香烃类，通常指分子中含有苯环结构的碳氢化合物，即官能团为苯环或萘环，如苯、甲苯、对二甲苯、邻二甲苯、间二甲苯、二甲苯；⑩其他，如乙腈、吡啶等。

有机溶剂按照极性不同可分为极性有机溶剂和非极性有机溶剂。极性溶剂是指含有羟基或羧基等极性基团的溶剂，极性强且介电常数较大。非极性溶剂是指介电常数较低的一类溶剂，又称惰性溶剂，这类溶剂既不进行质子自递反应，也不与溶质发生溶剂化作用，多是饱和烃类或苯等一类化合物，如苯、四氯化碳和二氯乙烷等。

针对各种广泛使用的有机溶剂，Iliopoulos 等[1]在两种情况下（脉宽 35ps 波长 532nm 和脉宽 40fs 波长 800nm）进行了 Z-扫描实验以研究溶剂的非线性光学响应，同时在脉宽 35ps 波长 532nm 条件下进行了光克尔测量，为同领域研究者提供了宝贵的常用的 14 种有机溶剂的三阶光学非线性系数参考值。在 800nm 飞秒时域下，一些有机溶剂表现出三阶非线性折射和三光子吸收效应共存[2]。而在 532nm 皮秒时域，一些溶剂同时具有三阶非线性折射和两光子吸收效应[1,2]。

Rau 等[3]用 Z-扫描测量了一系列溶剂的非线性折射率，并与三次谐波生成（THG）所得结果进行了比较。由测量系统的不同导致测量值 n_2 有明显的差异，差异主要是来源于以下三个因素：用于三次谐波生成的标准样品不同；Z-扫描测量中重要的分子旋转贡献；由克尔极化率导出的 n_2 色散和由三次谐波生成测量导出的 n_2 色散的差异。使用硅的非线性折射率作为标准，实验测得的硅的 n_2 结果与文献中相一致，但是对于诸如二硫化碳和氯苯这些溶剂来说却有显著差异。

表 9.1 列出了 19 种有机溶剂在不同波长、不同脉宽、不同表征方法下测量的非线性折射率 n_2 值，并且按照波长 532nm 皮秒时域下 n_2 值从大到小排序。

表 9.1　多种有机溶剂的三阶非线性折射率 n_2

溶剂	波长	脉宽	n_0	n_2 /(cm²/W)	表征方法	文献
	532nm	35ps	1.63	5.19×10^{-14}	Z-扫描	[1]
	532nm	30ps	—	1.13×10^{-13}	Z-扫描	[2]
二硫化碳	1064nm	16ps	1.621	3.10×10^{-14}	NIT	[3]
	800nm	40fs	1.63	3.97×10^{-16}	Z-扫描	[1]
	800nm	110fs	—	1.78×10^{-15}	Z-扫描	[2]
	532nm	35ps		1.53×10^{-14}	Z-扫描	[1]
硝基苯	532nm	35ps	1.55	2.66×10^{-14}	OKE	[1]
	800nm	40fs		9.88×10^{-17}	Z-扫描	[1]
	532nm	35ps		1.22×10^{-14}	Z-扫描	[1]
二氯苯	532nm	35ps	1.55	1.18×10^{-14}	OKE	[1]
	800nm	40fs		1.03×10^{-16}	Z-扫描	[1]

溶剂	波长	脉宽	n_0	n_2 /(cm²/W)	表征方法	文献
氯苯	1064nm	16ps	1.521	1.17×10^{-14}	NIT	[3]
苯胺	532nm	35ps		1.12×10^{-14}	Z-扫描	[1]
	532nm	35ps	1.59	1.03×10^{-14}	OKE	[1]
	800nm	40fs		1.03×10^{-16}	Z-扫描	[1]
甲苯	532nm	35ps	1.50	1.08×10^{-14}	Z-扫描	[1]
	532nm	35ps	1.50	1.31×10^{-14}	OKE	[1]
	532nm	30ps	—	0.43×10^{-14}	Z-扫描	[2]
	1064nm	16ps	1.493	0.93×10^{-14}	NIT	[3]
	800nm	40fs	1.50	1.01×10^{-16}	Z-扫描	[1]
	800nm	110fs	—	1.40×10^{-15}	Z-扫描	[2]
苯	532nm	35ps		0.88×10^{-14}	Z-扫描	[1]
	532nm	35ps	1.50	0.86×10^{-14}	OKE	[1]
	800nm	40fs		1.72×10^{-16}	Z-扫描	[1]
氯仿	532nm	35ps	1.44	0.33×10^{-14}	Z-扫描	[1]
	532nm	35ps	1.44	0.32×10^{-14}	OKE	[1]
	532nm	30ps	—	0.52×10^{-14}	Z-扫描	[2]
	1064nm	16ps	1.438	0.38×10^{-14}	NIT	[3]
	800nm	40fs	1.44	8.27×10^{-17}	Z-扫描	[1]
	800nm	110fs	—	9.37×10^{-16}	Z-扫描	[2]
二甲基甲酰胺	532nm	35ps	1.43	0.33×10^{-14}	Z-扫描	[1]
	532nm	35ps	1.43	0.55×10^{-14}	OKE	[1]
	532nm	30ps	—	0.47×10^{-14}	Z-扫描	[2]
	1064nm	16ps	1.415	0.42×10^{-14}	NIT	[3]
	800nm	40fs	1.43	7.81×10^{-17}	Z-扫描	[1]
	800nm	110fs	—	1.04×10^{-15}	Z-扫描	[2]
二氯甲烷	532nm	35ps	1.42	0.32×10^{-14}	Z-扫描	[1]
	532nm	35ps	1.42	0.37×10^{-14}	OKE	[1]
	1064nm	16ps	1.429	0.37×10^{-14}	NIT	[3]
	800nm	40fs	1.42	7.81×10^{-17}	Z-扫描	[1]
二甲基亚砜	532nm	35ps		0.28×10^{-14}	Z-扫描	[1]
	532nm	35ps	1.48	0.30×10^{-14}	OKE	[1]
	800nm	40fs		7.35×10^{-17}	Z-扫描	[1]
四氯化碳	1064nm	16ps	1.447	0.28×10^{-14}	NIT	[3]
	800nm	110fs	—	1.17×10^{-15}	Z-扫描	[2]
丙酮	532nm	35ps	1.36	0.22×10^{-14}	Z-扫描	[1]
	532nm	35ps	1.36	0.24×10^{-14}	OKE	[1]
	532nm	30ps	—	0.44×10^{-14}	Z-扫描	[2]
	1064nm	16ps	1.353	0.23×10^{-14}	NIT	[3]
	800nm	40fs	1.36	5.28×10^{-17}	Z-扫描	[1]
	800nm	110fs	—	9.34×10^{-16}	Z-扫描	[2]

续表

溶剂	波长	脉宽	n_0	n_2 /(cm^2/W)	表征方法	文献
氯甲烷	532nm	35ps		0.20×10^{-14}	Z-扫描	[1]
	532nm	35ps	1.34	0.17×10^{-14}	OKE	[1]
	800nm	40fs		4.13×10^{-17}	Z-扫描	[1]
环己烷	1064nm	16ps	1.443	0.19×10^{-14}	NIT	[3]
甲醇	1064nm	16ps	1.320	0.18×10^{-14}	NIT	[3]
乙醇	1064nm	16ps	1.340	0.18×10^{-14}	NIT	[3]
	800nm	110fs	—	1.09×10^{-15}	Z-扫描	[2]
正己烷	532nm	35ps	1.38	0.17×10^{-14}	Z-扫描	[1]
	532nm	35ps	1.38	0.10×10^{-14}	OKE	[1]
	1064nm	16ps	1.365	0.17×10^{-14}	NIT	[3]
	800nm	40fs	1.38	4.13×10^{-17}	Z-扫描	[1]
水	1064nm	16ps	1.320	0.14×10^{-14}	NIT	[3]
四氢呋喃	532nm	35ps	1.41	0.11×10^{-14}	Z-扫描	[1]
	532nm	35ps	1.41	0.10×10^{-14}	OKE	[1]
	532nm	30ps	—	0.40×10^{-14}	Z-扫描	[2]
	800nm	40fs	1.41	5.74×10^{-17}	Z-扫描	[1]
	800nm	110fs	—	1.29×10^{-15}	Z-扫描	[2]

注：NIT（nonlinear imaging technique）：非线性成像技术；OKE（optical kerr effect）：光克尔门

从表 9.1 可以看出，这些有机溶剂的三阶非线性折射率均为正值，表现为自聚焦效应。对同一溶剂，其非线性折射率 n_2 的大小在皮秒激光脉冲激发下要比在飞秒脉冲激发下的要小 2~3 个数量级，这是因为，皮秒和飞秒时域，非线性折射分别来源于分子取向和电子非线性。这里比较了二氯苯、硝基苯、苯胺和甲苯在皮秒时域的非线性光学响应，显然甲苯具有最低的光学非线性。如果考虑到这四个分子的不对称结构，就知道这是一个合理的结果。微观下对称性的降低，导致了它们更容易极化。这不是在飞秒脉冲下电子贡献占主导地位的情形。此外，由于缺乏 π-电子共轭作用，像丙酮、二甲基甲酰胺和二甲基亚砜等分子的非线性光学响应比苯的更低。

实验测量发现，在不同偏振和不同激光脉冲激发下有机溶剂的非线性折射率有明显的差异，这归因于有机分子在不同激光脉冲激发下的光学非线性响应不同。在飞秒激光脉冲激发下，有机溶剂的光学非线性来源于非瞬态的原子核非线性和近似瞬态的电子非线性[4,5]。Miguez 等[4]在前人的基础上简化光学非线性作用机理，分析瞬态非线性光学效应考虑电子和碰撞的因素，而非瞬态光学非线性效应则是考虑振动和扩散因素，用非线性椭圆旋转测量技术研究了八种溶剂的瞬态和非瞬态非线性光学系数。Zhao 等[5]用偏振分辨光束偏转技术准确地测得了部分常见有机溶剂（甲苯、吡啶、乙腈和氯仿）的非线性折射率，精确地分离了束缚电子和原子核的非线性光学响应。非线性光学响应可以被普遍分解成一个瞬态束缚电子响应和非瞬态原子核的贡献（主要是碰撞、振动和扩散重新取向）。在高度对称的分子（如四氯化碳）中不存在振动和重新取向。但是，辛醇作为一种各向异性分子也表现出可以忽略不计的重新取向贡献。

9.2　有机材料

在过去的几十年中，有机材料由于具有高的热稳定性和化学稳定性、合成灵活性和大的光学非线性[6-8]等优点，而受到了广泛的关注。特别是，有机材料的三阶非线性光学特性，在全光开关、光限幅器、可饱和吸收体等领域有着广泛的应用。为了增强有机材料的三阶非线性光学性能，人们致力于在分子水平上设计有机分子体系[9,10]。到目前为止，研究人员已经合成了诸如共轭分子和聚合物、电荷转移分子、查耳酮及其衍生物、卟啉和酞菁类化合物、液晶分子等各种类型的有机分子，并研究了其三阶非线性光学属性。

9.2.1　共轭分子和聚合物

共轭聚合物用电子轨道表征，通常与单个原子离域并扩展到整个分子（聚烯烃）甚至连接的分子链有关。这些材料的早期发展大多集中在电导体的应用上。当聚乙炔被适当掺杂时，电导率会有数量级的提高[11]。Sauteret 等[12]用三次谐波测量了一些共轭聚合物在共振和近共振区域大的三阶光学非线性，这引发了人们将这种材料用于非线性光学的兴趣。具体来说，聚二乙炔的三阶非线性折射率估算为 $n_2 = 1.8 \times 10^{-12}\ \mathrm{cm^2/W}$。

基于碳化学，如图 9.1 所示，有三种基本的共轭聚合物类型。它们在 500～900nm 波长范围内表现出主要的吸收极大值（有时称为激子线），峰值吸收波长越长，共轭效应越明显。在这三类聚合物（即聚乙炔、聚二乙炔和聚苯乙烯）中，一般不太可能把它们的纯净态制成具有光学质量材料，因此需要加入侧链以达到在溶剂中的溶解度等。通过这种方法，制备的聚二乙炔和聚苯乙烯已经适合于光学应用。骨架链仍然支配分子的光学非线性，其光学非线性在一阶近似下是独立于这些侧链的，虽然由于侧基的减少光学非线性确实减少了。

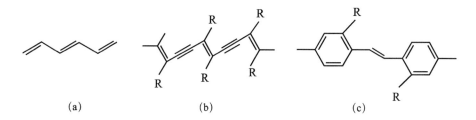

(a)　　　　　　　　　　(b)　　　　　　　　　　(c)

图 9.1　三类共轭聚合物的结构

(a) 聚乙炔；(b) 聚二乙炔，其中 R 表示聚二（对甲苯磺酸盐）（PTS）等；

(c) 聚苯乙烯，其中 R 表示 H、烷基等[13]

共轭分子是与碳原子相关的 $2p_z$ 轨道离域化成 π 轨道的结果，π 轨道延伸到整个分子上，如图 9.2 所示的乙炔分子。因此，与初始 $2p_z$ 轨道相关的电子可以很容易地在 π 轨道上移动相对较大的距离，导致沿碳—碳键的极化率增强。此外，由于与这些离域分子轨道相关的势阱相对较浅，它们具有强烈的非抛物线性，并且很容易被电场扭曲，导致强的光学非线性。表 9.2 列出一些共轭聚合物的分子结构、所有激光光源参数、非线性折射率 n_2、非线性吸收系数 α_2，以及所用的表征技术。

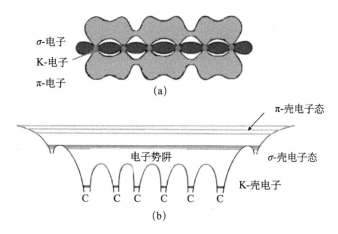

图 9.2　(a) 乙炔分子中典型的电子分布。π-壳电子态（起源于碳原子的 p＝2 态），
σ-壳电子态起源于碳原子的 s＝2 态，紧束缚的 K-壳电子起源于碳原子的 s＝1 态。
(b) 电子的分子势阱[13]

表 9.2 一些共轭聚合物的三阶非线性光学系数

聚合物	波长/nm	脉宽/fs	n_2/(cm²/W)	α_2/(cm/GW)	表征方法	文献
	800	125	$10^{-12} \sim 10^{-11}$	80	简并四波混频	[14]
	800	100	-2.2×10^{-12}	44	Z-扫描	[15]
	800	100	-1.1×10^{-12}	40	Z-扫描	[15]
	—	—	-3.0×10^{-12}	180	Z-扫描	[15]

续表

聚合物	波长/nm	脉宽/fs	n_2/(cm^2/W)	α_2/(cm/GW)	表征方法	文献
	800	100	8.4×10^{-15}	0.13	Z-扫描	[16]
	800	100	8.3×10^{-15}	0.10	Z-扫描	[16]

Rangel-Rojo 等[17]研究了 30～100nm 尺寸的聚二乙炔纳米晶在溶液中的非线性折射率 n_2。对溶液中晶体的无序取向及其浓度进行了修正。尽管 n_2 的大小和符号与体晶体中的大小和符号相同，但是在它们的测量中，一些量子效应是明显的。也就是说，吸收峰发生红移，吸收峰短波长侧振动边带的光谱结构发生了变化，n_2 的大小与晶体尺寸有关。

Chen 等[18]研究了银纳米颗粒包覆聚二乙炔复合囊泡的非线性光学特性。结果表明，银纳米颗粒在界面的表面等离子共振作用下局部场增强近 7 倍。通过改变银纳米颗粒的大小、形状和覆盖率，可以调节聚二乙炔/银纳米复合囊泡的非线性光学特性。Polavarapu 等[19]发现，加入阳离子型共轭聚合物后，金和银纳米粒子的光限幅性能得到了显著提高。此外，这些耦合的金和银纳米颗粒溶液非常稳定，适合于非线性光子器件的实际应用。

9.2.2　电荷转移分子

电荷转移分子的通用形式（也称为生色团）见图 9.3 (a)。如图 9.3 (b) 所示，端基具有截然不同的性质。施主（D）群，如 N (CH$_3$)$_2$、OCH$_3$、H$_2$N 等，有松散结合的电子。在另一端，有一个受主（A）群，如 NO$_2$、CN 等，它可以容纳额外的电子。中间桥基团促进两端基团之间的电子转移。这通常是由 $2p_z$ 电子部分离域的结构实现的，如一个或多个苯环，或一系列单-双碳键。如图 9.3 (b) 和 (c) 所示，电荷部分地从施主转移到受主群，从而在基态（和激发态）中产生永久偶极矩。

通常，需要量子化学计算来评估分子参数，以及这些电荷转移分子系统中的分子光学非线性[20]。计算结果表明，光学非线性与电荷从供体到受体的转移程度有关，这与键长交替有关（由于从 D 到 A 基团的电荷转移，分子中单键和双键的平均长度差）。这导致了一个简单的基于两个极端（共振）结构的线性组合的物理二能级模型，这两个极端（共振）结构分别是：花青极限（称为价键结构，VB），在这个极限中不会发生电子转移；以及两性离子极限（称为电荷转移结构，CT），在这个极限中发生最大电子转移[21]。这些极限共振结构具有不同的单-双碳键连接结构。假设二能级模型通常适用于电荷转移分子，特定分子的结构被假定为价带和电荷转移键构型的线性组合。

表 9.3 给出了电荷转移分子在聚合物和溶液中一些代表性的 n_2 值。显然，列出的电荷转移分子的非线性光学系数高于非有机介质（如 MgO 晶体在 1064nm 时 $n_2 = 3.9 \times 10^{-16}$ cm^2/W）的值。

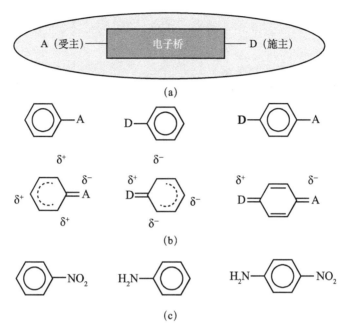

图 9.3　（a）原型电荷转移分子，一端是电子受主基团，另一端是施主基团，由桥分开；

（b）电子受主基团 A、电子施主基团 D，以及 A 和 D 引入了电荷分布的改变；

（c）电荷转移分子硝基苯胺[13]

　　作为一种令人感兴趣的有机材料，查耳酮及其衍生物最近在生物学和药理学方面得到了研究，包括有效的抗乳腺癌剂、抗炎剂和抗氧化剂等[25]。有趣的是，查耳酮类化合物是一类分子内电荷转移分子，它可以通过合适的设计使查耳酮类化合物取代施主/受主基团来增强其光学非线性 $\chi^{(3)}$，并研究其结构-属性关系[26]。在过去的十几年里，研究人员已经报道了各种查耳酮衍生物（如 D-π-A，D-A-A，D-A-π-D 和 D-A-π-A 等）在波长为 532nm 纳秒激光脉冲[27,28]和近红外波段飞秒激光脉冲[26,29]的三阶非线性光学性质。

　　表 9.4 给出了几种典型的查耳酮衍生物的三阶非线性折射率和两光子吸收系数。

9.2.3　液晶分子

　　液晶材料常常表现出大的非线性光学效应。这些非线性光学效应的响应时间通常很长（毫秒或更长时间），但即使这么长的响应时间对某些应用来说也足够了。

表 9.3 一些随机取向的电荷转移分子的三阶非线性光学系数

电荷转移分子	波长/nm	脉宽	n_2/(cm²/W)	α_2/(cm/GW)	表征方法	文献
(结构式)	1064	30ps	7×10^{-14}	0.8~2	非线性栅耦合测量	[22]
(结构式)	1064	30ps	1.9×10^{-13}	1~2	非线性栅耦合测量	[22]
(结构式)	1064	25ns	2.5×10^{-13}	—	非线性透过率	[23]
(结构式)	700	6ns	1.9×10^{-13}	<1	光克尔门实验	[24]
(结构式)	700	6ns	1.6×10^{-13}	<1	光克尔门实验	[24]

表 9.4　一些查耳酮衍生物的三阶非线性光学系数

电荷转移分子	波长/nm	脉宽	n_2/(cm²/W)	α_2/(cm/GW)	表征方法	文献
	532	5ns	-1.46×10^{-14}	0.965[a]	Z-扫描	[28]
	532	5ns	-5.25×10^{-14}	3.75[a]	Z-扫描	[28]
	532	7ns	-4.49×10^{-14}	3.06[b]	Z-扫描	[30]
	532	7ns	-1.87×10^{-13}	6.9[c]	Z-扫描	[31]

续表

电荷转移分子	波长/nm	脉宽	n_2/(cm^2/W)	α_2/(cm/GW)	表征方法	文献
	532	15ps	-6.0×10^{-15}	0.36^d	Z扫描	[32]
	780	130fs	0.83×10^{-15}	0.14×10^{-2e}	Z扫描	[26]
	780	130fs	0.97×10^{-15}	0.87×10^{-2e}	Z扫描	[26]
	780	130fs	1.15×10^{-15}	1.82×10^{-2e}	Z扫描	[26]

续表

电荷转移分子	波长/nm	脉宽	n_2/(cm^2/W)	α_2/(cm/GW)	表征方法	文献
	800	170fs	3.36×10^{-16}	2.13×10^{-3f}	Z-扫描	[33]
	800	170fs	3.03×10^{-16}	2.98×10^{-3f}	Z-扫描	[33]
	800	170fs	2.06×10^{-16}	8.51×10^{-3f}	Z-扫描	[33]

a 查耳酮衍生物在二甲基甲酰胺溶液中的浓度为 0.02mol/L;
b 查耳酮衍生物在二甲基甲酰胺溶液中的浓度为 1×10^{-3}mol/L;
c 查耳酮衍生物生物晶体;
d 查耳酮衍生物在二甲基亚砜溶液中的浓度为 2×10^{-4}mol/L;
e 查耳酮衍生物在丙酮溶液中的浓度为 0.2mol/L;
f 查耳酮衍生物在丙酮溶液中的浓度为 2×10^{-3} mol/L

液晶是由大的各向异性分子组成的。存在一定的转变温度，这在各种液晶材料中变化很大，但通常可能是 100℃。在这个转变温度以下，液晶存在于介质相中，在这个相中，相邻分子的取向被高度校正，从而得名为液晶。在更低的温度下，液晶材料发生另一个相变，表现为普通固体。

液晶有很多种类，例如，图 9.4 给出了向列相、胆甾相和近晶相液晶中分子及其排列的示意图[34]。如图 9.5（a）所示，大多数液晶分子可以认为是椭圆形的。图 9.5（b）给出了最常用和最广泛研究的分子之一 5CB 的结构。图中 R 和 R′ 的例子有 C_nH_{2n+1}、$C_nH_{2n+1}O$，以及硝基和氰基（如 5CB）群。当温度或侧基发生变化时，一个单分子结构可以呈现出不同的液晶序。例如，当 $n \leqslant 4$ 时 nCB 不是液晶；当 $n=5\sim7$ 时是向列相液晶；当 $n \geqslant 8$ 时是近晶型液晶。虽然有些分子可能会呈现永久偶极矩，但液态的净排列在可见光波长上，偶极矩平均为零。注意，这种排列并不完美，用一个标量序参数 $S = [\langle 3\cos^2\theta - 1 \rangle]/2$ 来描述，其中 θ 是分子长轴（通常沿 $\alpha_{\parallel}$ 方向）与所有分子平均方向 $\alpha_{\parallel}$ 之间的夹角。

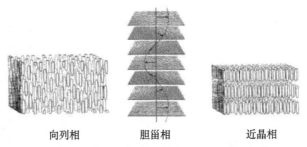

向列相　　　　　胆甾相　　　　　近晶相

图 9.4　向列相、胆甾相和近晶相液晶中分子及其排列的示意图[34]

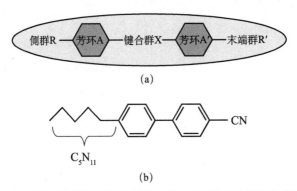

（a）

（b）

图 9.5　（a）典型液晶分子的示意图；（b）5CB 液晶分子的化学结构[34]

液晶材料具有很强的非线性光学效应。取决于液晶类型的不同，有多种机制可以产生三阶光学非线性效应，比如，向列相液晶的取向光学非线性、掺杂向列相液晶中的巨取向光学非线性、向列相液晶中的场辅助光折射率、与序参数变化以及热和密度效应相关的光学非线性等[13]。

在各向同性相中，液晶材料表现出分子取向的非线性光学响应，类似于 2.2 节所描述的那种，但是通常这种光学非线性具有更大的数量级，且与温度有很强的依赖性。Hanson 等[35]发现，液晶转变温度 77℃，温度范围 130～80℃，非线性折射率 n_2 范围 $(3.2～60)×10^{-4}\,cm^2/GW$，响应时间 τ 的范围为 1～72ns。这些 n_2 值是二硫化碳的 10～200 倍。

液晶材料在中间相（mesophase）比在各向同性相具有更强的非线性光学性质。同样地，其物理机制是分子取向非线性，但在这种情况下，非线性光学过程包括许多相互作用的分子的集体取向。有效非线性响应可达二硫化碳的 10^9 倍。

通过引入光敏染料或分子掺杂剂来介导、促进和加强液晶分子重新取向过程，可以得到更大的光学非线性系数 n_2，范围从 $10^{-3}\,cm^2/W$ 到 $10^3\,cm^2/W$ 不等[36-40]。

在向列相液晶中引起非常大的光学非线性的另一个机制是光折射率[41,42]。在光场和直流偏置电场的共同作用下，光电荷的产生和空间电荷场的产生过程导致了折射率的变化，其过程类似于电光活性聚合物和无机晶体中的光折变效应，但有一个重要的区别。在 $BaTiO_3$ 等无机光折变晶体中，诱导折射率的变化 Δn 与总电场 E 呈线性关系，即所谓的 Pockels 盒效应。另一方面，向列相液晶具有中心对称性（$+\hat{n}$ 等价于 $-\hat{n}$），在总电场中场致折射率变化为二次型的，即 $\Delta n = n_2 E^2$——克尔效应。这种二次相关实际上允许外加直流电场与空间电荷场的混合，以增强指向矢轴的重新取向效应[41-44]。

除了指向矢轴重新取向外，还有其他几种机制导致液晶在光场作用下折射率的变化。这些变化包括激光诱导分子内部温度变化、电致伸缩密度变化，以及序参数变化[34,45-47]。

9.3　玻璃

玻璃指的是非晶无机非金属材料，是用多种无机矿物如石英砂、硼砂、硼酸等为主要原料，加入少量辅助原料制成的。它的主要成分为二氧化硅和其他氧化物，是一种无规则结构的非晶态固体，没有固定熔沸点。在光学上，玻璃通常指二氧化硅，即掺杂了各种原子和/或分子的无定形二氧化硅。纯二氧化硅，通常掺杂锗以增加其折射率，常用于光纤传输，因此它的线性和非线性光学性质已经在光学领域，特别是通信波段得到了广泛的研究。一方面，非线性折射率对于光孤子传输至关重要；另一方面，由于四波混频等，它会产生有害的串扰。

如上述定义所述，每个玻璃材料的光学性质都不相同。这主要有两个原因。第一，玻璃的性能随制备工艺的细节而变化，其通常是每个商业供应商的专卖品。不同的复合物可以在局域尺度内形成，特别是对于多组分玻璃。第二，光学性能取决于原材料的纯度，以及制造过程中添加的少量杂质以保证稳定性等。此外，玻璃的性能可能也取决于样品取自熔体的位置，是中心还是边缘等，尽管这方面对于商用玻璃来说可能不像研究级别的小熔体样品那么重要。由于它在光学上的重要性，人们已经用许多不同的技术测量了二氧化硅和轻掺杂二氧化硅的三阶非线性折射率 n_2[48]。

在过去的 20～30 年里，人们合成了许多新的玻璃，主要是重氧化物玻璃和硫族化合物玻璃，目的是改善玻璃的 n_2 值。然而，到目前为止，许多玻璃的光损耗（即线性吸收 α_0）已经导致由 n_2/α_0 定义的品质因子净值低于熔融石英。这有两个主要原因。一般来说，光学非线性越大，由电子跃迁引起的吸收边向长波段移动得越多，因此近红外区和 1～1.5 μm 波段的残余吸收相对于熔融石英的越大。其次，为低损耗而优化的制造技术一直被用于二氧化硅、掺铒玻璃和一些特殊玻璃的开发应用，而不是非线性光学（具有小到中等的 n_2 值）。因此，有希望在未来的光学非线性玻璃中减少散射和其他损耗。

在标准玻璃目录中的一些玻璃，被认为有希望结合光纤可加工性和潜在的高 n_2 值，在 20 世纪 80 年代后期和 90 年代初期人们主要进行了其非线性光学系数的表征，获得了非线性折射率 n_2 值的范围在 $10^{-6} \sim 10^{-5}$ cm²/GW[49-53]。在 20 世纪 90 年代，为了增强光学非线性而在玻璃中加入了金属氧化物。这些金属氧化物玻璃的 n_2 值在 $10^{-6} \sim 6 \times 10^{-5}$ cm²/GW[54-56]。

硫族化物玻璃因其在近红外和中红外波段的大的光学非线性而受到特别关注。典型的 n_2 值在 $10^{-5} \sim 2 \times 10^{-4}$ cm²/GW[57,58]。这些玻璃中的许多都具有近红外的吸收截断，并且很容易对波长造成光损伤，这取决于特定的玻璃组成，波长可以延伸到光通信波段 1.3 和 1.55 μm[59-61]。

表 9.5 列出了多种光学玻璃的三阶非线性光学系数，包括非线性折射率和两光子吸收系数。一些来源于文献的线性折射率和光学带隙也在表中列出。表征玻璃非线性光学系数的技术主要是简并四波混频、自相位调制、两波耦合和Z-扫描等。在通信波长上一些光纤的非线性折射率也在表 9.5 中给出以供参考。

表 9.5　一些玻璃的线性和三阶非线性光学系数

材料	波长	脉宽	n_0	E_g /eV	n_2 /(cm²/W)	α_2 /(cm/GW)	表征方法	文献
熔融石英（肖特玻璃）	400nm	100fs	—	—	2.8×10^{-16}	—	PPE	[48]
	800nm		—	—	2.5×10^{-16}	—		
含铅玻璃 SF-59	1.06μm	80ps	1.91	—	6.8×10^{-15}	—	DFWM	[51]
氧化钛玻璃 FD-60	1.06μm	80ps	1.77	—	2.0×10^{-15}	—	DFWM	[51]
含 39%阳离子铝的硅酸铝光纤	1.064μm	80ps	1.774	—	2.2×10^{-15}	7.2×10^{-4}	SPM	[52]
As_2S_3 玻璃光纤	1.55μm	200fs	—	—	4.0×10^{-14}	6.2×10^{-4}	PPE	[59]
氧化碲基玻璃 $0.85TeO_2+0.15TiO_2$	532nm	250ps	—	—	6.6×10^{-14}	5.2	Z-扫描	[55]
氧化碲基玻璃 $0.7TeO_2+0.2BaO+0.1TiO_2$	532nm	250ps	—	—	5.8×10^{-14}	7.8	Z-扫描	[55]
硫系玻璃 $Ge_{10}Se_{90}$	1064nm	45ps	—	1.67	1.5×10^{-13}	1.8	Z-扫描	[56]
硫系玻璃 $Ge_{20}Se_{80}$	1064nm	45ps	—	1.67	1.3×10^{-13}	1.8	Z-扫描	[56]
硫系玻璃 $Ge_{30}Se_{70}$	1064nm	45ps	—	1.76	2.1×10^{-13}	1.1	Z-扫描	[56]
硫系玻璃 $Ge_{10}As_{10}Se_{80}$	1064nm	45ps	—	1.63	2.2×10^{-13}	2.7	Z-扫描	[56]
硫系玻璃 $Ge_{10}As_{20}Se_{70}$	1064nm	45ps	—	1.65	1.4×10^{-13}	3.1	Z-扫描	[56]
硫系玻璃 $Ge_{15}As_{10}Se_{75}$	1064nm	45ps	—	1.68	1.2×10^{-13}	2.6	Z-扫描	[56]
硫系玻璃 $As_{40}S_{60}$	1.25μm	~fs	2.45	2.34	6.50×10^{-14}	0.16	TBC	[58]
	1.55μm				5.40×10^{-14}	<0.03		
硫系玻璃 $As_{40}S_{50}Se_{10}$	1.25μm	~fs	2.49	2.26	1.00×10^{-13}	0.14	TBC	[58]
	1.55μm				9.39×10^{-14}	0.16		
硫系玻璃 $As_{40}S_{40}Se_{20}$	1.25μm	~fs	2.55	2.10	9.00×10^{-14}	0.22	TBC	[58]
	1.55μm				7.41×10^{-14}	0.06		
硫系玻璃 $As_{40}S_{30}Se_{30}$	1.25μm	~fs	2.62	2.00	1.45×10^{-13}	0.38	TBC	[58]
	1.55μm				1.06×10^{-13}	0.15		

续表

材料	波长	脉宽	n_0	E_g /eV	n_2 /(cm²/W)	α_2 /(cm/GW)	表征方法	文献
硫系玻璃 $As_{40}S_{20}Se_{40}$	1.25μm 1.55μm	~fs	2.70	1.94	2.30×10^{-13} 1.14×10^{-13}	1.04 0.25	TBC	[58]
硫系玻璃 $As_{40}S_{10}Se_{50}$	1.25μm 1.55μm	~fs	2.76	1.85	2.50×10^{-13} 1.38×10^{-13}	1.40 0.14	TBC	[58]
硫系玻璃 $As_{40}Se_{60}$	1.25μm 1.55μm	~fs	2.81	1.77	3.00×10^{-13} 2.30×10^{-13}	2.8 0.14	TBC	[58]
硫系玻璃 As_2S_3	1.30μm 1.55μm	100fs	—	2.27	1.80×10^{-14} 1.80×10^{-14}	—	Z-扫描	[62]
硫系玻璃 GeS_3	1.30μm 1.55μm	100fs	—	2.73	0.80×10^{-14} 0.92×10^{-14}	—	Z-扫描	[62]
硫系玻璃 TeO_2	1.30μm 1.55μm	100fs	—	3.44	0.40×10^{-14} 0.38×10^{-14}	—	Z-扫描	[62]
硒基硫系玻璃 $Ge_{0.25}Se_{0.75}$	1.5μm	90fs	2.4	2.07	3.12×10^{-14}	0.104	Z-扫描	[60]
硒基硫系玻璃 $Ge_{0.25}Se_{0.65}Te_{0.10}$	1.5μm	90fs	~2.5	1.73	5.72×10^{-14}	0.381	Z-扫描	[60]
硒基硫系玻璃 $Ge_{0.28}Se_{0.60}Te_{0.12}$	1.5μm	90fs	2.61	1.8	9.36×10^{-14}	0.208	Z-扫描	[60]
硒基硫系玻璃 As_2Se_3	1.5μm	90fs	2.78	1.77	1.30×10^{-13}	0.433	Z-扫描	[60]
镓基硫化镧玻璃 $65Ga_2S_3:32La_2S_3:3La_2O_3$	1.52μm	130fs	2.41	2.28	2.16×10^{-14}	<0.01	Z-扫描	[61]
镓基硫化镧玻璃 $70Ga_2S_3:30La_2O_3$	1.52μm	130fs	2.25	2.48	1.77×10^{-14}	<0.01	Z-扫描	[61]
镓基硫化镧玻璃 $70Ga_2S_3:15La_2O_3:15LaF_3$	1.52μm	130fs	2.26	2.50	1.39×10^{-14}	<0.01	Z-扫描	[61]
镓基硫化镧玻璃 $68Ga_2S_3:32Na_2S$	1.52μm	130fs	2.14	2.62	1.01×10^{-14}	<0.01	Z-扫描	[61]
Ge-As-Se 硫系玻璃 $Ge_{20}As_{40}Se_{40}$	1.25μm 1.55μm	~fs	—	2.62	2.2×10^{-13} 1.5×10^{-13}	2.8 0.24	TBC	[63]

续表

材料	波长	脉宽	n_0	E_g /eV	n_2 /(cm²/W)	α_2 /(cm/GW)	表征方法	文献
Ge-As-Se 硫系玻璃 $Ge_{12.5}As_{25}Se_{62.5}$	1.25μm	~fs	—	1.97	1.6×10^{-13}	0.14	TBC	[63]
	1.55μm				1.1×10^{-13}	0.04		
Ge-As-Se 硫系玻璃 $Ge_{11.11}As_{22.22}Se_{66.67}$	1.25μm	~fs	—	1.97	1.4×10^{-13}	0.45	TBC	[63]
	1.55μm				1.3×10^{-13}	0.03		
Ge-As-S-Se 硫系玻璃 $Ge_{15.38}As_{30.77}S_{53.85}$	1.25μm	~fs	—	2.53	4.8×10^{-14}	0.04	TBC	[63]
	1.55μm				3.2×10^{-14}	<0.01		
Ge-As-S-Se 硫系玻璃 $Ge_{15.38}As_{30.77}S_{32.31}Se_{21.54}$	1.25μm	~fs	—	2.22	7.2×10^{-14}	0.09	TBC	[63]
	1.55μm				6.1×10^{-14}	<0.05		
Ge-As-S-Se 硫系玻璃 $Ge_{15.38}As_{30.77}S_{26.92}Se_{26.92}$	1.25μm	~fs	—	2.03	1.5×10^{-13}	0.24	TBC	[63]
	1.55μm				9.6×10^{-14}	0.06		
铋钨碲酸盐玻璃 $10Bi_2O_3:20WO_3:70TeO_2$	720nm	200fs	2.169	2.47	0.96×10^{-14}	0.486	Z扫描	[64]
铋钨碲酸盐玻璃 $10Bi_2O_3:25WO_3:65TeO_2$	720nm	200fs	2.174	2.53	1.28×10^{-14}	0.510	Z扫描	[64]
铋钨碲酸盐玻璃 $10Bi_2O_3:30WO_3:60TeO_2$	720nm	200fs	2.181	2.70	1.52×10^{-14}	0.565	Z扫描	[64]
硫系玻璃 As_2S_3	1.150μm	260fs	2~3	2.22	4.33×10^{-14}	<0.01	Z扫描	[65]
	1.250μm				3.67×10^{-14}	<0.01		
	1.350μm				3.50×10^{-14}	<0.01		
	1.450μm				3.23×10^{-14}	<0.01		
	1.550μm				2.85×10^{-14}	<0.01		
	1.686μm				2.79×10^{-14}	<0.01		
硫系玻璃 $Ge_{11.5}As_{24}Se_{64.5}$	1.150μm	260fs	2~3	1.75	11.8×10^{-14}	1.20	Z扫描	[65]
	1.250μm				10.4×10^{-14}	0.35		
	1.350μm				8.83×10^{-14}	0.11		
	1.450μm				7.67×10^{-14}	<0.01		
	1.550μm				7.90×10^{-14}	<0.01		
	1.686μm				6.83×10^{-14}	0.10		

续表

材料	波长	脉宽	n_0	E_g/eV	n_2/(cm²/W)	α_2/(cm/GW)	表征方法	文献
硫系玻璃 $Ge_{15}Sb_{10}Se_{75}$	1.150μm		2~3	1.72	12.5×10^{-14}	1.27	Z-扫描	[65]
	1.250μm				9.00×10^{-14}	0.35		
	1.350μm	260fs			7.67×10^{-14}	0.12		
	1.450μm				8.30×10^{-14}	0.05		
	1.550μm				7.50×10^{-14}	<0.01		
	1.686μm				7.33×10^{-14}	<0.01		
硫系玻璃 $Ge_{15}Sb_{15}Se_{70}$	1.150μm		2~3	1.62	15.5×10^{-14}	5.94	Z-扫描	[65]
	1.250μm				14.9×10^{-14}	2.78		
	1.350μm	260fs			13.7×10^{-14}	0.81		
	1.450μm				12.2×10^{-14}	0.49		
	1.550μm				10.0×10^{-14}	0.35		
	1.686μm				10.0×10^{-14}	0.27		
硫系玻璃 $Ge_{12.5}Sb_{20}Se_{67.5}$	1.150μm		2~3	1.57	20.3×10^{-14}	7.44	Z-扫描	[65]
	1.250μm				17.5×10^{-14}	3.05		
	1.350μm	260fs			13.5×10^{-14}	0.94		
	1.450μm				12.0×10^{-14}	0.45		
	1.550μm				11.4×10^{-14}	0.37		
	1.686μm				9.40×10^{-14}	0.22		
硫系玻璃 80 ($60GeS_2$-$40Sb_2S_3$)：$20CdCl_2$	800nm	~fs	2.58	2.07	9.26×10^{-13}	9.68	Z-扫描	[66]
硫系玻璃 60 ($60GeS_2$-$40Sb_2S_3$)：$40CdCl_2$	800nm	~fs	2.51	2.15	8.28×10^{-13}	7.01	Z-扫描	[66]
硫系玻璃 40 ($60GeS_2$-$40Sb_2S_3$)：$60CdCl_2$	800nm	~fs	2.46	2.18	7.20×10^{-13}	5.32	Z-扫描	[66]
硫系玻璃 ($60GeS_2$-$40Sb_2S_3$)：$60CdCl_2$	800nm	~fs	2.42	2.28	6.14×10^{-13}	2.40	Z-扫描	[66]
硫系玻璃 $Ga_5Sn_{20}Se_{75}$	1.064μm	17ps	2.59	1.62	5.00×10^{-13}	13.0	Z-扫描	[67]
硫系玻璃 $Ga_{10}Sn_{16}Se_{74}$	1.064μm	17ps	2.56	1.61	6.44×10^{-13}	8.5	Z-扫描	[67]

续表

材料	波长	脉宽	n_0	E_g/eV	n_2/(cm²/W)	α_2/(cm/GW)	表征方法	文献
硫系玻璃 $Ga_{10}Sn_{17.5}Se_{72.5}$	1.064μm	17ps	2.60	1.63	5.33×10^{-13}	10.4	Z扫描	[67]
硫系玻璃 $Ga_{10}Sn_{18.5}Se_{71.5}$	1.064μm	17ps	2.61	1.59	5.62×10^{-13}	10.4	Z扫描	[67]
硫系玻璃 $Ga_{10}Sn_{20}Se_{70}$	1.064μm	17ps	2.65	1.58	6.48×10^{-13}	11.4	Z扫描	[67]
硫系玻璃 $Ga_{10}Sn_{22.5}Se_{67.5}$	1.064μm	17ps	2.61	1.56	5.12×10^{-13}	9.9	Z扫描	[67]
硫系玻璃 $Ga_{15}Sn_{20}Se_{65}$	1.064μm	17ps	2.65	1.53	7.57×10^{-13}	15.6	Z扫描	[67]
硫系玻璃 $Ge_{10}As_{55}Te_{35}$	2.5μm 3.0μm	170fs	3.63 3.57	0.84	1.20×10^{-13} 1.90×10^{-14}	2.44 2.00	Z扫描	[68]
硫系玻璃 $Ge_{10}As_{50}Te_{40}$	2.5μm 3.0μm	170fs	3.60 3.55	0.82	1.34×10^{-13} 1.97×10^{-13}	2.44 2.06	Z扫描	[68]
硫系玻璃 $Ge_{10}As_{40}Te_{50}$	2.5μm 3.0μm	170fs	3.63 3.59	0.80	1.34×10^{-13} 3.02×10^{-13}	2.59 2.68	Z扫描	[68]
硫系玻璃 $Ge_{10}As_{35}Te_{55}$	2.5μm 3.0μm	170fs	3.66 3.61	0.81	1.39×10^{-13} 3.16×10^{-13}	2.50 1.70	Z扫描	[68]
硫系玻璃 $Ge_{10}As_{30}Te_{60}$	2.5μm 3.0μm	170fs	3.72 3.67	0.77	1.79×10^{-13} 4.67×10^{-13}	3.18 3.55	Z扫描	[68]
硫系玻璃 $Ge_{10}As_{25}Te_{65}$	2.5μm 3.0μm	170fs	3.68 3.63	0.75	1.76×10^{-13} 4.61×10^{-13}	2.97 3.00	Z扫描	[68]
硫系玻璃 $Ge_{10}As_{20}Te_{70}$	2.5μm 3.0μm	170fs	3.67 3.66	0.74	2.49×10^{-13} 4.96×10^{-13}	5.41 3.34	Z扫描	[68]
硫系玻璃 $Ge_{10}As_{15}Te_{75}$	2.5μm 3.0μm	170fs	3.66 3.64	0.72	2.04×10^{-13} 4.62×10^{-13}	5.64 4.42	Z扫描	[68]

注：PPE：泵浦-探测实验；DFWM：简并四波混频；SPM：空间自相位调制；TBC：两波耦合

9.4 铁电薄膜

当前，非线性光学材料在光子学、纳米光子学和生物光子学技术中占有重要的地位。在众多的材料中，薄膜具有体积小、与波导和集成非线性光子器件制作相容性好等额外的设计优势而备受关注。

有趣的是，大多数铁电薄膜具有大的自发极化、高的介电常数、高度的光学透明度，以及大的非线性光学效应等新颖的光物理特性。近十几年来，诸如 $CaCu_3Ti_4O_{12}$、$Bi_2Nd_2Ti_3O_{12}$、$Ba_{0.6}Sr_{0.4}TiO_3$ 等铁电薄膜由于具有高的光学透明性和显著的光学非线性特性，在非线性光子器件中得到了广泛的应用[69-71]。此外，这些研究大多是在纳秒和皮秒激光脉冲激发下进行的。归功于当今超短光脉冲激光源的快速发展，人们已经在多种铁电薄膜中检测到了飞秒非线性光学响应。本节将介绍多种具有代表性的铁电薄膜在纳秒、皮秒和飞秒时域下的光学非线性效应，也对铁电材料光学非线性的物理机理进行简要的讨论。

铁电薄膜的线性折射率，与薄膜的结晶度、电子结构和缺陷等有关。由于其具有较高的介电常数，在可见到近红外光区域铁电薄膜的线性折射率一般在 2.0 以上。材料的线性吸收系数通常包含两部分的贡献：一部分是由缺陷和光学不均匀性引起的弹性散射，另一部分是固有的线性吸收。一般来说，铁电薄膜的线性吸收系数接近 10^4 cm^{-1}。弹性散射是线性吸收的主要因素[70,72]。表 9.6 列出了具有代表性的铁电薄膜的 n_0 和 α_0 典型值。

通常，制备的铁电薄膜是沉积在透明衬底上的。利用诸如棱镜-薄膜耦合技术、椭圆偏振光谱技术和反射率光谱测量技术等，可以测量薄膜的基本光学常数（即线性吸收系数、线性折射率和光学带隙能）。在这些测量技术中，利用包络技术的透射谱法是一种简单而直接的方法[73]。

铁电薄膜的光学非线性响应部分取决于激光特性，特别是激光脉冲宽度和激发波长，部分取决于材料本身。光学非线性效应通常分为瞬态和累积非线性效应两大类。当光学非线性响应时间远小于激光脉冲宽度时，光学非线性可以理解为对光脉冲的瞬时响应。相反，在比脉冲持续时间更长的时间尺度上，积累非线性效应就可能发生。此外，瞬态非线性（如两光子吸收和光克尔效应）与激光脉冲宽度无关，而累积非线性强烈地依赖于脉冲宽度。这种累积非线性的例子包括激发态非线性、热效应和自由载流子非线性。同时

表 9.6 一些铁电薄膜的线性和三阶非线性光学系数

材料	波长	脉宽	n_0	α_0 /$\mathrm{cm^{-1}}$	E_g /eV	n_2 /$(\mathrm{cm^2/W})$	α_2 /$(\mathrm{cm/GW})$	文献
$CaCu_3Ti_4O_{12}$	532nm	7ns	2.85	4.50×10^4	2.88	1.56×10^{-8}	4.74×10^5	[69]
$(Ba_{0.7}Sr_{0.3})TiO_3$	532nm	7ns	2.00	1.18×10^4	—	6.5×10^{-10}	1.20×10^5	[75]
$PbTiO_3$	532nm	5ns	2.34	—	3.50	—	4.20×10^4	[76]
$Pb_{0.5}Sr_{0.5}TiO_3$	532nm	5ns	2.27	—	3.55	—	3.5×10^4	[76]
$PbZr_{0.53}Ti_{0.47}O_3$	532nm	5ns	—	—	3.39	—	7.0×10^4	[77]
$Bi_2VO_{5.5}$	532nm	10ns	2.40	3.45×10^3	2.91	2.05×10^{-10}	9.36×10^3	[78]
$BaTi_{0.99}Fe_{0.01}O_3$	532nm	10ns	1.84	—	3.79	-1.31×10^{-9}	6.65×10^3	[79]
$BaTi_{0.98}Fe_{0.02}O_3$	532nm	10ns	2.09	—	3.72	1.94×10^{-9}	9.07×10^3	[79]
$BaTi_{0.97}Fe_{0.03}O_3$	532nm	10ns	2.14	—	3.69	1.95×10^{-9}	9.82×10^3	[79]
$BaTi_{0.96}Fe_{0.04}O_3$	532nm	10ns	2.17	—	3.69	1.98×10^{-9}	1.33×10^4	[79]
$Ba_{0.5}Sr_{0.5}TiO_3$	800nm	2ps 25ps	1.97	—	4.21	1.8×10^{-15} 1.1×10^{-15}	0.16 0.16	[80]
$(Pb,\ La)\ (Zr,\ Ti)\ O_3$	532nm	38ps	2.24	2.80×10^3	3.54	-2.26×10^{-9}	—	[72]
$SrBi_2Ta_2O_9$	1064nm	38ps	2.25	5.11×10^3	—	1.9×10^{-10}	—	[81]
$BaTiO_3$	1064nm	38ps	2.22	3.90×10^3	3.46	—	51.7	[74]

续表

材料	波长	脉宽	n_0	α_0 /cm^{-1}	E_g /eV	n_2 /(cm^2/W)	α_2 /(cm/GW)	文献
Ce: $BaTiO_3$	1064nm	38ps	2.08	2.44×10^3	3.48	—	59.3	[74]
$Bi_{3.25}La_{0.75}Ti_3O_{12}$	532nm	35ps	2.49	2.46×10^3	3.79	3.1×10^{-10}	3.0×10^4	[82]
$Bi_{3.75}Nd_{0.25}Ti_3O_{12}$	532nm	35ps	2.01	1.02×10^3	3.56	9.4×10^{-10}	5.24×10^4	[83]
$Bi_2Nd_2Ti_3O_{12}$	532nm	35ps	2.28	1.95×10^3	4.13	7.0×10^{-10}	3.10×10^4	[70]
$CaCu_3Ti_4O_{12}$	532nm	25ps	2.85	4.50×10^4	2.88	1.3×10^{-10}	2.69×10^3	[69]
$Ba_{0.6}Sr_{0.4}TiO_3$	790nm	60fs	2.20	—	3.64	6.1×10^{-14}	8.7×10^{-2}	[71]
Mn: $Ba_{0.6}Sr_{0.4}TiO_3$	800nm	120fs	2.25	8.50×10^3	3.48	3.0×10^{-13}	1.70	[84]
Bi_3TiNbO_9	800nm	80fs	2.28	1.37×10^2	3.40	—	1.44×10^4	[85]
$Bi_{2.55}La_{0.45}TiNbO_9$	800nm	80fs	2.07	2.83×10^3	3.44	—	4.64×10^3	[86]
$Bi_{1.95}La_{1.05}TiNbO_9$	800nm	100fs	2.02	3.04×10^4	3.53	—	5.95×10^3	[87]
$Bi_{3.25}La_{0.75}Ti_3O_{12}$	800nm	140fs	2.39	1.73×10^3	—	1.90×10^{-12}	-6.76×10^3	[88]
$BiFeO_3$	780nm	350fs	2.60	1.07×10^4	2.80	1.5×10^{-13}	16	[89]
$Bi_{0.9}La_{0.1}Fe_{0.98}Mg_{0.02}O_3$	780nm	350fs	2.52	5.77×10^3	2.90	2.0×10^{-13}	7.4	[90]
$Bi_{3.15}Nd_{0.85}Ti_3O_{12}$	800nm	300fs	2.36	1.03×10^4	3.75	-8.15×10^{-12}	1.15×10^2	[91]

共存的累积非线性效应和固有非线性效应导致了在很宽的时间尺度上测量的光学非线性响应存在巨大差异。通常采用单光束 Z-扫描技术表征铁电薄膜的非线性吸收和非线性折射效应。

研究表明，铁电薄膜在纳秒和皮秒激光脉冲作用下具有显著的三阶非线性光学效应。这些研究大多数主要选用波长为 532 和 1064nm（相应的激发光子能量为 $E_p＝2.34eV$ 和 $1.17eV$）。表 9.6 总结了一些具有代表性的铁电薄膜在纳秒和皮秒时域下的三阶光学非线性系数（即 n_2 和 α_2）。

在波长为 532nm 处，大多数铁电薄膜的非线性折射率和非线性吸收系数分别为 $10^{-1} cm^2/GW$ 和 $10^4 cm/GW$。然而，铁电薄膜在 1064nm 处的非线性光学响应要小于 532nm 处的非线性响应。这是由于非线性色散，并可用 Kramers-Kronig 关系来解释。有趣的是，尽管激发波长（$\lambda＝1064nm$）满足三光子吸收的要求（$2h\nu＜E_g＜3h\nu$），但未掺杂和掺铈 $BaTiO_3$ 薄膜的非线性吸收过程是两光子吸收，这是强激光脉冲与杂质诱导的禁带中间能级相互作用的结果[74]。

众所周知，光学非线性部分取决于激光特性，特别是激光脉冲宽度和波长，部分取决于材料本身。如表 9.6 所示，在 $CaCu_3Ti_4O_{12}$ 薄膜中，脉冲宽度为 25ps 的 n_2 和 α_2 值比 7ns 时的小 2 个数量级[69]。以下简要讨论 $CaCu_3Ti_4O_{12}$ 薄膜中观察到的光学非线性的来源。正如 Ning 等[69]指出的那样，非线性吸收主要来源于两光子吸收过程，因为：①激发能（$h\nu＝2.34eV$）和 $CaCu_3Ti_4O_{12}$ 薄膜的带隙（$E_g＝2.88eV$）满足两光子吸收的要求（$h\nu＜E_g＜2h\nu$）；②铁电薄膜 $CaCu_3Ti_4O_{12}$ 作为高介电常数材料，自由载流子浓度很低，自由载流子吸收效应可以忽略不计。如果观测到的非线性吸收主要来自瞬态两光子吸收，那么所得到的 α_2 值应该与激光脉冲持续时间无关，这与实验观测结果有很大的不同。事实上，观察到的非线性吸收主要来源于瞬态两光子吸收和累积光学非线性过程。$CaCu_3Ti_4O_{12}$ 薄膜中光学非线性的物理机制可以解释为：在 25ps 激光脉冲激发下，两光子吸收和布居数分布分别是非线性吸收和非线性折射的主要机制；在几个纳秒的时间尺度内，杂质的累积吸收（两步两光子吸收）和折射过程分别是非线性吸收和非线性折射效应的主要原因。

表 9.6 也总结了一些具有代表性的铁电薄膜在近红外光区域的飞秒非线性光学响应。非线性折射率 n_2 的典型值约为 $10^{-4} cm^2/GW$，而非线性吸收系数 α_2 的数值范围很大，从 $10^{-2}\sim10^4 cm/GW$ 不等，这取决于激光特性和材料本身。在飞秒时域，累积效应对光学非线性的贡献很小。因此，用飞秒激光脉冲测量的非线性吸收系数和非线性折射率更接近于材料的固有光学非线性

值。电子克尔效应和两光子吸收分别是飞秒三阶非线性折射和非线性吸收的主要机理。

已有的报道表明，铁电薄膜的介电效应和局域场效应以及晶粒的直径、分布和取向的均匀性都会增强薄膜的光学非线性[92]。研究发现，铁电薄膜的非线性光学性质也依赖于薄膜的制备技术和沉积温度[80]。在铁电薄膜中掺入铅、锰、钾或铁离子作为受主，可以降低介电损耗，增强三阶光学非线性[79,84,93]。通过改变晶格缺陷和随后的中间能态密度，可以调整铁电薄膜的光学非线性响应[77]。通过调控铁电薄膜的厚度，薄膜的光学非线性吸收效应可以从饱和吸收转变为反饱和吸收[94]。金属纳米粒子掺杂铁电体可以引入额外的吸收峰，吸收峰来自于纳米粒子的表面等离子共振。因此，人们可以检测到铁电复合薄膜中近共振光学非线性的巨大增强[95]。此外，新型铁电杂化化合物，如铁电无机-有机杂化化合物，具有较高的热稳定性、不溶于普通溶剂和水，以及较宽的光学透明度范围，有望成为非线性光子器件的候选材料[96]。

9.5　半导体

半导体材料是一种导电性能介于金属和绝缘体之间的材料。半导体最重要的特性来自于其原子结构的周期性和特殊的能带结构，而能带结构还因其掺杂情况的不同而得到明显的改变。一些重要的半导体材料，如 Ge、Si 和 GaAs 等的光学性质早在 20 世纪 50 年代已经开始研究。在半导体的能隙（禁带）附近，人们早已观测到了诸如非线性吸收、非线性折射、光学双稳和倍频等一些非线性光学效应。

在外加电场或者光激发作用下，半导体材料中会产生载流子。这些载流子的浓度和输运特性可以由温度、结构和掺杂情况加以改变和调控，使得这些半导体材料的光学性质具有极大的可塑性。由激发后的电子-空穴结合而成的激子又是半导体中一种特殊的元激发，它的存在导致半导体材料具有一般材料所没有的光学特性，尤其在半导体的非线性光学性质方面，激子更有特殊的作用。

不同的半导体材料中的原子及其结构存在差异，故其吸收边可以从中红外、近红外一直延伸至可见和紫外波段。这使得在广阔的波长范围内，人们都可以寻找到合适的半导体材料以进行其非线性光学效应的研究、器件的制备和应用。Ⅲ-Ⅴ族半导体材料的吸收一般处在近红外和可见波段，而能隙较

宽的一些 Ⅱ-Ⅵ 族半导体化合物则在可见，甚至近紫外区仍然透明。

　　20 世纪 90 年代以来，随着材料制备技术的成熟和发展，人们合成和制备了各种体（三维）半导体、量子阱、量子点，以及量子受限结构等。这些量子阱和量子受限结构等人工微结构材料的成功制备，以及其能带中特殊的势阱、势垒结构和载流子限制特性的发现，极大地开拓了半导体在光电子学和非线性光学中的应用范围。关于半导体材料的线性和非线性光学效应，已有大量的文献和著作做了详尽论述[13,97]。

9.5.1　体（三维）半导体

　　半导体的能带可以分为电子填满的价带和正常情况下没有电子填充的导带，最高价带和最低导带之间的能量间隔一般为零点几电子伏特或者几个电子伏特，其间区域称为能隙或禁带 E_g。价带与导带的能量值依赖于晶体的不同方向及波矢量 k 的大小，故能带有相当复杂的形状。但对于光学性质而言，起主要作用的是最高价带顶和最低导带底附近的区域，该区域存在由光激发产生的大部分电子和空穴。直接带隙半导体（如 GaAs、CdS）中，价带顶和导带底均处于布里渊区的同一点（$k=0$）。大部分 Ⅲ-Ⅴ 族半导体是直接带隙。间接带隙半导体（如 Ge、Si）中，其导带底并不处于 $k=0$ 点，而价带顶仍在 $k=0$，故能量最小的跃迁不对应于直接跃迁，只有在声子参与时才能使价带顶的电子跃迁到导带底，以满足能量守恒和动量守恒的条件。

　　半导体材料一般具有比较大的三阶非线性光学效应，其非线性光学现象可以分成两类。一类是共振非线性光学效应，这时入射光子能量等于或大于带隙能量 E_g，在半导体中会产生电子从价带至导带的激发，从而得到大量的电子与空穴。载流子的存在，引起了带间吸收，导致了饱和吸收和折射率的改变。另一类是非共振非线性光学效应，指的是当入射光子能量 $\hbar\omega$ 小于带隙能量 E_g 时，在材料中不会引起显著的吸收，但仍存在由非线性光学效应产生的非线性折射率。人们发现，在 $\hbar\omega < E_g < 2\hbar\omega$ 时，半导体材料表现出两光子吸收和非线性折射效应。在高光强激发下，由两光子吸收产生的自由载流子非线性变得非常显著。表 9.7 列出了几种典型半导体在不同波长下的非线性折射率 n_2、两光子吸收系数 α_2、载流子折射截面 σ_r、载流子吸收截面 σ_a，以及载流子复合时间 τ_r。可以看出，一般的体半导体材料的非线性光学系数 $n_2 \sim 10^{-13}\,\mathrm{cm^2/W}$，$\alpha_2 \sim \mathrm{cm/GW}$，$\sigma_r \sim 10^{-21}\,\mathrm{cm^3}$，$\sigma_a \sim 10^{-18}\,\mathrm{cm^2}$，$\tau_r \sim \mathrm{ns}$[98-101]。半导体中的非线性折射率还可以进一步分解成等离子体和阻塞引起的非线性折射改变[98]。

表 9.7 几种半导体材料的三阶非线性光学系数和载流子非线性系数

半导体	波长	脉宽	n_0	E_g/eV	n_2/(cm²/W)	α_2/(cm/GW)	σ_r/cm³	σ_a/cm²	τ_r/ns	文献
ZnSe	532nm	27ps	2.70	2.67	-6.8×10^{-14}	5.8	0.8×10^{-21}	4.4×10^{-18}	1.0	[98][99]
CdTe	1064nm	40ps	2.84	1.44	-2.9×10^{-13}	26	-5.0×10^{-21}	—	—	[98]
GaAs	1064nm	40ps	3.43	1.42	-3.3×10^{-13}	26	-6.5×10^{-21}	—	—	[98]
ZnTe	1064nm	40ps	2.79	2.26	1.2×10^{-13}	4.2	0.75×10^{-21}	—	—	[98]
ZnO	532nm	25ps	—	3.2	-0.9×10^{-14}	4.9	-1.1×10^{-21}	6.5×10^{-18}	2.8	[100]
CdS	532nm	35ps	—	2.47	-5.3×10^{-13}	5.4	-0.8×10^{-21}	3.0×10^{-17}	3.6	[101]
ZnS	532nm	31ps	2.4	3.7	—	3.4	5.2×10^{-22}	7×10^{-18}	0.7	[99]
InSb	10μm		4.0	0.18	—	2×10^{3}	$(2 \sim 4) \times 10^{-15}$	8×10^{-16}	50	[102]

半导体及其低维半导体中的超快光物理过程研究，主要包括光激发的激子和载流子（电子和空穴）的激发、散射、俘获和复合等动力学过程，激发的相干动力学等特性。关于这些光感生载流子及激子动力学过程的研究主要集中在Ⅲ-Ⅳ族和Ⅱ-Ⅵ族半导体及其低维半导体材料，研究这些基本过程中体材料及量子限制的低维材料中的区别和特性。在直接带隙半导体中，当光子能量大于能隙时，激发光可在材料中产生激发的电子和空穴，载流子开始在动量和能量空间有较窄的分布。随即会发生载流子的动量在动量空间的重新分布。再经过载流子和载流子的相互作用，激发的电子及空穴得到新的热平衡分布，即费米-狄拉克分布。在更长的时间后，这些热载流子会与光学声子相互作用而失去多余能量[97,103]。半导体中的载流子-载流子散射的特征时间 1ps～1fs，载流子-光学声子散射的时间尺度＞1ps，光学声子-声学声子相互作用时间～10ps[97,103]。

9.5.2　低维半导体

在光通信波长约 $\lambda=1.55\ \mu m$ 处，通常体半导体所具有的非线性折射率不足以应用于许多应用场合。例如，硅的非线性折射率约为 $0.5\times10^{-13}\ cm^2/W$，而 GaAs 的 $n_2=1.5\times10^{-13}\ cm^2/W$ 稍大一些。然而，两者都远不能达到所需的强光克尔效应的 $n_2\sim10^{-10}\ cm^2/W$，以产生在 MW/cm² 光强下 $10^{-2}\sim10^{-4}$ 量级的折射率变化。然而，由于这些半导体材料正是当今电子平台所使用的材料，如果要将它们集成为一个有源元件，就需要由兼容材料制成的光学设备。一个潜在的方法是利用低维半导体。在一个或多个维度限制导带电子可以改变半导体的非线性光学响应。这包括在一个（量子阱）、两个（量子线）或所有三个（量子点）空间维度中，限制的结构尺寸小于激子玻尔半径。在每一种结构中，激发电子都受到结构尺寸的限制，其行为可以与同种材料的块状半导体的行为大为不同。另一方面，低维半导体中的载流子受到限制，即出现了量子限制效应。在量子阱中，量子限制效应发生在一个方向上；在量子线材料中，载流子在两个方向上受到限制；在量子点中载流子则在三个方向上均受限制。人们还可以采用不同的掺杂方法制备得到调制掺杂的低维半导体材料，这在体材料中是无法得到的。

从体半导体（允许电子在三维空间中运动，k_x，k_y 和 k_z）到量子阱（允许电子在二维空间中运动，k_y 和 k_z），到量子线（限制电子在一维空间中运动，k_z），最后到电子完全受限制的量子点（零维空间），态电子密度的变化如图 9.6 所示[104]。随着维度的降低，电子密度在能量上变得越来局部化。事实上，在零维（量子点）中，产生的离散能谱类似于分子系统中的能谱。

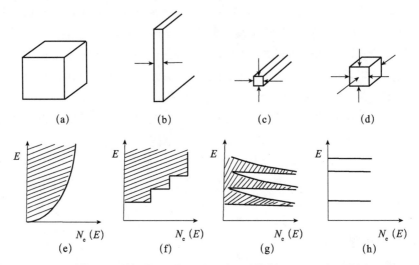

图 9.6　(a) 在导带（三维体材料）中电子运动不受限制；(b) 电子限制在一维（二维量子阱）中；(c) 电子限制在二维（一维量子线）中；(d) 电子限制在三维（零维量子点）中；在(e) 三维、(f) 二维、(g) 一维和 (h) 零维半导体中，态密度 $N_e(E)$ 随电子能量 E 的变化关系[104]

　　人们对于降维半导体非线性光学的兴趣主要集中在量子阱、量子线和量子点上。原因很简单，这些结构可以用许多不同的方式制造。高质量量子线尽管制造上存在一定困难，但其发展的主要驱动力是量子线激光器[105]。

1. 量子阱

　　量子阱材料是由两种不同性质的半导体材料（如 AlGaAs 和 GaAs）交替外延在衬底材料上而得，通常每层厚度只有几个或几十纳米。由于两种材料具有不同的能带结构参数，比如 GaAs/AlGaAs 中，具有较窄能隙的 GaAs 层垒在有较宽能隙的 AlGaAs 层之间，产生了人工制备的势阱结构。通常半导体量子阱结构采用分子束外延（MBE）或金属有机化合物化学气相沉积（MOCVD）技术制备而成。

　　关于多量子阱的非线性光学特性，早期的确定性实验工作表明，由于多量子阱中的电子受限，增强了光学非线性效应[106]。该工作关注了由于激子能级的饱和引起的非线性系数变化。测量了一系列不同厚度的多量子阱在共振区周围激子吸收系数随光强的变化，并用 Kramers-Kronig 关系来评价相应的折射率变化。随着量子阱宽度的减小，发现折射率变化最大值和带隙能量均增大。这些结果的一个非常重要的特征是，对于给定的多量子阱，折射率变化在入射强度中是次线性的；也就是说，有效 n_2 不是一个类似于在体半导体中发现的有用概念。从体 GaAs 到相对较小的 GaAs 多量子阱，每个激发电子的最大折射率改变增加了 3 倍[106]。

在频率为一半带隙左右时，GaAs/AlAs 量子阱实验也显示非线性折射率 n_2 增强了 2～3 倍[107]。在另一组实验中，测量了 InGaAs/InAlGaAs 量子阱在带隙附近的光学非线性系数[108]。在 1.48～1.55 μm 的光谱范围内，激子的共振激发和饱和使激子强度在 $100\mathrm{MW/cm^2}$ 范围内的 n_2 值为 $6\times10^{-10}\ \mathrm{cm^2/W}$，或折射率变化为 6×10^{-4}。然而，相比于体材料，对这种光学非线性的增强没有评论[108]。最后，实验报道了在 532nm 波长激发下 GaAs/AlGaAs 量子阱光学非线性的大幅增强，虽然没有给出在该波长下相应体材料的数值比较[109]。最终的结论是测量出了光学非线性系数的增加为 2～3 倍。

表 9.8 列出了多种典型多量子阱在不同波长、不同激光脉冲激发下的非线性折射率 n_2 和非线性吸收系数 α_2。表 9.8 也列出了部分多量子阱的线性吸收系数 α_0 和带隙 E_g。

表 9.8　几种多量子阱的三阶非线性光学系数

多量子阱	波长	脉宽	α_0 /cm^{-1}	E_g /eV	n_2 /(cm^2/W)	α_2 /(cm/GW)	文献
GaAs/AlGaAs	816nm	3ns	$\sim2\times10^4$	$\sim1.48\sim1.43$	1.5×10^{-6}	6	[106]
GaAs/AlAs	1545nm	$\sim$2ps	~0.7	~1.68	3.2×10^{-13}	2	[107]
InAlGaAs/InGaAs	~1.5 μm	1.2ps	$\sim6\times10^3$	~0.78	6.0×10^{-10}	-6.6×10^4	[108]
GaAs/AlGaAs	532nm	30ps	—	—	6.5×10^{-11}	-6.5×10^5	[109]

对半导体量子阱材料而言，非线性光学性质极大地依赖于其中所激发的载流子，即电子、空穴，以及它们所形成的激子，取决于激发光子能量与半导体材料能隙的关系。这种激发或是电子和空穴的真激发或是一种虚激发。当激发光的光子能量高于能隙，则产生电子-空穴的真激发，它们会有相应的非线性光学效应。鉴于在量子阱中电子-空穴以及激子态与体材料中情况有明显的差异，其中会出现一些比体材料中强得多的非线性光学效应。同时，由于量子阱中存在的各种复杂的弛豫过程，如载流子之间的热平衡过程和多能带之间的散射等，使载流子密度发生变化，从而引起非线性光学效应的动态

特性。利用非线性光学效应可以对量子阱结构中的这些基本过程进行有效的研究，尤其是采用超快脉冲，皮秒甚至是飞秒脉冲对量子阱中的各种弛豫过程及散射过程的研究得到了极为重要的结果。

2. 量子点

事实上，通过减小半导体所有三个维度的尺寸，形成所谓的量子点，材料性能将表现出相对于体半导体的最大变化。这是因为体材料中的每个原子，都把它的近邻原子看作自己的复制品。这样在材料的边缘或界面上原子很少，因此材料参量或材料对外部刺激的反应基本上是由体材料中的原子决定的。由此可知，在体材料中，表面原子几乎总是可以忽略不计的，尽管它们的环境或者与近邻原子的关系非常不同。

另一方面，对于像量子点这样的纳米尺寸结构，情况则截然不同[104]。在这种情况下，所有的原子都受到结构有表面这一事实的影响，即使纳米结构可能是一边上有 100 个原子的立方体，也可能是一百万个原子组成的立方体。表面原子和小体积效应的结果是材料的能级结构发生了显著的变化。由于材料的光学性质与其电子结构密切相关，所有的材料性质都与尺寸有关。这个结果意味着在特定波长的非线性光学系数可以通过改变量子点的尺寸来调节。

由于量子受限效应，相比于体材料而言，量子点的非线性光学效应得到了极大的增强。表 9.9 列出了几种典型量子点在纳秒、皮秒和飞秒激光脉冲下的非线性折射率和两光子吸收系数。当然，这种非线性光学效应与量子的带隙、激发波长密切相关。Padilha 等[114]测量了 CdTe 量子点在玻璃基质中的简并和非简并两光子吸收谱。结果表明，半导体量子点系统的简并和非简并两光子吸收谱与体半导体不同，并且与量子点尺寸有很强的依赖性。对于较小的量子点具有较低的两光子吸收系数，当波长接近两光子吸收边缘时，这些两光子吸收系数值比较大的量子点的下降得更快。

除了改变量子点的尺寸，还可以掺杂金属离子[110]，调控核壳量子点的壳厚度、杂质和介电环境[115,116]，来增强或调控量子点的非线性折射和非线性吸收效应。可以合成制备不同材质的量子点，研究其三阶非线性光学效应。近年来，利用不同的激发波长，人们实验观察到了半导体量子点中的多光子吸收过程，如过渡金属掺杂半导体量子点的双光子增强三光子吸收[117]、水溶性 ZnS 量子点中的三光子共振吸收[118]、Mn^{2+} 掺杂 ZnS 量子中的四光子吸收[110]。

表 9.9　几种量子点的三阶非线性光学系数

量子点	量子点直径	波长	脉宽	E_g/eV	n_2/(cm²/W)	α_2/(cm/GW)	文献
ZnS量子点分散体	2.4nm	1064nm	10ns	—	1.2×10^{-14}	—	[110]
1%Mn²⁺掺杂 ZnS量子点分散体	2.9nm	1064nm	10ns	—	1.0×10^{-14}	—	[110]
2.5%Mn²⁺掺杂 ZnS量子点分散体	~3nm	1064nm	10ns	—	3.4×10^{-14}	—	[110]
CdSe$_{0.8}$S$_{0.2}$量子点	5nm	532nm	35ps	—	$\sim 1.1 \times 10^{-10}$	~1.1	[111]
ZnS量子点丙酮溶液	1.4nm	532nm	35ps	5.18	—	0.08	[112]
ZnS量子点丙酮溶液	1.8nm	520nm	35ps	4.76	—	0.2	[112]
胶体 CdTe 量子点水溶液	3.0nm	720nm	98fs	2.53	—	0.08	[113]
胶体 CdTe 量子点水溶液	3.5nm	720nm	98fs	2.31	—	0.14	[113]
胶体 CdTe 量子点水溶液	4.0nm	720nm	98fs	2.10	—	0.44	[113]

9.6 二维材料

二维材料是一类具有层状结构的纳米材料，其层内以强化学键相连，层与层之间以弱范德瓦尔斯力相结合。极度差异的结构允许自上而下的剥落，比如，通过机械或化学过程获得单层和少层纳米薄片。

二维材料种类繁多，性质也千变万化。如图 9.7 所示，可以把二维材料分四大类。第一类指石墨烯以及类石墨烯家族的二维材料，主要成员有石墨烯、有着"白石墨烯"之称的氮化硼、硼氮碳、黑磷、氧化石墨烯、氟化石墨烯等。这一类别的二维材料通常为正六边形的晶格结构，但导电性方面差异比较大。比如，石墨烯具有很好的导电性，但氮化硼却是拥有很好的绝缘性，几层或单层的氮化硼在门极电介质和隧道势垒方面被广泛应用。氧化石墨烯和氮化硼也是构成范德瓦尔斯异质结的重要部分。氟化石墨烯是宽带隙的绝缘体，其化学性质稳定，电学性质有限。第二类指二维硫化物，这一类别的二维材料具有相同的化学式 MX_2，其中有的表现出半导体性质，有的表现出金属性质。第三类指具有层状结构的氧化物，跟其他一些单原子层二维晶体相似，由于量子限域效应，二维晶体的性质跟其三维形式会有所不同，例如，二维晶体会具有较大能量带隙以及较低介电常数。但是目前这类材料的研究只是限于用电子显微镜和原子力显微镜，更多的性质需要做进一步的研究。第四类指一些具有其他结构的层状材料，目前还无法对其进行系统的分类，所以暂时将其分类为其他二维材料。

石墨烯家族	石墨烯	氮化硼	硼碳氮	黑磷	氟化石墨烯	氧化石墨烯
二维硫化物	MoS_2，WS_2，$MoSe_2$，WSe_2	半导体硫化物：$MoTe_2$，WTe_2，ZrS_2，$ZrSe_2$ 等			层状硫化物：$NbSe_2$，NbS_2，TaS_2，TiS_2 等	
					拓扑绝缘体：GaSe，GaTe，InSe，Bi_2Se_3 等	
二维氧化物	云母，铋锶钙铜氧化物	MoO_3，WO_3	钙钛矿型：$LaNb_2O_7$，$(Ca，Sr)_2Nb_3O_{10}$，$Bi_4Ti_3O_{12}$，$Ca_2Ta_2TiO_{10}$ 等		氢氧化物：Ni$(OH)_2$ 和 Eu$(OH)_2$ 等	
	层状铜氧化物	TiO_2，MnO_2，V_2O_5，TaO_3，RuO_2 等			其他	

图 9.7 当今二维材料家族分类

除石墨烯外，过渡金属硫化物、拓扑绝缘体和钙钛矿等二维层状纳米材料相继被证实具有优异的电学和光学性质，可用于能量存储器、晶体管、光电开关和光电探测器等。同时，这些二维层状纳米材料具有优异的宽波段非线性饱和吸收性能，可作为调 Q 和锁模光纤激光器的可饱和吸收体，用于产生不同波长的激光脉冲。总之，不同于传统的体材料和三维纳米材料，二维层状纳米材料具有很多优异的非线性光学特性，在非线性光子学器件等方面具有广泛的应用。

9.6.1 石墨烯家族

石墨烯是蜂窝状的结构，碳元素之间以 sp^2 轨道杂化方式结合。石墨烯能带间隙为零，所以石墨烯的导电性接近于金属。石墨烯可以从体材料石墨机械剥离来得到，也可以通过其他方法来制备，通常我们可以把 10 层以内的石墨结构称之为石墨烯。自 2004 年发现石墨烯以来，原子级薄层材料引起广泛的兴趣。

石墨烯中电荷载流子的能量-动量关系在狄拉克点附近是线性的，因此石墨烯内部的电子和空穴表现为无质量的狄拉克费米子，产生了石墨烯独特的光学特性。例如，单层石墨烯的宽带吸收率约为 2.3%。石墨烯可以覆盖从紫外到微波区域的极宽光谱范围的宽带光学器件（如光电探测器、可饱和吸收体和调制器等）。

1. 石墨烯

石墨烯具有可饱和吸收[119]、光限幅[120]和混频[121]等相关非线性吸收性质，在超快激光器[119]和光学传感器[122]中的可能应用，引起了人们广泛兴趣。可饱和吸收是泡利阻塞的结果，强光激发产生的载流子导致价带耗尽和导带充填，阻止额外的吸收。这一特性使石墨烯成为锁模和 Q 开关激光器的可饱和吸收体[119]。Yang 等[123]在双层石墨烯中观察到了两光子吸收。因此，人们有兴趣研究石墨烯的非线性光学性质，特别是饱和吸收和两光子吸收之间的关系，以便优化基于它们的器件设计。例如，在强激光照射下，由于饱和吸收，多层石墨烯薄膜的非线性透过率增加，随后由于两光子吸收，非线性透过率降低而产生光限幅效应[124]。

少层石墨烯的非线性光学克尔效应已由 Zhang 等报道[125]。在这项工作中，他们使用 3.8ps、波长 1550nm、重复频率 10MHz 的脉冲激光 Z-扫描测量，获得了少层石墨烯的巨非线性折射率，几乎比体电介质的大 9 个数量级，同时指出了其非线性折射率具有光强依赖性。正是这个特别大的非线性折射

率导致了高阶奇数项的非线性极化率的贡献，进而导致了石墨烯中非线性光学折射的光强依赖性。此外，Hendry 等[126]报道了在少层石墨烯中的宽带四波混频信号。这样就可以测定单层石墨烯三阶极化率的绝对值，$|\chi^{(3)}| \simeq 1.5 \times 10^{-7}$esu，其值大约比体电介质的大 8 个数量级，进一步指出了石墨烯具有巨大的非线性折射效应。表 9.10 列举了几种石墨烯分散体和多层石墨烯薄膜等的非线性光学系数。

2. 氧化石墨烯

氧化石墨烯可以通过氧化石墨来制备，氧化石墨烯表面含氧基团使其具有强烈的亲水性和水溶性。氧化石墨烯薄片由电子导电的 sp^2 杂化碳畴和绝缘的 sp^3 杂化碳基体组成，具有不均匀的原子和电子结构。通常具有大 π-共轭结构的材料表现出较强的非线性光学性质。石墨烯由于具有较大的 sp^2 杂化碳共轭和零带隙结构而表现出饱和吸收[123,125]，而氧化石墨烯由于 sp^2 碳畴和 sp^3 基体共存而表现出低光强下的饱和吸收和高光强下包括两光子吸收在内的光诱导吸收[128,129]。由于碳原子的加热作用，在纳秒时域人们在石墨烯和氧化石墨烯分散体中观察到了非线性散射[120]。其优良的非线性吸收和非线性散射特性使其在可饱和吸收器、光开关和光限幅器等领域具有潜在的应用前景。

除了非线性吸收和非线性散射过程外，非线性折射在光开关和光限幅器的应用中也起着重要作用。由于石墨烯具有大的 sp^2 杂化碳 π-共轭结构，其非线性折射引起了人们的极大兴趣[121,126]。Zhang 等[129]利用 Z-扫描技术研究了氧化石墨烯在 N，N-二甲基甲酰胺（DMF）中纳秒、皮秒和飞秒时域的非线性折射特性。结果表明，在纳秒时域氧化石墨烯在 DMF 分散体中呈现出负的非线性折射特性，这主要是由分散体中的瞬态热效应引起的。在皮秒和飞秒时域，分散体也具有负的非线性折射，这是由氧化石墨烯薄片中的 sp^2 杂化碳畴和 sp^3 杂化基体引起的。表 9.10 列举了几种氧化石墨烯分散体和薄膜的非线性光学系数。

3. 黑磷及Ⅳ-Ⅴ族化合物

黑磷纳米片是单层磷原子通过范德瓦尔斯力作用堆叠而成的二维层状晶体，层间由弱的范德瓦尔斯力相连，层内每个磷原子与三个相邻的磷原子由共价键相连，形成一个皱的蜂窝结构。黑磷材料是直接带隙结构，并且带隙大小随着层数的变化而变化，单层黑磷的能带隙为 2eV，随着层数的增加，带隙逐渐减小，体结构的能带隙为 0.3eV。黑磷的能带隙介于石墨烯的能带隙（0eV）和过渡金属硫化物的能带隙（1～2eV）之间，这一带隙结构恰好

表9.10 一些石墨烯家族的线性和非线性光学系数

石墨烯家族	波长	脉宽	厚度	α_0 /cm^{-1}	n_2 /(cm^2/W)	α_2 /(cm/GW)	I_s /(GW/cm^2)	文献
石墨烯分散体	532nm	100ps	—	19.45	-2.34×10^{-12}	—	—	[127]
	1064nm	100ps		19.46	-1.37×10^{-11}	—	—	
	515nm	340fs	—	19.94	—	-4.8×10^{-2}	473	
	800nm	100fs		17.85	—	-1.52×10^{-2}	583	
	1030nm	340fs		17.10	—	-9.40×10^{-2}	170	
少层石墨烯薄膜	1550nm	35ps	少层	—	10^{-7}	—	0.074	[125]
双层石墨烯薄膜	780nm	400fs	2层	—	—	1×10^{4}	6	[123]
	1100nm			—	—	2×10^{4}	1.5	
多层石墨烯薄膜	1150nm	100fs	5~7层	5.87×10^{5}	-0.55×10^{-9}	0.38×10^{4}	4.5	[124]
	1550nm			5.64×10^{5}	-0.8×10^{-9}	0.9×10^{4}	3	
	1900nm			5.59×10^{5}	-1.4×10^{-9}	1.5×10^{4}	2.1	
	2400nm			5.04×10^{5}	-2.5×10^{-9}	1.9×10^{4}	1.9	
氧化石墨烯分散体	532nm	5ns	$\sim2\mu\text{m}$	—	—	~40	12	[128]
		35ps		—	—	2.2	2.1	
氧化石墨烯分散体	532nm	4.8ns	—	4.41	-2.50×10^{-13}	30	~100	[129]
		35ps			-5.3×10^{-15}	0.37	3.2	
氧化石墨烯分散体	800nm	120fs	—	2.95	-1.1×10^{-15}	2.5×10^{-2}	17.5	[129]

续表

石墨烯家族	波长	脉宽	厚度	α_0 /cm^{-1}	n_2 /(cm^2/W)	α_2 /(cm/GW)	I_s /(GW/cm^2)	文献
氧化石墨烯薄膜	800nm	100fs	~2μm	—	1.25×10^{-9}	4×10^4	—	[130]
还原氧化石墨烯分散体	395nm	120fs	—	1.9×10^4	7.5×10^{-12}	25	170	[131]
黑磷/聚乙烯醇复合膜	800nm	100fs	30~60nm	—	6.8×10^{-9}	45	—	[133]
黑磷薄片	1030nm	140fs	~15nm	—	-1.63×10^{-8}	5.84×10^5	—	[135]
氢化锂嵌入黑磷薄片	1030nm	140fs	~15nm	—	-1.82×10^{-7}	2.14×10^7	—	[135]
GeP@PVDF复合膜	475nm	100fs	8~40nm	1.93×10^2	2.14×10^{-14}	-8.13×10^{-1}	1.37	[137]
	800nm			0.82×10^2	2.09×10^{-14}	-4.74×10^{-1}	76.5	
	1550nm			0.33×10^2	0.33×10^{-14}	-1.22×10^{-1}	8.41	
	1800nm			0.283×10^2	0.54×10^{-14}	-3.68×10^{-1}	55.1	
SnS 分散体	800nm	—	~6nm	—		-5.05×10^{-2}	34.8	[138]
	1550nm					-1.41×10^{-2}	83.5	
少层硼碳氮分散体	395nm	120fs	—	1.6×10^4	5.0×10^{-12}	150	—	[131]
六角形氮化硼纳米片分散体	1064nm	10ns	2层	—	1.2×10^{-13}	74.8	6×10^{-3}	[139]
六方氮化硼纳米片分散体	532nm	8ns	—	—	1.56×10^{-13}	11.4	—	[140]
六方氮化硼纳米片-氧化石墨烯异质结分散体	532nm	8ns	—	—	2.58×10^{-13}	13.4	—	[140]

弥补了二维纳米材料在电磁频谱中的空白。黑磷除了具有高载流子迁移率和光电响应，可用于晶体管和光电探测器外，还表现出优异的宽波段饱和吸收特性，人们已经实现了黑磷在激光调 Q 和锁模中的应用[132,133]。此外，黑磷在可见光到中红外波段具有优异的载流子动力学特性[134]，在超快光子学中的应用具有巨大的潜力，有望发展成为一种新型的光电功能材料。然而，作为二维层状材料的黑磷，由于其具有极高的比表面积，与体结构的黑磷相比，薄层的黑磷材料绝大部分原子都暴露在空气中，容易氧化。当二维黑磷依附在其他载体上被作为光电器件时，其自身的性质会受到周围环境的影响。二维黑磷材料在实际应用中仍然面临一些挑战，例如，二维黑磷材料容易与空气中的水分和氧气的接触反应而变质。

Ⅳ族中的二维材料（如 C、Si 和 Ge）为零带隙，但稳定；而磷光材料是空气灵敏的，但具有宽的和可调的带隙 E_g。将磷与Ⅳ族元素相结合，可以获得具有二维相的完美非线性光学材料。最近，研究者们开展了对二维Ⅳ-P 化合物进行了合成制备和光电性能的许多研究。例如，Ghosh 等[136]预测层状 SnP_3 具有高的载流子迁移率、可调谐带隙 E_g、大的非线性光学吸收系数，这意味着 SnP_3 有望成为一种性能优良的非线性光学材料。Guo 等[137]发现二维 GeP 纳米片具有较大的非线性吸收系数和正的非线性折射率，其值与一些主流的二维材料的报道值相当，甚至更高。

六方氮化硼具有与石墨烯相似的晶格结构，其光学性质一直是人们关注的焦点。Kumbhakar 等[139]报道了二维六方氮化硼纳米片水溶液的非线性光学特性。结果表明，二维六方氮化硼纳米片具有大两光子吸收截面结合稳定性和生物相容性，可作为潜在的光学材料应用于多光子生物成像和先进光子器件等。

近年来，二维异质结构的理论和实验研究有了新的发展，其在基础研究和新技术器件的开发方面有着巨大的应用潜力。Biswas 等[140]研究了六方氮化硼纳米片-氧化石墨烯异质结构的非线性光学性质。与单纯的六方氮化硼纳米片-氧化石墨烯相比，合成的异质结具有优异的光限幅性能。六方氮化硼嵌入氧化石墨烯薄片的极化率的变化、施主-受主对的形成以及带隙窄化效应，导致了六方氮化硼纳米薄片-氧化物异质结非线性光学性质的增强。

9.6.2　二维硫化物

自从 2004 年单层石墨烯被成功剥离制备出来，石墨烯就一直是二维材料方面研究的热点。虽然石墨烯有很好的电学特性等各种优点，但是由于石墨烯不存在带隙，这就使其在电子及光电子器件等方面的应用受到很大的限制。人们通过化学改性的方法可以使石墨烯具有较小的能带间隙，但是却以牺牲了其他优异的性能作为代价才得以实现，这就使得人们去寻找一些新的二维材料，如过渡金属二硫化物和拓扑绝缘体。

1. 过渡金属硫化物

过渡金属二硫化物的化学式通常可以用 MX_2 表示，其中 M 为 metal 的首字母，可以包括 Ⅳ 族元素（如 Ti、Zr、Hf 等），Ⅴ 族元素（如 V、Nb、Ta 等）或 Ⅵ 族元素（Mo、W 等）等，X 则代表硫族元素（S、Te 或 Se）。典型的有二硫化钼（MoS_2）、二硫化钨（WS_2）、二硒化钼（$MoSe_2$）和二硒化钨（WSe_2）这四种最常见的过渡金属二硫化物。

过渡金属硫化物的电子结构很大程度上取决于过渡金属配位环境和 d 轨道电子数。它们体块可以是金属（如 NbS_2 和 VSe_2）、半导体（如 MoS_2 和 WS_2）或绝缘体（如 HfS_2）。将这些材料剥离成单层或几层可以在很大程度上保持其性能，并且由约束效应而导致额外的特性。因此，MX_2 化合物的化学性质提供了超越石墨烯的机会，并为无机二维材料开辟了新的基础和技术途径。其中，具有半导体性质的过渡金属硫化物特别吸引广大学者的注意力，因为它们光学带隙覆盖可见光和近红外光范围。过渡金属硫化物的能带结构已经被证实在单层到多层之间发生显著的变化。其单层材料带隙是直接带隙，多层结构的带隙是间接带隙。

到目前为止，人们论证了二维过渡金属硫化物的一系列光子特性，如可见光光致发光、瞬态吸收、二次和三次谐波产生、优异的超快饱和吸收性能等。这些非凡的光子特性打开了基于过渡金属硫化物的纳米光子学器件的大门，如光开关、脉冲整形器件、模式锁定器、光限幅器等，它们具有超快和宽带的非线性光学响应特性[141-148]。表 9.11 列出了在不同波长不同脉宽下一系列层状过渡金属硫化物的线性和三阶非线性光学参数。

2. 拓扑绝缘体

拓扑绝缘体是新型的费米狄拉克材料，由于具有新奇的量子特性引起了研究者们的广泛关注，典型的代表是 Bi_2Te_3、Bi_2Se_3、Sb_2Se_3 和 Sb_2Te_3 等。拓扑绝缘体与石墨烯相似，其表面态具有无带隙的金属态，其色散关系可以由狄拉克方程来描述，其体态为有能隙的绝缘态。

由于拓扑绝缘体具有体态和表面态两个能带，所以其饱和吸收需要同时考虑表面态和体态。当入射光子能量小于拓扑绝缘体的体态带隙时，饱和吸

表 9.11　一些二维硫化物的线性和非线性光学参量

二维硫化物	波长	脉宽	厚度	α_0 /cm^{-1}	E_g /eV	n_2 /(cm^2/W)	α_2 /(cm/GW)	I_s /(GW/cm^2)	文献
WS$_2$ 薄膜	1064nm	25ps	20μm	6.84×10^2	—	5.83×10^{-11}	−5.1	—	[141]
WS$_2$ 薄膜	515nm	340fs	1~3层	5.18×10^6	1.9		-2.9×10^4	—	[142]
	800nm	40fs		1.08×10^6		—	525	—	
	1030nm	340fs	0.75~2.25nm	7.17×10^5			1.0×10^4	26	
WS$_2$ 薄膜	1040nm	340fs	0.75nm	7.17×10^5	~2.05	1.28×10^{-10}	3.07×10^3	—	[143]
			18.8nm	4.25×10^5		-8.55×10^{-12}	2.16×10^3		
			57.9nm	4.24×10^5		-3.36×10^{-12}	1.81×10^3		
WSe$_2$ 薄膜	1064nm	25ps	22μm	8.47×10^2	—	-2.46×10^{-9}	-9.74×10^2	—	[141]
WSe$_2$ 薄膜	1040nm	340fs	5.5nm	1.28×10^6	—	—	5.29×10^3	—	[143]
			11.4nm	1.12×10^6		-1.87×10^{-11}	4.80×10^3		
			25.1nm	8.07×10^5		-1.71×10^{-11}	2.14×10^3		
MoS$_2$ 分散体	532nm	100ps	~8nm	25.70	1.2	-2.5×10^{-12}	−26.2	1.13	[127]
	1064nm	100ps		11.62		-2.07×10^{-13}	−5.5	2.1	
	515nm	340fs		25.34		—	−0.357	58	
	800nm	100fs		11.22		—	-2.42×10^{-2}	381	
	1030nm	340fs		11.75		—	-9.17×10^{-2}	114	
MoS$_2$ 薄膜	1064nm	25ps	25μm	2.75×10^2	—	1.88×10^{-12}	−3.8	—	[141]

续表

二维硫化物	波长	脉宽	厚度	α_0 /cm^{-1}	E_g /eV	n_2 /(cm^2/W)	α_2 /(cm/GW)	I_S /(GW/cm^2)	文献
MoS$_2$ 薄膜	800nm	40fs	25~27层	6.24×10^4	1.90	—	11.4	—	[142]
	1030nm	340fs	18~19.4nm	3.90×10^4		—	66	130	
NbS$_2$ 分散体	800nm	100fs	~3层	8.2		3×10^{-16}	0.21	52	[144]
MoSe$_2$ 分散体	532nm	100ps		15.55		-1.82×10^{-12}	−35.6	0.39	
	1064nm	100ps		1.86		-1.20×10^{-13}	−2.05	0.71	
	515nm	340fs	—	16.41	1.1	—	−0.245	43	[127]
	800nm	100fs		7.93		—	-2.54×10^{-3}	590	
	1030nm	340fs		2.11		—	-1.29×10^{-2}	121	
MoSe$_2$ 薄膜	1064nm	4ns	3层	1.61	1.52	2×10^{-13}	2.7×10^3	3×10^{-4}	[145]
MoTe$_2$ 分散体	532nm	100ps		1.07		-1.1×10^{-13}	−5.54	0.23	
	1064nm	100ps		1.32		-1.60×10^{-13}	−2.99	0.19	
	515nm	340fs	—	1.47	1.0	—	-1.42×10^{-2}	58	[127]
	800nm	100fs		0.87		—	-3.7×10^{-3}	217	
	1030nm	340fs				—	-7.50×10^{-3}	68	
PdSe$_2$ 薄膜	800nm	140fs	~8nm	4.8×10^5	~0.7	-1.33×10^{-11}	3.26×10^3	—	[146]
PtSe$_2$ 薄膜	800nm	100fs	3nm	8.26×10^5	—	—	-6.0×10^{-3}	187.5	[147]
PtSe$_2$ 薄膜	1030nm	340fs	4层	5.87×10^5	—	-1.73×10^{-11}	2.96	14.5	[148]
			7层	4.97×10^5		-2.59×10^{-11}	1.64	20	
Mo$_{0.5}$W$_{0.5}$S$_2$ 薄膜	1064nm	25ps	22μm	1.26×10^3	—	-8.73×10^{-11}	19.1	—	[141]

收效应只在表面态产生。当入射光子能量大于体态带隙时，拓扑绝缘体的饱和吸收效应在体态和表面态中同时发生。因此，拓扑绝缘体具有从可见光到中红外，甚至到微波波段的宽带非线性饱和吸收[149,150]，被广泛用作光纤激光器的可饱和吸收体实现锁模和调 Q 激光脉冲输出[151]。与此同时，人们也发现拓扑绝缘体具有两光子吸收和巨大的三阶非线性折射效应[152,153]。另一方面，将拓扑绝缘体与其他二维材料相结合，人们制备出了非线性光学性能优异的诸如 MoS_2-Sb_2Te_3-MoS_2 异质结[154]和石墨烯/Bi_2Te_3 异质结[155]。这些异质结构材料具有成本低、可靠性高、适合批量生产等优点，为开发具有理想电子和光电性能的二维材料基器件提供了一种很有前途的解决方案。

表 9.12 列出了在不同波长、不同脉宽下典型的拓扑绝缘体的三阶非线性光学系数。

9.6.3　二维氧化物

诸如氧化石墨烯[128]、二维钙钛矿[159]和氧卤化铋[160]等二维层状氧化物，近年来引起了人们的极大兴趣。它们非凡的非线性光学特性，如巨大的克尔光学非线性、大的非线性吸收、显著的材料各向异性，以及与层有关的光物理特性，已经应用于基于二维材料的新型非线性光子器件中。表 9.13 列出了在不同波长不同脉宽下典型的二维钙钛矿和氧卤化铋的三阶非线性光学系数。

1. 钙钛矿

近年来，作为高性能光伏器件中的光电子半导体材料，金属卤化物钙钛矿引起了人们的广泛关注[170]。这类材料具有优异的光电性能，如高载流子迁移率、可调谐光电性能、高荧光产率等[171]。这些优良的性能使得这种材料在其他光电器件，如太阳能电池[170]、发光二极管[172]、光电探测器[173]和激光器[174]等方面具有广阔的应用前景。

除了上述提及的应用外，人们也广泛研究了多种二维钙钛矿材料的三阶非线性光学特性，其非线性光学系数见表 9.13。例如，Mirershadi 等[161]用 Z-扫描技术在 532nm 测量了 $CH_3NH_3PbBr_3$ 钙钛矿薄膜的三阶非线性极化率；Yi 等[165]报道了 $CH_3NH_3PbI_3$ 钙钛矿薄膜在中红外波段的宽带饱和吸收和大的克尔非线性效应；Ohara 等[175]用 Z-扫描方法测量了 $CH_3NH_3PbCl_3$ 钙钛矿单晶中激发波长依赖的两光子吸收系数和克尔效应诱导的非线性折射率。

表 9.12　一些拓扑绝缘体的线性和非线性光学参量

拓扑绝缘体	波长	脉宽	厚度	α_0 /cm^{-1}	E_g /eV	n_2 /(cm^2/W)	α_2 /(cm/GW)	I_S /(GW/cm^2)	文献
Bi_2Te_3 纳米片/聚合物薄膜	800nm 1562nm 1930nm	100fs 1.5ps 2.8ps	~20nm	—	—	9.7×10^{-11} 8.6×10^{-9} 2.12×10^{-8}	— — —	11.99 6.65×10^{-3} 7.09×10^{-3}	[149]
Bi_2Te_3 薄膜	1056nm	100fs	24nm	—	—	1.15×10^{-8}	2.29×10^{6}	3.14×10^{-3}	[153]
Bi_2Se_3 纳米片	800nm	100fs	50nm	—	—	2.26×10^{-10}	—	10.12	[152]
Bi_2Se_3 薄膜	790nm	150fs	200nm	1.16×10^{4}	1.53	—	—	0.62	[156]
Bi_2Se_3 纳米片分散体	350nm 600nm 700nm 1160nm	~fs	8nm (直径250nm)	—	—	1.16×10^{-4} 3.53×10^{-5} 2.50×10^{-5} 1.65×10^{-5}	—	—	[157]
Bi_2Se_3 纳米片分散体	400nm 660nm 800nm	35fs	2nm (直径30nm)	—	—	-1.30×10^{-10} 2.00×10^{-10} 2.30×10^{-10}	-6.80×10^{3} -8.70×10^{3} 2.00×10^{3}	—	[158]
Bi_2Se_3 纳米片分散体	400nm 660nm 800nm	35fs	8nm (直径80nm)	—	—	-1.90×10^{-10} 1.70×10^{-10} 1.30×10^{-10}	-9.70×10^{3} -5.30×10^{3} 1.10×10^{3}	—	[158]
Bi_2SeTe_2 纳米片分散体	800nm	130fs	0.5mm	—	—	—	—	4.46	[151]

表 9.13 一些二维氧化物材料的线性和非线性光学参量

二维氧化物	波长	脉宽	厚度	α_0/cm^{-1}	E_g/eV	n_2/(cm²/W)	α_2/(cm/GW)	I_S/(GW/cm²)	文献
$(C_4H_9NH_3)_2PbBr_4$ 单晶	407nm	150fs	175nm	—	3.55	-2.9×10^{-10}	-82×10^3	55×10^3	[159]
$(C_4H_9NH_3)_2PbI_4$ 单晶	515nm	150fs	150nm	—	2.75	-3.5×10^{-10}	-69×10^3	61×10^3	[159]
$(C_4H_9NH_3)_2(CH_3NH_3)Pb_2I_7$ 单晶	570nm	150fs	92nm	—	2.39	-1.2×10^{-9}	-256×10^3	9.2×10^3	[159]
$(C_4H_9NH_3)_2(CH_3NH_3)_2Pb_3I_{10}$ 单晶	610nm	150fs	78nm	—	2.21	-1.8×10^{-10}	-65×10^3	8×10^3	[159]
$(C_4H_9NH_3)_2(CH_3NH_3)_3Pb_4I_{13}$ 单晶	650nm	150fs	149nm	—	2.07	3.2×10^{-11}	-45×10^3	21×10^3	[159]
$CH_3NH_2/PbBr_2$ 薄膜（摩尔比 1:1）	532nm	10ns	100nm	5.52×10^4	2.25	-8.7×10^{-8}	-3.5×10^6	—	[161]
$CH_3NH_2/PbBr_2$ 薄膜（摩尔比 6:1）	532nm	10ns	100nm	6.07×10^4	2.25	-2.9×10^{-8}	-3.2×10^6	—	[161]
$CH_3NH_3PbCl_3$ 薄膜	800nm	40fs	240nm	—	3.01	3.4×10^{-12}	15	—	[162]
$CH_3NH_3PbBr_3$ 薄膜	800nm	40fs	225nm	—	2.32	7×10^{-13}	50	—	[162]
$CH_3NH_3PbI_3$ 薄膜	800nm	40fs	150nm	—	1.59	—	500	800	[162]
$(BA)_2PbI_4$ 薄膜	500nm	100fs	~300nm	5.7×10^4	—	-5.2×10^{-11} / 7.1×10^{-11}	-9.6×10^3 / 1.01×10^4	6.4 / 4.2	[163]
$EAPbI_3$ 钙钛矿薄膜	500nm	100fs	~300nm	3.3×10^3	—	-3.2×10^{-10} / -2.3×10^{-10}	-3.10×10^5 / -1.85×10^4	1.5 / 6.8	[163]

续表

二维氧化物	波长	脉宽	厚度	α_0 /cm⁻¹	E_g /eV	n_2 /(cm²/W)	α_2 /(cm/GW)	I_s /(GW/cm²)	文献
(Cs₀.₀₆FA₀.₇₉MA₀.₁₅)Pb(I₀.₈₅Br₀.₁₅)₃ 薄膜	395nm 790nm	50fs	500nm	—	1.59	-1.0×10^{-11} -2.3×10^{-11}	$-(100\sim0.43)\times10^3$ $(0.42\sim2.1)\times10^3$	—	[164]
CH₃NH₃PbI₃ 薄膜	1560nm 1930nm	1.5ps 2.8ps	~180nm	—	—	1.4×10^{-8} 1.6×10^{-8}	-3.6×10^5 -4.65×10^5	1.19×10^3 0.10×10^3	[165]
CsPbBr₃ 胶体纳米晶	800nm	70fs	—	—	2.28	3.52×10^{-12}	3.9×10^{-2}	—	[166]
Ni₀.₀₃-CsPbBr₃ 胶体纳米晶	800nm	70fs	—	—	—	7.9×10^{-12}	3.8×10^{-2}	—	[166]
Ni₀.₀₅-CsPbBr₃ 胶体纳米晶	800nm	70fs	—	—	—	8.4×10^{-12}	3.9×10^{-2}	—	[166]
Ni₀.₀₈-CsPbBr₃ 胶体纳米晶	800nm	70fs	—	—	2.24	8.4×10^{-12}	9.98×10^{-2}	—	[166]
Ni₀.₁₀-CsPbBr₃ 胶体纳米晶	800nm	70fs	—	—	—	7.85×10^{-12}	10.0×10^{-2}	—	[166]
CsPbCl₃ 胶体纳米晶	787nm	396fs	—	—	2.78	5.30×10^{-15}	1.36×10^{-2}	—	[167]
CsPbBr₃ 胶体纳米晶	787nm	396fs	—	—	2.39	4.69×10^{-15}	3.22×10^{-2}	—	[167]
CsPbI₃ 胶体纳米晶	787nm	396fs	—	—	1.73	6.75×10^{-15}	1.54×10^{-2}	—	[167]
CsPbCl₃ 纳米晶	620nm	100fs	9.8nm	—	—	-0.46×10^{-13}	7.91×10^{-4}	—	[168]
CsPb(Cl₀.₅₃Br₀.₄₇)₃ 纳米晶	620nm	100fs	11.6nm	—	—	-1.4×10^{-13}	3.22×10^{-3}	—	[168]
BiOCl 纳米片	800nm	100fs	~80nm	—	—	3.8×10^{-11}	4.25×10^2	—	[160]
BiOBr 纳米片	800nm 800nm 1550nm	140fs	30nm 140nm 140nm	—	—	-3.16×10^{-10} -1.74×10^{-10} 3.82×10^{-10}	6.01×10^4 1.87×10^4 1.55×10^4	—	[169]

2. 其他层状氧化物

氧卤化铋，即 BiOX（X＝Cl、Br、I），是由［Bi_2O_2］$^{2+}$ 片状交错双卤原子与卤原子通过弱范德瓦尔斯相互作用形成的一类新型二维层状材料。它们独特的开放层晶体结构使自组装的内部静电场能够有效地分离光致电荷载流子，使 BiOX 具有优异的光催化性能和优异的非线性光学性能。例如，Chen 等[160]用 Z-扫描技术测量了 BiOCl 纳米片的非线性吸收和克尔非线性光学性质；Jia 等[169]报道了厚度依赖的 BiOBr 纳米片的非线性光学特性，发现其非线性吸收系数和非线性折射率的大小随着薄片厚度的增加而增大。

9.7　近零折射率材料

非线性光学的一个长期目标是开发低功率光场下能够彻底改变折射率的材料。理想情况下，这些材料应具有亚皮秒级的时间响应，并与现有的金属氧化物半导体（CMOS）制造技术兼容。简单的计算表明，对于介电常数为 ε 的一给定变化量 $\Delta\varepsilon$，折射率 n 的变化 Δn 由 $\Delta n = \Delta\varepsilon/(2\varepsilon^{1/2})$ 给出。可以看到，当介电常数变小时，这种折射率变化 Δn 就变大了，这表明材料的 ε 近零（epsilon-near-zero，ENZ）时会产生巨大的非线性光学效应。

2000 年初发表的一系列关于零介电常数波长（即介电常数实部为零的波长）的理论论文开创了近零折射率（near-zero-index，NZI）材料的研究，预测了材料中电场的大幅度增强和谐波产生的高转换效率[176-178]。简并半导体（掺杂程度如此之高以至于开始表现出金属行为的半导体），如掺锡氧化铟（ITO）和掺铝氧化锌（AZO），在近红外波长范围内具有零介电常数，显示出与 ENZ 光谱区相关的非线性光学效应的巨大增强[179,180]。一些文献报道了近零折射率材料的非线性折射率，比之前报道的非线性系数最大值大几个数量级[58]，以及超快（亚皮秒）的非线性光学响应。此外，Alam 等[179]实验发现 ITO 薄膜光感应折射率变化高达 0.7。这种折射率变化是前所未有的大，因此这些近零折射率材料在光子学中有新的应用前景[180,181]，特别是诸如非线性光子超表面这样的光与物质有限作用长度的系统。此外，大量的基础研究已经证明了其他非线性光学过程的近零折射率增强，如谐波产生[178]、波的混合和频率转换[182]以及电光效应[183]。表 9.14 列出了几种近零折射率材料的非线性光学系数。

表9.14 一些近零折射率材料的三阶非线性光学系数

近零折射率材料	波长	脉宽	$\chi^{(3)}$ /(m²/V²)	n_2 /(cm²/W)	α_2 /(cm/GW)	载流子浓度 /(×10²¹cm⁻³)	表征方法	文献
ITO薄膜	970nm	150fs	—	6×10^{-14}	-3	—	Z-扫描	[179]
ITO薄膜	1240nm	150fs	—	2.6×10^{-12}	-159	—	Z-扫描	[179]
ITO薄膜	1240nm	150fs	$(1.6-0.5i) \times 10^{-18}$	1.1×10^{-10}	-7.1×10^{3}	—	Z-扫描 $\theta=60°$	[179]
ITO薄膜	1310nm	50fs	—	0.82×10^{-12}	-40.6	0.274	Z-扫描	[184]
AZO薄膜	1310nm	100fs	$(4-i) \times 10^{-19}$	3.5×10^{-13}	-25	—	交叉相位调制	[182]
AZO薄膜	1311nm	100fs	$(2.6-1.1i) \times 10^{-19}$	5.17×10^{-12}	-7.1×10^{2}	—	泵浦-探测	[185]
金纳米天线置于ITO薄膜上	1220nm	140fs	—	-3.73×10^{-9}	-2.5×10^{4}	—	Z-扫描	[186]
5%Sn掺杂 In₂O₃ 纳晶	1500nm	~35fs	—	—	-51.4	0.85	Z-扫描	[187]
12%Sn掺杂 In₂O₃ 纳晶	1300nm	35fs	—	—	-47.0	1.02	Z-扫描	[187]
50nm-ITO/8nm-Ag/50nm-ITO	1310nm	50fs	—	3.98×10^{-12}	-477	0.420	Z-扫描	[184]
50nm-ITO/10nm-Ag/50nm-ITO	1310nm	50fs	—	4.72×10^{-12}	-648	0.568	Z-扫描	[184]
50nm-ITO/12nm-Ag/50nm-ITO	1310nm	50fs	—	9.32×10^{-12}	-405	2.137	Z-扫描	[184]
50nm-ITO/14nm-Ag/50nm-ITO	1310nm	50 fs	—	15.43×10^{-12}	-378	5.775	Z-扫描	[184]

参 考 文 献

[1] Iliopoulos K,Potamianos D,Kakkava E,et al. Ultrafast third order nonlinearities of organic solvents[J]. Optics Express,2015,23(19):24171-24176.

[2] Krishna M B M,Rao D N. Influence of solvent contribution on nonlinearities of near infra-red absorbing croconate and squaraine dyes with ultrafast laser excitation[J]. Journal of Applied Physics,2013,114(13):133103.

[3] Rau I,Kajzar F,Luc J,et al. Comparison of Z-scan and THG derived nonlinear index of refraction in selected organic solvents[J]. Journal of the Optical Society of American B-Optical Physics,2008,25(10):1738-1747.

[4] Miguez M L,de Souza T G B,Barbano E C,et al. Measurement of third-order nonlinearities in selected solvents as a function of the pulse width[J]. Optics Express,2017,25(4):3553-3565.

[5] Zhao P,Reichert M,Benis S,et al. Temporal and polarization dependence of the nonlinear optical response of solvents[J]. Optica,2018,5(5):583-594.

[6] Marder S R. Organic nonlinear optical materials:Where we have been and where we are going[J]. Chemical Communications,2006,37(2):131-134.

[7] Li Z,Qin A J,Lam J W Y,et al. Facile synthesis,large optical nonlinearity,and excellent thermal stability of hyperbranched poly(aryleneethynylene)s containing azobenzene chromophores[J]. Macromolecules,2006,39(4):1436-1442.

[8] Zhang H,Xiao H,Liu F,et al. Synthesis of novel nonlinear optical chromophores:Achieving enhanced electro-optical activity and thermal stability by introducing rigid steric hindrance groups into the julolidine donor[J]. Journal of Materials Chemistry C,2017,5(7):1675-1684.

[9] Zhan X W,Liu Y Q,Zhu D B,et al. Femtosecond third-order optical nonlinearity of conjugated polymers consisting of fluorene and tetraphenyldiaminobiphenyl units:Structure-property relationships[J]. Journal of Physical Chemistry B,2002,106(8):1184-1888.

[10] FuJ,Padilha L A,Hagan D J,et al. Molecular structure—two-photon absorption property relations in polymethine dyes[J]. Journal of the Optical Society of American B-Optical Physics,2007,24(1):56-66.

[11] Heeger A J. Nobel Lecture:Semiconducting and metallic polymers:the fourth generation of polymeric materials[J]. Reviews of Modern Physics,2001,73(3):681-700.

[12] Sauteret C,HermannJ P,Frey R,et al. Optical nonlinearities in one-dimensional-conjugated polymer crystals[J]. Physical Review Letters,1976,36(16):956-959.

[13] Christodoulides D N, Khoo I C, Salamo G J, et al. Nonlinear refraction and absorption: mechanisms and magnitudes[J]. Advances in Optics and Photonics, 2010, 2(1): 60-200.

[14] Samoc A, Samoc M, Woodruff M, et al. Tuning the properties of poly(p-phenylenevinylene)for use in all-optical switching[J]. Optics Letters, 1995, 20(11): 1241-1243.

[15] Samoc M, Samoc A, Luther-Davies B, et al. Femtosecond Z-scan and degenerate four-wave mixing measurements of real and imaginary parts of the third-order nonlinearity of soluble conjugated polymers[J]. Journal of the Optical Society of American B-Optical Physics, 1998, 15(2): 817-825.

[16] Samoc A, Samoc M, Luther-Davies B, et al. Third-order nonlinear optical properties of poly(p-phenylenevinylene) derivatives substituted at vinylene position[J]. Proceedings of SPIE, 1998, 3473: 79-90. Third-order nonlinear optical materials.

[17] Rangel-Rojo R, YamadaS, Matsuda H, et al. Spectrally resolved third-order nonlinearities in polydiacetylene microcrystals: influence of particle size[J]. Journal of the Optical Society of American B-Optical Physics, 1998, 15(12): 2937-2945.

[18] Chen X, Zou G, Deng Y, et al. Synthesis and nonlinear optical properties of nanometer-size silver-coated polydiacetylene composite vesicles[J]. Nanotechnology, 2008, 19(19): 195703.

[19] Polavarapu L, Mamidala V, Guan Z, et al. Huge enhancement of optical nonlinearities in coupled Au and Ag nanoparticles induced by conjugated polymers[J]. Applied Physics Letters, 2012, 100(2): 023106.

[20] Marder S R, Perry S W, Bourhill G, et al. Relation between bond-length alternation and second electronic hyperpolarizability of conjugated organic molecules[J]. Science, 1993, 261: 186-189.

[21] Lu D, ChenG, Perry J W, et al. Valence-bond charge-transfer model for nonlinear optical properties of charge-transfer organic molecules[J]. Journal of America Chemistry Society, 1994, 116: 10679-10685.

[22] Marques M B, Assanto G, Stegeman G I, et al. Large, nonresonant, intensity dependent refractive index of 4-dialkylamino-4'-nitro-diphenyl-polyene side chain polymers in waveguides[J]. Applied Physics Letters, 1991, 58(23): 2613-2615.

[23] Goodwin M J, Edge C, Trundle C, et al. Intensity-dependent birefringence in nonlinear organic polymer waveguides[J]. Journal of the Optical Society of American B-Optical Physics, 1988, 5(2): 419-424.

[24] Kanbara H, Kobayashi H, Kaino T, et al. Highly efficient ultrafast optical Kerr shutters with the use of organic nonlinear materials[J]. Journal of the Optical Society of American B-Optical Physics, 1994, 11(11): 2216-2223.

[25] BhaleP S, Chavan H V, Dongare S B, et al. Synthesis of extended conjugated indolyl chalcones as potent anti-breast cancer, anti-inflammatory and antioxidant agents[J].

Bioorganic & Medicinal Chemistry Letters,2017,27(7):1502-1507.

[26] GuB,Ji W,Patil P S,et al. Ultrafast optical nonlinearities and figures of merit in accep-tor-substituted 3,4,5-trimethoxy chalcone derivatives:Structure-property relationships [J]. Journal of Applied Physics,2008,103(10):103511.

[27] Ravindra H J,John KiranA,Chandrasekharan K,et al. Third order nonlinear optical properties and optical limiting in donor/acceptor substituted 4′-methoxy chalcone deriv-atives[J]. Applied Physics B-Lasers and Optics,2007,88(1):105-110.

[28] ShettyT S C,Kumar C S C,Patel K N G,et al. Optical nonlinearity of D-A-π-D and D-A-π-A type of new chalcones for potential applications in optical limiting and density functional theory studies[J]. Journal of Molecular Structure,2017,1143:306-317.

[29] MaidurS R,Patil P S,Rao S V,et al. Experimental and computational studies on second- and third-order nonlinear optical properties of a novel D-π-A type chalcone derivative:3-(4-methoxyphenyl)-1-(4-nitrophenyl) prop-2-en-1-one[J]. Optics and Laser Technolo-gy,2017,97:219-228.

[30] Prabhu A N,Upadhyaya V,Jayarama A,et al. Synthesis,growth and characterization of π conjugated organic nonlinear optical chalcone derivative[J]. Materials Chemistry and Physics,2013,138:179-185.

[31] Vinaya P P,Prabhu A N,Bhat K S,et al. Synthesis,growth and characterization of a long-chain π-conjugation based methoxy chalcone derivative single crystal:a third order nonlinear optical material for optical limiting applications[J]. Optical Materials,2019, 89:419-429.

[32] Yang Y,Wu X,Jia J,et al. Investigation of ultrafast optical nonlinearities in novel bis-chalcone derivatives[J]. Optics and Laser Technology,2020,123:105903.

[33] Lu H,Gu B,Cui Y,et al. Computational and experimental studies on third-order optical nonlinearities of novel D-π-A-π-A type chalcone derivatives:(1E, 4E)-1-(4-substitu-ted)-5-phenylpenta-1,4-dien-3-one[J]. Journal of Nonlinear Optical Physics & Materi-als,2019,28(3):1950024.

[34] Khoo I C. Nonlinear optics of liquid crystalline materials[J]. Physics Reports-Review Section of Physics Letters,2009,471(5-6):221-267.

[35] Hanson E G,Shen Y R,Wong G K L. Experimental-study of self-focusing in a liquid-crystalline medium[J]. Applied Physics,1977,14(1):65-77.

[36] Gibbons W M,Shannon P J,Sun S T,et al. Surface-mediated alignment of nematic liquid crystals with polarized laser light[J]. Nature,1991,351(6321):49-50.

[37] Khoo I C,Li H,Liang Y. Optically induced extraordinarily large negative orientational nonlinearity in dye-doped-liquid crystal[J]. IEEE Journal of Quantum Electronics, 1993,29(5):1444-1447.

[38] Khoo I C,Slussarenko S,Guenther B D,et al. Optically induced space-charge fields,dc

voltage, and extraordinarily large nonlinearity in dye-doped nematic liquid crystals[J]. Optics Letters, 1998, 23(4): 253-255.

[39] Jánossy I, Szabados L. Optical reorientation of nematic liquid crystals in the presence of photoisomerization[J]. Physical Review E, 1998, 58(4): 4598-4604.

[40] Lucchetti L, di Fabrizio M, Francescangeli O, et al. Colossal optical nonlinearity in dye-doped liquid crystals[J]. Optics Communications, 2004, 233(4-6): 417-424.

[41] Khoo I C, Li H, Liang Y. Observation of orientational photorefractive effects in nematic liquid-crystals[J]. Optics Letters, 1994, 19(21): 1723-1725.

[42] Khoo I C. Orientational photorefractive effects in nematic liquid crystal film[J]. IEEE Journal of Quantum Electronics, 1996, 32(3): 525-534.

[43] WiederrechtG P, Yoon B A, Wasielewski M R. High photorefractive gain in nematic liquid crystals doped with electron-donor and acceptor molecules[J]. Science, 1995, 270 (5243): 1794-1797.

[44] Khoo I C, Chen K, Williams Y Z. Orientational photorefractive effect in undoped and CdSe nano-rods doped nematic liquid crystal—bulk and interface contributions[J]. IEEE Journal of Selected Topics in Quantum Electronics, 2006, 12(3): 443-450.

[45] KhooI C, Normandin R. The mechanism and dynamics of transient thermal grating diffraction in nematic liquid crystal films[J]. IEEE Journal of Quantum Electronics, 1985, 21(4): 329-335.

[46] KhooI C, Hou J Y, Din G L, et al. Laser induced thermal, orientational and density nonlinear optical effects in nematic liquid crystals[J]. Physical Review A, 1990, 42(2): 1001-1004.

[47] KhooI C, Lindquist R G, Michael R R, et al. Dynamics of picosecond laser induced density, temperature and flow reorientation effects in the mesophases of liquid crystals[J]. Journal of Applied Physics, 1991, 69(7): 3853-3859.

[48] Santran S, Canioni L, Sarge L, et al. Precise and absolute measurements of the complex third-order optical susceptibility[J]. Journal of the Optical Society of American B-Optical Physics, 2004, 21(12): 2180-2190.

[49] Hall D W, Newhouse M A, Borrelli N F, et al. Nonlinear optical susceptibilities of high-index glasses[J]. Applied Physics Letters, 1989, 54(14): 1293-1295.

[50] Adair R, Chase L L, Payne S A. Nonlinear refractive-index measurements of glasses using three-wave frequency mixing[J]. Journal of the Optical Society of American B-Optical Physcis, 1987, 4(6): 875-881.

[51] Friberg S R, Smith P W. Nonlinear optical glasses for ultrafast optical switches[J]. IEEE Journal of Quantum Electronics, 1987, QE-23(12): 2089-2094.

[52] Newhouse M A, Weidman D L, Hall D W. Enhanced-nonlinearity single-mode lead silicate optical fiber[J]. Optics Letters, 1990, 15(21): 1185-1187.

[53] Aber J E,Newstein M C,Garetz B A. Femtosecond optical Kerr effect measurements in silicate glasses[J]. Journal of the Optical Society of American B-Optical Physics,2000, 17(1):120-127.

[54] Cardinal T,Fargin E, Le Flem G, et al. Correlations between structural properties of Nb_2O_5-$NaPO_3$-$Na_2B_4O_7$ glasses and non-linear optical activities[J]. Journal of Non-Crystalline Solids,1997,222:228-234.

[55] Sabadel J C,Armand P,Cachau-Herreillat D,et al. Structural and nonlinear optical characterizations of tellurium oxide-based glasses:TeO_2-BaO-TiO_2 [J]. Journal of Solid State Chemistry,1997,132:411-419.

[56] Jeansannetas B,Blanchandin S,Thomas P,et al. Glass structure and optical nonlinearities in thallium(I)tellurium(IV)oxide glasses[J]. Journal of Solid State Chemistry, 1999,146:329-335.

[57] SmektalaF,Quemard C,Couderc V,et al. Non-linear optical properties of chalcogenide glasses measured by Z-scan[J]. Journal of Non-Crystalline Solids,2000,274:232-237.

[58] Harbold J M,Ilday F Ö,Wise F W,et al. Highly nonlinear As-S-Se glasses for all-optical switching[J]. Optics Letters,2002,27(2):119-121.

[59] Asobe M. Nonlinear optical properties of chalcogenide glass fibers and their application to all-optical switching[J]. Optical Fiber Technology,1997,3:142-148.

[60] LenzG,Zimmermann J,Katsufuji T,et al. Large Kerr effect in bulk Se-based chalcogenide glasses[J]. Optics Letters,2000,25(4):254-256.

[61] Requejo-IsidroJ,Mairaj A K,Pruneri V,et al. Self refractive non-linearities in chalcogenide based glasses[J]. Journal of Non-Crystalline Solids,2003,317:241-246.

[62] Bindra K S,Bookey H T,Kar A K,et al. Nonlinear optical properties of chalcogenide glasses:Observation of multiphoton absorption[J]. Applied Physics Letters,2001,79 (13):1939-1941.

[63] Harbold J M,Ilday FÖ,Wise F W,et al. Highly nonlinear Ge-As-Se and Ge-As-S-Se glasses for all-optical switching[J]. IEEE Photonics Technology Letters,2002,14(6): 822-824.

[64] Chen Y,Nie Q,Xu T,et al. A study of nonlinear optical properties in Bi_2O_3-WO_3-TeO_2 glasses[J]. Journal of Non-Crystalline Solids,2008,354:3468-3472.

[65] Wang T,Gai X,Wei W,et al. Systematic Z-scan measurements of the third order nonlinearity of chalcogenide glasses[J]. Optical Materials Express,2014,4(5):1011-1022.

[66] Lu X,Li J,Yang L,et al. Third-order optical nonlinearity properties of $CdCl_2$-modifed Ge-Sb-S chalcogenide glasses[J]. Journal of Non-Crystalline Solids,2020,528:119757.

[67] Chen F,Zhang J,Cassagne C,et al. Large third-order optical nonlinearity of chalcogenide glasses within gallium-tin-selenium ternary system[J]. Journal of American Ceramic Society,2020,103:5050-5055.

[68] Li Q,Wang R,Xu F,et al. Third-order nonlinear optical properties of Ge-As-Te chalco-genide glasses in mid-infrared[J]. Optical Materials Express,2020,10(6):1413-1420.

[69] Ning T Y, Chen C, Zhou Y L, et al. Larger optical nonlinearity in $CaCu_3Ti_4O_{12}$ thin films[J]. Applied Physics A—Materials Science & Processing,2009,94(3):567-570.

[70] Gu B,Wang Y H,Peng X C,et al. Giant optical nonlinearity of a $Bi_2Nd_2Ti_3O_{12}$ ferroe-lectric thin film[J]. Applied Physics Letters,2004,85(17):3687-3689.

[71] Liu S W, Xu J, Guzun D, et al. Nonlinear optical absorption and refraction of epitaxial $Ba_{0.6}Sr_{0.4}TiO_3$ thin films on(001)MgO substrates[J]. Applied Physics B-Lasers and Optics,2006,82(3):443-447.

[72] Leng W J, Yang C R, Ji H, et al. Linear and nonlinear optical properties of(Pb,La)(Zr, Ti)O_3 ferroelectric thin films grown by radio-frequency magnetron sputtering[J]. Jour-nal of Physics D—Applied Physics,2007,40(4):1206-1210.

[73] Swanepoel R. Determination of the thickness and optical constants of amorphous silicon [J]. Journal of Physics E:Scientific Instruments,1983,16(12):1214-1222.

[74] Zhang W F, Huang Y B, Zhang M S, et al. Nonlinear optical absorption in undoped and cerium-doped $BaTiO_3$ thin films using Z-scan technique[J]. Applied Physics Letters, 2000,76(8):1003-1005.

[75] Shi P, Yao X, Zhang L Y, et al. Third-order optical nonlinearity of$(Ba_{0.7}Sr_{0.3})TiO_3$ fer-roelectric thin films fabricated by soft solution processing[J]. Soild State Communica-tions,2005,134(9):589-593.

[76] Ambika D, Kumar V, Sandeep C S S, et al. Non-linear optical properties of$(Pb_{1-x}Sr_x)$ TiO_3 thin films[J]. Applied Physics B—Lasers and Optics,2009,97(3):661-664.

[77] Ambika D, Kumar V, Sandeep C S S, et al. Tunability of third order nonlinear absorp-tion in(Pb,La)(Zr,Ti)O_3 thin films[J]. Applied Physics Letters,2011,98(1):011903.

[78] Paramesh G, Kumari N, Krupanidhi S B, et al. Large nonlinear refraction and two pho-ton absorption in ferroelectric $Bi_2VO_{5.5}$ thin films[J]. Optical Materials,2012,34:1822-1825.

[79] Tian J, Gao H, Deng W, et al. Optical properties of Fe-doped $BaTiO_3$ films deposited on quartz substrates by sol-gel method[J]. Journal of Alloys and Compounds,2016,687: 529-533.

[80] Saravanan K V, Raju K C J, Krishna M G, et al. Large three-photon absorption in $Ba_{0.5}$ $Sr_{0.5}TiO_3$ films studied using Z-scan technique[J]. Applied Physics Letters,2010,96 (23):232905.

[81] Zhang W F, Zhang M S, Yin Z, et al. Large third-order optical nonlinearity in Sr-$Bi_2Ta_2O_9$ thin films[J]. Applied Physics Letters,1999,95(7):902-904.

[82] Shin H, Chang H C, Boyd R W, et al. Large nonlinear optical response of polycrystalline $Bi_{3.25}La_{0.75}Ti_3O_{12}$ ferroelectric thin films on quartz substrates[J]. Optics Letters,2007,

32(16):2453-2455.

[83] Wang Y H, Gu B, Xu G D, et al. Nonlinear optical properties of neodymium-doped bismuth titanate thin films using Z-scan technique[J]. Applied Physics Letters, 2004, 84 (10):1686-1688.

[84] Ning T Y, Chen C, Wang C, et al. Enhanced femtosecond optical nonlinearity of Mn doped $Ba_{0.6}Sr_{0.4}TiO_3$ films[J]. Journal of Applied Physics, 2011, 109(1):013101.

[85] Yang B, Chen H Z, Zhang M F, et al. Nonlinear optical absorption in Bi_3TiNbO_9 thin films using Z-scan technique[J]. Applied Physics A—Materials Science & Processing, 2009, 96(4):1017-1021.

[86] Chen H, Yang B, Zhang M, et al. Z-scan measurement for the nonlinear absorption of $Bi_{2.55}La_{0.45}TiNbO_9$ thin films[J]. Materials Letters, 2010, 64:589-591.

[87] Chen H Z, Yang B, Zhang M F, et al. Third-order optical nonlinear absorption in $Bi_{1.95}La_{1.05}TiNbO_9$ thin films[J]. Thin Solid Films, 2010, 518(19):5585-5587.

[88] Shi F W, Meng X J, Wang G S, et al. The third-order optical nonlinearity of $Bi_{3.25}La_{0.75}Ti_3O_{12}$ ferroelectric thin film on quartz[J]. Thin Solid Films, 2006, 496(2):333-335.

[89] Gu B, Wang Y, Wang J, et al. Femtosecond third-order optical nonlinearity of polycrystalline $BiFeO_3$[J]. Optics Express, 2009, 17(13):10970-10975.

[90] Gu B, Wang Y, Ji W, et al. Observation of a fifth-order optical nonlinearity in $Bi_{0.9}La_{0.1}Fe_{0.98}Mg_{0.02}O_3$ ferroelectric thin films[J]. Applied Physics Letters, 2009, 95(4):041114.

[91] Li S, Zhong X L, Cheng G H, et al. Large femtosecond third-order opticalnonlinearity of $Bi_{3.15}Nd_{0.85}Ti_3O_{12}$ ferroelectric thin films[J]. Applied Physics Letters, 2014, 105(19):192901.

[92] Ruan K B, Gao A M, Deng W L, et al. Orientation dependent photoluminescent properties of chemical solution derived $Bi_{4-x}Eu_xTi_3O_{12}$ ferroelectric thin films[J]. Journal of Applied Physics, 2008, 104(3):036101.

[93] Zhang T, Zhang W F, Chen Y H, et al. Third-order optical nonlinearities of lead-free $(Na_{1-x}K_x)_{0.5}Bi_{0.5}TiO_3$ thin films[J]. Optics Communications, 2008, 281(3):439-443.

[94] Li S, Zhong X L, Cheng G H, et al. Nonlinear optical absorption tuning in $Bi_{3.15}Nd_{0.85}Ti_3O_{12}$ ferroelectric thin films by thickness[J]. Applied Physics Letters, 2015, 106(14):142904.

[95] Chen K S, Gu H S, Cai Y X, et al. $Fe/SrBi_2Nb_2O_9$ composite thin films with large third-order optical nonlinearities[J]. Journal of Alloys and Compounds, 2009, 476(1-2):635-638.

[96] Zhao H R, Li D P, Ren X M, et al. Larger spontaneous polarization ferroelectric inorganic-organic hybrids: $[PbI_3]_\infty$ chains directed organic cations aggregation to Kagomé-shaped tubular architecture[J]. Journal of the American Chemical Society, 2009, 132

(1):18-19.

[97] 钱士雄,王恭明. 非线性光学——原理与进展. 第 16 章. 上海:复旦大学出版社,2001.10.

[98] Said A A,Sheik-Bahae M,Hagan D J,et al. Determination of bound-electronic and free-carrier nonlinearities in ZnSe,GaAs,CdTe,and ZnTe[J]. Journal of the Optical Society of American B-Optical Physics,1992,9(3):405-414.

[99] Wang J,Sheik-Bahae M,Said A A,et al. Time-resolved Z-scan measurements of optical nonlinearities[J]. Journal of the Optical Society of American B-Optical Physics,1994,11(6):1009-1017.

[100] Zhang X J,Ji W,Tang S H. Determination of optical nonlinearities and carrier lifetime in ZnO[J]. Journal of the Optical Society of American B-Optical Physics,1997,14(8):1951-1955.

[101] Li H P,KamC H,Lam Y L,et al. Optical nonlinearities and photoexcited carrier lifetime in CdS at 532 nm[J]. Optics Communications,2001,190(1-6):351-356.

[102] Dubikovskiy V,Hagan D J,van Stryland E W. Large nonlinear refraction in InSb at 10 μm and the effects of Auger recombination[J]. Journal of the Optical Society of American B-Optical Physics,25(2):223-235.

[103] Othonos A. Probing ultrafast carrier and phonon dynamics in semiconductors[J]. Journal of Applied Physics,1998,83(4):1789-1830.

[104] Yoffe A D. Low-dimensional systems:quantum size effects and electronic properties of semiconductor microcrystallites(zero-dimensional systems)and some quasi-two-dimensional systems[J]. Advances in Physics,1993,42(2):173-266.

[105] Higashiwaki M,Shimomura S,Hiyamizu S,et al. Self-organized GaAs quantum-wire lasers grown on(775)B-oriented GaAs substrates by molecular beam epitaxy[J]. Applied Physics Letters,1999,74(6):780-782.

[106] Park S H,Morhange J F,Jeffery A D,et al. Measurements of room-temperature band-gap-resonant optical nonlinearities of GaAs/AlGaAs multiple quantum wells and bulk GaAs[J]. Applied Physics Letters,1988,52(15):1201-1203.

[107] Wagner S J,MeierJ,Helmy A S,et al. Polarization-dependent nonlinear refraction and two-photon absorption in GaAs/AlAs superlattice waveguides below the half-bandgap[J]. Journal of the Optical Society of American B-Optical Physics,2007,24(7):1557-1563.

[108] Brzozowski L,Sargent E H,Thorpe A S,et al. Direct measurements of large near-band edge nonlinear index change from 1. 48 to 1. 55 μm in InGaAs/InAlGaAs multiquantum wells[J]. Applied Physics Letters,2003,82(25):4429-4431.

[109] Liu R,ShuY,Zhang G,et al. Study of nonlinear absorption in GaAs/AlGaAs multiple quantum wells using the reflection Z-scan[J]. Optical and Quantum Electronics,2007,

39(14):1207-1214.

[110] Chattopadhyay M, Kumbhakar P, Tiwary C S, et al. Multiphoton absorption and refraction in Mn^{2+} doped ZnS quantum dots[J]. Journal of Applied Physics, 2009, 105 (2):024313.

[111] Wu F, Zhang G, Tian W, et al. Nonlinear optical properties of $CdSe_{0.8}S_{0.2}$ quantum dots [J]. Journal of Optics A:Pure and Applied Optics, 2008, 10(7):075103.

[112] NikeshV V, Dharmadhikari A, Ono H, et al. Optical nonlinearity of monodispersed, capped ZnS quantum particles[J]. Applied Physics Letters, 2004, 84(23):4602-4604.

[113] Qu Y, Ji W. Two-photon absorption of quantum dots in the regime of very strong confinement:size and wavelength dependence[J]. Journal of the Optical Society of American B-Optical Physics, 2009, 26(10):1897-1904.

[114] Padilha L A, Fu J, Hagan D J, et al. Two-photon absorption in CdTe quantum dots[J]. Optics Express, 2005, 13(17):6460-6467.

[115] Zeng Z, Garoufalis C S, Terzis A F, et al. Linear and nonlinear optical properties of ZnO/ZnS and ZnS/ZnO core shell quantum dots:effects of shell thickness, impurity, and dielectric environment[J]. Journal of Applied Physics, 2013, 114(2):023510.

[116] Wu W, Chai Z, Gao Y, et al. Carrier dynamics and optical nonlinearity of alloyed CdSeTe quantum dots in glass matrix[J]. Optics Materials Express, 2017, 7(5):1547-1556.

[117] Feng X B, Xing G C, Ji W. Two-photon-enhanced three-photon absorption in transition-metal-doped semiconductor quantum dots[J]. Journal of Optics A:Pure and Applied Optics, 2009, 11(2):024004.

[118] He J, Scholes G D, Ang Y L, et al. Direct observation of three-photon resonance in water-soluble ZnS quantum dots[J]. Applied Physics Letters, 2008, 92(13):121114.

[119] Sun Z, Hasan T, Torrisi F, et al. Graphene mode-locked ultrafast laser[J]. ACS Nano, 2010, 4(2):803-810.

[120] Wang J, HernandezY, Lotya M, et al. Broadband nonlinear optical response of graphene dispersions[J]. Advanced Materials, 2009, 21(23):2430-2435.

[121] Mikhailov S A. Theory of the nonlinear optical frequency mixing effect in graphene [J]. Physica E, 2012, 44(6):924-927.

[122] Xing F, Meng G X, Zhang Q, et al. Ultrasensitive flow sensing of a single cell using graphene-based optical sensors[J]. Nano Letters, 2014, 14(6):3563-3569.

[123] Yang H, Feng X, Wang Q, et al. Giant two-photon absorption in bilayer graphene[J]. Nano Letters, 2011, 11(7):2622-2627.

[124] Demetriou G, Bookey H T, Biancalana F, et al. Nonlinear optical properties of multilayer graphene in the infrared[J]. Optics Express, 2016, 24(12):13033-13043.

[125] Zhang H, Virally S, Bao Q, et al. Z-scan measurement of the nonlinear refractive index

of graphene[J]. Optics Letters,2012,37(11):1856-1858.

[126] HendryE,Hale P J,Moger J,et al. Coherent nonlinear optical response of graphene [J]. Physical Review Letters,2010,105(9):097401.

[127] Wang K,Feng Y,Chang C,et al. Broadband ultrafast nonlinear absorption and nonlinear refraction of layered molybdenum dichalcogenide semiconductors[J]. Nanoscale, 2014,6(18):10530-10535.

[128] Liu Z,Wang Y,Zhang X,et al. Nonlinear optical properties of graphene oxide in nanosecond and picoseconds regimes[J]. Applied Physics Letters,2009,94(2):021902.

[129] Zhang X L,Liu Z B,Li X C,et al. Transient thermal effect,nonlinear refraction and nonlinear absorption properties of graphene oxide sheets in dispersion[J]. Optics Express,2013,21(6):7511-7520.

[130] Zheng X,Jia B,Chen X,et al. In situ third-order nonlinear responses during laser reduction of graphene oxide thin films towards on-chip nonlinear photonic devices[J]. Advanced Materials,2014,26(17):2699-2703.

[131] Kumar S,Kamaraju N,Vasu K S,et al. Graphene analogue BCN:femtosecond nonlinear optical susceptibility and hot carrier dunamics[J]. Chemical Physics Letters,2010, 499:152-157.

[132] Zhang S,Li Y,Zhang X,et al. Slow and fast absorption saturation of black phosphorus:experiment and modeling[J]. Nanoscale,2016,8(39):17374-17382.

[133] Zheng X,Chen R,Shi G,et al. Characterization of nonlinear properties of black phosphorus nanoplatelets with femtosecond pulsed Z-scan measurements[J]. Optics Letters,2015,40(15):3480-3483.

[134] Wang K,Szydlowska B M,Wang G,et al. Ultrafast nonlinear excitation dynamics of black phosphorus nanosheets from visible to mid-infrared[J]. ACS Nano,2016,10(7): 6923-6932.

[135] Yang T,Abdelwahab I,Lin H,et al. Anisotropic third-order nonlinearity in pristine and lithium hydride intercalated black phosphorus[J]. ACS Photonics,2018,5(12): 4969-4977.

[136] Ghosh B,Puri S,Agarwal A,et al. SnP$_3$:A previously unexplored two-dimensional material[J]. Journal of Physical Chemistry C,2018,122(31):18185-18191.

[137] Guo J,Huang D,Zhang Y,et al. 2D GeP as a novel broadband nonlinear optical material for ultrafast photonics [J]. Laser & Photonics Reviews, 2019, 13 (9): 1900123.

[138] Xie Z,ZhangF,Liang Z,et al. Revealing of the ultrafast third-order nonlinear optical response and enabled photonic application in two-dimensional tin sulfide[J]. Photonics Research,2019,5(7):494-502.

[139] Kumbhakar P,Kole A K,Tiwary C S,et al. Nonlinear optical properties and tempera-

ture-dependent UV-Vis absorption and photoluminescence emission in 2D hexagonal boron nitride nanosheets[J]. Advanced Optical Materials,2015,3(6):828-835.

[140] Biswas S,Tiwary C S,Vinod S,et al. Nonlinear optical properties and temperature dependent photoluminescence in hBN-GO heterostructure 2D material[J]. The Journal of Physical Chemistry C,2017,121(14):8060-8069.

[141] Bikorimana S,Lama P,Walser A,et al. Nonlinear optical response in two-dimensional transition metal dichalcogenide multilayer: WS_2, WSe_2, MoS_2, and $Mo_{0.5}W_{0.5}S_2$[J]. Optics Express,2016,24(18):20685-20695.

[142] Zhang S,Dong N,McEvoy N,et al. Direct observation of degenerate two-photon absorption and its saturation in WS_2 and MoS_2 monolayer and few-layer films[J]. ACS Nano,2015,9(7):7142-7150.

[143] Dong N,Li Y,Zhang S,et al. Dispersion of nonlinear refractive index in layered WS_2 and WSe_2 semiconductor films induced by two-photon absorption[J]. Optics Letters, 2016,41(17):3936-3939.

[144] Maldonado M,da Silva Neto M L,Vianna P G,et al. Femtosecond nonlinear optical properties of 2D metallic NbS_2 in the near infrared[J]. The Journal of Physical Chemistry C,2020,124(28):15425-15433.

[145] Pan H,Chu H,Li Y,et al. Comprehensive study on the nonlinear optical properties of few-layered $MoSe_2$ nanosheets at 1 μm[J]. Journal of Alloys and Compounds,2019, 806:52-57.

[146] Jia L,Wu J,Yang T,et al. Largethird-order optical Kerr nonlinearity in nanometer-thick $PdSe_2$ 2D dichalcogenide films:Implications for nonlinear photonic devices[J]. ACS Applied Nano Materials,2020,3(7):6876-6883.

[147] Wang G,Wang K,McEvoy N,et al. Ultrafast carrier dynamics and bandgap renormalization in layered $PtSe_2$[J]. Small,2019,15(34):1902728.

[148] Wang L,Zhang S,McEvoy N,et al. Nonlinear optical signatures of the transition from semiconductor to semimetal in $PtSe_2$[J]. Laser & Photonics Review,2019,13(8): 1900052.

[149] MiaoL,Yi J,Wang Q,et al. Broadband third order nonlinear optical responses of bismuth telluride nanosheets[J]. Optical Materials Express,2016,6(7):2244-2251.

[150] Chen S,Zhao C,Li Y,et al. Broadband optical and microwave nonlinear response in toplogical insulator[J]. Optical Materials Express,2014,4(4):587-596.

[151] Zhang H,He X,Lin W,et al. Ultrafast saturable absorption in topological insulator Bi_2SeTe_2 nanosheets[J]. Optics Express,2015,23(10):13376-13383.

[152] Lu S,Zhao C,Zou Y,et al. Third order nonlinear optical property of Bi_2Se_3[J]. Optics Express,2013,21(2):2072-2082.

[153] Qiao J,Chuang M Y,Lan J C,et al. Two-photon absorption within layered Bi_2Te_3 to-

pological insulators and the role of nonlinear transmittance therein[J]. Journal of Materials Chemistry C,2019,7(23):7027-7034.

[154] Liu W,Zhu Y N,Liu M,et al. Optical properties and applications for MoS_2-Sb_2Te_3-MoS_2 heterostructure materials[J]. Photonics Research,2018,6(3):220-227.

[155] Lan J C,Qiao J,Sung W H,et al. Role of carrier-transfer in the optical nonlinearity of graphene/Bi_2Te_3 heterojunctions[J]. Nanoscale,2020,12(32):16956-16966.

[156] Gopal R K,Ambast D K S,Singh S,et al. Bulk saturable absorption in topological insulator thin films[J]. Journal of Applied Physcis,2017,122(3):035705.

[157] Li X,Liu R,Xie H,et al. Tri-phase all-optical switching and broadband nonlinear optical response in Bi_2Se_3[J]. Optics Express,2017,25(15):18346-18354.

[158] XiaoS,Fan Q,Ma Y,et al. Reversal in optical nonlinearities of Bi_2Se_3 nanosheets dispersion influenced by resonance absorption[J]. Optics Express,2019,27(15):21742-21750.

[159] Abdelwahab I,Dichtl P,Grinblat G,et al. Giant and tunable optical nonlinearity in single-crystalline 2D perovskites due to excitonic and plasma effects[J]. Advanced Materials,2019,31(29):1902685.

[160] Chen R,Zheng X,Zhang Y,et al. Z-scan measurement of nonlinear optical properties of BiOCl nanosheets[J]. Applied Optics,2015,54(21):6592-6597.

[161] Mirershadi S, Ahmadi-Kandjani S, Zawadzka A, et al. Third order nonlinear optical properties of organometal halide perovskite by means of the Z-scan technique[J]. Chemical Physics Letters,2016,647:7-13.

[162] Ganeev R A,Rao K S,Yu Z,et al. Strong nonlinear absorption in perovskite films[J]. Optical Materials Express,2018,8(6):1472-1483.

[163] Liang W Y,Liu F,Lu Y J,et al. High optical nonlinearity in low-dimensional halide perovskite polycrystalline films[J]. Optics Express,2020,28(17):24919-24927.

[164] Syed H,Kong W,Mottamchetty V,et al. Giant nonlinear optical response in triple cation halide mixed perovskite films[J]. Advanced Optical Materials, 2020, 8 (7):1901766.

[165]Yi J,Miao L,Li J,et al. Third-order nonlinear optical response of $CH_3NH_3PbI_3$ perovskite in the mid-infrared regime[J]. Optical Materials Express,2017,7(11):3894-3901.

[166] Ketavath R,Katturi N K,Ghugal S G,et al. Deciphering the ultrafast nonlinear optical properties and dynamics of pristine and Ni-doped $CsPbBr_3$ colloidal two-dimensional nanocrystals[J]. The Journal of Physical Chemistry Letters,2019,10(18):5577-5584.

[167] Liu S,Chen G,Huang Y,et al. Tunable fluorescence and optical nonlinearities of all inorganic colloidal cesium lead halide perovskite nanocrystals[J]. Journal of Alloys and Compounds,2017,724:889-896.

[168] Li J,Ren C,Qiu X,et al. Ultrafast optical nonlinearity of blue-emitting perovskite

nanocrystals[J]. Photonics Research,2018,6(6):554-559.

[169] Jia L,Cui D,Wu J,et al. Highly nonlinear BiOBr nanoflakes for hybrid integrated photonics[J]. APL Photonics,2019,4(9):090802.

[170] BurschkaJ,Pellet N,Moon S J,et al. Sequential deposition as a route to high-performance perovskite-sensitized solar cells[J]. Nature,2013,499(7458):316-319.

[171] Brenner T M,Egger D A,Kronik L,et al. Hybrid organic-inorganic perovskites:low-cost semiconductors with intriguing charge-transport properties[J]. Nature Review Materials,2016,1(1):15007.

[172] ChoH,Jeong S H,Park M H,et al. Overcoming the electroluminescence efficiency limitations of perovskite light-emitting diodes[J]. Science,2015,350(6265):1222-1225.

[173] HuW,Wu R S,Yang S Z,et al. Solvent-induced crystallization for hybrid perovskite thin-film photodetector with high-performance and low working voltage[J]. Journal of Physics D:Applied Physics,2017,50(37):375101.

[174] Xing G,Mathews N,Lim S S,et al. Lowtemperature solution-processed wavelength-tunable perovskites for lasing[J]. Nature Materials,2014,13(5):476-480.

[175] Ohara K,Yamada T,Tahara H,et al. Excitonic enhancement of optical nonlinearities in perovskite $CH_3NH_3PbCl_3$ single crystals[J]. Physical Review Materials,2019,3(11):111601.

[176] Ciattoni A,Rizza C,Palange E. Extreme nonlinear electrodynamics in metamaterials with very small linear dielectric permittivity[J]. Physical Review A,2010,81(4):043839.

[177] Vincenti M A,de Ceglia D,Ciattoni A,et al. Singularity-driven second-and third-harmonic generation at ε-near-zero crossing points[J]. Physical Review A,2011,84(6):63826.

[178] Luk T S,de Ceglia D,Liu S,et al. Enhanced third harmonic generation from the epsilon-near-zero modes of ultrathin films[J]. Applied Physics Letters,2015,106(15):151103.

[179] Alam M Z,De Leon I,Boyd R W. Large optical nonlinearity of indium tin oxide in its epsilon-near-zero region[J]. Science,2016,352(6287):795-797.

[180] Kinsey N,DeVault C,Kim J,et al. Epsilon-near-zero Al-doped ZnO for ultrafast switching at telecom wavelengths[J]. Optica,2015,2(7):616-622.

[181] Reshef O,De Leon I,Alam M Z,et al. Nonlinear optical effects in epsilon-near-zero media[J]. Nature Reviews Materials,2019,4(8):535-551.

[182] Caspani L,Kaipurath R P M,Clerici M,et al. Enhanced nonlinear refractive index in ε-near-zero materials[J]. Physical Review Letters,2016,116(23):233901.

[183] Feigenbaum E,Diest K,Atwater H A. Unity-order index change in transparent con-

ducting oxides at visible frequencies[J]. Nano Letters. 2010,10(6):2111-2116.

[184] Wu K,Wang Z,Yang J,et al. Large optical nonlinearity of ITO/Ag/ITO sandwiches based on Z-scan measurement[J]. Optics Letters,2019,44(10):2490-2493.

[185] Carnemolla E G,Caspani L,DeVault C,et al. Degenerate optical nonlinear enhancement in epsilon-near-zero transparent conducting oxides[J]. Optical Materials Express, 2018,8(11):3392-3400.

[186] Alam M Z,Schulz S A,Upham J,et al. Large optical nonlinearity of nanoantennas coupled to an epsilon-near-zero material[J]. Nature Photonics,2018,12(2):79-83.

[187] Guo Q,Cui Y,Yao Y,et al. A solution-processed ultrafast optical switch based on a nanostructured epsilon-near-zero medium[J]. Advanced Materials, 2017, 29 (27): 1700754.